Conrad Seidl

BIER

Deutsche und europäische Braukunst

Über 1.000 Biersorten und Brauhäuser

Seehamer Verlag

Bildnachweis:

Archiv C. Seidl *(U1,13,18,21,22,26,47,61,63,67,75,82,96,104,131,136,138,142,143,149, 178,188,196,204,215,246,318,329,351,364);* Archiv der Flensburger Brauerei *(223);* Archive Interbrew *(181);* Archiv Tuborg *(226);* Archives Schutzenberger *(285);* Augustiner Brauerei *(152);* Beck's Archiv *(238);* Bischofshof Brauerei *(124);* Bitburger Archiv *(276);* Brasserie Meteor *(271,286);* Brauerei Chimay *(134);* Brauerei Feldschlösschen *(5);* Brauerei Grolsch *(186);* Brauerei Hürlimann *(34);* Brauerei Kuchlbauer *(160);* Brauerei Lederer *(58);* Brauerei Schneider *(156,162);* Brauerei Wieninger *(367);* Brouwerij Martens *(174);* Carlsberg Brauerei *(230);* Einbecker Brauhaus *(262);* EKU-Brauerei *(46);* Fränkisches Brauereimuseum *(10); Gale's (208);* Gebrüder Maisel *(35,42);* Guinness Archive *(251,255);* Holsten-Brauerei *(242,258);* Kindl-Archiv *(336); K*östritzer Schwarzbierbrauerei *(354);* Claude Lorang *(273);* Pinkus Müller *(287);* Musée de la bière, Stenay *(106,281);* Ottakringer Brauerei *(316);* Pilsner Brauerei *(71);* Prager Brauereien *(84);* Rauchenfels-Brauerei *(50);* SCC-Archiv *(359);* Schwarzenbergisches Archiv *(30);* Schwechater Archiv *(314);* Conrad Seidl *(38,99,110,113,116,171,235,291, 298,303,341,348);* Staropramen *(87,93);* Steirerbrau *(54);* Stiegl Brauerei *(324);* Stölzle-Glas-Center *(98);* The People's Story *(218);* Traquair House/Stuart *(321);* Vaux Archive *(219);* Veltlins/Haase *(311);* Warsteiner *(307);* Whitbread Archive *(193,202)*

Lizenzausgabe 1997 für
Seehamer Verlag GmbH, Weyarn

Titelgestaltung Bine Cordes, Weyarn,
unter Verwendung eines Fotos von
Stock-Food Eising, München (Bier) und
Superbild Eric Bach, München (Hintergrund)
Printed in Italy
ISBN 3-932131-17-7

Inhalt

„Gott geb Glück und Segen herein." Mit diesem althergebrachten Brauersgruß wollen wir in die Brauhäuser Europas schauen, die Biere kosten und in der jahrhundertealten Geschichte des Handwerks nachblättern.

Dieses Buch kann natürlich einen guten, kunstverständigen Reiseführer nicht ersetzen. Aber es kann ihn ergänzen, wo es um die Kulturgeschichte des Lebensmittels und Reiseproviantes Bier geht – wir werden versuchen, diese Spuren in Museen und Wirtshäusern, in Brauereien und Kirchen zu finden. Wir werden bei der Lektüre auf Frauen treffen, die den Männern das Bier erst schmackhaft gemacht haben; auf Fürsten und Mönche, die sich durch das Bier bereichert haben; wir werden die Laderäume alter Schiffe durchstöbern und alte Brauhäuser in unmittelbarer Nähe von weltbekannten Sehenswürdigkeiten entdecken. Natürlich werden wir das eine oder andere gute Bier verkosten und überprüfen, ob es noch so schmeckt wie damals, als die Notizen zu diesem Buch entstanden sind – und wir werden in anderen, viel älteren Büchern blättern. Schrullige Typen werden wir treffen – nüchtern und angeheitert. Auf der achten Reise werden uns Hexen begegnen, auf der zweiundzwanzigsten ein leibhaftiger Thronanwärter, auf der neunten und der elften erfahren wir von Bierbrauern und Biertrinkern, die zu Revolutionären wurden und Weltgeschichte gemacht haben. In München werden wir das Verschwinden des Bürgerbräukellers bedauern, in dem Adolf Hitler Stammgast war: Er und seine Getreuen wollten ja schon am 9. November 1923 mit ihrem „Marsch auf die Feldherrnhalle“ eine Art von „Ordnung“ schaffen – im Bürgerbräukeller blieben unter anderem 143 zerschmetterte Maßkrüge und 98 kaputte Stühle zurück; „Herr Hittler“ hinterließ nach Aufzeichnung der Bedienung eine offene Rechnung für „1 Glühwein, 2 Eier, 1 Port. Tee, 2 Brot, 1 Leberkäs“. Woraus sich lernen läßt: Der „Führer“ war schon damals nichts als ein mieser Zechpreller, der andere für seinen Wahn aufkommen ließ.

Man kann allen möglichen Leuten anhand dieses Buches nachreisen und die eine oder andere Spur aufnehmen. Man kann anhand der Hinweise das eine oder andere Brauhaus wiederentdecken – manche Reise läßt sich von Station zu Station nachvollziehen.

Andere Reisen decken jeweils ein Thema ab. Sie führen uns kreuz und quer durch Europa, in Klöster und Schlösser – und immer wieder in Bierwirtshäuser.

Es gibt Berührungspunkte und Überschneidungen – daher versucht dieses Buch eher die Zusammenhänge und historischen Entwicklungen zu zeigen als die Biere und Brauereien zu katalogisieren. Wer Näheres zu einem bestimmten Ort oder einem bestimmten Bier nachlesen möchte, findet sich am besten mit dem Index zurecht, in dem Orte und Biere verzeichnet sind.

Manche der Routen kreuzen einander auch – so wie die Bierlandschaften einander überlappen, seit Bier haltbar genug ist, um transportiert zu werden. Und seit die Brauer gelernt haben, daß man die Rezepturen adaptieren kann. Längst ist es nicht mehr so, daß man in Goslar nur die „Gose“, in Dortmund nur den „Adam“, in Hannover den „Broihan“, in Magedeburg den „Filz“, in Lübeck das „Israel“, in Köpenick „Mord und Totschlag“ und sonst nichts bekommt.

Lager- und Pils-Biere sind quasi omnipräsent – auch wenn die ursprünglichen Wiener und Münchner Lager längst dem Zeitgeschmack angepaßt wurden; auch wenn der vom Brauwasser geprägte Charakter des Dortmunder Exportbieres von einem beliebig manipulierbaren Pilsgeschmack verdrängt wurde; auch wenn viele Biertrinker und etliche Brauer von einem Pils ganz andere Vorstellungen haben als sie in Pilsen überliefert sind.

Wir werden diesen Bieren nachzuspüren versuchen, werden sehen (und kosten!), wie sich die europäische Braulandschaft gewandelt hat. Von vielen Bieren werden wir kaum mehr als eine Erinnerung vorfinden: Wer weiß noch, daß man einst in Bautzen „Klotzmilch“ gebraut hat, in Schweidnitz den „Stier” und in Breslau den „Scheps“? In Eisleben gab es ein Bier, dessen Wirkung ihm den Namen gegeben hat: „Krabbelandiewand“ – in Kyritz eines, das harmloser gewesen sein muß: „Fried und Einigkeit“. Keine Spur mehr vom Danziger „Jopenbier”, keine vom „Stürzebartel“ in Merseburg und vom „Kuhschwanz“ in Delitz.

Manchmal kommt man gerade noch rechtzeitig. In Braunschweig ergatterte ich im Oktober 1992 die allerletzte Dose der einstmals berühmten „Mumme“ – aber in der Lutherstadt Wittenberg war vom dort früher einmal berühmten „Kuckuck“ keine Spur mehr zu finden. Gardelegen, eine Kleinstadt bei Helmstedt, habe ich dann gar nicht mehr aufgesucht – obwohl Gardelegen einst die Hanse mit Hopfen versorgt hat und im 16. Jahrhundert selber ein weithin bekanntes Bier hergestellt hat: Das „Garley-Bräu“ gab es – mit verändertem Rezept – auch noch zu DDR-Zeiten.

Immerhin: Es dürfte sich nicht nur wegen des Bieres lohnen, auf Erkundungsreise nach Gardelegen zu fahren, denn der Stadtkern, die Kirche und die Befestigungsanlagen gelten (auch ohne zugehöriges Bier) als ähnlich bedeutende Beispiele deutscher Baukunst wie das Garley-Bier als hervorragendes Beispiel deutscher Braukunst gegolten hat.

Dabei entsprach dieses Bier – obwohl es hauptsächlich aus Gerstenmalz und dem in der Letzlinger Heide wachsenden Hopfen gebraut wurde – mit ziemlicher Sicherheit nicht dem Reinheitsgebot: Noch Meyers Konversations-Lexicon von 1887 rühmt ihm nach, „gewürzhaft“ gewesen zu sein, und Heinrich Knaust hat 1575 geschrieben, das Garley sei ein ausgezeichnetes Magenbier, das auch „für junge Eheleute“ heilsam gewirkt haben soll. Das einzige Bier mit aphrodisischer Wirkung, das mir auf den hier beschriebenen Reisen untergekommen ist, gab es jedenfalls nicht in Deutschland, sondern in Frankreich – wo das Reinheitsgebot bekanntlich nicht gilt.

Die Braulandschaft ist im Wandel – und das nicht erst, seit die großen Konzerne vor allem Dividenden und erst in zweiter Linie Bier machen wollen. Das Münchner Reinheitsgebot, das sich ab 1516 in Bayern und mit dem Zusammenwachsen eines deutschen Nationalstaates nach und nach in ganz Deutschland (1906 kamen seine wesentlichen Teile ins Biersteuergesetz) durchgesetzt hat, sorgt dafür, daß derartige Spezialitäten nicht wieder aufleben können. Immerhin haben sie andernorts überlebt – und wir werden sie auf Reisen in andere Länder mit Vergnügen verkosten.

Aber keine Sorge: Obwohl sich dieses Buch – wie schon die österreichischen Bierführer „Hurra! Bier!“ und „Unser Bier“ – als Reisebuch versteht, müssen Bierreisen nicht unbedingt zu den entlegenen Stätten der Braukunst führen. Zumindest in den größeren Städten reicht der Weg in ein gut sortiertes Bierspezialitätenlokal.

Unsere erste Bier-Reise soll uns zur Eingewöhnung auch nicht weiter führen: Egal ob wir in die „Académie de la bière“ in **Aix-en-Provence**, ins „Känguruh“ in **Wien** oder ins „Le Corbeau“ in **Brüssel** gehen – zunächst einmal wollen wir uns ja nur mit den Grundlagen vertraut machen und über die Vielfalt staunen.

Man sagt leichthin, daß die Qual habe, wer die Wahl hat – beim Bier ist sicher das Gegenteil der Fall. Vorausgesetzt, man kann sich in etwa vorstellen, welch ein Bier einen erwartet.

Kurz zur Erinnerung: Man unterscheidet zunächst nach der Art der eingesetzten Hefe untergärige und obergärige Biere. Fast alle im deutschen Sprachraum üblichen Biere (Helles, Pils, Export, Lager, Märzen) sind heutzutage untergärig, also mit einer kühle Temperaturen liebenden Hefe, die sich unten im Gärgefäß absetzt (daher der Name) vergoren. Obergärige Biere waren früher die Regel, sie waren leichter herzustellen. Heute sind es meist Spezialitäten, sie werden uns in Deutschland in Form des Weißbiers, der Altbiere, des Kölsch und der Berliner Weissen begegnen, in England als Ale, in Belgien unter anderem als Abteibier. Diese Biere werden mit einem wärmeliebenden Hefestamm vergoren – auf der zehnten bis vierzehnten Reise werden wir diesen Biertypen und ihrer Charakteristik auf den Grund gehen.

Die verwendete Hefe ist aber nur eines der Merkmale, die über den Biertypus entscheiden: Ähnlich wichtig ist das verwendete Getreide – man unterscheidet Pilsner, Wiener und Münchner Malze nach ihrer Farbe, es gibt Karamel-, Rauch- und Röstmalz. Sie alle werden aus eiweißarmer zweizeiliger Sommergerste gewonnen, die eingeweicht, angekeimt und schließlich gedarrt (getrocknet) wird. Der Vermälzungsvorgang aktiviert nicht nur Geschmacksstoffe, sondern auch natürliche Enzyme, die die im Getreide enthaltene Stärke während des späteren Brauvorganges in Zucker aufspalten. Außer Gerste kann auch Weizen oder Roggen vermälzt werden, was vor allem für obergärige Biere bedeutsam ist.

Um aus dem Malz die für das Bier nötigen Stoffe zu lösen, muß es geschrotet und mit warmem Wasser behandelt werden. Dieser Vorgang, bei dem die für das Lösen der wesentlichen Inhaltsstoffe des Bieres notwendigen Enzyme freigesetzt werden, wird Maischen genannt.

Die für einen Sud benötigte Malzmenge heißt „die Schüttung", die zum Einmaischen benötigte Wassermenge ist „der Guß" und beträgt je nach Biersorte zwei bis vier Hektoliter Brauwasser auf 100 kg Gerstenmalz. Leichtbiere werden mit deutlich weniger, Bockbiere mit deutlich mehr Malz eingemaischt. Je mehr Malz verwendet wird, desto höher ist der sogenannte „Stammwürzegehalt". In Österreich werden Biere nicht nur nach Geschmacksmerkmalen (etwa Pils) und den verwendeten Rohstoffen (etwa Weizenbier), sondern vor allem nach dem Stammwürzegehalt klassifiziert.

Bei der Stammwürze handelt es sich um eine Kennziffer für die vergärbaren Bestandteile in der unvergorenen Bierwürze, wie sie das Sudhaus der Brauerei verläßt – der Stammwürzegehalt darf daher nicht mit dem Alkoholgehalt des Biers verwechselt werden. Zeigt das Saccharometer ein Grad Stammwürze an, so heißt das, daß in 100 Gramm unvergorener Würze ein Gramm Extrakt enthalten ist. Erst durch die alkoholische Gärung wird aus der Bierwürze Bier – und der Alkoholgehalt läßt sich nach der Faustformel „zweieinhalb Grad Stammwürze = ein Volumsprozent Alkohol" abschätzen.

In den meisten europäischen Ländern ist es gestattet und üblich, einen kleinen Teil der Schüttung in Form von Reis oder Mais einzusetzen. Diese „Rohfrucht" bringt zwar Stärke, nicht jedoch Enzyme zur Verzuckerung oder gar Geschmacksstoffe ein. Daher wirken mit Rohfrucht gebraute Biere ein wenig schlanker, andererseits kann der Rohfruchtanteil nicht beliebig erhöht werden.

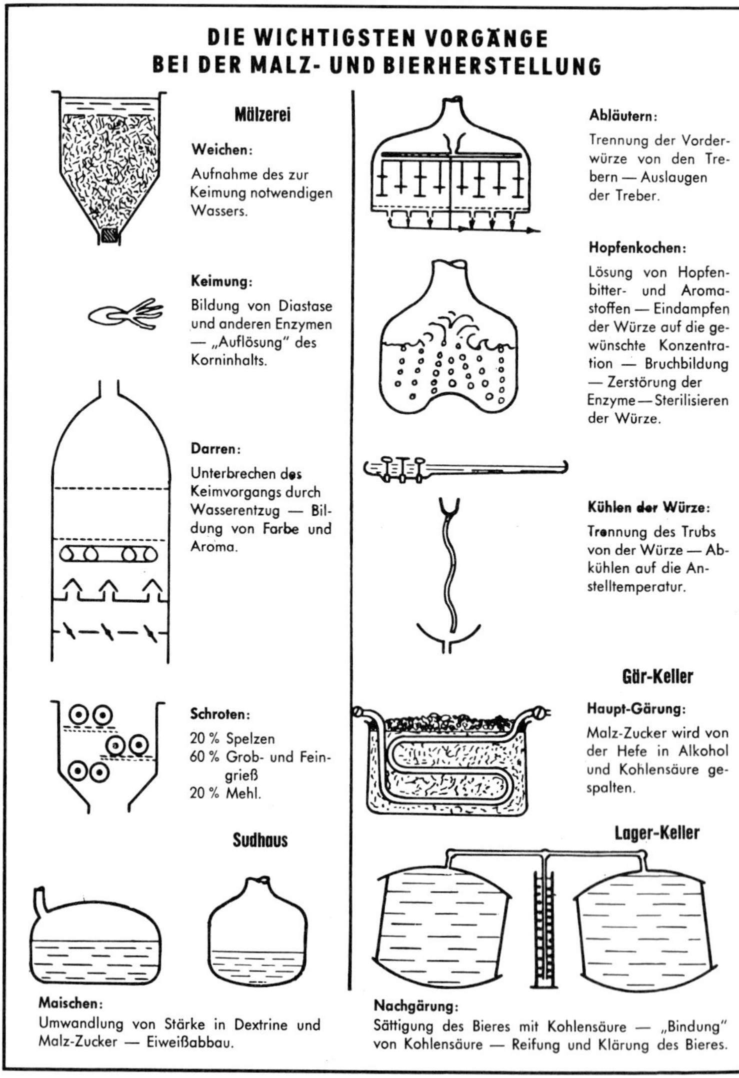

Im Anschluß an das Maischen werden feste und flüssige Teile – Treber und Würze – getrennt. Man spricht vom „läutern“, also reinigen. Tatsächlich ist der weitere Vorgang der Bierbereitung ein Reinigungsprozeß: Durch das Kochen der Würze im Sudhaus wird diese steril; es kommt der Hopfen dazu, der für Aroma und Haltbarkeit sorgt. Dann wird die heiße Würze ausgeschlagen – Hopfenreste und Eiweißpartikel setzen sich in einem Sieb und im sogenannten Whirlpool ab. Schließlich kommt die Hefe zur abgekühlten Würze. Sie vergärt innerhalb von einigen Tagen den Großteil des in der Würze gelösten Malzzuckers zu Alkohol und Kohlensäure. In einer zweiten Phase der Gärung wird das Jungbier kühl gelagert – bei untergärigen Bieren in den eiskalten Lagerkellern der Brauerei, wo sich das mit einem gewissen Druck gelagerte, langsam weitergärende Bier mit Kohlensäure anreichern kann.

Nun ist das Keller- oder Zwickl-Bier eigentlich schon trinkfertig – allerdings wird es üblicherweise noch einmal filtriert, um die Hefe zu entfernen, was die Haltbarkeit erhöht. Manche Brauereien erhitzen das fertige Bier auch noch einmal – das führt zwar zu höherer Stabilität, aber es läßt das Bier auch fader schmecken.

Mit diesem Basiswissen ausgestattet, können wir uns schon trauen, ein bißchen fachzusimpeln – auf der ersten „Reise“ kommen wir ohnehin nur in ein Lokal. Hoffen wir also, daß das dort tätige Personal im gleichen Maß an an Bierkunde interessiert ist wie wir es sind.

Biertrinker, richtige Biertrinker, sind immer auch Besserwisser. Und das ist gut so: Das bessere, das richtige Wissen, worauf es beim Bier ankommt, erhöht den Biergenuß – und ist angewandter Konsumentenschutz. Auch dieses Buch will die Besserwisser fördern. Leute, die dem Wirt auf die Finger schauen, wenn er ein Bier zapft.

Dabei ist die Bierkultur immer noch entwicklungsfähig. Das beginnt damit, daß die deutsche Sprache – anders als die englische – in Sachen Bier noch nicht so weit entwickelt ist wie in Sachen Wein. Beim Verkosten – gerade in größerer Runde – wird es oft schwer, im Urteil über „schmeckt mir“ oder „schmeckt mir nicht“ hinauszukommen. Zweifellos: Ob's schmeckt, ist das wichtigste Kriterium bei der Bier-Beurteilung. Aber zu diesem rein subjektiven Eindruck und den objektiven, eher im Labor prüfbaren Kriterien (von A bis Z,

Alkoholgehalt bis Zapfdruck) kommen Erfahrungen, die das Aufspüren einzelner Biere erst interessant machen.

Wir werden Biere kennenlernen, die betont rauchig schmecken, andere mit Fruchtaromen (ohne daß Früchte dabei wären), wieder andere, in denen Früchte mit eingemaischt werden. Wir werden leichte Zitrusaromen schmecken und eine Bittere, die an Kaffee erinnert. Oder an Schokolade. Oder vielleicht doch an Kakao? Vielleicht ein Gewürz?

Es macht nichts, wenn wir gelegentlich um Worte ringen und Vergleiche nicht sofort zu passen scheinen – auch wenn Experten zusammensitzen, kann es vorkommen, daß über den Begriff „würzig“ verschiedene Meinungen herrschen oder das Wort „süffig“ nicht exakt gleich definiert wird.

Jedenfalls lohnt es, über die eigenen Geschmackserfahrungen zu sprechen. Was dieses Buch an Verkostungsnotizen enthält, kann nur eine Anleitung sein, selbst dem spezifischen Geschmack der Biere (der auch mit den Jahren gewissen Schwankungen unterworfen ist) auf die Spur zu kommen. Beim Kosten ist zuerst die Nase gefordert, dann wird der Antrunk, der erste Eindruck, geprüft, die Vollmundigkeit, die Rezenz (ob das Bier frisch schmeckt) und der Nachtrunk (das, was man beim Weinverkosten den „Abgang“ nennt).

Ein weiterer Bereich der Bierkultur, der weiterentwickelt werden muß – und das können nur wir, die passionierten Biertrinker selber in die Hand nehmen – ist das Zusammenspiel von Bier und Küche. Immer wieder findet man die Getränkeempfehlung „Pils zum Fischgang“ – wer sie befolgt, kann böse Überraschungen erleben. Gerade die feinen Hopfenaromen im Pils ergeben mit einigen öligen Substanzen im Fisch einen unguten Ton. Schwach gehopftes Bier – Jenaer Weisse mit ihrer angenehmen Säure oder Weizenbier – ist sehr viel harmonischer, noch besser wäre ein Lambic.

Ähnlich ist es mit dem Käse. Da wurde uns jahrelang eingeredet, daß man Wein dazu trinken sollte. Die Kombination eines Edelschimmelkäses – „Trautenfelser“, „Roquefort“ etc. – mit den kräftig-bitteren Aromen eines Guinness scheint mir allerdings viel passender. Oder nehmen wir einen der simpelsten und billigsten Streichkäse, den Kräuter-Gervais „Bojar“. Dieser cremige Käse erwies sich als nahezu idealer Begleiter fast aller Biere. Löffelweise genossen kann er vor allem die österreichischen Premium- und Märzenbiere reizvoll ergänzen – sie stellen quasi das „flüssige Brɒt“ dazu dar. Daß Quargel zum dunklen Bier und „O'batzter“ (mit Butter und Gewürzen vermischter Camembert) zum Hellen passen, ist bekannt.

Weniger bekannt ist die Eignung von Bier zuɱ Dessert. Süßliches Bockbier, zumal obergäriges wie Weizenbock oder ein englischer „Winter Warmer“, sind die richtige Wahl zu einem Pudding. Zu weniger süßen Nachspeisen empfehlen sich die aromatischen belgischen Biere – je süßer das Dessert, desto stärker sollte das Bier sein.

Nun mag es sein, daß nicht jeder ein Lokal mit großer Auswahl in der Nähe hat. Dem bleibt der Trost, daß große Auswahl nur dort Sinn macht, wo der allgemeine Bierdurst und der Bierverstand groß sind – sonst wird die schöne, teure Biervielfalt alt, bevor sie getrunken werden kann.

„Bier wird nur zu dem Zweck gebraut, daß es getrunken wird. Und Bier, das nicht getrunken wird, hat eben seinen Beruf verfehlt!" Dieses Bonmot prägte schon der Abgeordnete Alexander Meyer in einer Debatte des preußischen Abgeordnetenhauses vom 21.1.1880 über die Besteuerung geistiger Getränke. Es hat bis heute Gültigkeit – denn trotz aller Bemühungen des Handels, ein möglichst lange haltbares Bier zu bekommen, schmeckt Bier, das frisch getrunken wird, am besten. Bismarck hat das Wort übrigens öfters zitiert; er war ein bekannter Bierliebhaber und hat durch sein Vorbild sicher zum Aufstieg des Brauwesens in Deutschland beigetragen. Zu einem Jubiläumsfest erhielt der Reichskanzler Biergeschenke von Brauereien aus allen Teilen des Reiches: „Ich kam aus Baierland von Passau hergesandt, bin rein in meinem Stoffe und schneidig wie ich hoffe", schrieb Franz Stockbauer auf sein Faß. Dieser Bezug zum Reinheitsgebot wurde durch ein Geschenk der Hansa-Brauerei aus Bremen kontrastiert, die Bismarck mit Reisbier erfreute: „Aus Indiens Frucht ein edles Naß, aus deutschem Holz gebaut das Faß", lautete die mit Eichenlaub umkränzte Inschrift des Geschenkgebindes.

Wer weder ausgefallene Biergeschenke bekommt noch ein Bier-Spezialitätenlokal um die Ecke liegen hat, der kann immerhin zwischen den schlecht sortierten Bierlokalen das beste wählen. Da gilt noch heute, was Max Ehm 1939 in Langensalza in sein Lehrbuch „Getränkekunde" geschrieben hat: „Beim Ausschank des Bieres ist darauf zu achten, daß das Bier mit der richtigen Temperatur (8-10 Grad) ausgeschenkt wird." Wer je ein Thermometer in ein Bierglas gehalten hat, wird erstaunt sein, wie weit diese Temperatur unterschritten wird. Ganz kalt darf eigentlich nur Leichtbier oder alkoholfreies Bier sein; andere Biere verlieren unter acht Grad ihren Geschmack, wenn sie denn einen haben. Zu kaltes Einschenken mag den Umsatz des Wirtes steigern – der Bierkultur schadet es. Der Bierkenner liebt sein Bier mit acht bis zehn Grad (englisches Real Ale oder urtümliches Bockbier noch beträchtlich wärmer).

Aber folgen wir weiter Max Ehm: „Soll das Bier seine Frische, seine Klarheit, seinen guten Geschmack behalten, so muß es in sauberen Schankgefäßen dem Gaste vorgesezt werden." Schon Ehm erwähnte, daß für Biergläser ein eigenes Gläserspülmittel und ein zweimaliges Ausspülen notwendig ist. Das zweite Spülen – unmittelbar vor dem Einschenken – kann auch durch ein Aufbewahren der Gläser im Gefrierschrank ersetzt werden, was eine hübsche Vereisung ergibt. Beides hat nur einen Zweck: Das Glas soll möglichst kalt sein, wenn eingeschenkt wird, dann bildet sich wenig, aber umso haltbarerer Schaum.

Schauen wir dem Wirt weiter auf die Finger – mit Ehms Augen: „Jeder Schankwirt wird das Bestreben haben, seinen Gästen nur gutes, einwandfreies Bier vorzusetzen. Der Ausschank minderwertigen Bieres wird als Lebensmittelfälschung angesehen und bestraft. Solch minderwertiges Bier ist z. B. das Tropfbier, das vom Zapfhahn abtropft und in untergesetzten Gläsern aufgefangen wird, das Überschaumbier, das bei zu starkem Kohlensäuredruck an der Außenseite der Gläser überfließt und sich im Bierkasten sammelt, das Neigenbier, d.h. die Bierreste, die in den Gläsern der Gäste zurückgeblieben sind. Derartiges Bier darf auch niemals dazu dienen, frisch gefüllte Gläser damit zu verschneiden."

Dasselbe schrieben auch die „Ortspolizeilichen Vorschriften vom 5. Oktober 1906" für München in ihrem Paragraphen 75 vor. Da hieß es: „Es ist verboten, Bier welches abgestanden, schal, unrein, trübe, sauer oder von ekelerregendem Geschmack, Geruch oder Aussehen ist auszuschenken." Und weiter im Paragraphen 76: „Es ist verboten, beim Ausschank des Bieres von den Schankgefäßen den Schaum mit dem Munde abzublasen."

Und noch eine Rechtsbestimmung ruft man sich sicherheitshalber ins Gedächtnis, wenn man auf ein Bier geht: Die Reichsgerichtsentscheidung vom 28. November 1889. Da heißt es: „Schlechtes Einschenken, bestehend in der durch Kunstgriffe hergestellten überhohen Schaumdecke, ist Betrug, da es sich nicht nur um eine vertragswidrige Leistung, sondern um eine solche unter einer Vorkehrung handelt, die den Anschein der Vertragsmäßigkeit erweckt." Eine Rechtsmeinung, die bis in neuere Zeit durch alle möglichen zusätzlichen Urteile gestützt wird. „Schlecht Einschenken ist Betrug" hat etwa die „Tageszeitung für Brauerei" am Tag meiner Geburt, dem 11. August 1958, gemeldet – schon allein deshalb sehe ich mich zum Konsumentenschützer in Bierfragen berufen.

Bedeutsam ist natürlich auch, welches Bierglas verwendet wird. Die Brauereien lassen sich vielfach von den Vorstellungen der Marketingfachleute, bestenfalls der Gastronomen, aber selten von denen der Bierkenner leiten. Gläser, die dem Bier und dem Schaum eine besonders große Oberfläche gönnen, bewähren sich besonders für kräftige, aromareiche Biere. In Belgien verwendet man bauchige, an Weingläser erinnernde Verkostungsgläser für die Starkbiere. In Deutschland und Österreich kommt es dagegen vor, daß Gläser in der Form von Cognacschwenkern auch für Pils verwendet werden. Dies hat zur Folge, daß sich das Pils zwar mit schönem Schaum zapfen läßt, daß dieser aber rasch zusammenfällt, wenn einmal abgetrunken wird und die Bieroberfläche sich im bauchigen Teil des Glases vergrößert.

Richtige Pilsgläser haben die Form eines sich nach unten verjüngenden Kelches oder Pokals – dann schiebt sich der schöne Schaum bis zum letzten Schluck dekorativ zusammen. Es ist übrigens eine weitverbreitete Irrmeinung, ein gut gezapftes Pils brauche sieben Minuten. Um eine schöne weiße Borte aufs Bier zu bekommen, ist nämlich vor allem die Art des Einschenkens entscheidend. Und die ist – außer bei englischen Ales und beim Weizenbier, das in einem Zug aus der Flasche ausgeschenkt wird – immer gleich: In ein kalt ausgespültes (oder aus dem Gefrierschrank genommenes) Glas wird erst einmal etwa die Hälfte des Bieres eingeschenkt. Bei Faßbier ist es wichtig, daß der Zapfdruck nicht zu stark eingestellt ist, beim Flaschenbier sorgt ein nicht zu großer Schwung dafür, daß sich schon beim Einschenken ein wenig Kohlensäure entbinden kann. Nach etwa einer Minute, wenn sich der erste Schaum gesetzt hat, schenkt man ein zweites und nach nochmaligem Absetzen ein drittes Mal nach. So kann man auch ein Flaschenbier optisch ansprechend „zapfen". Wollte man sich damit sieben Minuten Zeit lassen, wäre ein Großteil der Kohlensäure – und damit der Rezenz – verloren.

Mit solchem Wissen und einem guten Schluck gestärkt, können wir uns auf den Weg machen – wie einst die Brauer-Gesellen, die sich auf die Walz begaben. Oder wie jener Heinrich Knaust, Doktor beider Rechte, der im späten 16. Jahrhundert die Braukunst und den Biergeschmack der deutschen Länder aufzeichnete. Wer eine Reise zum Bier antritt, der darf sich getrost auch auf andere hohe Vorbilder berufen. Edmund Maria Schranka, der 1886 „Ein Buch vom Bier“ in Frankfurt an der Oder herausgegeben hat, beschreibt die Ernsthaftigkeit solcher Reisen: „Oft haben sie einen wissenschaftlichen und ernsten Charakter, weil Zweck, die Bierquellen zu studieren, ferner die technischen Einrichtungen berühmter Brauhäuser, aber auch die berühmten Bierkeller, ferner der Besuch der wissenschaftlichen Stationen und Braufachschulen.“

Er hat aber auch den Fall des Pester Redakteurs Baron Siegmund Kemeny beschrieben, der in den fünfziger Jahren des 19. Jahrhunderts mit seinem Freund, dem Bischof Danelik, sämtliche Bierwirtshäuser von Wien und Pest besucht hat. Mit dieser großen Aufgabe zu Ende, beschlossen die beiden Herren, doch auch Münchner Bier vor Ort zu kosten. Drei Tage später meldete die Zeitung des Barons, der „Pesti Naplo“: „Unser Redakteur, Herr Baron Kemeny, ist in Begleitung des Bischofs nach München gereist, die dortige Bibliothek zu studieren.“ So wurde „in die Bibliothek gehen“ zu einer freundlichen Verschleierung für „ins Bierhaus gehen“.

Einen Rat noch gibt Schranka den Bierreisenden mit: „Schau in den Bierkrug nicht zu tief – leicht versäumst du zur Heimfahrt das Locomotiv!“

Wir wollen den Rat gerne beherzigen, wenn wir uns auf den nächsten Reisen weiter als in das nächste Wirtshaus wagen. Wir haben dafür eine Route gewählt, die uns Kostproben aller in Mitteleuropa gängigen Biertypen ermöglicht.

Auch unsere erste größere Reise beginnt in einem Wirtshaus – und wenn wir wirklich verreisen wollen, dann müssen wir aufpassen, daß wir dort nicht hocken bleiben, was zumindest im Sommer gar nicht unwahrscheinlich wäre. Das Lokal ist international wie alle Institutionen, die von den Wiener als urwienerisch empfunden werden. Damit ist schon gesagt, wo dieses Wirtshaus liegt: in meiner Heimatstadt **Wien**. Der langjährige Wiener Bürgermeister Helmut Zilk, der hier über die letzten Jahrzehnte Stammgast war, hat es einmal als „das berühmteste böhmische Wirtshaus der Welt" bezeichnet. Dabei hat es weder einen wienerischen noch einen böhmischen Namen, sondern heißt „Schweizerhaus", liegt mitten im Wiener Vergnügungsviertel, dem „Prater", und wird seinem Ruf dennoch voll gerecht.

Der Namen leitet sich von einem Ausstellungspavillon der Wiener Weltausstellung von 1872 her: Da präsentierte sich unser westliches Nachbarland auf dem Grundstück. Dort, unter den schattigen Bäumen des Wiener Praters bei einem Glas *Budweiser* Bieres zu sitzen, ist ein schöner Beginn für die Entwirrung. Da umsorgen einen Kellner, die einem Film über das Leben der einfachen Leut' in der alten Monarchie zu entstammen scheinen, und es gibt eine kuriose, stolz ausgestellte Patent-Maschine, die den Bierrettich in appetitliche Spiralen zerlegt.

Gut, der Prater hat eine etwas ältere Wiener Tradition als das „Schweizerhaus". Das ehemals höfische Jagdgebiet wurde am 7. April 1766 dem „Publico" (wie die Bevölkerung damals genannt wurde) geöffnet. Mit der Erlaubnis, im Prater spazieren zu gehen, zu reiten und zu fahren, waren die Wiener allerdings nicht zufriedengestellt. Schon zwei Wochen nach der Freigabe rangen einige geschäftstüchtige Bürger Josef II. das Recht ab, auf den Wiesen Erfrischungen auszuschenken, womit die Entstehung des Wurstelpraters besiegelt war. „Seine Kaiserliche Majestät" mußte allerdings, wollte er sich's nicht mit der Geistlichkeit verscherzen, eine Einschränkung verfügen, die noch heute weitgehend gilt: Nach zwei Monaten Hochbetrieb wurde im Sommer 1766 verfügt, daß der Prater an Sonn- und Feiertagen bis 10.00 Uhr vormittags „zu" sein müsse – die Wiener hatten zugunsten von Vergnügen und Erholung nämlich auf Kirchenbesuche verzichtet.

Ein Blick ins Geschichtsbuch, noch besser: ein Gespräch mit dem 91 Jahre alten Wirt Karl Kolarik, erinnert daran, daß Böhmen ja einmal bei Österreich war. Daß der Prater 1782 nicht weniger als 43 Wirtshäuser beherbergte. Und daß das Budweiser Bier über all die Wechselfälle der Geschichte eine zweite Heimat in Wien hatte. Ähnlich wie das Pilsner Bier, in dessen Namen einst eine „Bierklinik" in der Wiener Innenstadt betrieben wurde.

Pilsen – Budweis – Wien: Das war um die Jahrhundertwende das wichtigste Dreieck der Bierwelt. Den Böhmen ist davon nach dem ersten Weltkrieg der gute Ruf geblieben, den bescheideneren Österreichern die größten Brauereien und die Liebe zur Bierkultur.

Man sagt, das Budweiser schmecke nirgendwo so gut wie im Schweizerhaus. In England geht gar die Legende, daß das Bier für das Schweizerhaus in Budweis mit einer eigenen Hefe versetzt werde. Wahr daran ist, daß das Schweizerhaus (mit rund 8000 hl) einer der größten Einzelkunden der Budweiser Brauerei ist. Da gibt es eben eine besondere Beziehung: Karl Kolarik jun. kauft das Bier nach Faßproben direkt vom Tank.

Und das nicht erst seit gestern: Wer den „jungen Herrn Kolarik" (immerhin Jahrgang 1945) fragt, „Sind Sie einer der Buben aus dem

Firmenwortlaut Kolarik & Buben?", der muß sich erst in die böhmische Biergeschichte einlesen: Nein, Buben gibt es schon lange nicht mehr. Herr Jaromir Buben (tschechisch für Trommel) war nämlich der Familienname des Kellermeisters, der die Firma in der ersten Nachkriegszeit gerettet hat, als der Vater des heutigen Geschäftsführers in Kriegsgefangenschaft war.

Aber um unsere Reiseroute recht zu verstehen, müssen wir noch zweieinhalb Jahrzehnte zurückgehen, in die Nachkriegszeit des 1. Weltkrieges. Da hatten die nationalistischen Tschechen als eine der ersten Maßnahmen ihrer jungen Republik den Bierexport verboten – weil sonst für die tschechischen Arbeiter zuwenig bliebe, wie ein Redakteur der Berliner „Tageszeitung für Brauerei" (wohl kopfschüttelnd) vermeldet hat. Dieser Maßnahme fiel die schon erwähnte „Pilsner Bierklinik" in der Steindlgasse in der Wiener Innenstadt zum Opfer – und wird seither erfolgreich als „Gösser Bierklinik" geführt.

Auch den Budweisern war der internationale Markt (auf dem sich mittlerweile frech das dem Original keineswegs ähnliche *Bud* von Anheuser-Busch etabliert hatte) kurze Zeit verschlossen. Bis eben ein Fleischhauer namens Kolarik in Wien das Schweizerhaus erwarb, um ins Gastgewerbe einzusteigen. Gemeinsam mit seinem Sohn – dem heute 91-jährigen Senior der Firma Kolarik & Buben – reiste er durch Böhmen, um ein gutes Bier und einen guten Bezugsvertrag zu finden.

Ein bißchen etwas von dieser Erkundungstour können wir auch heute noch nachvollziehen, also machen wir uns aus der Weinstadt Wien zu einem Grenzgang zwischen Wasser, Wein und Bier auf! Die Route führt uns nach Norden, zunächst ins sogenannte Weinviertel, das sich auch stolz die „Champagne Österreichs" nennt.

Tatsächlich wachsen in den Lagen rund um **Poysdorf** hervorragende Sekt-Grundweine und in der Stadt gibt es ein dem Weinbau verbundenes Museum. Für uns ist aber das bemerkenswerteste Objekt eine alte Bierwerbung: „Am 1. April 1900 begann der Ausstoß der vorzüglichen Lager und Märzen-Biere", wurde für die Bräuhaus-Restauration geworben, die bis vor wenigen Jahren noch bestanden hat. Die Brauerei wurde während des Brauereisterbens nach dem 1.Weltkrieg geschlossen – aber auf Poysdorfer Heimatbildern sieht man bis in die jüngere Vergangenheit, daß Bier bei wichtigen Feiern mindestens so präsent war wie der hiesige Wein.

In Poysdorf sind wir bereits in einer Grenzregion – nicht nur zwischen Wein und Bier, sondern auch zwischen Österreich und Tschechien (wie der Staat neuerdings heißt) und zwischen Kalkgestein und Granit. Wir wollen einen Grenzgang mal diesseits und mal jenseits der Staatsgrenze (die ja glücklicherweise durchlässig geworden ist) unternehmen und werden dabei von Osten nach Westen die sogenannte Böhmische Masse kennenlernen – einen geologischen Bereich, in dem es besonders weiches Wasser gibt; Wasser, das sich ideal zum Brauen eignet.

Aber zunächst geht es noch weiter nach Norden – auf der Brünnerstraße nach Brünn. Rechts, also östlich, lassen wir zwei Ortschaften liegen, deren biergeschichtliche Bedeutung vor allem aus alten Karten klar wird: Das für sein Schloß und sein Gewächshaus berühmte **Eisgrub** (Lednice) dürfte seinen Namen von einer vorindustriellen Kühlanlage haben, die Ortschaft war lange ein Zentrum der Malzindustrie; ähnlich ist es mit **Lundenburg** (Breclav), dessen Brautradition bis 1522 zurück belegt ist. Zeitweise gehörte die Brauerei dem Hause Liechtenstein. Aus Lundenburg kam die Bierbrauerfamilie Kuffner, die die Ottakringer Brauerei in Wien zu einem modernen Industriebetrieb gemacht hat.

Heute besteht in Lundenburg die Brauerei *Podluzan*, die 1910 als Aktiengesellschaft gegründet wurde. Ein Teil der Brauerei stammt noch aus jener Zeit; bei meinem Besuch im Frühjahr 1993 wurde gerade ein neues Sudhaus errichtet. Man braut hier drei Biere: Ein *10*grädiges, dessen Aroma recht gewöhnungsbedürftig ist, ein *Svetle Lezak* (Helles Lager) mit 12 Grad und eher vollem, betont bitteren Eindruck, sowie das sehr dunkle *Tmavy Lezak* – mit malzigem Geruch und rundem aber nicht süßem Gesamteindruck, der in einer harmonischen Bittere ausklingt.

Der kupferne Läutergrant im Sudhaus von Znaim stammt aus den Skoda-Werken in Pilsen

Nun sind wir also in Mähren, jenem Teil der tschechischen Republik, der für seine Qualitätsmalze Ansehen in der Brauwelt genießt – das Gerstenanbaugebiet zieht sich weit nach Osten in die heutige slowakische Republik, aber das traditionelle Zentrum ist Brünn (Brno). Hier wurden bereits 1920 rund 100 verschiedene Gerstensorten gezüchtet – viele auf Basis der 1884 entstandenen „Hanna Pedigree“. Nachdem die Verbindungen nach Wien abgebrochen waren, wurde hier eine eigene Forschungsstation der Malzindustrie geschaffen. Das alte Brünner Mälzereigebäude wird demnächst zu einem Hotel umgebaut. Heute kommt der Großteil des mährischen Malzes aus der modernen Malzfabrik in **Hodonice**.

Daß in Tschechien noch sehr traditionell gemälzt wird, das können wir in **Cerna Hora**, 30 Kilometer nördlich von Brünn beobachten. Die dortige 140.000-hl-Brauerei stammt von 1530 und besitzt neben der Brauhauseinrichtung aus den zwanziger Jahren auch eine auf das 18. Jahrhundert zurückgehende Tennenmälzerei. Man braut hier das nach dem Gründer der Brauerei benannte *Tas* (10grädig, sehr hell, leicht malzaromatisch und von einer prickelnden Bittere einbegleitet), das ebenfalls 10grädige, nach einer Rockgruppe benannte *Kern* (dunkelbernstein, süffig und malzaromatisch mit milder Bittere), das *Nigramontis Lezak* (ein 12grädiges, sehr helles Lager, das einen sehr ansprechenden Pils-Charakter hat) und das das gleich starke rötlich-schwarze *Granat* mit einem süßlichen Charakter.

Aus **Brünn** selbst kommt ein Bier, das wie die Brauerei *Starobrno* heißt, früher zu deutsch „Altbrünn" oder „Erste Brünner Actienbrauerei, gegründet 1872". Starobrno ist wie fast alle Brauereien in Tschechien eine untergärige Sortimentsbrauerei: Es beginnt mit dem recht aromatischen *Starobrno Light*, das mit etwa acht Grad Stammwürze eingebraut wird und dennoch einen Eindruck von böhmisch-mährischer Bierkultur gibt. Zu dieser Bierkultur gehört, daß man eher leichtere Biere trinkt – dafür aber ein oder zwei mehr. So ist das *Starobrno Tradicni svetle pivo* ein zehngrädiges Bier: Ein traditionelles goldgelb-helles Bier mit für die Stärke auffallend kräftigem Schaum und deutlichem Malzgeschmack, der auch im Nachtrunk vorhält und die milde Hopfennote ergänzt. Gelegentlich kann man auch das etwas süßlichere *Karamelove Pivo*, das leicht süßliche Karamelbier, verkosten.

Als Westeuropäer sind wir gewohnt, daß Biere etwa 12 Grad Stammwürze haben – und natürlich gibt es auch hier solche Biere. *Svetle lezak*, helles Lager, heißen sie üblicherweise (und auch in Brünn): Hier hat es einen schönen Schaum und riecht hopfig, hat einen milden Antrunk und einen fast pilsartig-herben Charakter. Daß dieses Bier im Inland als „min. 3,1 %", im Export aber als 4,5prozentig deklariert wird, sollte uns eine Warnung sein, auch das nicht ganz so hoch vergorene Bier in Tschechien und der Slowakei nicht allzu leicht zu nehmen. Oft werden nämlich die (geringeren) Gewichtsprozente anstatt des in der EG üblichen Alkoholgehalts in Volumsprozenten deklariert. So kommt auch der vollmundige Brünner Drache, *Brnensky drak*, mit 14 Grad Stammwürze nur auf 3,6 Alkoholprozente.

Bevor wir Brünn verlassen, sollten wir nicht übersehen, daß die Hauptstadt Mährens zu Unrecht als Reiseziel vernachlässigt wird. Als „bierige Sehenswürdigkeit" bietet sich hier ein Haus auf dem Nam Svobody an: Nummer 17 hat eine Fassade, die mit Hopfenranken geschmückt ist – daß wir daneben auch Weinreben begegnen, sei dem Thema dieser zweiten Reise entsprechend hinzugefügt. Ganz in der Nähe, in der Jakubska, steht auch Brünns erste und sehr schön eingerichtete Hausbrauerei, *Pegas*. Sie ist für das örtliche Preisniveau sehr teuer, dennoch immer voll und manchmal leergetrunken: Das *Psenicne*, das einzige mir bekannte Weizenbier des Landes, kann daher hier nicht beschrieben werden. Als Trost bleiben zur Auswahl das mittelgelbe, frische und malzig-milde *Svetle Lezak* sowie das dunkelbraune, vollmundige *Cerne Lezak*.

Wir verlassen nun Brünn und setzen unseren Grenzgang in westlicher Richtung fort. Die nächste Brauerei an der Strecke ist *Hubertus* in **Laa an der Thaya**, die sich sowohl mit ihrem harmonischen *Herren Pils* als auch dem sehr vollmundigen *Weihnachtsbock* einen Namen gemacht hat. Ich habe dieses 1454 gegründete Brauhaus der Familie Kühtreiber in meinem Buch „Unser Bier" ausführlich beschrieben – erwähnenswert ist im Zusammenhang mit dieser Reise vor allem die Tatsache, daß diese damals städtische Brauerei 1847 von der Znaimer Brauerei übernommen werden sollte und von Bürgermeister Kühtreiber quasi gerettet wurde. Der Sitz von Hubertus ist heute unbestritten, was man von der thayaaufwärts gelegenen Brauerei in **Znaim** (Znojmo) leider nicht sagen kann.

Gerade ihre einmalig schöne Lage – am Rand des Stadtzentrums auf einer die Thaya überragenden Felsklippe – könnte ihr nämlich zum Verhängnis werden: Die 1363 gegründete Brauerei *Hostan* wird ihre schloßartigen Gebäude aus dem späten 19. Jahrhundert womöglich räumen müssen, um die auf ihrem Gelände liegende romanische Rotunde dem Publikum zugänglich zu machen. Jedenfalls ist an eine Erweiterung des Betriebes mit seinem prachtvollen Sudhaus aus der Zwischenkriegszeit derzeit nicht zu denken, eher schon an eine Absiedelung – aber auch dafür fehlt derzeit das Geld. Vorläufig gibt es drei Biere zu kosten, die nur nach der Grädigkeit bezeichnet sind: Das *10*grädige ist sehr ausgewogen und süffig mit einer angenehmen Hopfung, das *11*grädige ist eine Spur malziger und das *12*grädige ist mit seinem leichten Kümmelaroma eher unharmonisch.

Noch eine Entdeckung bleibt zu vermelden: In Znaim habe ich ein Bier entdeckt, das mir auf seltsame Weise vertraut erschienen ist: „Zwettler" ist draufgestanden, das kennt man ja aus dem österreichischen Waldviertel. Ungewöhnlich war aber der weitere Text *Classic Pivo* und der deklarierte Stammwürzegehalt: 10 Grad. Also rasch eine Flasche des ungewöhnlichen (und in Österreich vorläufig nicht erhältlichen) Waldviertler Produktes getestet. Die Farbe ist sehr hellgelb, der Schaum nicht ganz so kräftig wie bei den Zwettler Bieren gewohnt. Der Geruch überrascht mit einer für die relative Schwäche des Bieres überdurchschnittlichen Malzigkeit. Im Antrunk wirkt es süffig, der Gesamteindruck bei der Verkostung ergibt eine harmonische Komposition von Malz- und Hopfenaromen, die besonders den Nachtrunk beherrschen. Bestes böhmisches Bier, würde man meinen.

Und damit gar nicht so falsch gehen. Denn Karl Schwarz, der Besitzer der *Zwettler Brauerei*, kauft für dieses Bier ausschließlich mährisches Malz und böhmischen Hopfen, sein Braumeister Heinz Aigner hält sich streng an das tschechische Rezept. Nur kann die moderne Braustätte in **Zwettl** sehr viel sauberer arbeiten als viele Betriebe jenseits der Staatsgrenze. So kann Aigner Geschmacksfehler vermeiden, deren gehäuftes Auftreten im böhmischen Bier schon fast zu dessen Charakteristikum geworden sind: Das „Classic Pivo" hat nichts von dem leichten Buttergeschmack, der das (in unseren Bieren unerwünschte) Gärungsnebenprodukt Diacetyl anzeigt, nicht den Oxidationseffekt und auch nichts von dem Brotgeschmack, den übertriebenes Pasteurisieren ergibt. Böhmisches Bier, wie es sein sollte.

In der Zwettler Brauerei wird dieses Bier vorerst in bescheidenen Mengen – und zu bescheidenen Preisen als Test für eine geplante Produktion in Tschechien – gebraut. Dazu kommt ein *Premium Pivo* mit 12 Grad. Es ist ein wenig kräftiger in der Farbe, voller im Geschmack und betont den Hopfen nicht so sehr.

Kämen diese Biere auf den österreichischen Markt, wären sie wohl bald eine ernstzunehmende Konkurrenz für die anderen Zwettler Biere – aber da sind die zoll- und steuerrechtlichen Bestimmungen vor: Karl Schwarz führt die relativ billigen tschechischen Rohstoffe im Vormerkverkehr zur Veredelung ein, zahlt also keinen Zoll und muß das Produkt wieder exportieren. Daß sich ein österreichischer Brauer auf dem traditionellen Heimatmarkt des böhmischen Bieres behaupten kann, darf dennoch als Sensation gelten.

Verständlich, daß sich die bisher nicht an Konkurrenz gewöhnten Brauer nördlich der Grenze darüber ärgern. Allerdings haben diese rasch gelernt, ihre eigenen Produkte zu Markenartikeln aufzuwerten. Beipielsweise in **Iglau** (Jihlava), wo Braumeister Jan Barak ein Bier im Zeichen des Igels braut: Unter den sechs Bieren haben sich die beiden *Jezek* genannten besonders hervorgetan. Das *11*grädige ist recht voll und gut gehopft, der *12*grädige Jezek ist dunkler, voller und sehr ausgeprägt gehopft. Daneben gibt es noch ein 14grädiges *Spezial* und ein wenig beeindruckendes *8*grädiges sowie zwei *Senkovni* (Schankbier) genannte 10grädige Biere.

Die Brauerei von Iglau hat bis heute das Aussehen ihrer Gründungsjahre bewahrt

Die Iglauer Brauerei ist ein Beispiel bürgerlicher Brautradition: Mit Stadt-Privilegien (das Iglauer Stadtrecht stammt von 1247) wurde den Bürgern üblicherweise das Recht zuerkannt, Bier zu brauen – in der Stadt und ihrer Umgebung (dem Meilenbezirk) durfte dann nur mehr das Bier der Bürger ausgeschenkt werden. Dadurch hatten die Bürger stets zumindest eine sichere Einnahmequelle – und konnten daher verhalten werden, sich für die Verteidigung ihrer Gemeinde stark zu machen. „Zum Biere steht mit Herz und Hand ein jeder hier im Böhmerland", sagt dazu ein alter Spruch.

Entlang der von uns bereisten Grenze hat es in vielen Städten solche Braurechte mit Meilenrechten gegeben, etwa in **Weitra** und in **Freistadt**, wo sich bis heute eine Braukommune im Eigentum aller Hausbesitzer der Stadt erhalten hat. Eine ähnliche Zusammenlegung von Braurechten stand auch am Beginn der heutigen *Pivovar Jihlava*: 120 Bürger errichteten eine für damalige Zeiten modernste Brauerei, deren Bier auch auf den Wiener Markt kam. Noch heute reift das Bier für 21 bis 90 Tage in den riesigen alten Kellergewölben, nur die Natureiskühlung ist durch eine künstliche Kühlanlage ersetzt worden. Noch steht das alte Mälzereigebäude, allerdings wird es seit 1991 nicht mehr verwendet. Dennoch werde nur sparsam modernisiert, verspricht Braumeister Barak, der liebevoll die alten, offenen Gärgefäße pflegt: „Die modernen Bierfabriken haben keine Poesie mehr!"

Da die Grenze nun offen ist, könnte man die Reise leicht zu den Bierstädten des österreichischen Waldviertels fortsetzen, wir aber entscheiden uns dafür, Brauereien und Biere kennenzulernen, die im Westen lange unbekannt waren – etwa jene von **Humpolec**. Dieses Städtchen hatte schon im 15. Jahrhundert sechs Bierbrauer, die bestehende Brauerei beruft sich auf eine Gründung anno 1597, am heutigen Standort wird seit 1690 gebraut – trotz aller Rückschläge wie jenem des Brandes vom 7. April 1763. Die Brauerei nennt sich seit der Privatisierung 1991 „Familienbrauerei" und hat als Firmennamen den des Haupteigentümers Stanislav *Bernard* angenommen.

Die 110.000-hl-Brauerei gleicht in manchem einem Industriemuseum, und fast bedauert man, daß mit aller Entschlossenheit modernisiert wird: So ist noch bis Mitte 1993 ein Dampfkessel von 1912 in Betrieb, die Malzpoliermaschine unter dem Dach wird zwar inzwischen elektrisch betrieben, die alten Transmissionen sind aber noch erhalten. Die Biere erinnern mit ihrer ausgeprägten Hopfung alle daran, daß Tschechien die Heimat des Pils-Bieres ist: Alle drei heißen *Bernard*, wobei das *11*grädige durch seine halbdunkle Farbe die pilsige Linie optisch (aber nicht geschmacklich) durchbricht.

Anderen Brauereien der Umgebung braucht man nicht nachzureisen: Auf einer Nordeuropa-Reise bin ich einmal auf ein vergleichsweise kräftig wirkendes Bier namens *Regent* gestoßen: Mittelbraun und mit malzigem Geruch, im Antrunk von typisch böhmischem Geschmack, leicht rauchige Malzigkeit, nicht zu bitter. Erst näheres Studium des Etiketts hat mich belehrt, daß ich ein Bier mit altösterreichischer Tradition getrunken habe: Am Flaschenhals konnte ich das Stadtsiegel von Wittingau entziffern – das „Regent" ist ein Bier aus der Brauerei **Trebon/Wittingau**, die zwischen Budweis und Gmünd liegt. Es ist nur 9grädig, hat aber sehr viel mehr Geschmack als man einem so leichten Bier zutrauen würde.

Die Brauerei, die dieses Bier bis nach Skandinavien exportiert, besteht schon seit 1379. Das noch heute von einer Stadtbefestigung umgebene Trebon ist Zentrum der Teichwirtschaft, von hier kommen die berühmten böhmischen Karpfen. Wenn es um Karpfen geht, hält sich jeder Tscheche für einen Fachmann. Schon im 16. Jahrhundert gab es 78.000 Karpfenteiche in Böhmen. Und zu Beginn des 15. Jahrhunderts beschrieb ein Dokument die ausgereiften Zuchtmethoden in Südböhmen. Die meisten Teiche gehörten damals den Rosenbergern, die Wittingau ein Renaissanceschloß und den größten tschechischen Teich, den „Rozmberk" (angelegt 1584-89) hinterließen.

In Wittingau war auch der letzte Sitz der Rosenberger, deren Sproß Petr Vok hier 1611 starb. Sie exportierten ihre Fische nach Sachsen, Österreich und selbst in das weitentfernte Rom. Was damals meist auf den Tafeln der Reichen serviert wurde, gehört heute zu Weihnachten zum Speiseplan eines jeden böhmischen Haushalts. Jedenfalls hat über alle Systemänderungen hinweg das Wort aus dem 30-jährigen Krieg gegolten: „Schafe, Teiche, Bierbrauerein – bringen den Herrn großes Geld ein."

Die Herren, die nach den Rosenbergern das große Geld in Wittingau machten, waren die Fürsten Schwarzenberg: 1698 ließ Ferdinand von Schwarzenberg die Brauerei in das ehemalige Rosenbergische Waffenhaus transferieren. Die italienischen Baumeister de Maggi, der Wiener Martinelli und der Prager Bayer arbeiteten am Umbau. Es ist noch heute eine sehenswert traditionelle Brauerei, die in den alten Gewölben eine eigene Tennenmälzerei betreibt, um den Rohstoff für ihren 300.000-hl-Ausstoß zu bereiten. Ein Gärkeller mit offenen Bottichen und ein Pferdewagen, der das Bier bis zum Hotel „Goldener Stern" („Zlata Hvezda") auf dem Marktplatz von Trebon zustellt, runden das Bild eines liebenswert-altmodischen Betriebes ab.

Viel moderner ist die Brauerei *Budvar* im zwanzig Autominuten enfernten **Budweis/Ceske Budejovice**: Ihr dunkelgelbes, vollmundiges 12grädiges Bier mit der kurzen, trockenen Hopfennote im Nachtrunk gilt in Österreich als Inbegriff der böhmischen Braukunst – mehr als die Hälfte des 430.000-hl-Ausstoßes gehen ins Ausland. Wobei es schon stimmen mag, daß das Bier im „Schweizerhaus" besser schmeckt als in den „Fleischbänken", der aus dem alten Fleischmarkt entstandenen Budweiser Traditionsgaststätte. Für den Inlandsmarkt reift das Budweiser 60 Tage, für den Export sind es 90 Tage. Das ist angesichts der enormen Kosten, die einer Brauerei durch das im Lagerkeller gebundene Kapital entstehen, ein Luxus, der kaum irgendwo für ein normales, 12grädiges Lagerbier getrieben wird. Dazu kommt, daß die Brauerei Budvar über eine der besten und sichersten Wasserversorgungen Tschechiens verfügt: Aus 300 Metern Tiefe wird ein jahrtausendealtes und entsprechend wenig belastetes Wasser mit nur zwei Härtegraden gepumpt.

Die Brauerei Budvar ist aus dem 1894 gegründeten und ein Jahr später in Betrieb genommenen „Tschechischen Actien Bräuhaus" hervorgegangen, mit dem national gesinnte Tschechen damals ihre Unabhängigkeit von deutscher Braukunst demonstrierten.

Die Budweiser Biergeschichte reicht zumindest bis 1351 zurück, als der Stadt das Meilenrecht verliehen wurde. Viele Bürgerhäuser hatten ihre eigene Brauereieinrichtung, in der „reiheweise", also abwechselnd, gebraut wurde. Das 1930 erschienene „Heimatbuch der Berg- und Kreisstadt Budweis" berichtet: „Budweiser Bier und Budweiser Malz wurden bald im Lande berühmt und fanden großen Absatz. Am 4. Jänner 1510 erhielten die Mälzer ihre Zunftartikel, sie hatten aber schon viel früher ihren eigenen Bruderschaftsaltar in der Pfarrkirche, ebenso wie die Bäcker, Fleischer und Fischer. Die Malzerzeugung war ursprünglich mit dem Bierbrauen verbunden. Erst in späterer Zeit hat sich das selbständige Mälzerhandwerk entwickelt, das nicht nur Malz für die brauberechtigte Bürgerschaft erzeugte, sondern auch für die Ausfuhr aus der Stadt."

Aus dem Jahr 1531 wird berichtet, daß König Ferdinand I. Gefallen am Budweiser Bier gefunden haben soll – daher nennt Budvar sein Bier noch heute „Das Bier der Könige". Wie bedeutend die Braugerechtigkeit für die Budweiser Bürgerschaft war, läßt sich noch im Jahr 1843 nachweisen, als die brauberechtigte Bürgerschaft die Kosten für die Errichtung der Kaserne übernahm – immerhin 63.822 Gulden und 21 Kreuzer.

Noch heute gibt es zwei Brauereien in Budweis – ein wenig im Schatten der Brauerei Budvar steht das von den deutschen Budweisern 1795 gegründete „Budweiser Bräuberechtigten Bürgerliches Bräuhaus", heute bekannt unter der Inlandsmarke *Crystal* und dem einst an den Württemberger Hof gelieferten *Samson*. Dieses hellbernsteinfarbene, pilsherbe, aber nicht sehr charakterstarke Bier war jahrzehntelang als Exportprodukt für die sozialistischen Bruderländer gebraut worden; heute kommt es als Billigbier in den Westen.

Die Brauerei Krumau war ehemals Schwarzenbergischer Besitz

Von Budweis wieder eine halbe Autostunde entfernt liegt **Ceske Krumlov** (das einstige **Krumau**), wo die zweitgrößte Burg der Republik liegt. Wenn wir durch das untere Tor gehen, passieren wir eine kleine Brücke – unten im Burggraben spielen Bären mit Bierfässern. Eine Brauerei kann also nicht weit sein; tatsächlich befindet sie sich im untersten Ausläufer der Burg, nahe dem zentralen Parkplatz. Diese ehemalige Herrschafts-Brauerei wurde als eine der ersten 1991 privatisiert – meine Verkostungsnotizen stammen aus der Zeit vorher: Damals gab es ein *10*grädiges, dunkelgelbes Bier mit überraschend rundem Geschmack und einer unaufdringlichen Herbe sowie das *Sumavsky Lezak*, ein 12grädiges nicht zu volles und fein hopfenaromartisches Lagerbier.

Nachdem wir nun Beispiele bürgerlicher und herrschaftlicher Brautradition auf engem Raum erlebt haben, müssen wir wieder die Grenze passieren, um die dritte Wurzel der Braukunst zu erleben: Klosterbier. In **Schlägl** steht Österreichs einzige Klosterbrauerei – und sie gibt einen guten Vorgeschmack auf das, was wir auf der achten Reise verkosten werden, wenn es zum kirchlichen Bier geht. In Schlägl ist mit Siegfried Wagner ein Laie als Braumeister tätig – was allerdings nur bedeutet, daß er kein Chorherr ist. Wagners fachliches Wissen ist enorm – und er hat es nicht nur für ein beachtliches *Leichtbier* und einen 19grädigen *Doppelbock* eingebracht, sondern er hat 1992 eine echte Innovation auf den Biermarkt gebracht: Ein obergäriges Roggenbier, für das er Roggen aus einer 1908 vom Stift gezüchteten Sorte vermälzen läßt und den Hopfen von der nahen (Bio-)Bergkräutergenossenschaft in Sarleinsbach heranzieht.

Das Bier, das daraus gebraut wird, könnte man auf den ersten Blick für ein Pils halten. Helles Goldgelb, kräftiger, reinweißer Schaum. Aber schon der erste Schluck zeigt, daß das *Gold-Roggen* schwächer gehopft ist, als man das bei einem Pils erwarten würde.

Braumeister Wagner hat einen angenehmen malzigen Charakter zustande gebracht, der sich am besten entfaltet, wenn man das Roggenbier wärmer als gewohnt trinkt, etwa bei neun bis zehn Grad Celsius. Dann erinnert das Roggenbier ein wenig an seine Verwandten, die obergärigen Biere aus dem Rheinland. Denn die Produktionsweise ist der des Kölsch ähnlich: Ein Sud nach dem klassischen Zwei-Maischverfahren wird mit einer obergärigen, also wärmeliebenden Hefe bei 18 Grad Celsius angestellt. Nach der sehr stürmisch verlaufenden Gärung wird das Jungbier zur Lagerung auf beinahe null Grad heruntergekühlt, wobei eine ganz sachte Nachreifung erfolgt, die das Roggenbier von den mit ähnlichen Hefen vergorenen Weizenbieren unterscheidet.

Eine halbe Autostunde von Schlägl (und nach einer neuen Grenzüberquerung, diesmal nach Bayern) erreicht man **Hauzenberg**, wo eine kleine Brauerei (die nicht einmal einen eigenen Ausschank am Ort hat), eine andere ungewöhnliche Bierspezialität kultiviert: Im *Apostelbräu* braut man nämlich ein *Dinkelbier* – goldgelb, mit feinem, nicht zu üppigem Schaum und leicht malzigem Geruch, einem säuerlich-frischen Antrunk und ausgeprägten Malzaromen, die auch den Nachtrunk beherrschen. Dinkel (triticum spelta) ist ein seit Jahrtausenden bekannter Verwandter des Weizenkorns, die Hl. Hildegard, die als Naturkundlerin auch Hopfenforschung betrieben hat, erkannte seine heilsame Wirkung, Bio-Bauern schätzen seine Genügsamkeit, was Düngung betrifft – nur die Brauer lehnten ihn wegen des relativ hohen Eiweißanteils ab. Erst Braumeister Max Hirz gelang es, ein Dinkelbier mit Nachgärung auf der Flasche zu brauen.

Hier in Bayern können wir auf der Spur der obergärigen Biere bleiben: Im *Lang-Bräu* in **Freyung**, am Ostrand des Nationalparks bayrischer Wald, braut man neuerdings ein recht erfrischendes *Helles Weizen* und ein etwas aromatischeres *Dunkles Weizen*. Durchqueren wir den Park, so kommen wir nach **Zwiesel**, wo mit dem Gasthaus „Deutscher Rhein" nicht nur eine gutbürgerliche Labestätte, sondern auch eine bemerkenswerte Spezialitätenbrauerei, das *Jankabräu* einlädt. Das Braurecht von Zwiesel wurde erstmals 1554 festgeschrieben. Nachdem offenbar schon jahrhundertelang gebraut worden war, bekamen die Bürger in einem herzoglichen Rezess das förmliche Recht, „für sich selbst und allein das bayrische Braunbier bei ihnen auf gebührliche Beschau und Satz zu brauen und auszuschenken, auch weiter unterm Reifen zu verkaufen ... aber das böhmische Weißbier zu brauen noch sonst dahin zu bringe und auszuschenken, sollen sie nicht die Macht haben, sondern verboten sein." Weißbier durfte damals in Bayern nur von dem Geschlecht der Degenberger (das auch in Zwiesel ein Brauhaus hatte) gebraut werden.

Neben dem *Böhmischen Kupfer Spezial*, einem sehr süffigen und harmonischen hellbraunen Bier, und dem pilsartigen *Boheme-Bier* braut man hier ein kerniges, nach Weizen duftendes *Schwarzes Wei-*

zen, das eines der bittersten Weißbiere ist, die ich kennengelernt habe. Aber dem Weißbier werden wir auf einer eigenen Reise nachspüren – auf dieser Tour geht es uns nur um den Überblick.

Des geographischen Zusammenhangs halber muß aber **Schwarzach** am südwestlichen Rand des bayrischen Waldes erwähnt werden. Dort befindet sich jenes Stammhaus der Degenberger, in dem im 16. Jahrhundert das einzige Weizenbier Bayerns legal gebraut werden durfte. Als das Geschlecht der Degenberger, die dieses Monopol von den bayrischen Herzögen erhalten hatten, 1602 ausstarb, berief die bayrische Hofkammer sofort den weißbierkundigen Braumeister Sigmund Bettl nach München, um dort ein Weißes Hofbräuhaus (an der Stelle, wo heute der Ausschank des Hofbräuhauses ist) einzurichten. Die Schwarzacher Brauerei wurde zwar zwischen 1687 und 1689 erneuert, heute steht der erhaltene barocke Industriebau aber nicht mehr in Verwendung.

Sehr lebendig ist dagegen die *Hofmark-Brauerei* in **Cham**. *Das feine Hofmark* treffen wir in eigens geprägten Bügelverschlußflaschen an. Es vermittelt mit seiner goldbraunen Farbe, dem festen Schaum und dem würzigen Geruch vom ersten Anblick an einen bodenständigen Eindruck. Immerhin stammt die Brauerei aus dem Jahr 1590 – und ihr Bier bietet einen hervorragenden Übergang von dem, was wir in Böhmen, zu dem, was wir in Bayern suchen: Der Antrunk ist gerade nicht zu voll, so daß die feine herbe Note nicht beeinträchtigt wird.

Die Brauerei stützt sich einerseits auf die weichen Wasservorkommen der böhmischen Masse, andererseits auf einen alten Trick: Dem Sud werden ins Gärgefäß Buchenscheite beigegeben, die dem Bier unedle Bitterstoffe entziehen und den Pilsner Typ weiter verfeinern.

Es ist ein erlaubter Trick, sonst wären die Brauer längst auf der nahen Burg Stockenfels (bei **Nittenau** am Regen) gelandet: Dorthin werden der Sage nach alle Bierpantscher verbannt – und müssen dort entweder soviel Wasser schöpfen, wie sie es zum Strecken des Bieres verwendet haben, oder, nach einer noch schlimmeren Version, das selber gepantschte Bier unter Aufsicht des Teufels trinken.

Da hält man sich lieber ans Reinheitsgebot. Und braut sich sein Bier womöglich selbst. Ein Nittenauer, der am 15. Februar 1750 geborene Valentin Stefan Still, ist beispielsweise nach seiner Brauerlehre bei seinem Vater zu den Paulanermönchen gegangen. Als Bruder Barnabas werkte er dann bis zu seinem Tod 1795 in München, wo er für das *Salvator*-Starkbier verantwortlich zeichnete. Wir werden es auf der neunten Reise näher kennenlernen.

Vorher aber geht unser Grenzgang mit der unsichtbaren und kaum schmeckbaren Grenzüberschreitung nach Franken zu Ende. Was hier in den kleinen Brauhäusern der Oberpfalz (die durch von Gepäck unbeschwerte Bierwanderungen erschlossen werden können) als „Zwickl"-Bier verzapft wird, das heißt dann „Zoigl"-Bier. Der „Zoigl", das ist der Brauerstern, der als Symbol für selbstgebrautes, unfiltriertes und ungespundetes Bier, das bitter und kohlensäurearm ist, an den Häusern in Franken ausgesteckt wird. Es handelt sich übrigens um einen sechszackigen Stern, der (wie der Davidstern) aus zwei ineinandergesteckten gleichseitigen Dreiecken gebildet wird. Ganz ohne Mystik geht es auch in unserer aufgeklärten Zeit nicht ab!

Der Brauerstern symbolisiert mit seinen beiden Dreiecken die am Brauvorgang beteiligten Elemente (Wasser, Feuer, Luft) und die drei Arbeitsvorgänge Mälzen, Kochen, Gären

Unsere vorige Bierreise hat uns nach Franken gebracht – und das ist eine Region, innerhalb derer man so viele Bierreisen unternehmen könnte, daß das mehr als ein Buch füllen würde (im Anhang sind einige davon empfohlen). Diese Reise kann also bloß einen kleinen Vorgeschmack bilden – und eine Warnung: Wer die fränkische Bierlandschaft zu erforschen beginnt, der kommt immer wieder. Die praktische Schwierigkeit einer fränkischen Bierreise liegt darin, daß man alle paar Kilometer auf ein interessantes Brauhaus stößt – man bedarf also entweder eines enthaltsamen Chauffeurs oder guter Marschtauglichkeit, um sich das fränkische Bier zu erwandern.

Immerhin gibt es hier auf engstem Raum zwischen 370 und 420 Brauereien (je nachdem, wie man die geographischen Grenzen zieht und ob vielleicht die eine oder andere inzwischen zusperren mußte, was leider auch hier vorkommt). Grob gesagt gilt aber, daß ein Drittel aller Brauereien Deutschlands in Franken liegt. Zugegeben: Manche Biere sind einander sehr ähnlich – aber daß sie doch in verschiedenen Brauereien gebraut werden, das ist ein Beleg dafür, daß man in „Bierfranken" keine industrielle Vereinheitlichung will. Denn immer wieder kommen einem Biere unter, die so etwas wie einen Hausgeschmack haben, die ein bißchen mehr Persönlichkeit zeigen als andere.

Es ist zumeist eine ländliche Persönlichkeit, aus einfachen Verhältnissen geboren, denn im Raum nördlich von Nürnberg gibt es kaum große Städte – wohl aber jene Struktur mittlerer Größe, in der sich Bürgertum und kirchliche Pracht entwickeln konnten. Um sich einen Eindruck von dieser Vielfalt zu verschaffen, fährt man am besten nach **Bamberg**. Diesem barock geprägten Städtchen sagt man nach, daß es mehr Brauereien als Kirchen hätte, was Johannes Schulters vom Fränkischen Brauereimuseum gerne bestätigt: Derzeit steht es 10:10, aber 1818 gab es hier 65 Brauhäuser auf die gleiche Zahl Kirchen. Die Stadt war nicht zuletzt deshalb für die Bier-Entwicklung geeignet, weil sie auf Sand gebaut ist: Wo dieser als Scheuersand abgebaut wurde, entstanden Bierkeller – und es ist noch gar nicht so lange her, daß die Brauburschen nicht nur Eis auf dem Eisgalgen machten, sondern auch Höhlen in den Sand graben mußten.

Bambergs Biergeschichte reicht bis zur Gründung 973 zurück, die erste urkundliche Erwähnung eines Bierausschanks datiert von 1093. Und neben einer Brauordnung von 1489 ist vor allem eine fürstbischöfliche Verordnung aus dem 18. Jahrhundert bedeutsam:

„Der Untertan hat das Recht, für sein gutes Geld ein gutes Speisebier zu verlangen. Es soll stark perlen und hoch schäumen, der Schaum muß sich einige Zeit halten. Die Farbe gehe vom Braunen ins Hochgelbe, sei klar und durchsichtig. Das Bier habe einen weinicht-prickelnden Geschmack, es muß die dem Hopfen eigene Bitterkeit mit sich führen, auf dem Gaumen eine kühlende und erquikkende Empfindung erregen und der kitzelnde Geschmack desselben muß sich auch dem Geruch mitteilen."

Das Bamberger Bier macht einem das Kennenlernen nicht unbedingt leicht. Viele Touristen beginnen ihr Programm im Dom, wandern dann talwärts und fallen in das erstbeste Lokal hinein. Dies ist – weil es auch so schön am Weg liegt – *Schlenkerla*; und da fangen die Probleme auch schon an. Bamberg ist nämlich die Stadt des Rauchbiers; und das ist beim Schlenkerla besonders ausgeprägt. Wollte man es beschreiben, so müßte man von einem schwarzen, nicht sehr vollmundigen Bier erzählen, das in allem den Eindruck eines Stückes guten, geselchten Fleisches macht. Nur, daß Salz und Fleischgeschmack abgehen.

Das ist ein Eindruck, der so verwirrend ist, daß viele Bamberg-Besucher nach der obligaten ersten Halben das Weite suchen. Dabei kann man dem Rauchbier doch einiges abgewinnen. Sein Prinzip ist sehr einfach: Wie wir schon gesehen haben, muß zur Bierherstellung Getreide angekeimt werden, damit sich im Korn verschiedene Enzyme entfalten können; dann wird das Getreide über heißer Luft getrocknet – man sagt: gedarrt – und zwischengelagert, bevor es in der Brauerei geschrotet und eingemaischt wird.

Das ganze Geheimnis des Rauchbieres liegt im Darrvorgang: Das frisch angekeimte Grünmalz wird dabei nicht von heißer Luft, sondern von heißem Buchenholz-Rauch getrocknet. Und dieser hinterläßt jenes eigentümliche Aroma, das man in vielen Bamberger Bieren findet. Vor allem eben im Rauchbier, wobei das Schlenkerla (von dem es auch ein weniger gewöhnungsbedürftiges, allerdings auch entsprechend dünneres *Rauchbier leicht* gibt) die stärkste Note vermittelt.

Einen etwas einfacheren Einstieg findet man im 1536 gegründeten *Spezial* oder im gegenüberliegenden *Fässla*, wo die Bamberger selber ihre örtlichen Biere in echt fränkischen Stuben verkosten.

Fässla ist nicht eigentlich eine Rauchbier-Brauerei. Man bekommt hier ein *Fässla Helles*, das eher den böhmischen Typ repräsentiert und sehr betont gehopft ist, sowie ein dunkelgelbes *Pils*, das betont, aber nicht sehr fein gehopft ist. Im Spätherbst gesellt sich dazu der *Bambergator*, ein rotbrauner, wenig schäumender Doppelbock von 23 Grad: Er riecht süßlich, schmeckt mastig aber nicht zu süß und klingt mit einer ausgeprägten Hopfennote aus.

Gegenüber, beim Spezial (der schon wegen seines schönen Hauszeichens eine Sehenswürdigkeit ist), gibt es praktisch nur *Rauchbier*. Es ist dunkelbraun, süffig und rauchig-herb – was auch auf das rotbraune *Spezial Bockbier* zutrifft, das einen ganz zart süßlichen Eindruck macht. Beide Brauereigasthöfe haben auch eine kleine, bierige Speisekarte. Als örtliche Spezialität sind vor allem „Gefüllte Zwiebel in Rauchbiersauce" zu empfehlen.

Auch andere Bamberger Brauereien sind für ihre gemütlichen Braugasthöfe bekannt: Etwa das *Mahrs-Bräu* an der sogenannten „Wunderburg", einer Straße, die zwar ein Ulanendenkmal und zwei Brauereien (gegenüber von Mahrs liegt Keesmann), aber keine Burg beherbergt. Bei Mahrs kann man erleben, daß die Küche am frühen Nachmittag schon geschlossen ist – aber dann rät die Bedienung einfach, doch zum Metzger einige Häuser weiter zu gehen und etwas zu holen. Dort lernt der Ortsfremde, was eine Bierkugel ist (eine Wurstart), daß die Extrawurst hier Schinkenwurst genannt wird und das, was wir als Schinkenwurst kennen, Bierschinken.

Ausschneide-Modell des Mahrs-Fuhrparks im Weissbier-Keller

So versorgt geht's zurück in die Bierwirtschaft – um eine fränkische Spezialität zu verkosten: *Ungespundetes Bier*. Bei Mahrs ist dieses kupferfarben, unfiltriert, malzaromatisch und süffig mit einem leichten Hauch von Rauch aber besonderer Betonung der Hopfung. Dieses 4,5prozentige Bier ist schön rezent, obwohl der Kohlensäuregehalt besonders niedrig ist. Das kommt daher, daß das Bier im Lagerfaß ohne Spundungsapparat reifen kann: Dadurch reichert sich das Bier nur sehr wenig mit Kohlensäure an.

Braumeister Uwe Kraus gewährt diesem Bier wie allen anderen untergärigen Bieren seines Hauses eine besondere Hopfung. Aromahopfen aus dem nahen Spalt und aus Tettnang prägen den Charakter der Biere. Und machen die Wunderburg zu einem Mekka der lokalen Biertrinker, die hier ziemlich unter sich sind – von den Sehenswürdigkeiten des Stadtzentrums geht man hierher gut zwanzig Minuten, Touristen haben keine Ahnung, was man in dieser Gegend versäumt; aber schon die Bamberger allein sorgen dafür, daß in der Gastwirtschaft und „auf dem Keller" (wie man hier zum Biergarten sagt) ein Zehntel des 25.000-hl-Ausstoßes der Mahr-Brauerei ausgeschenkt werden kann.

Im Winter fließt im Brauereigasthof (der unmittelbar neben der hochmodernen, computergesteuerten Brauerei liegt) ab 17 Uhr der *Bock* vom Faß. Mittelgelb und kräftig, eine leicht rauchige Bittere, die dem Bamberger Bier eigen ist, und ein vollmundiger, sehr betont herber Geschmack machen diesen Bock zu einem der besten, die ich auf meinen Reisen kennengelernt habe. Im Gespräch mit dem Braumeister habe ich gemeint, daß er wohl so stark wie ein Pils gehopft wäre – aber der hat nur milde abgewunken und gemeint: „Aber na, viel stärker".

Der Brauereibesitzer Ingmar Michel dürfte wohl wissen, was er an diesem Meister hat – denn auf die Kosten der sehr aufwendigen Bierproduktion wird offenbar kein besonderer Druck ausgeübt. Und Herr Michel vermarktet sein Bier auch mit allem Traditionsbewußtsein, setzt sich selber auf den Kutschbock, wenn es verlangt wird, und stellt sich selber auf Ausschneidebögen dar. Und kauft den nötigen teuren Hopfen. Dafür findet er dann gelegentlich internationale Anerkennung – zum Beispiel am 25. November 1991, als die Nachrichtenagentur ADN die Kunde verbreitete, daß das Mahrs-Bier bei einer *Pils*-Verkostung vor Kennern aus Leipzig die drittbeste Geschmacksnote unter den deutschen Pils-Bieren erhalten hat. Tatsächlich ist dieses sehr helle und fein gehopfte Pils umso bemerkenswerter, als Franken kein typisches Pils-Land ist.

Daß so ein Bier in Bamberg gebraut wird, zeichnet die Produktvielfalt von Mahrs aus: *Mahrs Leichtes* ist für den Typ sehr dunkel, besonders auffällig gehopft und daher ausgeprägt bitter – wobei die Bittere durch eine dezente Rauchigkeit ergänzt wird. Ähnlich das Vollbier, das durch seine kräftige Hopfung und die harmonischen Malzaromen besticht. Die flaschenvergorene *Mahrs Weisse* ist frisch und spritzig mit einer dezenten, für den Typ auffallenden Hopfenbittere.

Haben wir uns durch Bambergs Biere halbwegs durchgekostet, so ziemt es sich, dem Umland einen Besuch abzustatten. Immerhin gibt es in Franken noch eine Reihe kleinerer Städte mit mehreren und noch mehr Dörfer mit mindestens einer Brauerei.

Neben Bamberg ist **Forchheim** immer noch ein Zentrum des fränkischen Braugewerbes: In der Sattlertorstraße liegen die Brauereien beinahe Haus an Haus. Ralf Gunther von Berg, der kürzlich seinen „Großen Fränkischen Brauereiführer" im Selbstverlag herausgebracht hat, hat die Erfahrung gemacht, daß man in dieser Stadt besser nach der Brauereigaststätte als nach deren Adresse fragt – denn obwohl Forchheim durchaus seine touristischen Qualitäten hat, ist der Biertrinker in den Braugasthäusern fast immer unter lokalen Bierkennern. Und jeder Ortsansässige ist Bierexperte. Von Berg vermeldet, daß auch Karl der Große in der hiesigen Pfalz gerne einen Humpen Bieres leerte.

Geht man durch den Hausflur der 1579 gegründeten Brauerei *Hebedanz*, so kommt man gleich auf den Brauereihof, rechter Hand liegt das kleine, aber für die rund 9000 hl durchaus passende Sudhaus. Hier wird das Bier noch aus dem Holzfaß ausgeschenkt – und es gibt nebenbei noch eine ganze Palette von Flaschenbieren, unter denen es ein sehr aromatisches *Hefeweizen* gibt.

Ähnlich ein paar Häuser weiter in der 1554 gegründeten Brauerei *Neder*. Hier gibt es ein typisch fränkisches *Keller Bier* – mittelbraun, sehr mild und arm an Kohlensäure mit einer angenehmen, pilsartigen Herbe. Aus dem *Brauhaus Forchheim*, vormals B.&J.

Schneder, kommt das *Brauhaus Hell*, mittelgelb, etwas malzbetont und fein gehopft.

Etwas außerhalb von Forchheim befindet sich die – längst säkularisierte – *Klosterbrauerei Weißenohe*: Hier gibt es das altfränkische *Klosterbier*. Sehr helles Braun, würzig und recht angenehm gehopft; ein Klosterbier, das auf dem Etikett mit dem Bild der Klosteranlage um 1700 wirbt.

Auch das noch weiter südlich gelegene **Erlangen** war im 19. Jahrhundert Zentrum des bayrischen Bierexportes: 1870 bestanden hier 22 Brauereien, Erlanger Bier war bis in die USA berühmt.

In Erlangen gibt es (seit 1972 die Brauerei Erich von der Patrizier-Brauerei aufgekauft wurde) nur mehr eine einzige Brauerei: Die Familie *Kitzmann* verfügt über einen eigenen Brunnen, tiefe Keller und ein familiäres Qualitätsbewußtsein. Selbst das recht einfache, 4,9 Prozent starke Lagerbier, das *Urhell*, kann sich sehen lassen. Manch ein Pils genanntes Bier würde sich ein so angenehmes Hopfenaroma wünschen. Das *Edelpils* ist kräftiggelb, besonders zart malzaromatisch und fein gehopft – eines der besten Biere Frankens.

Das auffälligste Bier der Kitzmann-Brauerei ist das 5,7 Prozent starke *Jubiläums-Erlanger*: Sehr kräftiger Schaum, ein malziger Geruch und ein angenehm-malziger Antrunk zeichnen dieses vollmundige, mild gehopfte, dunkel-bernsteinfarbene Bier aus.

In der fränkischen Schweiz, der Region zwischen Bamberg und Bayreuth, liegt die kleine Ortschaft **Würgau**. Wer die „schweizerisch" anmutende Fels-Landschaft kennt, versteht, warum die hier ansässige Brauerei *Hartmann* so sehr mit dem Felsquellwasser wirbt. Das urige, übrigens auch für seine fränkische Küche bekannte Gasthaus mit angeschlossener Brauerei macht unter anderem einen unfiltrierten *Felsentrunk*, einen *Weihnachtsbock* und ein Pils: Das *Edelpils* ist allerdings (wohl weil das Felsquellwasser für das Pils doch nicht so geeignet ist) von zu kratziger Bittere.

Auch ein interessantes Diät-Pilsner kommt aus Franken, nämlich aus der 1887 von zwei Brüdern gegründeten *Maisel*-Brauerei in **Bayreuth**: Es heißt *Edelhopfen*, ist mittelgelb, schlank und sehr kräftig gehopft – wenn auch die pilstypische feine Note im Nachtrunk fehlt (die etwa beim *Feldschlößchen Diät-Pils* aus Dresden gut ausgeprägt ist). Das Edelhopfen ist 4,9 Prozent stark (wozu der

Alkohol bei diesem hohen Vergärungsgrad teilweise wieder entfernt werden muß), und erst etwa 1,9 Liter dieses Bieres entsprechen einer Broteinheit von 25 Gramm. Berühmter ist die Brauerei mit dem schönen Museum allerdings für ihre obergärige Produktionslinie, aus der ich bewußt das von den Marketing-Experten am stärksten vernachlässigte Produkt hervorheben möchte: Das *Dampfbier*. Dieses „aecht obergärige" Bier wird seit Jahren nicht mehr beworben – und ist dennoch unter Kennern besonders gefragt. Seinen Namen hat es daher, daß es im Lagertank hohen Druck entwickelt, der dann zischend abgelassen wird. Das Produkt ist ein bernsteinfarbenes Bier mit feinem, kräftigem Schaum und einem ziemlich unvergleichlichen, am ehesten an frisches Korn erinnernden Aroma.

Die alten Betriebsteile von Maisel sind heute ein Museum

Unmittelbar neben Maisel's Brauerei liegt die *Bayreuther Bierbrauerei*, ein seit 1872 nur für den lokalen Markt brauendes Unternehmen. Hier ist vor allem untergäriges Bier daheim, etwa das *Faßquell*, ein goldgelbes Vollbier, leicht würzig und ausgewogen gehopft. Die allerneueste Entwicklung ist allerdings eine in langhalsigen Flaschen edel aufgemachte Spezialität, das *Aktien Dry*. Es ist eines der wenigen europäischen Dry-Biere, sehr stark gehopft und sehr reich an Kohlensäure.

Man kann sich bei diesen Bieren richtig vorstellen, warum der im 19. Jahrhundert berühmte Dichter Jean Paul ausgerechnet Bayreuth zu seinem Wohnort erkoren hat, ging es ihm doch darum, einen Platz mit herrlicher Umgebung, schönen Mädchen und gutem Bier zu finden. Es war schließlich das letzte Kriterium, das den Ausschlag gegeben haben soll – auch wenn der Dichter nicht immer glücklich damit wurde: „So muß ich hier die verfluchte Tranksteuer zweimal zahlen. Einmal, wenn das Bier bei mir einpassiert, zum zweiten, wenn ich's von mir gebe. Ich wurde um einen Taler gestraft, weil ich vor dem Haus des Polizeidirektors Ortlof abends um acht, vor oder hinter mir zwei Jungfern (diese zeigten es der Polizei an) mein weniges Wasser abgeschlagen hatte, was mir vom Bayreuther Bier übriggeblieben war.“ Auf Jean Pauls Spuren kann man übrigens einen Stadtrundgang machen, ein entsprechender Führer ist vom Verein der „Fränkischen Bierstraße“ herausgegeben worden.

Manchen der fränkischen Biere muß man tatsächlich nachreisen, um sie verkosten zu können – man muß ja nicht gleich den Wohnort nach ihnen wählen, wie Jean Paul. Aber die Kleinstadt **Naila** ist unter anderem deshalb eine Reise wert, weil hier aus dem weichen Wasser des Frankenwaldes das Bier mit dem gemütlichen Namen *Wohn-Bräu* gebraut wird. Der Name ist ein Familienname und im zur Straße hin blitzenden Brauhaus habe ich noch spätnachts Brauer am Werk gesehen. Immerhin wird hier seit 1454 gebraut, damals haben die Bewohner des Marktes das mit ihren Grundstücken verbundene Braurecht von Markgraf Johann IV. von Brandenburg erhalten.

1929 hat Andreas Wohn, Großvater des heutigen Besitzers, die Braurechte aufgekauft und die 83 Brauberechtigten abgelöst. Franz Wohn braut heute ein breites Sortiment: vom *Hefe Weizen* (goldgelb, erfrischend und aromareich, aber eher vollmundig) über das *Helle* (mittelgelb, süffig und sehr mild gehopft) und das *Pilsner* (hellgelb, süffig mit einem blumigen Malzaroma und einer ausgeprägten Bittere) bis zum braunen *Alt-Nailaer Dunkel*, das sich durch malzig-süßlichen Duft und eine dazu kontrastierende Bittere auszeichnet, die sich schon im Antrunk bemerkbar macht und dann eher mild ausklingt.

Andere Biere sind – zumindest seit der Wiedervereinigung – quasi ominipräsent. Zumindest im Getränkehandel der neuen Bundesländer. Aus der Brauerei *Scherdel* in **Hof** kommt ein dort sehr beliebter *Doppelbock*, der an Deftigkeit nichts zu wünschen übrig läßt: mittelbraun, blumig-malzige Nase, sehr voller, süßlicher Antrunk, dem eine schokoladige Bittere folgt. Der Vergärungsgrad dürfte dennoch hoch sein, denn der Alkoholgehalt dieses Bock-Bieres wird mit 7,5 Prozent angegeben, was manchen „-ator" in den Schatten stellt. Die Brauerei hat schon im vorigen Jahrhundert ihr Bier relativ weit weg von ihrem Schornstein verkauft: Matthäus Scherdel, geboren am 27. September 1803, war Kommunbrauer, bevor er am 3. Juni 1862 die Genehmigung zur Errichtung einer eigenen Brauerei erhielt. Er war der erste Hofer Bierbrauer, der sein Bier nach Preußen und Sachsen exportierte.

Überhaupt hat das Zusammenwachsen Deutschlands die fränkische Bierlandschaft aus einem relativ langen Schlaf erweckt. Bis 1989 lag zum Beispiel **Kulmbach** in einem ziemlich vergessenen Winkel der Bundesrepublik Deutschland. Nun hat es seine zentrale Lage wiederbekommen – und wie es diese nützt, kann man am besten erfahren, wenn man sich von Norden nähert.

Schon in Weimar sieht man vor manchem Wirtshaus das Schild der Mönchshof-Brauerei; fährt man nach Süden, über Rudolstadt und Saalfeld, werden die Schilder von Reichelbräu, Mönchshof und der Ersten Kulmbacher Actienbrauerei (EKU) immer dichter. Die Straße erinnert hier noch sehr an die DDR, ist schmal und gemütlich, ab und zu ein Schlagloch, leider noch öfter einer dieser lauten und qualmenden Lkws aus Ostproduktion.

Es ist die „Bier- und Burgenstraße", ein Touristenpfad mit Tradition: Rekordverdächtig früh, schon 1831, hatten die Kulmbacher Brauer begonnen, in großem Stil Bier zu exportieren, das (vor einigen Jahren abgerissene) Sandlerbräu wurde zur ersten Exportbierbrauerei, denn auch damals war das Empfängerland Sachsen für das Königreich Bayern Ausland. Das Sandlerbräu ist nur noch in einer lokalen Biermarke erhalten, am ehemaligen Standort der Brauerei (Grünwehr 37) erinnert noch ein steinerner Gambrinuskopf an die frühere Biervielfalt von Kulmbach.

Die *EKU*-Brauerei wurde am 21. Dezember 1877 in das Gesellschaftsregister in Bayreuth eingetragen – als „Erste Culmbacher Actien-Exportbier-Brauerei-Gesellschaft. Der Sitz der Gesellschaft ist in Dresden. Dieselbe hat in Kulmbach eine Zweigniederlassung."

Gegründet wurde die Gesellschaft schon fünf Jahre früher – als Zusammenschluß der „Taeffner Export Brauerei" und des „Zweiten Kulmbacher Kommunbrauhauses", die damals Investoren aus Sachsen (1,23 Millionen Mark Stammkapital) gewinnen konnten. So floß sächsisches Geld nach Franken und fränkisches Bier nach Sachsen – und Kulmbachs Ruf stieg immer höher: 1868 kannte man dieses Bier schon in Melbourne! *EKU-Pils* ist heute ein führendes Produkt aus der März-Gruppe (zu der auch Henninger und Jever gehören), allerdings ist es etwas weniger herb als norddeutsche Pilsbiere. Die entalkoholisierte Version *Hopfinger* darf aber mit dem *Jever Fun* durchaus in eine Reihe gestellt werden.

Begonnen hat das alles mit kleinen Biervorräten, die sich Kulmbacher Händler im 18. Jahrhundert mit auf den Weg genommen haben. Das war eine Zeit, als Kulmbacher Bürger das selbst gebraute Bier tranken, während für die Plassenburg hoch über der Stadt (zumindest zu festlichen Anlässen, denn für den Haustrunk gab es auf der Burg ein eigenes Brauhaus) Starkbier aus Einbeck importiert wurde. Zu dieser Zeit konnte eigentlich nur Starkbier transportiert werden – denn es war lange gereift und durch den hohen Alkohol- und Hopfenanteil recht gut konserviert.

Zum Starkbierbrauen hatten die Kulmbacher aber ebenfalls ideale Voraussetzungen: Der Burgberg ist noch heute von Kellergängen durchzogen, in deren kühler Luft das Bier reifen konnte. Die Frauen der Brauer trugen das Jungbier vom Ufer des Feuerbaches in Butten durch die steilen Gassen zu den Bierkellern – so viel Muskelkraft muß wohl ein recht wertvolles Bier ergeben haben.

So dürften hier die Vorläufer des *EKU 28*, das wir auf der 18. Reise als eines der stärksten Biere der Welt kennenlernen werden, entstanden sein.

Allerdings ist nicht alles Starkbier, was hier gebraut wird. Die großen Exporterfolge kamen erst mit den hellen und hier nicht zu herben Pilsbieren (für die das weiche Wasser besonders geeignet ist) und mit den nicht besonders auffälligen Weizenbieren. Von denen braut allein die kleinste, älteste und mit ihrem kupferblitzenden Sudhaus von 1952 auch traditionellste Brauerei *Mönchshof* 100.000 Hektoliter pro Jahr. Die erste urkundlich belegte Brauerei von Kulmbach war die des 1340 gegründeten und 1528 aufgehobenen Augustinerklosters – und die Mönchshof-Brauerei sieht sich in ihrer direkten Nachfolge – daher nimmt sie sich auch heraus, ein *Schwarzes Pils* zu brauen. Schon von der Definition her ein Widerspruch, aber ein als Klosterbier durchaus löbliches Bräu.

Die EKU-Brauerei hat die traditionsreiche Braustadt Kulmbach um ein modernes Sudhaus-Gebäude bereichert

Bleibt noch zu erwähnen, daß Kulmbach und Bamberg gewachsene Zentren der Malzindustrie sind, denn der karge fränkische Boden hat immer eine ziemlich eiweißarme Gerste hervorgebracht. Gottlob, die Küche ist nicht eiweißarm: In Bamberg werden sogar die Spuren von Eiweiß aus dem Biertreber wieder zu Brot verbacken – eine Spezialität von Willi Seel (Jungbach 8, Telefon 0951/57985); in Kulmbach ißt man dazu auch die passende Bratwurst, die hier auf dreierlei Art angerichtet wird. Vom Rost, wie überall in der Welt; als „fränkischer Zipfel“, also wie Forelle blau im Essig-Zwiebelsud gekocht; und schließlich als lokale Spezialität als „Aus-g'streifte“ – da wird das Brät ohne Haut als Streichwurst serviert.

Appetit bekommen? Wir werden auf späteren Reisen wieder nach Franken kommen, wir haben es versprochen. Immerhin wächst hier nicht nur Gerste, sondern auch Hopfen – und dem wollen wir uns auf der nächsten Reise widmen.

Auf unseren ersten Reisen sind wir mehrfach ins Fachsimpeln gekommen: Über Malz und Hopfen. Gut, wir wissen ungefähr, wie Bier gebraut wird. Getreide gehört dazu, das angekeimt und nachher getrocknet (also vermälzt) wird. Und Hopfen. Der ist eine viel seltenere Kulturpflanze als Getreide – und wo er auftaucht, prägt er die Landschaft.

Der „Rasenhopfen", der um 1800 noch „in ein unbebautes Land gesetzt und größtenteils sich selbst überlassen" wurde, ist längst abgekommen. Ebenso die in C. Ph. Funkes „Naturgeschichte und Technologie" (Wien und Prag 1800) zu findende Übung, Hopfen nicht nur an Stangen auf den Feldern, sondern auch an Zäunen und Planken „ohne weitere Wartung" anzubauen, denn schon damals erkannte Funke: „Aber freylich sind die Früchte auch lange nicht so kräftig als von dem sorgfältig kultivierten Hopfen."

Das größte Hopfenanbaugebiet der Welt liegt heute in der Hallertau (oder Holledau), einem Gebiet, das vielen nur von der schön gelegenen gleichnamigen Raststätte an der Autobahn Nürnberg–München vertraut ist. Vor allem nördlich und westlich dieser Raststation kann man die weiten Hopfengärten mit ihren sieben bis acht Meter hohen Drahtkonstruktionen sehen. Der Hopfen (humulus Lupulus) ist nämlich eine Kletterpflanze aus der Gruppe der Nesselgewächse. Er ist zweihäusig, hat also männliche und weibliche Blüten, die auf zwei verschiedenen Pflanzen wachsen.

In der Brauerei ist nur der jungfräuliche weibliche Hopfen gefragt, denn nur die unbefruchteten weiblichen Blüten scheiden jene bitteren Harze und ätherischen Öle aus, die dem Bier sein Aroma verleihen.

Zerpflückt man eine Hopfendolde, so findet man kleine, gelbgrüne Kügelchen, das Lupulin. Dieses gibt dem Bier seine Bittere. Außerdem wirkt der Hopfen konservierend und schaumstabilisierend. Nebenbei ist er ein beruhigendes Heilmittel in der Naturmedizin, will also wohl dosiert sein.

Schon zu römischer Zeit, also vor 488, soll es in der Hallertau Hopfenpflanzen gegeben haben. Zunächst wohl nur zu medizinischen Zwecken. Immerhin erwähnte schon Plinius, daß man junge Hopfentriebe auch essen kann – sie ergeben ein dem Spargel ähnliches Gemüse, das vor allem in Franken geschätzt wird, während man in der Hallertau dem Spargel aus der Abensberger Gegend wohl keine Konkurrenz machen will. Nach und nach begann die Kultivierung zu Brauzwecken – aber der Durchbruch kann erst um 1590 erfolgt sein, als der Jesuit Kaspar Staudter neue Hopfenstecklinge, sogenannte Fechser, aus Böhmen in das (allerdings als solches wenig erfolgreiche) Weinbaugebiet der Hallertau brachte. Dabei haben das milde Klima (Durchschnittstemperatur 7,4 Grad Celsius) und der tiefgründige Boden ideale Voraussetzungen für den Hopfenanbau geschaffen.

Bis zum Dreißigjährigen Krieg, in dem ein Großteil der Kulturen zerstört wurde, lag das Schwergewicht des Hopfenanbaus – wie das der Bierbrauerei überhaupt – noch in Norddeutschland. In manchen Teilen Bayerns wie auch in Österreich verwendete man außer Hopfen auch Kräuter, Gewürznelken, Pfeffer und Wurzelextrakte zum Würzen des Bieres. Manche dieser Stoffe dürften eine halluzinogene Wirkung besessen haben, die das Bier zu einer angenehmen und leicht verfügbaren Droge machten – einen „über den Durst“ zu trinken, mag allerdings gesundheitsschädlich gewesen sein.

Noch in einer – das Reinheitsgebot von 1516 teilweise außer Kraft setzenden – Münchner Brauordnung von 1551 wurden Zusätze von Kräutern (Lorbeer und Koriander) zugelassen. Verboten wurden nur die Medizinalkräuter, die auf rein medizinische Biere beschränkt werden sollten. Tatsächlich muß es in dieser Zeit eine starke Versuchung gegeben haben, etwa Bilsenkraut einzusetzen. Diese auch als „Teufelsauge" bekannte Pflanze (mit der in Shakespeares *Hamlet* Hamlets Vater vergiftet wird) enthält die Nervengifte Hyoscyamin, Atropin und Scopolamin, die das damit gewürzte Bier zu einem echten Rauschgift gemacht haben. Wesentlich harmlosere Kräuter waren im südlichen Österreich noch bis nach dem ersten Weltkrieg in den Steinbier-Brauereien üblich. Dort wurde die Maische nicht in einer Braupfanne, sondern in einem Trog erhitzt, in den glühend heiße Steine geworfen wurden. Die geläuterte Würze aber wurde mit Kräutern, der sogenannten Grut, gewürzt. Selbstverständlich handelte es sich um obergärige oder wilde (ohne Kulturhefe-Zusatz angegorene) Biere, die als sehr bekömmlich gegolten haben. Sie waren in wenigen Tagen genußfertig, aber nur relativ kurz haltbar.

Heute kennt man nur mehr ein Steinbier, nämlich das *Rauchenfels Steinbier*, es kommt nicht aus einer Hopfengegend, sondern aus **Neustadt bei Coburg**. Es gibt davon ein obergäriges, das *Steinweizen,* und ein untergäriges. Beide werden in Bügelverschlußflaschen angeboten und zeichnen sich durch eine betonte Rauchigkeit aus, die dadurch zustande kommt, daß glühend heiße Steine in den (sonst nach dem Reinheitsgebot gebrauten) Sud geworfen werden.

Diese Steine werden im Keutschachtal in Kärnten gebrochen, in einem Stahlkorb über Buchenholz erhitzt und in den Sud getan, wo sie sich von 1200 auf etwa 100 Grad abkühlen. Dabei karamelisiert der Malzzucker teilweise auf den Steinen. Wenn diese später in die Lagertanks gelegt werden, wird der Zucker wieder gelöst, was eine besonders heftige Nachgärung bewirkt.

Früher soll das mit Kräutern hergestellte „Gräwzzing" beliebter gewesen sein als die neuen Hopfenbiere – 1372 hatten sich die Münchner Bürger über Mangel an Gräwzzing beschwert, was prompt zum Erlaß einer neuen Brauordnung führte. Andererseits dürfte Hopfen billiger gewesen sein als die zur Gräwzzing-Bereitung nötige Kräutermischung aus vorwiegend Gagel und Porst, die aus den norddeutschen Ländern importiert werden mußten.

Bei der Steinbier-Produktion werden Steine über Buchenholz auf 1200 Grad erhitzt und dann glühend in den Sudkessel geworfen

Darin dürfte auch eines der Motive für den Erlaß des Bayrischen Reinheitsgebotes am 23. April 1516 in Ingolstadt gelegen sein. Sein eigentlicher Autor, der Jurist und herzogliche Berater Wilhelms IV., Leonhart von Eck, wollte offenbar, daß inländischer Hopfen ausländische Kräuter substituiert – ein frühes Beispiel des Merkantilismus in Zentraleuropa.

In Nordeuropa, nämlich in Dänemark, hat sich übrigens das letzte mit Porst gewürzte Bier erhalten: Im kleinen, sehr spezialisierten Thisted Bryghus in **Thisted** wird noch ein Porst-Bier gebraut. Gekostet habe ich es allerdings noch nicht – auch wenn ich auf der fünfzehnten Reise (nach Skandinavien) ein anderes sonderbares Bier aus Thisted verkostet habe. Aber bleiben wir noch beim Reinheitsgebot und dem Hopfen.

Die Hallertau ist – wie das benachbarte Hersbruck – durch den Hopfenanbau erst langsam zur Bierlandschaft geworden. Im Mainburgischen gibt es einen schönen Bauernvers, der uns ein wenig Aufschluß darüber gibt:

„Das erste ist ein Bier vom Kern,
das trinken d'Herrn und und d'Frauen gern.
Das zweite ist ein Mittelbier,
Trinkst drei Maß, so pißelst vier.
Das dritte ist ein Plempel,
der den Bauern d'Hosen z'sprengt:
Andern zum Exempel."

Wer weiß, welches dieser Biere hier wohl in früheren Jahrhunderten vorgeherrscht hat? Ihre Weltgeltung hatte die Hallertau jedenfalls in jenen Jahren noch nicht – weder als Hopfen-, noch als Brauereigegend. Die Hallertau galt als eine unsichere, schlecht erschlossene Gegend. 1645 wurden bei Mainburg an einem einzigen Tag elf Wölfe erlegt. Um 1500 hat einer der berühmtesten Söhne der Hallertau, der Humanist Aventinus, dem wir auf unserer zehnten Reise noch mehrfach beim Weißbier begegnen werden, seinen typischen Zeitgenossen so beschrieben: „Trinkt sehr, macht viele Kinder, schreit, singt, tanzt, kartet, spielt, mag Wehr tragen, Schweinspieß und lange Messer. Große und überflüssige Hochzeiten und Kirchweihen zu haben ist ehrenhaft und unsträflich."

In **Abensberg**, der Heimatstadt von Aventinus, versteht man sich noch heute aufs Feiern: In der ersten Septemberwoche findet der „Gillamoos" genannte älteste Jahrmarkt Bayerns statt, bei dem die sonst eher für ihr Weißbier bekannte örtliche Brauerei *Kuchlbauer* in ihrem Festzelt ein köstliches Festbier ausschenkt. Rund um den Brauereischornstein (aber nicht im Export) gibt es ein süffiges und hopfenbetontes *Kuchlbauer Helles* und ein *Kuchlbauer Pilsener*, das zu den besten Bieren dieses Typs in Bayern gezählt werden kann: Es ist sehr hell, hat einen besonders schönen Schaum und einen feinen hopfigen Geruch – im Geschmack findet man zwar die Hopfenaromen sehr betont, aber die Bittere ist nicht zu ausgeprägt.

Immerhin verfügt die Brauerei Kuchlbauer traditionell über eigene Hopfenfelder und eine Landwirtschaft, deren Bedeutung wir noch im zehnten Kapitel würdigen wollen.

Während die Hallertau jahrhundertelang vor allem für den eigenen Bedarf Hopfen kultivierte, hat Spalt südlich von Nürnberg erst 1380 nachweislich mit dem Hopfenanbau begonnen – dafür gleich in großem Stil. Damals gab es im Dekanatsgarten jedenfalls neben dem Wein auch Hopfen. Ein aus Böhmen zugezogener Kanonikus brachte neue Stecklinge und schon 1457 „kamen die von Schwabach etliche und kauften in dem Garten viel Hopfen umb große Summe". Nun trachteten die Spalter, ihre Qualität hoch und die Konkurrenz klein zu halten. 1511 wurde die Ausfuhr von Hopfenfechsern verboten, die Hopfenmesser von Nürnberg wurden zur Bedachtnahme darauf angehalten, daß kein Hopfen unter der falschen Bezeichnung Spalter verkauft würde.

1538 schließlich wurde das Versiegeln der Hopfensäcke als Herkunftsnachweis eingeführt. Der Fürstbischof von Eichstätt verlieh der Stadt dazu das förmliche Recht. Hersbruck erhielt 1550 das Siegelrecht von Nürnberg aus.

In der Hallertau wurde allerdings erst im vorigen Jahrhundert mit dem Versiegeln des Hopfens begonnen. Am 27. Oktober 1834 sah sich der Magistrat des Marktes **Wolnzach** veranlaßt, „zur Beseitigung von Unterschleifen" anzuordnen, daß „aller Hopfen aus der Flur Wolnzach mit dem Magistratssiegel versiegelt und der Käufer mit einem gedruckten Waagschein, worin die Nummer und das Gewicht des Hopfens eingetragen ist, versehen wird". Es folgten Markt Au und Siegenburg mit ihren Hopfensiegeln.

Wolnzach hat noch heute ein mittelständisches Brauhaus, dessen Ursprünge im Jahr 1371 liegen. Bekannt ist die *Hopfenperle*, ein dunkelgelbes Exportbier, das zwar einen kräftigen Schaum und einen hopfigen Geruch hat, aber dann doch nicht die erwarteten kräftigen Hopfenaromen, sondern eher einen runden Körper aufweist.

Aus einer der drei Brauereien von **Pfeffenhausen** kommt das *Pöllinger Export*, ein kräftiges und auch kräftig gehopftes Bier, das seinem Herkunftsort Ehre macht. Ein weiteres Zentrum der Hallertau ist **Au**, wo die modernst ausgestattete Schloßbrauerei mit einem sehenswerten Braugasthof lockt. Hier wurde die alte Malztenne mit ihrer weitgespannten Bogendecke zu einem Erlebnisgastronomie-Betrieb ausgebaut. Aber nicht nur der *Schloßbräu*-Keller und der Biergarten unter den Kastanien, vor allem die Biere (die hier auch als unfiltrierte Kellerbiere angeboten werden) machen Au zu einem lohnenden Ausflugsziel. Braumeister Alois Siegel hat sogar das *Auer Hell*, das sehr hellgelbe, einfache Bier, mit feinstem Aromahopfen aus eigenem Anbau veredelt. Manches Pils anderer Brauereien wirkt weniger hopfenaromatisch – denn viele Großbetriebe haben Sorge, mit allzu feinem Hopfen die Biertrinker zu vergraulen: Gerade die besten Hopfenaromen sind nämlich wenig haltbar. Biere aus Großbetrieben müssen aber auf Wunsch des Handels ein langes „shelf-life" (also eine lange Haltbarkeitsdauer) haben – und da könnten die feinen Aromen in einen unangenehmen Geruch nach Käse umschlagen. Deswegen wird der Pils-Eindruck oft nur durch die bittere Komponente billiger Extrakte und nicht durch die feinen Aromen des nicht ganz ausgekochten, teuren Aromahopfens erzeugt.

In der Hallertau diktieren aber offenbar nicht die Kaufleute, wie das Bier gemacht werden soll. Man merkt es auch am etwas stärkeren *Festbier* aus derselben über 400 Jahre alten Brauerei: Es ist dunkelgelb, voll und doch kräftig gehopft – was vom ersten Geruchseindruck bis zum letzten edelbitteren Nachtrunk ständig unvergeßlich bleibt. Zwischen den beiden erwähnten Bieren ist das sehr edel aufgemachte *Auer Pils* angesiedelt: Mittelgelb mit besonders hopfigem Geruch und einer betonten Hopfennote, die allerdings nach bayrischer Art in einen malzigen Körper verpackt ist.

Mit dem Hopfenzupfen sind vielerlei Erinnerungen verbunden: Bis zu 200.000 Wanderarbeiter kamen um die Jahrhundertwende jährlich in die Hallertau. In **Mainburg** braut man zum Andenken daran noch heute die *Hopfazupfa-Weisse*, ein helles, sehr rezent und leicht bitter schmeckendes Weizenbier. Auch bei den anderen Bieren des *Ziegler-Bräu* geht man verschwenderisch mit dem Hopfen um: Das kräftiggelbe *Export Hell* zeichnet sich zwar durch malzigen Geruch aus, ist aber eher schlank und kräftig gehopft, ebenso das etwas dunklere und rundere *Festbier*. Die 1892 gegründete Brauerei ist die letzte von zwei verbleibenden – die andere ist das 1630 gegründete *Kopp-Bräu*, von dem es ein bernsteinfarbenes, sehr rundes *Helles* sowie mehrere Weißbiere gibt.

Fotos aus der letzten Jahrhundertwende zeigen, daß der Mainburger Hopfenmarkt zwischen einer Unzahl von Brauhäusern rund um den Hauptplatz stattgefunden hat. 1733 gab es sechs, 1754 acht, 1890 sogar fünfzehn Brauereien in der Hopfenstadt. Dokumentiert wird das im Hopfenmuseum, das vorläufig noch im Obergeschoß des Mainburger Feuerwehrhauses untergebracht ist, im Lauf des Jahres 1993 aber ins Heimathaus übersiedeln soll.

In **Spalt** waren nie mehr als 2000 Hopfenpflücker beschäftigt, aber die kleine Stadt ist nachdrücklich geprägt von ihnen. „Spanien" und „Portugal" werden die Teile der Spalter Umgebung genannt – die Gaunersprache der Wanderarbeiter hatte diese Bezeichnungen eingeführt. Die Hopfenpflücker standen in denkbar schlechtem Ruf, und es gibt sogar eine Doktorarbeit, in der die Kriminalität der Pflücker untersucht wird. Im Stafregister von 1911 scheinen 479 der Pflücker als vorbestraft auf, in Summe betrug die Vorstrafe 850 Jahre – bei den 129 vorbestraften Frauen lag sie bei 68 Jahren. Sie war jedenfalls so hoch, daß 1912 der Saumarkt, das Fest der Pflükker, Armen und Bettler wegen „Gefährdung der Sittlichkeit" untersagt wurde. Heute, wo das Hopfenpflücken weitgehend automatisiert ist, hat sich in Spalt ein anderer Brauch erhalten: Der Stephaniritt am zweiten Weihnachtsfeiertag – der Heilige Stephan hat als Pferde-Heiliger durch die früher auf die Pferdekraft angewiesenen Hopfenbauern besondere Verehrung genossen.

In Spalt, einem mit 800 Hektar im internationalen Vergleich eher kleinen Hopfensiegel-Gebiet, gibt es noch andere Merkwürdigkeiten. Augenfällig wird das unter anderem an der Architektur: Unter den hohen Giebeln sind zwar heute vielfach Mansardenwohnungen eingebaut worden, der ursprüngliche Zweck der Bauform (bis zu sechs sehr niedrige Dachgeschosse) ist aber meist noch erkennbar. Es mußten große Dachböden mit mehreren Stockwerken vorhanden sein, um dort den Hopfen aus den eigenen Gärten darren zu können.

Manche Häuser wurden direkt an die Stadtmauer gebaut und wirken merkwürdig abgeschnitten – das bekannteste Beispiel ist das sogenannte „Schlenzgerhaus“. Andere grenzen direkt an das Brauhaus, das seit 1879 im Alleineigentum der Stadt mit dem Bürgermeister als Chef steht.

Die heutige Einrichtung der Brauerei stammt im wesentlichen aus den dreißiger Jahren, sie galt damals als eine der modernsten für mittelständische Brauereien dieser Zeit. Bis zu 30.000 hl betrug der Ausstoß, das Bier wurde in seiner besten Zeit bis Königsberg und ins Rheinland verfrachtet – Märkte, die vor allem durch die kriegswirtschaftliche Politik in der NS-Zeit (und erst in zweiter Linie durch den Ausgang des Krieges) verlorengegangen sind. Immerhin gibt es Spalter Bier noch heute in manchen Gegenden von Hessen und der Ausstoß liegt heute sogar bei rund 70.000 hl.

Das Sortiment reicht von einem pilsartigen *Hopfen leicht* über das vollmundige und doch hopfenbetonte *Vollbier*, zum *Märzen* und *Pils*. Schließlich braut man im städtischen Brauhaus von Spalt auch einen 7,5 Prozent starken Bock: Er ist rötlich-bernsteinfarben, hat einen enorm dichten Schaum und einen vollen Körper, der vom ersten Eindruck an vom Aroma des Spalter Hopfens begleitet wird, das sich dann von Augenblick zu Augenblick stärker ausbreitet und die Kraft dieses für den Typ recht trocken wirkenden Bieres immer mehr vergessen läßt. Kein Wunder: Für kaum ein Bockbier werden – wie hier – pro Hektoliter 450 Gramm Hopfen verwendet.

Klar, daß solches Bier in hohem Ruf steht: Probst Arnold von St. Emmeram in Regensburg schrieb schon um 1030 über die Liebe und Ehrfurcht, die dem heiligen Emmeram (dem auch die Spalter Pfarrkirche geweiht ist) entgegengebracht wurde, indem karolingische Fürsten ihm den Mondsee mit seinem Fisch zur „königlichen

Speise" überließen und im Westen „den weingleichen Spalter Hopfen, aus dem ein königlicher Trunk gemacht wird". So jedenfalls lautet die Überlieferung in vielen Bier-Geschichten, viel wahrscheinlicher ist, was der Spalter Pfarrer Obeltshauser 1934 vermutet hat: daß nämlich von königlichen Weingärten in Spalt die Rede war.

Jedenfalls ist hier nicht nur Bier gebraut worden. Und nicht alles Bier aus dem (durch Stauseen geschaffenen) fränkischen Seenland, das südlich von Spalt beginnt, ist königlich: Aus der 1731 gegründeten und mit 470.000 Hektolitern Jahresausstoß inzwischen beachtlich gewachsenen **Öttinger** Brauerei kommt das *Original Oettinger Hell*, ein mittelgelbes, stark würzig riechendes, aber dann doch nicht zu malziges Lagerbier, sehr mild gehopft. Die von mir im Herbst 1992 verkostete Flasche wirkte außerdem eine Spur säuerlich.

Tröstlich dagegen ist das *Original Oettinger Hefeweißbier* – das dem Typ entsprechend auch wenig daran erinnern kann, daß es aus einer Hopfen-Gegend kommt: Dieses Weißbier ist mit seiner hellen Bernsteinfarbe zwar ein bißchen dunkel – aber es hat einen schönen, hefigen Duft, schmeckt rezent und doch voll.

Etwas kleiner als die Oettinger Brauerei ist die *Patrizier-Brauerei* in **Nürnberg**, die wie Oettinger ein wenig unter ihrem Billig-Image leidet. Aber sie hat etwas dagegen getan: Kürzlich wurde die Traditionsmarke *Lederer* wiederbelebt: In der Sielstraße 12 wurde auf dem Gelände der alten „Bierbräubehausung", die erst von Christian Lederer und später von Patrizier übernommen worden war, eine moderne Mittelbrauerei errichtet. Der Clou: An das voll verglaste Sudhaus wurde ein Restaurant mit Bar angebaut. Nürnberger Biere sind eher unauffällig, aber das unfiltrierte *Braumeister-Bier* (voll und ganz leicht süßlich) sowie das für den Typ ungewöhnlich bittere *Lederer Hefe Weissbier* sind beide so aromatisch gehopft, daß sie der Erwähnung wert sind.

Lederer darf übrigens als die älteste Brauerei Nürnbergs gelten: Sie führt ihre Geschichte auf das 1471 vom Rat der Stadt errichtete Herrenbräuhaus in der Altstadt zurück und ist bierhistorisch noch aus einem anderen Grund bemerkenswert: Georg Lederer (1811–1852) war im Jahr 1833 gemeinsam mit Gabriel Sedlmayer aus München und Anton Dreher aus Kleinschwechat bei Wien auf Studienreise in England, wo die jungen Männer unter anderem das Saccharometer kennenlernten. Aus ihren in England gewonnenen Kenntnissen entwickelten Lederers Reisegefährten später das Lagerbier.

Überhaupt kann Nürnberg als Freie Reichsstadt auf eine großartige Biergeschichte zurückblicken, mit der die Gegenwart nur schwer mithalten kann. Ein Drittel der Stadtfinanzen kam allein aus der 1386 eingeführten Umgeldordnung, der damals allerdings auch der in großen Mengen konsumierte Wein und Met unterlag. Die Einnahmen aus dem Bier waren so bedeutend, daß die Stadt bis 1700 den bürgerlichen Brauern nicht erlaubte, mit eigenem Gesinde zu brauen. Um die steuerpflichtigen Mengen kontrollieren zu können, waren städtische Braumeister angestellt (im Jahr des Reinheitsgebotes, 1516, waren es 12 mit jeweils zwei bis vier Knechten), die reihum die Arbeit in den Brauhäusern verrichteten.

Das kleinste Brauhaus von Nürnberg ist heute im *Altstadthof* zu Füßen der Kaiserburg und gleich gegenüber vom Dürerhaus. Auch hier wird übrigens ein Bockbier gebraut – und sogar in 1-Liter-Bügelverschlußflaschen gefüllt. Der sieben Prozent starke *Altstadthof-Bock* ist von einem dunklen Rotbraun, hat einen malzig-süßlichen Geruch, ist aber sehr süffig und herb, erst im Nachtrunk spürt man eine leichte malzige Süße. Die Besonderheit der Altstadthof-Biere besteht in der strengen Auswahl der Rohstoffe aus ökologischem Landbau: Denn der Altstadthof ist quasi der großstädtische Ableger des *Neumarkter Lammsbräu*, dem er auch als eine Lehr- und Versuchsbrauerei dient.

Fragt man einen Brauer, ob es denn eigentlich ein „Bio-Bier" gibt, so bekommt man mit ziemlicher Sicherheit zur Antwort: „Freilich – jedes Bier ist Bio. Schließlich werden ja nur natürliche Rohstoffe verwendet, es gibt keine chemischen Zutaten und überhaupt ist der ganze Brauvorgang ein einziger Reinigungsprozeß. Vom Einmaischen angefangen wird immer nur versucht, die Teile der Bierwürze auszuscheiden, die dem Geschmack abträglich wären – bis zum Schluß reines, trinkfertiges Bier übrigbleibt. Und da ist es ganz unerheblich, ob die Rohstoffe aus Bio-Anbau sind oder nicht – es können eigentlich keine Rückstände im fertigen Bier übrigbleiben."

Da ist was dran. Aber es trifft nicht den Kern der Sache.

Bierbrauereigesellschaft vorm. Gebrüder Lederer Nürnberg.

Denn auch wenn das Produkt nur im Ausnahmefall Verunreinigungen aufweisen kann, so kommt es doch sehr darauf an, wie es hergestellt worden ist. Man weiß, daß zum Bierbrauen dreierlei vonnöten ist: Hopfen, der für bittere Aromen und Haltbarkeit zuständig ist; Malz (also durch Ankeimen und späteres Trocknen braufertig gemachtes Getreide); und schließlich reines Brauwasser.

In Zusammenhängen gedacht: Werden Hopfen und Braugerste beim Anbau mit der chemischen Keule behandelt, so darf man sich nicht wundern, wenn die Chemie sich im Grund- bzw. Brauwasser wiederfindet.

Das sind natürlich Zusammenhänge, die noch nicht bekannt waren, als 1628 das Gasthaus „Goldenes Lamm“ in **Neumarkt in der Oberpfalz** – inmitten des Dreiecks Hallertau-Spalt-Hersbruck – gegründet wurde.

Zu jener Zeit glaubte man noch, daß Wasser, Luft und Feuer unveränderliche Elemente wären, zu jeder Zeit und an jedem Ort gleich. Was aber aus diesen „Elementen“ (sie stellen eines der beiden Dreiecke im sechszackigen Brauerstern dar) gemacht wurde, das muß in dem Gasthaus mit eigener Brauerei besonders gut geschmeckt haben.

Jedenfalls wurde die Braustätte – unmittelbar gegenüber vom Neumarkter Rathaus – seit jener Zeit ununterbrochen betrieben. Seit dem Jahre 1750 übrigens von jener Familie Ehrnsperger, die noch heute das Neumarkter Lammsbräu betreibt.

Qualitätsbewußtsein muß es schon zu jener Zeit gegeben haben, als das Lammsbräu noch vorwiegend Gaststätte mit Mälzerei und Sudhaus im Hinterhaus war. Denn es wurde immer wieder um- und ausgebaut: Neue Kelleranlagen außerhalb der damaligen Innenstadt 1898, ein neues Sudwerk 1910, schließlich, 1927, ein neues Maschinenhaus mit eigener Dampfkraftanlage. Nachdem der Zweite Weltkrieg die Mälzerei im Stammhaus zerstört hatte, wurde diese 1955 am heutigen Brauerei-Standort in der Amberger Straße wiederaufgebaut.

Das Lammsbräu hatte damit eine ungewöhnliche Entscheidung getroffen, denn viele andere Brauer waren zu dieser Zeit schon dazu übergegangen, ihr Malz von großindustriellen Mälzereien zu beziehen. Die eigene Mälzerei mag vielleicht nicht so kostengünstig arbeiten – aber man hat gut im Griff, was da eigentlich passiert. Und so bot sich eine Chance für eine damals einzigartige Qualitätsproduktion.

1978 hatten Bauern eine Erzeugergemeinschaft für Qualitätsbraugerste gegründet, die als „Gold der Oberpfalz" vermarktet wurde. Sechs Jahre später begann die Familie Ehrnsperger eigene Agraringenieure zu beschäftigen, die systematisch erforschten, wie Braugerste, Brauweizen und der gegen Schädlingsbefall besonders empfindliche Hopfen im kontrollierten ökologischen Landbau angebaut werden könnten. Und die als Berater zu den Bauern geschickt wurden, um das Wissen um die neue Qualität der Bier-Rohstoffe weiterzugeben.

So kommt es, daß das Lammsbräu 1987 das erste Ökobier auf den Markt bringen konnte. Es hieß damals wegen seines geringen Alkoholgehalts bescheiden „Neumarkter Schankbier".

Unter den Öko-Bieren des Neumarkter Lammsbräu gibt es heute zwei Leichtbiere. Eines ist das *Öko-Leicht* (eben das frühere Schankbier) mit 2,1 Prozent Alkohol: Es ist bernsteinfarben, sehr schlank und im Nachtrunk betont hopfenherb. Außerdem braut man ein *Leichtes Öko-Hefe Weizen*: hellbernsteinfarben, sehr süffig und dennoch vorbildlich aromatisch. Man kann, wenn man es nach Empfehlung der Brauerei ein wenig wärmer als gewohnt, etwa mit 8 bis 11 Grad trinkt, einen Hauch von Marille erahnen – man fühlt sich dadurch ein wenig an die Wit-Biere Belgiens erinnert.

Das vielleicht beste Bier des Neumarkter Lammsbräu ist das *Öko-Dunkel*: rötlichbraun, mit einer hervorragend hopfigen Nase und einem sehr aromatischen und fruchtigen Antrunk. Das Bier ist ausgesprochen süffig und hat eine eher trockene Bittere im Nachtrunk. Bekannter ist das *Öko-Pilsner*, das ebenfalls fünf Alkoholprozente hat und sich durch ein kräftiges Gelb auszeichnet. Allerdings ist dieses Bier für den Typ ein wenig voll – was dem Pils-Charakter, der durch die betonte Hopfenherbe geprägt ist, allerdings keinen Abbruch tut.

Damit wäre nun viel darüber gesagt, was Öko-Bier ist und wie es schmeckt. Die Brauerei gab sich damit aber noch nicht zufrieden. Als erste deutsche Brauerei ließ Franz Ehrnsperger 1991 den gesamten Betrieb von einem Umweltberatungsinstitut durchleuchten. Die 100.000 DM teure „Öko-Bilanz“ suchte gezielt die Schwachstellen. Auch in einem ökologisch bewußten Betrieb, in dem etwa nur Mehrwegflaschen eingesetzt werden, konnten die Umweltexperten Probleme aufdecken. Sie lieferten Hinweise, wie etwa die Energieversorgung optimiert werden und wie der Fuhrpark verbessert werden könnte.

Ehrnspergers Brauerei ist die größte von drei am Ort ansässigen: Daneben besteht noch die knapp halb so große *Brauerei Franz Xaver Glossner*, die 1574 gegründet worden war. Ein sehr aromatisch gehopftes *Glossner Pils* rechtfertigt die Eintragung in diesem Kapitel, das *Helle* ist eher mild gehopft und getreidig-malzig und das würzige *Hefe-Weizen* erinnert ein wenig an Lebkuchen, auch wenn es nicht süß ist. Aus dem noch kleineren *Gansbräu* kommt ein *Helles* nach Münchner Typ und ein fast schwarzes malzig-bitteres *Dunkles*, das an böhmische Biere dieses Typs erinnert.

Hopfenanbau ist nicht nur aus Altbayern (Hallertau), der Oberpfalz (Hersbruck) und Franken (Spalt), sondern auch aus Mecklenburg-Vorpommern (Neubrandenburg lebte um 1610 hauptsächlich vom Hopfenanbau) und aus Sachsen überliefert. In der bedeutenden Handelsstadt Leipzig wird der erste Hopfengarten 1398 bei der Marienkapelle erwähnt. Später versuchte sich sogar das im Dreißigjährigen Krieg schwer geschädigte St. Johannes-Hospital als Hopfenproduzent. Dieses Hospital ließ sich sein Bier im städtischen Brauhaus brauen und litt daher sehr unter den Preissteigerungen für den

Hopfen. So wurde ein „Hopfenfleck“ im Garten bestimmt, wo 1671 erstmals geerntet werden konnte. Rund elf Gulden Gewinn brachte dieses erste Jahr – aber insgesamt waren die zwanzig Jahre des Hospitalhopfens eher verlustreich. 1692 entschloß man sich, den Hopfen zu roden und Bäume zu pflanzen.

Zu jener Zeit gab es längst einen schwunghaften europaweiten Hopfenhandel. Aus dem Jahr 1512 ist in Zwickau ein Zeugnis für eine böhmische Hopfenhändlerin namens Margrethe überliefert. Hopfen war ja eine kostbare Fracht – und es sind Fälle vorgekommen, wo die beauftragten Verkäufer für die eigene Tasche gearbeitet haben. Und sie wurden von Räubern bedroht: 1527 konnte der Zwickauer Rat „drey leichtfertige gesellen festsetzen, die unter anderem bekennen, das sie einem hopfemanne nachgetzoge in willens, ine zu ermorden und das seine zu nehmen; aber ir anschlag ist ine versagt!“ Auch aus Zwickau wird zu jener Zeit gemeldet, daß der Hopfenanbau der böhmischen Konkurrenz unterlegen ist.

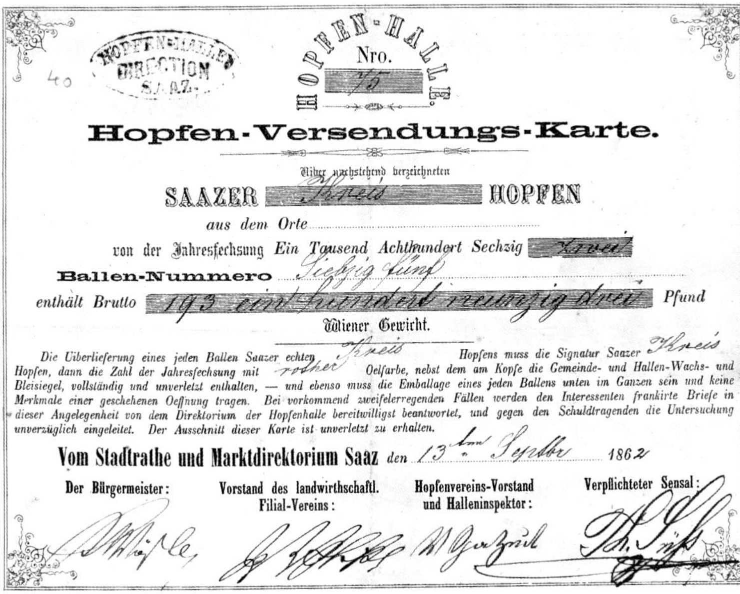

HOPFEN-HALLE.

Nro.

Hopfen-Versendungs-Karte.

Über nachstehend verzeichneten

SAAZER Kreis HOPFEN

aus dem Orte

von der Jahresfechsung *Ein Tausend Achthundert Sechzig*

Ballen-Nummero

enthält Brutto 193 ein hundert neunzig drei *Pfund*

Wiener Gewicht.

Die Uiberlieferung eines jeden Ballen Saazer echten Kreis Hopfens muss die Signatur Saazer Kreis Hopfen, dann die Zahl der Jahresfechsung mit rother Oelfarbe, nebst dem am Kopfe die Gemeinde- und Hallen-Wachs- und Bleisiegel, vollständig und unverletzt enthalten, — und ebenso muss die Emballage eines jeden Ballens unten im Ganzen sein und keine Merkmale einer geschehenen Oeffnung tragen. Bei vorkommend zweifelerregenden Fällen werden den Interessenten frankirte Briefe in dieser Angelegenheit von dem Direktorium der Hopfenhalle bereitwilligst beantwortet, und gegen den Schuldtragenden die Untersuchung unverzüglich eingeleitet. Der Ausschnitt dieser Karte ist unverletzt zu erhalten.

Vom Stadtrathe und Marktdirektorium Saaz *den* 13ten Septbr *1862*

Der Bürgermeister: | **Vorstand des landwirthschaftl. Filial-Vereins:** | **Hopfenvereins-Vorstand und Halleninspektor:** | **Verpflichteter Sensal:**

Mit der Einführung von Siegelgebieten und Begleitscheinen wird die Qualität der Anbaugebiete betont

Die böhmische Konkurrenz – das ist bis in unsere Tage das riesige Hopfenanbaugebiet, das nordöstlich von Prag beginnt und sich in einem weiten Streifen nach Westen zieht. Die kleine Stadt Zatec, zu deutsch: Saaz, ist der Mittelpunkt jener Region. Es ist dieser aromatische, teure Hopfen, der nicht nur vielen westeuropäischen Pilsbieren die entsprechenden Aromen verleiht – der Saazer Hopfen ist vor allem eine Bereicherung der weniger bekannten lokalen Biersorten.

Unter den Lieblings-Bieren der Hopfenbauern von Saaz rangiert das Bier aus der Brauerei Krusovice – gemeinsam mit dem aus der 1892 von J. A. Schwarzenberg gegründeten Brauerei in **Laun** (das *Lounsky Lezak* ist dunkelgelb und vollmundig mit einem ausgeprägten Hopfenaroma). Auch wenn es in Saaz selber eine Brauerei gibt und die Gäste der Hopfengenossenschaft erwarten, mit Pilsner Urquell bewirtet zu werden, gilt das Bier aus **Krusovice** als dem Pilsner geschmacklich überlegen. Die Brauerei in der kleinen Ortschaft südlich von Saaz an der Straße Karlsbad–Prag ist uralt. Gegründet wurde sie 1581. Ihr Brauhaus stammt in wesentlichen Teilen vom Ende des 19. Jahrhunderts.

Schon das leichte *10*grädige Bier hat eine ordentliche goldgelbe Farbe, schönen Schaum und ist angenehm süffig – auch wenn es weder eine ausgeprägte Malz- noch Hopfennote hat, kann es als Bier für untertags mehr als empfohlen werden. Kräftiger, ein wenig voller, vor allem aber hopfiger ist das 12grädige *Krusovicky Lezak*. Es darf als eines der besten Flaschenbiere Böhmens gelten, seinen Qualitätshöhepunkt entwickelt es allerdings als Faßbier. Am besten schmeckt es in der „Krusovicka Pivince“, einem einfachen, mit Vaclav Havels Portrait geschmückten Bierlokal in der Siroka, zwei, drei Minuten vom Altstädter Ring in Prag entfernt. Hier entwickelt das Bier nicht nur einen beachtlichen Schaum, sondern auch den denkbar besten Hopfengeruch. Es ist süffig, hat einen leicht malzigen Körper, aber auch hier dominiert der Hopfenton, der den Saazer Hopfen besonders stark zum Ausdruck bringt. Einen vergleichbar kräftigen und trockenen Nachtrunk kennt man sonst nur vom *Samuel Adams Boston Lager* aus den USA.

Das *10*grädige dunkle Bier aus Krusovice hat wieder einen ganz anderen Charakter: Es ist rotbraun, im Antrunk recht erfrischend, aber für ein böhmisches Bier sehr süß – nach österreichischem Geschmack ist die Süße allerdings nicht zu ausgeprägt.

Anders ist das mit dem Bier aus der 1801 mit beachtlichen 42.000 hl in Betrieb genommenen Brauerei von **Saaz** selbst, die sich stolz mit Stadtwappen, Hopfendolden und Gerstenähren schmückt: Das 10grädige *Svetle pivo* ist hellgelb, schmeckt sehr rezent und leicht hopfig. Das wesentlichste Aroma ist aber der an die Bamberger Bierspezialitäten erinnernde rauchige Charakter, der offenbar vom Malz kommt und bei einem derartig leichten Bier einen angenehm-bitteren Reiz vermittelt.

Ähnlich ist der Eindruck beim 12grädigen *Zatechy chmelar*, das allerdings eine etwas stärkere Hopfung aufweisen dürfte. Dazwischen liegt das 11grädige *Lucan*, ein bernsteinfarbenes Bier mit besonders kräftigem Schaum und ebenso intensiv rauchiger Note: Der Nachtrunk ist sehr trocken und weniger vom Hopfen als vom Rauch bestimmt. Saazer Bier wurde allerdings schon lange vor dem Gründungsbeschluß für die heutige Brauerei (er fiel am 17. 12. 1797) hoch gerühmt, zum ersten Mal in lateinischsprachigen Braukunde Tadeas Hajeks aus dem Jahr 1585.

Der Stolz der Hopfenstadt: Die eigene Brauerei um 1900

Saazer Hopfen zählt noch heute zu den teuersten der Welt – und die Genossenschaft vermarktet ihn entsprechend. Die Kosten beim Pflücken werden traditionell niedrig gehalten: Berichtete Max Winter seinerzeit von der Ausbeutung der Wanderarbeiter, die nach Saaz und ins nahe Michelob (wo der Wiener Anton Dreher seine Brauerei besaß) zogen, so dienen in den letzten Jahrzehnten Prager Studenten als Billig-Arbeitskräfte. Es gab Zeiten, wo der Ernteeinsatz geradezu Voraussetzung für einen Studienplatz war. Die gemeinsame Arbeit und der anschließende Bummel in der Altstadt dürften schon manche Studenten-Ehe gestiftet haben.

Inzwischen hat man in Tschechien gelernt, nicht nur den Hopfen, sondern auch das Bier seinem Wert entsprechend zu vermarkten: Aus der 1454 gegründeten Brauerei **Rakovnik** kommt ein 12grädiges, würziges Lager mit ausgeprägter Hopfennote, die sich schon in der Nase offenbart. Der Alkoholgehalt liegt mit 5 Prozent für ein böhmisches Bier sehr hoch – und das in deutscher Sprache gehaltene Etikett erklärt, daß man mit diesem „nach dem Reinheitsgebot" gebrauten Bier große Exportpläne hat: Es wird *Schweikbier* genannt. Etwas schwächer ist das *Diapivo*, das Diabetikerbier aus derselben Brauerei – sehr süffig und besonders trocken mit einer ähnlich schönen Hopfung wie das Schweikbier.

10grädige Biere sind in Böhmen besonders beliebt, auch wenn sie oft namenlos sind und keinen ausgeprägten Charakter haben. Ein sehr empfehlenswertes, weil überraschend würziges Bier ist das *10*grädige aus Rakovnik: dunkelbernstein, mit schönem Malzaroma und leichtem, trockenem Hopfenfinish, besser als manches Pils-Bier. Auch das 10grädige *Vysko-chlumecké* ist recht angenehm, etwas weniger körperhaft, aber ebenfalls sehr ausgeprägt gehopft.

Es gibt vielerlei Theorien, auf welchen Wegen der Hopfen seine Verbreitung gefunden hat. Daß die eigentlich in Kleinasien beheimatete Pflanze schon kurz nach der letzten Eiszeit im Raum von **Tettnang**, unweit des Bodensees, aufgetreten ist, sagt allerdings noch nichts darüber aus, ob in dieser noch heute als Hopfenbaugebiet bekannten Region der Hopfen schon in vorgeschichtlicher Zeit kultiviert worden ist. Jedenfalls hat der Bierforscher Willibald Katzinger sich über die entsprechende Vermutung von Martin Hürlimann ein wenig lustig gemacht – ebenso über den in der Zwischenkriegszeit unternommenen Versuch von Heinrich Werneck, den Hopfen als eine urdeutsche Pflanze zu reklamieren, die von Bayern über Oberösterreich nach Saaz gekommen sein soll.

Daran mag richtig sein, daß sich die Hopfenkulturen auf Betreiben bayrischer Klöster und Siedler in Richtung Nordwald ausgebreitet haben, aber auf der anderen Seite des Nordwaldes, da dürfte die Pflanze schon länger bekannt gewesen sein.

Um den Hopfen mit seiner heilsamen und für das moderne Bier so bedeutenden Wirkung ranken sich viele Mythen. Schließlich wird auch in England einerseits berichtet, daß die Pflanze seit der Antike als Gemüse gezogen worden wäre, andererseits soll sie erst im 15. Jahrhundert auf die Insel gekommen sein.

„Turkeys, heresy, hops and beer
Came into England all in one year."

Lassen wir mal die amerikanischen Truthähne aus dem Spiel; daß Ketzerei, Hopfen und Bier in einem Atemzug genannt werden, weist daruf hin, daß auch in England ein mit Grut gewürztes Bier (ursprünglich: Ale) mehr geschätzt wurde als das Hopfen-Bier (Beer).

Richtig daran ist jedenfalls, daß noch Heinrich VIII. gehopftes Bier ablehnte – 1530 verbot er seinem Brauer in Eltham ausdrücklich, Hopfen in das nach damaligem Geschmack sehr vollmundige Ale zu tun. Aber andererseits ist evident, daß Hopfen schon vor der Regentschaft des machtbewußten Liebhabers süßlichen Bieres in England verwendet wurde. Flämische Weber und Tuchhändler, die in Kent angesiedelt wurden, importierten um 1400 erst ihr heimisches Bier, dann Hopfenfechser – so entstanden die Hopfengärten von Kent, denen in **Beltring**, in der Nähe von Tunbridge Wells, ein Museum gewidmet ist. Staunend erfährt man dort, daß 1426 einem Mann der Prozeß dafür gemacht wurde, daß er „ein ungesundes Kraut namens Hoppe" ins Bier getan habe. Drei Jahre nachdem in Bayern das Reinheitsgebot dem Hopfenbier zum Durchbruch verhelfen sollte, 1519, wurde in Shrewsbury sogar ausdrücklich verboten, mit Hopfen zu brauen. In Londoner Braurezepten findet sich Hopfen dagegen schon 1502.

Ein knappes halbes Jahrhundert später, zwischen 1549 und 1553, holte die englische Regierung dann sogar ausländische Berater, um den Bauern die Hopfenkultur nahezubringen. Was schließlich so erfolgreich war, daß bald darauf die Anlage zusätzlicher Hopfengärten verboten werden mußte – sonst wäre alles Ackerland über kurz oder lang unter Hopfenkulturen verschwunden.

Aber wir wollen uns nicht zu lange in England aufhalten. Englisches Ale – obwohl heute durchwegs mit Hopfen gebraut – braucht seine Zeit zum Kennenlernen; und die werden wir uns auf der 12., 13. und 14. Reise nehmen.

Wir kehren zurück auf den Kontinent – am besten via Calais oder Dünkirchen, denn von dort kommen wir nach rund 40 Kilometern nach **Poperinge**, ins Hopfenanbaugebiet an Belgiens Westgrenze.

Beim Besuch des dortigen Hopfenmuseums sollte man zweierlei keinesfalls versäumen: Einen Besuch im Kinosaal, wo etwa 20 Minuten lang einzigartige Filmdokumente aus der ersten Hälfte des 20. Jahrhunderts gezeigt werden, die sehr anschaulich zeigen, was Hopfenpflücken für eine schwere und schlecht bezahlte Arbeit war, bevor die Hopfenernte automatisiert wurde. Die Arbeitszeiten betrugen üblicherweise – da unterschied sich Belgien kaum von England oder Bayern – oft von vier Uhr früh bis 11 Uhr abends.

Und zweitens gehört zu einem Besuch in Poperinge unbedingt die Verkostung des *Hommelbier*. Dieses Bräu kommt zwar nicht mehr aus der stillgelegten und in den letzten Jahren zur Ruine verkommenen Mälzerei und Brauerei von „La Haye Freres“ in Poperinge – aber die Brauerei *Van Eecke* ist praktisch im nächsten Ort: **Watou** liegt hinter einem ganzen Wald von Hopfenstangen und produziert das für die Gegend typische, scharf gehopfte obergärige Bier. Es ist in manchem dem Bitterbier aus Köln ähnlich, das wir auf der 20. Reise näher betrachten werden – nur ist es mit 7,5 Prozent viel stärker und vollmundiger – außerdem ist es unfiltriert und gärt auf der Flasche nach. Der Name „Hommelbier“ bedeutet ganz einfach „Hopfenbier“; und so mag dieses Bier als ein obergäriger, stärker eingebrauter Vorläufer des Pilsbieres gelten. Dem Pilsbier wollen wir mit der nächsten Reise auf die Spur kommen.

„Biertrinker sind oft mißtrauische Leute“, leitete das Herrenmagazin „High Society“ im Oktober 1983 einen Bericht über „das unbekannte Trinkobjekt“ ein: „Es ist grün und steht im Regal“ – und war damals für die westdeutschen Biertrinker eine mißtrauisch beäugte Neuheit, „zumal es bei Billigangeboten oft Biere gibt, die allenfalls zum Durstlöschen, nicht aber zum Genießen brauchbar sind“.

Die sonst mit Strapsmädchen befaßten Genußexperten von „High Society“ urteilten: „Nicht einmal 1,25 DM für einen Liter Pils. Dabei schmeckt das Bier. Es ist ein ganz durchschnittliches Pils. Auf dem Markt findet man schlechtere. Solche, die viel weniger 'pilsig', dafür aber doppelt so teuer sind.“

Einziges Problem der nicht nur Busen und Po verhafteten Journalisten: „Lübz, was ist das nur?“ Sie sahen im Telefonverzeichnis nach – Fehlanzeige! Sie mutmaßten, es könne gar ein Schwindelbier, aus einer Brauerei mit Briefkastenadresse, sein. Der Hinweis, daß es sich um ein „Importbier“ handelt, führte die Rechercheure zu einem Postleitzahlenverzeichnis der DDR, wo unter DDR-2860 **Lübz** zu finden war. Die Brauerei liegt also in Mecklenburg und braute schon damals nach bayrischem Reinheitsgebot. Was prompt zu Spekulationen veranlaßte, ob wohl der damalige bayerische Ministerpräsident Franz Josef Strauß beim Einfädeln von Ostkrediten gleich auch mit Erich Honecker die Pils-Qualität überprüft habe.

Sonst war vom Lübzer Bier längere Zeit wenig zu hören – denn die DDR war von der Bundesrepublik gedanklich, touristisch und kulinarisch etwa gleich weit weg wie Nordkorea.

Jedenfalls spekulierten die „High Society"-Schreiber darüber, daß das famose Lübzer Pils rasch in schicken Lokalen als besondere Spezialität zu besonderen Preisen auftauchen könnte – wie vereinzelt das *Wernesgrüner* schon damals. Das Bier aus der reinen Pils-Brauerei im sächsischen Vogtland beruft sich auf eine erste Erwähnung des Brauwesens in **Wernesgrün** 1446, als die Brüder Caspar und Christoph Schor mit Braurechten belehnt wurden. Schon 1910 betrug der Ausstoß 80.000 hl, in den dreißiger Jahren waren es 218.000 und in der DDR war die Brauerei eine geschätzte Devisenbringerin. Ihr Ausstoß liegt – obwohl sie unabhängig von Westkonzernen ist – derzeit bei 600.000 hl eines mittelgelben, etwas dünnen und nicht zu kräftig gehopften Bieres.

Die Brauerei in Lübz konnte an solche Erfolge erst nach der Wiedervereinigung anknüpfen, denn da gab es neues Interesse an dem Bier aus Mecklenburg: Die Holsten-Gruppe übernahm die 1877 von August Krüger gegründete Mecklenburgische Brauerei Lübz und führte sie zu neuen Erfolgen.

Vom *Lübzer Pils* werden jährlich rund 500.000 hl gebraut, nur handelt es sich nun nicht mehr um ein Billigbier, sondern um ein seiner Qualität entsprechend gehandeltes norddeutsches Premium-Bier, etwas dunkler als das nicht unähnliche *Jever Pilsener*: Spritzig und sehr kräftig gehopft, wenn auch nicht so ausgeprägt wie das friesische Pilsener.

Die Brauerei in **Jever** ist eine Tochter der *Bavaria St. Pauli Brauerei* in Hamburg, die ihrerseits zur März-Gruppe gehört. Die Marke *Jever light* ist mit 21,6 Prozent Anteil Marktführer im Leichtbiersegment und wird seit Herbst 1991 von einem alkoholfreien *Jever fun* begleitet. Dieses sehr helle alkoholfreie hat alle Chancen, es dem 2,7 Prozent starken Jever light gleichzutun: Es ist ein entalkoholisiertes Pils, dem im nachhinein (vielleicht etwas zu viel) Kohlensäure zugesetzt wird, um den Biereindruck wiederherzustellen.

Dem Jever fun geht kaum etwas von einem Pilsener ab – und es hat (da es im Dialyseverfahren des Alkohols beraubt wurde) auch nicht die unangenehmen Aromen der unvergorenen Bierwürze, die manche alkoholfreie Biere kennzeichnen. Klar: Die Würze, bei einem Pils ohnehin nicht zu malzaromatisch, wurde ja in Jever besonders kräftig eingebraut, anschließend voll vergoren und erst dann nach Hamburg gebracht und entalkoholisiert.

Die besten der sogenannten „alkoholfreien Biere“ werden auf diese Art hergestellt – das Verfahren ist allerdings nur bei Pils-Bieren praktikabel, weil im Dialyseverfahren wichtige Geschmacksstoffe des Bieres verlorengehen können; vieles, was an einem Hellen oder Export-Bier aromatisch schmeckt, ist chemisch nichts anderes als mehr Alkohol – und eben diese Aromen sind nach der Entalkoholisierung nicht mehr vorhanden. Das macht umso weniger, je edler und deutlicher das Produkt gehopft ist – denn der Hopfen ist für die Bildung der Alkohole nicht so entscheidend. So zeigt sich, daß das Jever Fun dem Jever Pilsener (das mit seinen 4,9 Prozent Alkohol natürlich etwas mehr Körper hat) kaum unterlegen ist; beide Biere bestechen durch einen kräftigen, aber sehr trockenen hopfenaromatischen Nachtrunk, der in Jever durch eine deutlich kräftigere Hopfung als bei anderen Bieren erzielt wird.

So hat Jever einen Maßstab für Pils-Biere geschaffen. Das Original aber kommt aus Westböhmen – wenn es auch unter sehr viel deutscher Mithilfe erschaffen wurde, weshalb es durchaus berechtigt erscheint, die Reise nach **Pilsen** in Deutschland zu beginnen. Für kaum ein Lebensmittel läßt sich so exakt Geburtsort und Geburtsdatum bestimmen wie für das Bier nach Pilsner Brauart.

Es hat am 11. November 1842, also vor ziemlich genau 150 Jahren, das Licht der Welt erblickt. Es war, genau genommen, das Licht einer Bierstube – entweder in der „Weißen Rose“, im „Goldenen Adler“ oder „Zum Hannes“; diese drei Lokale waren jedenfalls die ersten, die mit dem Bier aus der Bürgerlichen Brauerei zu Pilsen beliefert wurden. Und der Erfolg war so sensationell, daß noch im selben Jahr einige Fässer dieses Bieres mit einem Pferdefuhrwerk nach Prag zum Wirt Karl Knobloch gebracht wurden.

Anders als viele andere Biertypen hat das Pilsner Bier auch einen eindeutig identifizierbaren Erfinder. Er hieß Josef Groll, wurde am

21. August 1813 geboren und galt als besonders ruppiger Kerl. Er war Deutscher, genauer: Bayer aus Vilshofen an der Donau. Sein eigener Vater hat ihn den „gröbsten Baiern in Baiern" genannt.

In Pilsen besaßen im Mittelalter 260 Häuser das Braurecht – dieses leitet sich aus der Erhebung zur königlichen Stadt durch Wenzel II. 1292 her. Das älteste Brauhaus war das städtische, das auch „Franziskaner Bräuhaus" genannt wurde, weil dort die Franziskaner für ihren Eigenbedarf brauten. Das Gebäude war zuletzt im Dreißigjährigen Krieg 1618 zerstört und wiederaufgebaut worden und tat dann bis ins vorige Jahrhundert seinen Dienst.

Was hergestellt wurde, geriet mit der Zeit immer schlechter und war in den dreißiger Jahren des 19. Jahrhunderts angeblich ungenießbar geworden. Im Februar 1838, so sagt die Legende, sei dem Magistrat der Kragen geplatzt. Symbolisch sollen 36 Fässer Bier auf dem Hauptplatz zertrümmert worden sein, das verdorbene Bier ließ man im Rinnstein versickern.

Diese PR-Aktion soll am Beginn der Erfolgsgeschichte jenes Brauhauses gestanden sein, dessen Namen „Brasserie Bourgeoise de Pilsen" später selbst kommunistische Braudirektoren so hoch hielten, daß der „bürgerliche" Brauhausname auch in ihrer Zeit das Direktionszimmer zierte. Einige Pilsner Bürger schworen damals, die Sache mit dem Bier nun ernsthaft in die Hand zu nehmen. Sie reisten ins Bierland Bayern, um Rat zu holen. In Vilshofen wurden sie fündig. Der damals 29jährige Josef Groll, Sohn eines Bierbrauers, willigte ein, in Pilsen nach bayerischer Art zu brauen.

Josef Groll war ein wahrer Meister seines Faches, der Bierbrauerei. Er brachte die Kenntnis des baierischen Bieres mit, das zu jener Zeit im gesamten deutschsprachigen Raum besonders populär war.

Groll verfeinerte die Bierbereitung nach einer knapp zwei Jahre vorher in Schwechat bei Wien und in München von den befreundeten Brauereibesitzern Anton Dreher und Gabriel Sedlmayer erfundenen Methode: der langen, kalten Lagerung eines mit untergäriger Hefe vergorenen Bieres, das nach der Lagerung auch noch blank filtriert wurde. Die untergärige Hefe bezog Groll direkt aus Bayern. Unter Grolls Gesellen (und späterem Brauereichef) Blöchl ist aus der Hefereinzucht ein führendes biotechnisches Labor geworden, wo heute die besten Bierhefen Böhmens erforscht und vermehrt werden.

Die offenen Bottiche im Gärkeller von Pilsen

Groll fügte diesem Lagerbier-Verfahren noch weitere Verfeinerungen hinzu. Charakteristisch für den von ihm kreierten Pilsner Biertyp ist zunächst das besonders helle Malz. Die angekeimte Gerste wird dafür besonders schonend gedarrt. Sehr helle Malze waren früher meist nur in klaren, kalten Winternächten herzustellen, da dann auf der Darre die besten Zugverhältnisse herrschten. Es war trotzdem eine große Kunstfertigkeit, und daher konnte früher ein Mälzer, dem extrem helle Malze gelangen, stolz darauf sein – denn nur mit diesen hellen Malzen vom Pilsner Typ kann man die hellen Pils- und Lager-Biere brauen.

Die zweite Besonderheit fand Groll in den Brunnen von Pilsen vor: das besonders weiche Wasser der böhmischen Masse. Mit diesem Wasser begann er am 5. Oktober 1842 zu brauen – und leistete sich eine dritte Besonderheit, die heute für Pils-Biere in aller Welt als Charakteristikum gilt: Besonders viel vom feinsten, teuersten Hopfen aus dem relativ nahen Saaz.

Am 11. November 1842 präsentierte Groll in Pilsen sein neues, für damalige Verhältnisse sehr helles und feines Bier. Eine Festschrift von 1892 berichtet von „allgemeinem Jubel“ und einem Bier mit „goldheller Farbe, mit seinem kräftigen Mousseux und dem dikken, schneeweißen Schaum“. Der feste, weiße Schaum ist ebenfalls ein Charakteristikum des Pils-Bieres: Man kann daran quasi die Hopfen-Qualität ablesen.

Groll galt zwar als der Held des Tages, doch er konnte sein Temperament nicht in Zaum halten, und sein Vertrag wurde drei Jahre später nicht mehr verlängert, obwohl sich Groll darum beworben hatte. Nachfolger wurde wieder ein Bayer, Sebastian Baumgärtner aus Griesbach. Josef Groll lebte anschließend wieder in **Vilshofen**, wo schon sein Vater Braumeister von Wolferstettner gewesen war. Als reicher Rentner brauchte er nicht mehr zu arbeiten. Er heiratete, stiftete eine Kapelle an der Vils und grantelte im übrigen bis zu seinem Tod 1887 am Stammtisch im noch heute bestehenden Wolferstetter Keller vor sich hin.

Wir können nur ahnen, was ihm dort vorgesetzt wurde – aber ein Besuch in der Donaustadt ist jedenfalls aufschlußreich, weil es *Wolferstetter* noch gibt. Groll zu Ehren braut man dort auch ein Pils in seinem Namen, *Josef Groll Pils*. Es ist prickelnd-herb, hellgelb und süffig und hat einen deutlich malzigen Geruch. Bekannter ist Wolferstetter allerdings für das *Hefeweizen*, das dunkelgelb, würzig und säuerlich-frisch ist.

Pilsen aber hatte es inzwischen durch seine Hilfe zur Berühmtheit gebracht. Die planmäßig angelegte Stadt mit dem höchsten Kirchturm Böhmens und der bescheiden aufkeimenden Industrie wurde ans Eisenbahnnetz angeschlossen. Damit wurde dem durch starke Hopfung sehr haltbaren Bier der Weltmarkt erschlossen. Um die Jahrhundertwende ging ein täglicher Bierzug in die Reichshauptstadt Wien. Und ganz in der Nähe vom Prager Wenzelsplatz, im „U Pinkasu“, wird seit 1845 ununterbrochen Pilsner Urquell verzapft. Seit der Vertriebs-Kooperation mit der Frankfurter Binding-Brauerei steht die Ur-Version des Pils-Bieres heute wieder weltweit zum Vergleich mit allen Nachahmungen bereit.

Das *Pilsner Urquell* (*Plzensky Prazdroj,* seit 1859 eingetragene Schutzmarke) ist zwar die Urform aller Pils-, Pilsner- und Pilsener-

Biere, doch es unterscheidet sich sehr von dem, was sich ein Biertrinker heute unter einem Pils vorstellt. Man sieht es schon an der Farbe: Hellbernstein ist eigentlich ein ungewöhnlich dunkler Ton für ein pilsartiges Bier. Auch hat das Urquell etwas mehr Körper als die modernen Pils-Biere – und seine Hopfennote ist auch nicht so aufdringlich wie bei den vielen Nachschöpfungen.

In der Brauerei selbst öffnete anläßlich des Pils-Jubiläums 1992 das größte Bierrestaurant Böhmens seine Pforten. 600 Gäste können dort das Urquell frisch vom Faß genießen. Und erleben, wo es herkommt: Denn anschließend an den Komplex mit dem berühmten Einfahrtstor steht noch eine zweite 1869 gegründete und in Tschechien nicht viel weniger berühmte Brauerei. Das von dort kommende *Gambrinus* ist eine reine Inlandsmarke; verbreitet ist vor allem das zehngrädige Bier mit 2,6 Alkoholprozenten. Es ist hellbernsteinfarben, für seine Leichtigkeit recht würzig und angenehm mild gehopft.

Zum westböhmischen Brauereiverbund gehören aber noch andere Betriebe. Technisch sind sie – wie die Pilsner Brauerei – ein wenig rückständig, doch ihre Produkte können sich durchaus sehen lassen. Seit dem März 1991 suchte etwa die 250.000-hl-Brauerei von **Karlsbad** nach einem neuen Profil. Ihr damaliger Direktor Vladimir Perina – er avancierte in der Zwischenzeit zum Generaldirektor der Pilsner Brauereigruppe – hat sich dazu auf den bedeutendsten Standortvorteil besonnen: In Karlsbad wird nun auch das berühmte heilkräftige Mineralwasser zum Bierbrauen verwendet. Und zwar für ein Bier, das streng nach deutschem Reinheitsgebot gebraut wird – schließlich soll es ein Exportprodukt sein, das sich auch auf dem deutschen Markt halten kann. Als ein Gesundheitsprodukt besonderer Klasse.

Das neue Bier, das sich ohne falsche Bescheidenheit *Doktor Bier* nennt, ist in Wirklichkeit die Wiederbelebung einer alten Biersorte, die der Karlsbader Brau-Unternehmer Baron Antonin Weber bereits im vorigen Jahrhundert kreiert hat – nur die Ausführung und europaweite Vermarktung mußte er dann anderen überlassen.

Um dieses dunkelgelbe Bier mit dem typischen Geruch böhmischer Biere, mit dem leichten Malzaroma und der eigentümlichen Rezenz, die von einer feinen Hopfenbittere unterstrichen wird, zu brauen, braucht es hohes technisches Wissen. Denn anders als das Brauwasser, das Perina für die anderen Karlsbader Biere verwendet, ist das Mineralwasser hart: Es kommt aus einer alkalisch-salinischen Quelle und enthält schwefelsaures Natron. Das ist genau das, was der Brauer nicht im Bier haben will – der Kurarzt aber umso lieber.

Gebhard Leberecht von Blücher, der „Marschall Vorwärts“ aus den Schlachten von Leipzig und Waterloo, schrieb seinerzeit über sein Ungemach als Kurgast in Karlsbad: „Ich war immer ein Todfeind des Wassertrinkens – und jetzt führt mich der Teufel daher, wo ich es ex officio saufen muß.“

Wie Blücher empfanden viele Karlsbader Kurgäste – und auch jene, denen der Arzt verordnete, das von Heinrich Mattoni im vorigen Jahrhundert in ganz Europa versendete Karlsbader Heilwasser zu trinken. In einer undatierten, rund hundert Jahre alten Broschüre kann man nachlesen: „Da das Bier von den Karlsbader Kurgästen am schwersten entbehrt wurde, machte man es zu Vehikel der heilenden Salze.“

Aber das ist, wie gesagt, leichter gesagt als getan. Denn die Hefe, die den Zucker der Bierwürze zu Alkohol und Kohlensäure vergärt, reagiert recht empfindlich auf die Salze, die Gärung kommt nicht oder viel zu langsam in Gang. Der Chemiker Erich Korn braute nach jahrelangen ergebnislosen Versuchen den ersten erfolgreichen Sud des Mineralbiers – und bekam von den Karlsbader Brauern zu hören, daß das im Betrieb nicht nachzuvollziehen sei.

So wurde damals das Karlsbader Wasser nach Berlin gebracht, wo es in der längst nicht mehr bestehenden Brauerei Kintz & Co. „regelmäßig hergestellt“ wurde – „und zwar unter strengster wissenschaftlicher Kontrolle“, wie der Prospekt versprach.

Nun ist die Brauwissenschaft in den letzten hundert Jahren doch um einiges fortgeschritten – und so brauchten die Karlsbader Brauer nur wenige Monate, um im quasi benachbarten Braubetrieb von Pilsner Urquell unter 40 dort gezüchteten Hefestämmen einen zu finden, der mit dem Mineralwasser fertig werden kann. Das heilsame Bier hat nur 3,5 Prozent Alkohol, und ihm werden dieselben Eigenschaften zugeschrieben wie dem historischen Vorbild: Eine mild abführende, aber keineswegs Durchfall verursachende Wirkung, daüber hinaus „ein vorzügliches Genußmittel für alle Gesunden, Rekonvalescenten, Magen-, Leber-, Gallen- und Nieren-Leidenden, sowie für Fett- und Hartleibige".

Und das alles, wir folgen weiter dem historischen Prospekt für das Doktor-Bier, bei einem weiteren Vorzug, der wohl der Traum jedes auf Diät Gesetzten ist: „Keine Änderung der Lebensweise notwendig!"

Keine? Oh doch, eine technisch bedingte: Bei der Kochung der Bierwürze fallen 40 Prozent der gesunden Salze aus, die Wirkung des Doktor-Bier ist also nur halb so hoch wie die von Karlsbader Mineralwasser. Macht nichts, trinkt man eben doppelt soviel Bier!

Das Doktor Bier ist übrigens nicht das einzige, das mit Gesundheitsargumenten verkauft wird: Internationale Bierexperten stellten bei einem Seminar anläßlich des 150-jährigen Bestehens der Pilsner Brauerei fest, daß Pils unter anderem gegen Nierensteine helfen kann. Bereits in alten Zeiten wurden mit Bier erfolgreich Vitaminmangelerscheinungen behandelt.

In Belgien hat die Brauerei *Yves Piraux* ihr *Nounou* genanntes acht Volumsprozente starkes Bier mit einem Etikett versehen, das dreisprachig auf den hohen Vitamin-B-Gehalt des Bräus hinweist. Dieser leitet sich daher, daß die obergärige Bierhefe besonders vitaminreich ist – was allerdings bei der vorgeschlagenen Serviermethode nicht zum Tragen kommt. Das Nounou soll nämlich so vorsichtig eingeschenkt werden, daß die von der Nachgärung in der Flasche vorhandene Hefe in derselben bleibt. Damit bliebe aber auch der Großteil der Vitamine zurück – und nur der Alkohol bleibt, der auf die Nervenzellen mindestens so schädigend wirkt wie das Vitamin B zu ihrem Aufbau beiträgt. Immerhin trinkt man so starke (und teure) Biere nur in kleinen Mengen – eben nur zum Genuß. Das Nounou wird nur in Viertelliterflaschen ausgeliefert, ist bernsteinfarben und hat einen angenehmen Hefegeruch, der an Weißbiere erinnert. Der Antrunk ist spritzig und dennoch voller Aromen, die in einer dezenten Bittere ausklingen.

Aber die obergärigen Spezialitäten Belgiens verdienen mindestens eine weitere Bierreise. Wir bleiben vorläufig in Böhmen und bei den westböhmischen Brauhäusern: Auch die Brauerei *Starovar* in **Cheb**, dem ehemaligen **Eger**, gehört zum Verband der Pilsner Brauereien – und preist sich mit dem Pilsner Namen ganz stolz auf dem internationalen Markt an. Sogar auf dem Etikett ist die Grädigkeit nach englischem Vorbild als „Original Gravity 1047–1053" angegeben. Das Bier, das sich gleichzeitig auf die bis ins 13. Jahrhundert zurückreichende Brautradition Egers bezieht, ist ein dunkelgelbes, würziges und wenig ausgeprägt gehopftes Lagerbier ohne besondere Reize. Bescheidener – und noch in der aus kommunistischen Tagen stammenden grünen Euro-Flasche – präsentiert sich das *svetly lezak*, das für den Inlandsmarkt abgefüllte helle Lager aus derselben Brauerei. Das Bier ist mit 12 Grad Stammwürze wahrscheinlich dasselbe – aber es wirkt halt sympathischer und bodenständiger, noch dazu, wo das Gründungsdatum der Brauerei korrekt mit 1872 angegeben wird.

Wagen wir aber noch einmal einen Überblick über die europäische Pils-Landschaft – da zeigt sich, daß unter dem Begriff nicht überall etwas so Spezifisches verstanden wird wie etwa von der *König-Brauerei* in **Duisburg**, wo das *König-Pilsener*, vulgo: „Kö-Pi“ herkommt – ein sehr rezent schmeckendes kräftiggelbes Bier mit guter Schaumhaltigkeit, sehr schlank mit einer zunächst unauffälligen Herbe, die zum Nachtrunk hin immer kräftiger wirkt.

Es mag ja noch angehen, was die *Interbrew* macht. 1986 wurde dieser belgische Konzern von 160 Gesellschaften gegründet, er hat 1990 je eine neue Brauerei in **Leuwen** und **Jupille** errichtet und versucht, sich durch neue Büros in Dallas, Singapur und Wien zu einem weltweiten Pils-Anbieter zu mausern. Dabei wird sehr auf Tradition geachtet. Immerhin läßt sich in Jupille, dem Heimatort des eher charakterarmen und mild gehopften *Jupiler*, die Brautradition bis 1256 zurückverfolgen. Die *Piedboeuf*-Brauerei in Jupille führt ihren Namen auf eine seit 1445 hier ansässige Patrizierfamilie zurück, die seit 1812 im Braugeschäft ist und 1966 das Jupiler-Pils lancierte. 11 Millionen hl des Interbrew-Ausstoßes entfallen auf Pils, 2 Millionen auf Spezialbiere.

Pils, das bedeutet in diesem Zusammenhang nicht nur jupiler, sondern vor allem das Bier aus Leuwen: Die *Artois*-Brauerei leitet sich vom bereits 1366 erwähnten Gasthaus „Den Horen“ ab, das ab 1537 als einzige von 42 örtlichen Brauereien die Universität belieferte. Sebastien Artois kaufte das Gasthaus 1717, unter seinem Enkel Leonard wurde die Brauerei eine der größten des damaligen Habsburgerreiches: Der Ausstoß betrug 1794, als Belgien für Österreich verloren ging, unglaubliche 80.000 hl! *Stella Artois* wird unter diesem Namen seit 1926 gebraut. Schon 1892 hatte es das erste Artois-Pilsner unter dem mißverständlichen Namen „Bock“ gegeben. Dieses Pils stellt einen tragbaren Kompromiß zwischen den Ansprüchen der Massenkonsumenten (Bier soll unauffällig schmecken) und der passionierten Pilstrinker dar: Das Stella strahlt dem Namen entsprechend hell und hat eine schlanke, pilsige Anmutung, die vor allem durch den trockenen, an frisches Heu erinnernden Charakter von Geruch und Nachtrunk bestimmt wird.

Andere „Pilsner Style“-Biere kommen da nicht mit.

Außerdem ist es eine Definitionsfrage: Was ist nun eigentlich „pilsig“? Kaum jemand erinnert sich an die noch in der Zwischenkriegszeit gültige Regel von Olberg: „Als wesentlicher Faktor gilt die Verwendung von nur Saazer Hopfen." Aber dieser ist erstens teuer, zweitens müßte er von den Deutschen (die selber in großem Stil Hopfen exportieren) eingeführt werden. Daher lautet die Formel heute: „Ein helles, schlankes, untergäriges Bitterbier mit sehr hoher Schaumstabilität" – aber sie läßt eben große Spielräume offen. Für mich sollte ein Pils seinen betonten Hopfencharakter haben – während manche Großbrauereien fürchten, durch fruchtige Hopfenaromen nicht nur die Haltbarkeit (alter Hopfen könnte einen unangenehmen Geruch und Geschmack bekommen), sondern auch die Trinkfreude von Allerwelts-Biertrinkern zu beeinträchtigen.

In den Niederlanden und in Deutschland steht Pils längst für ein edleres, helles untergäriges Bier. So kommt es, daß der Pils-Anteil auf dem Norddeutschen Biermarkt bei knapp 70 Prozent liegt. Nehmen wir zum Beispiel ein Pils, dessen Herkunft ich nicht bestimmen konnte: Es ist mir in der Nähe von Zittau in Sachsen vorgesetzt worden, nennt sich *Einsiedler Landbier nach Pilsner Brauart* und kommt angeblich aus einer Einsiedler Privatbrauerei, die seit 1885 das Braurecht hat. Wo diese Brauerei liegen soll, wird auf dem Etikett nicht verraten, was eigentlich schade ist: Es handelt sich nämlich um ein recht anständiges Bier von goldgelber Farbe, von dessen schönem Schaum ein Geruch nach frisch gedroschenem Getreide ausgeht. Für ein Pilsbier ist das Einsiedler Landbier zwar ein wenig zu voll (dafür entschädigt ein seltenes Bukett von Malzaromen), doch lassen die 5,2 deklarierten Alkoholprozente auf einen hohen Vergärungsgrad schließen, der auch für den trocken-herben Nachtrunk verantwortlich sein dürfte.

Ähnlich ungewiß ist das Umfeld des *Mülsner Pils* – ein für die Firma Maschna in **Mülsen/St. Jakob** abgefülltes Billigbier mit 11 Grad Stammwürze und 4,9 Prozent Alkohol. Witzig liest sich die Aufschrift, daß es dieses Produkt „seit 1992" gibt. Pilsartig ist an diesem Bier einzig seine Farbe und der leidlich gute Schaum. Unter diesem verbirgt sich jedoch ein ziemlich vollmundiger, nur bescheiden gehopfter Trunk, der sich sehr gut als helles Lager werten ließe. Die Bezeichnung Pils ist aber eher irreführend.

Umgekehrt: Aus einer auf Billigbier spezialisierten Privatbrauerei in **Großostheim** im äußersten Westen Bayerns kommt *Eders Privat Export*, ein hellgelbes feinherbes Bier mit festem weißem Schaum, das anderswo gut als Pils durchginge. Aber Bayern ist, wie schon vorher erwähnt, kein ausgesprochenes Pils-Land.

Dasselbe gilt – aus anderen Gründen – auch für die neuen deutschen Bundesländer: Die Biertrinker dort halten sich zwar wohl für typische Pilstrinker, aber schlanke, sehr helle, sehr hopfenbetonte Biere werden kaum gebraut. Eine Ausnahme – das Bier aus Lübz – haben wir schon am Beginn unserer Reise kennengelernt, die anderen finden sich am ehesten in Sachsen.

In vielen der sächsischen Brauereien geht man mit der nötigen Großzügigkeit mit dem Hopfen um. *August der Starke* hätte seine Freude daran. Nicht nur der Sachsen- und Polenkönig (1670–1733), sondern vor allem das gleichnamige Bier: Schon der Name deutet an, daß es ein Starkbier ist. Gebraut aus Pilsner und Wiener Malzen ist es mit 18,5 Grad Stammwürze und 7,3 Alkoholprozenten das stärkste Bier Sachsens. Bernsteinfarben und vollmundig hat es natürlich nichts mit einem Pils zu tun – wäre es nicht so schön gehopft! Man bekommt Lust, auch das *Pils* aus **Kamenz** zu kosten, wo seit 1899 das *Sachsenbräu* steht: Das Bier wirkt zwar für den Typ ein wenig dunkel, vermittelt aber geschmacklich den Eindruck eines hervorragenden, stark gehopften böhmischen Pilsners. Gebraut wird in Kamenz bereits seit dem 15. Jahrhundert; die heutige Brauerei geht auf eine Genossenschaft zurück, die unter Leitung des damaligen Stadtrates Hugo Oschatz zur Jahrhundertwende ein Brauhaus eingerichtet hat und anfangs 9000 hl gebraut hat.

Nördlich von Leipzig wird seit 1534 – allerdings nach mehrfach geänderter Rezeptur – das *Ur-Krostitzer* gebraut. Das Bier mit dem behelmten Ritter (oder Landsknecht?) im Logo ist ein kräftiggelbes, etwas volles „Premium Pilsner“ mit angenehm betoner Hopfenherbe. Die Brauerei ist eine der am schnellsten wachsenden Deutschlands: Vor der Wende braute sie 160.000 hl, derzeit sind es rund 400.000. Aber das Unternehmen ist noch aus dem vorigen Jahrhundert Erfolg gewohnt: 1878 wurden bereits 35.456 hl erzielt, nach einer Fusion mit Riebeck 1921 gehörte sie zur bedeutendsten Gruppe in Sachsen und Thüringen.

Die *Feldschlößchen*-Brauerei in **Braunschweig**, ein Unternehmen der Hamburger Holsten-Gruppe, ist das Stammhaus von Feldschlößchen Deutschland. Die bekannte Schweizer Feldschlösschen-

Gruppe hat hier (was den Namen, vor allem aber den architektonischen Stil der Brauerei in Rheinfelden betrifft) abgekupfert. Aber auch in der DDR hat es Feldschlößchen-Bier gegeben. Es kam aus der Brauerei in **Coschütz**, einem Stadtteil von **Dresden**. Die Brauerei ist heute (wie die nahe, aber leider stillgelegte „Felsenkeller"-Brauerei) im Besitz der *Sächsischen Brau-Union*, einer Tochter des Braunschweiger Unternehmens. Die Wiedervereinigung der beiden deutschen Feldschlößchen-Biere, die nun wieder als einheitliche Marke vertrieben werden, erfolgte ein halbes Jahr nach der politischen Wiedervereinigung.

Von Feldschlößchen kommt inzwischen eine ganze Palette von nach dem Reinheitsgebot gebrauten Bieren. Das *Feldschlößchen Pilsner* wird auf dem Etikett als „Feinherb und würzig" beschrieben – es ist 4,9 Prozent stark, hat eine mittelgelbe Farbe und ist sehr süffig mit einem nicht zu bitteren Nachtrunk. Das gleich starke *Diät-Pils* aus demselben Hause hat einen etwas schwächeren Schaum, ist eine Spur weniger rund, aber ebenfalls sehr angenehm zu trinken.

Kräftiger ist das *Feldschlößchen Export* – 5,4 Prozent stark, süffig und mit einer ausgewogenen malzigen Note, die bis in den Nachtrunk erhalten bleibt.

Aus der Coschützer Brauerei kommen interessanterweise keine (unter diesem Namen in der DDR bekannten) Coschützer Biere mehr, wohl aber die *Felsenkeller*-Biere: Das *Urhell* mit 5,1 Prozent Alkohol ist mittelgelb, süffig und sehr hopfenbetont, wobei ein leicht metallischer Eindruck im Nachtrunk entsteht.

Dresden hat eine beachtliche Braugeschichte, die im Stadtmuseum ganz gut dokumentiert wird: Da steht ein Bierkrug des Radfahrer-Vereins („Frohes Herz schafft freie Bahn"), eine Wandkeramik aus der beim Brandbombenangriff vom 13. Februar 1945 zerstörten Bärenschänke, eine Dokumentation des Böttchergewerbes (1447 gab es 15, 1830 sogar 53 Böttcher, die allerdings auch Weinfässer machten) und eine Klageschrift der Zinngießer, deren Bierkannen 1783 „wegen des Porzellans und Delfter Geschirr, wegen des großen Geldmangels, so unter dem Publico herrscht" immer weniger gekauft wurden.

Die Dresdner Feldschlößchen-Brauerei geht auf ein Schlößchen zurück, für das der Geheime Kriegsrath Christoph Dietrich von Bose 1689 vom Kurfürsten Johann Georg III. ein Privileg „zum Ausschank allerlei Bieres und Weines“ erneuert bekommen hat. Neueren Datums – nämlich von 1856 – ist die nun still neben einem Straßentunnel stehende Felsenkeller-Brauerei. Sie liegt in einem Tal zwischen Dresden und Plauen, das seinerzeit ein bevorzugter Ausflugsort der Dresdner war. Daher wurde auch besonderes Augenmerk auf die Bräustübl und das Restaurant gelegt, das ebenso wie die Felsenkeller-Eingänge Wahrzeichen ihrer Zeit war.

Eine weitere Pils-Brauerei ist dagegen erhalten geblieben: Die Sternquell-Brauerei **Plauen** (300.000 hl) ist mit Hilfe der Muttergesellschaft Reichelbräu Kulmbach in den letzten Jahren kräftig modernisert worden, braut aber nach eigenen Rezepten das 4,9prozentige *Sternquell Pils*, das laut Werbung zum „Genießen unter einem guten Stern“ einlädt. Es ist mittelgelb mit festem, reinweißem Schaum, der aber enttäuschend schwach riecht. Der Antrunk ist schlank mit einer zarten malzigen Note und einem Übergang zu einer eher dezenten Bittere, die sich eigentlich erst im Nachtrunk ausprägt.

Noch ein Betrieb in Dresden, der mit der Wende geschlossen wurde, bleibt zu erwähnen: Die 1836 gegründete „Societätsbrauerei Waldschlösschen“ in der Bautzner Straße, die die erste Export-Lager-Dampfbierbrauerei Sachsens war und wegen der famosen Sicht auf die Dresdner Altstadt mit einem „Restaurant, zwei großen Terrassen und Concertgärten, welche ca. 10.000 Personen fassen, von wo sich ein entzückender Ausblick auf das Elbthal bietet“ ausgestattet wurde. Diesen Ausblick auf die rekonstruierte Stadt hat derzeit nur einer, Herzog Gambrinus himself, der in Stein gehauen über die Jahreszahlen „1836–1898“ zu grübeln scheint, die hinter ihm notiert sind – und der sichtlich auf bessere Zeiten wartet. In den nächsten Jahren wird aus dem Waldschlösschen ein Hotel und dann werden wieder Gäste auf der Terasse sitzen, Pils trinken und sich über die seltsame Plastik wundern, die so wenig mit Dresden zu tun zu haben scheint.

Beschließen wir unsere Spurensuche in der Nähe von Dresden. Denn in **Radeberg**, einer kleinen Ortschaft in der Nachbarschaft, wird seit 1872 Pilsner Bier gebraut – 1930 war die Radeberger Exportbierbrauerei die einzige reine Pils-Brauerei Deutschlands: „Wer als Freund und Kenner sich nach einem Glase wirklich guten Pilsner Bieres sehnt, der bevorzuge deutsches Pilsner", wurde damals geworben: „im Kampfe gegen die Ueberflutung des deutschen Marktes mit fremdländischen Erzeugnissen". Wie beliebt gutes Pilsner schon damals war, zeigt die Ausstoßentwicklung: 31.131 hl im Braujahr 1889/90, 98.309 hl im Braujahr 1900/01 und 230.777 hl im Vorkriegs-Braujahr 1913/14.

Die Radeberger Exportbierbrauerei um 1930

Das Bier ist hellgelb, hat einen ausgeprägten Duft von frischem Hopfen, ist vom Antrunk an von dessen Aromen dominiert und hat einen harmonischen, trockenen Nachtrunk.

Dem Radeberger Pilsener nicht unähnlich sind auch zwei Pils-Biere aus Österreich, die sehr trocken sind: Das sehr helle, und vielleicht noch eine Spur fruchtiger gehopfte *Trumer Pils* aus **Obertrum** – wir werden von der Brauerei noch später hören – und das *Zipfer Pils* aus der oberösterreichischen Ortschaft **Zipf**. Diese Landbrauerei, die sich in den letzten Jahren mit zweistelligen Zuwachsraten an einen Ausstoß von einer Million hl herangearbeitet hat, ist eigentlich für ihr *Urtyp* bekannt. Dieses ebenfalls sehr helle Bier ist eigentlich „nur" ein sehr schön gehopftes Lagerbier – aber in manchen deutschen Gegenden würde es anstandslos als Pils durchgehen. Sehr viel ausgeprägter ist allerdings das *Zipfer Pils*, das sich in den letzten Jahren mehr und mehr zum Spitzenprodukt des in Österreich marktbeherrschenden Konzerns der *BrauAG* herausgebildet hat. Die exclusive Aufmachung (in Flaschen, die ein wenig an jene des amerikanischen Michelob erinnern) kommt einem hellen, ausgeprägt hopfenaromatischen und trockenen Pils zugute, mit dem die Brauerei auch im internationalen Wettbewerb antreten möchte.

Das bekannteste Produkt der BrauAG ist allerdings das *Kaiser*, von dem es mehrere Varianten gibt – vom süßlichen *Doppelmalz* bis zum *Kur-Pils*, das offenbar nach und nach vom edleren *Zipfer Pils* abgelöst wird. Dominierend ist das *Kaiser Premium*, ein dunkelgelbes, recht schlankes Vollbier mit einer betonten, pilsartigen Hopfung. Es entspricht in hohem Maß der österreichischen Vorstellung von einem Hellen mit einer gewissen Verwandtschaft zum Pils – schließlich war die böhmische Stadt Pilsen österreichisch, als ihr eigener Biertyp kreiert wurde.

Noch deutlicher wird die Pils-Verwandtschaft bei der Brauerei im steirischen **Göss**, die über die *Steirerbrau* ebenfalls mit der BrauAG verbunden ist; hier braut man ein recht ausgeprägtes und aromatisches *Pils*, die wahre Entdeckung der letzten Jahre ist jedoch das *Gösser Gold*, ein feingehopftes Premium-Lager, von dem das biedere und viel weniger spritzige *Gösser Märzen* eindeutig in den Schatten gestellt wird. Gar nicht zu reden vom schwarzen und süßlichen *Stiftsbräu*. Auf der nächsten Reise werden wir schwarze Biere kennenlernen, die viel trockener und süffiger sind.

Kann man nach **Prag** reisen, ohne auf die Burg zu gehen? Nein, man kann nicht; meinen die Reisebüros – und sie haben damit nicht nur den Hradschin, sondern auch die Prager Bierburg im Sinn. Gemeint ist das *U Fleku*, die einzige Gasthausbrauerei Böhmens, die in ihrer ursprünglichen Form vom 15. Jahrhundert bis auf unsere Tage gekommen ist.

Touristen wird in manchen Prager Lokalen schon die für Ortsansässige unerschwingliche Summe von 45 Kronen für ein Krügel Bier abgeknöpft (was umgerechnet immer noch nicht mehr als 15 Schilling ist), während man auf dem flachen Land für gleich gutes Bier nur fünf Kronen hinblättern muß. Die Lokale sind in beiden Fällen ein wenig schmuddelig – aber das ist für die böhmische Bierkultur auch nicht wirklich relevant. Schlimmer ist, daß aus vielen Lokalen am Rand des touristischen Trampelpfades das typische schwarze Prager Bier (üblicherweise das recht süffige und kaum süßliche von *Branik*) verschwindet, weil vor allem die Österreicher hinter dunklem Bier ein Dessert-Bier vermuten.

Nun: Im U Fleku hat man sich nach der Privatisierung daran gehalten, weiterhin Schwarzbier zu brauen und zu zapfen – und es schmeckt jetzt, wo die Leitungen offenbar besser gepflegt werden, wieder so wie es soll. Obwohl es schwarz mit nicht ganz weißem Schaum ist, riecht es weder süßlich, noch nach Röstmalz, sondern eindeutig nach Hopfen. Der Antrunk ist frisch, der Körper nicht zu voll und der Nachtrunk eher trocken-bitter. Bis zu 58 hl werden davon pro Tag ausgeschenkt – ausschließlich im eigenen Gasthaus.

Von 1499 ist der erste schriftliche Beleg. Da kaufte Veit Skremenec das Haus für 250 Schock Prager Groschen, 1762 kam es an die Familie Flekovski, die ihm den Namen gab. Die heutige Größe erhielt der Betrieb 1809, die heutige burgartige Ausstattung durch den Maler Lada Novak. Als er 1898 an das Ausmalen ging, galt er bereits als der größte tschechische Maler (zumindest was die Körpergröße betraf), einige Jahre später wurde er von den Gästen erst zum Schulzen, dann zum Präsidenten und schließlich zum König der Prager Bierburg ernannt.

Auch wenn vorhandene Dokumente den Schluß nahelegen, daß die Bierqualität im U Fleku über die Jahrhunderte immer besser geworden ist (andere Dokumente hätte man wohl nicht aufbewahrt) – die wesentliche Veränderung muß 1843 passiert sein. Damals wurde Braumeister A. Pstross engagiert, der das kleine Brauhaus auf Untergärung umstellte. Ein Jahr vorher hatte Josef Groll damit ja in Pilsen seinen großen Erfolg gefeiert, allerdings blieb man im U Fleku dem Schwarzbier treu. Man nannte das Untergärige „nach bayrischer Art“, obwohl es schon lange vorher in Böhmen Versuche mit untergärigen Verfahren gegeben hatte. Schon im 15. Jahrhundert soll das Saazer „Samec“-Bier untergärig gewesen sein, ebenso das Prager „Ungelt“-Bier – allerdings war um die Wende zum 19. Jahrhundert nur eine Handvoll böhmischer Brauereien mit Untergärung befaßt.

Nach dem Erfolg in Pilsen dauerte es kaum 35 Jahre, bis das obergärige Bier ganz verschwunden war. 1860 standen in Böhmen noch 313 rein untergärige Brauereien sowie 629 mit ober- und untergäriger Produktion einer 9,43-Prozent-Minderheit von 98 rein untergärigen Brauereien gegenüber. 1876 wurde in 925 von insgesamt 927 böhmischen Brauereien nur mehr untergäriges Bier hergestellt – also jenes Bier, das wir als böhmisch zu erkennen gewohnt sind.

Mit dem Übergang zum untergärigen Bier entstand ein neues Problem: Untergäriges Bier brauchte viel bessere Kühlung. So entstand besonders in der Braustadt Prag ein eigener mit der Eisgewinnung befaßter Erwerbszweig. Der Prager Braufachmann Karl Tiller schilderte 1881 diese Arbeit so: „Die Gewinnung des Roheises ist zwar keine Kunst, allein wenn diese Geschäft, namentlich aus fliessenden Gewässern, rationell betrieben werden soll, so gehört mehr Erfahrung und Fertigkeit in der Verrichtung mechanischer Arbeiten dazu, als zu manch anderem Gewerbe.“

Verlassen wir das U Fleku und gehen wir die paar Schritte hinunter zur Moldau, die in den letzten Wintern kaum mehr zugefroren ist. Vor 110 Jahren aber hätten wir ein geschäftiges Treiben beobachten können. Schiffsleute, Fischer, Holzhauer und Sandausheber wären an einem kalten Wintertag hinausgestapft, um sich mit der Eisbeschaffung ihr Brot zu verdienen. Tiller war voller Begeisterung, wenn er die Männer schilderte: „Jeder Prager kennt diese wakkeren Arbeiter im Besitze ungeschwächter Körperkräfte. Ehrlichkeit, fröhlicher Sinn, nationales Selbstbewußtsein und ein gerader, wenn auch manchmal rauher Charakter sind die Haupttugenden eines echten Eishauers.“

Ihre Arbeit bestand zunächst darin, eine befahrbare Eisbrücke herzustellen, indem unter einen Teil der massiven Eisbedeckung der Moldau vorgeschnittene Eisplatten geschoben wurden, die damit zu einer dicken Eisschicht zusammenschmolzen. Darüber kamen noch einmal Eisbrocken – „welche wie die Quadersteine unseres Trottoirs nebeneinandergelegt werden. Die Fugen werden mit geschlägeltem Eise, dem Schottereise, ausgefüllt und von Zeit zu Zeit mit Wasser bespritzt, so daß auch diese dritte Schichte bei anhaltendem Frostwetter mit der unteren natürlichen Eisfläche und dem Unterschub zu einer kompakten Masse zusammenfriert.“

Nun wurden größere Blöcke Eis – 20 bis 40 Meter mal vier bis acht Meter – losgebrochen, angeflößt, noch währenddessen zerteilt, von Helfern herausgefischt und auf Wagen geladen, die sie zu den großen Eiskellern der Brauereien brachten. Wenn es in manchen

Wintern nicht recht klappte, weil es nicht kalt genug wurde, hat man das Eis per Zug aus dem Erzgebirge holen müssen. Uns fröstelt bei dem Gedanken an die kalte Arbeit und wir queren die Moldau.

Das berühmte Foto von Jindrich Eckert zeigt das Brechen des Moldaueises für die Prager Brauereien im Winter 1890

Auf dem anderen Ufer liegt der Stadtteil Smichov, in dem im Oktober 1869 die Prager Aktienbrauerei gegründet wurde, deren Bier unter dem Namen *Staropramen* („Alte Quelle") vermarktet wird.

Staropramen kam sehr rasch in Fahrt: Bereits im Winter 1870 begann man Eis zu brechen, am 17. Februar 1871 ging die Mälzerei in Betrieb und am 15. Juli 1871 gab es das erste Bier, das heute schlicht als „das Prager Bier" bezeichnet und vermarktet wird. Dabei hatte das – noch heute wenig haltbare – zehngrädige Bier von Beginn an den höchsten Anteil. Heute werden allerdings bereits rund zehn Prozent des Ausstoßes von 1,3 Millionen hl als 12grädiges Bier exportiert. Es ist mild und doch malzig, wobei sich eine kräftige Hopfennote im Nachtrunk entwickelt.

Die Aktienbrauerei Smichov war übrigens seit ihrer Gründung ein rein tschechisches Unternehmen, das seine „nationale" Haltung unter anderem durch eine 1000-Gulden-Spende zum Wiederaufbau des Nationaltheaters dokumentierte. Und weil sie erfolgreich war, konnte die Brauerei sich auch technische Neuerungen leisten: Schon 1889 konnte sie auf das Moldaueis verzichten, weil sie eine künstliche Kühlung eingeführt hatte, 1912 kaufte sie den ersten Lastkraftwagen. Der bis zum Zweiten Weltkrieg immer wieder erneuerte – unter KP-Herrschaft aber heruntergewirtschaftete – Betrieb wurde im Sommer 1992 privatisiert. Demnächst soll er außerhalb der Stadt neu gebaut werden.

Weil wir nun schon auf dem Kleinseitner Ufer der Moldau sind, werfen wir einen Blick auf die Burg. Oben auf dem Hradschin ist auch eine der Wohnungen Kafkas – von November 1916 bis April 1917 wohnte der Dichter im (eigentlich den Alchimisten bestimmten) Goldenen Gäßchen. Kafka war wahrscheinlich der einzige Prager Dichter, der Bierhallen mied. Dagegen war nach einer nicht auszurottenden Legende, die ich ohne Gewähr weitergebe, Jaroslav Hasek Stammgast in der Bierkneipe „U Kalicha" („Zum Abendmahlskelch"), wo er an einem Tisch rechts vom Eingang zu trinken, zu diskutieren und zu schreiben pflegte. U Kalicha war wie so viele andere Lokale in den 40 Jahren des real existierenden Sozialismus heruntergewirtschaftet oder lieblos rationalisiert worden – es hat die bescheidene, distanzierte Eleganz, die im Sozialismus die Gemütlichkeit ersetzen mußte.

Ein solches Schicksal hat auch das Lokal „Zum Schnell“ („U Schnellu“) auf der Kleinseite genommen – ein eher trauriger Platz, an dem man auf dem Weg vom Burgberg zur Karlsbrücke vorbeikommt. Ja früher: Da war sogar der Kaiser Napoleon hier im Haus. Heute ist das hier ausgeschenkte Pilsner Bier das Beste am Lokal.

Über Jahrhunderte gab es in Prag einen mächtigen Konkurrenten des U Fleku – die 1325 von Augustinermönchen gegründete Brauerei „Zum Heiligen Thomas“ („U Svateho Tomase“). Ein späterer Eigentümer namens Skremenec wurde einmal von frommen (wahrscheinlich eher: neidigen) Bierbrauern beschuldigt, ein Anhänger des Teufels zu sein. Das konnte seinerzeit üble Folgen haben – denn es schadete nicht nur dem Ruf des Bieres, sondern hätte Herrn Skremenec durchaus auf den Scheiterhaufen bringen können.

Denn Frömmigkeit und Geschäftssinn ging den Bierbrauern Prags über alles. Die erste Erwähnung Prager Bieres findet sich in einer Königlichen Urkunde von 1088, in der es um eine Kirchengründung in Vysherad ging. Schon seit 1357 besaßen die Brauer eine eigene Zunft, Karl IV. soll ihnen den Heiligen Wenzel als Schutzpatron vorgeschrieben haben.

Die Schwarzbier-Brauerei im Namen des Heiligen Thomas war übrigens noch im November 1880 mit 468 gebrauten hl bedeutend größer als das U Fleku (290 hl) und wurde erst 1953 stillgelegt.

Ziehen wir vom Heiligen Thomas weiter moldauabwärts, so kommen wir bald zum Letna. Dort findet neuerdings wieder – jeweils im August – das Bierfest statt, bei dem sich acht Brauereien in zwei riesigen Festzelten präsentieren. Der Korrespondent der Agentur ADN beobachtete bei der Eröffnung 1992 erstaunt: „Für die böhmischen Biertrinker ist in erster Linie wichtig, daß die in jüngster Zeit mehrmals erhöhten Bierpreise nicht weiter steigen. Der Durst ist nach wie vor riesengroß – nicht nur, aber insbesondere während dieser heißen Sommertage –, und die Bierfans haben nachweisbar einen guten Zug. So schaffte es kürzlich ein Prager bei einem Wettbewerb im sogenannten Stafetten-Trinken, in vier Sekunden einen halben Liter Bier in seiner Kehle verschwinden zu lassen.“

Dabei war früher für die Prager eher die Qualität des Biers ein Gesprächsthema – wie für die Burgunder die Qualität des Weins.

Sehen wir nach, ob uns außerhalb von Prag mehr Bierkultur begegnet. Selbstverständlich ist das nicht: Schließlich war die böhmische Bierkultur immer wieder Angriffen ausgesetzt. So wurden die städtischen Brau- und Bannmeilenrechte 1517 abgeschafft, der Landadel konnte nun ein unzünftiges Bier brauen und es seinen Leibeigenen aufzwingen. Die handwerkliche Braukunst ging vielfach verloren. Ein Jahrhundert später – nach der verlorenen Schlacht am Weißen Berg bei Prag – wurden in Böhmen Brauereien im Wert von 17 bis 20 Millionen Gulden konfisziert. Die Wut, das Land „katholisch machen" zu wollen kann nicht viel geringer gewesen sein als jene der Kommunisten, den Sozialismus einzuführen und das Brauwesen niederzuhalten.

Und dennoch finden wir Bierkultur – nicht nur in der feuchtfröhlichen „Partei der Bierfreunde" und ihrem Leibblatt, dem „Pivo Kuryr". Edler noch als das Prager, Pilsner und das Budweiser Bier ist jenes aus **Groß Popowitz** aufgemacht – es waren die „Bierfreunde", die mich mit ihm bekannt gemacht haben: viel Gold am Halskragen, Gold auch im Aufdruck der Etiketten, die traditionell einen Bock zeigen, obwohl das *Velkopopovice kozel* („Ziegenbock aus Velke Popovice") selbst nur 12 Grad hat. Es ist dunkelgelb mit einem sehr malzigen Geruch und einem vollen, malzaromatischen Antrunk. Der Nachtrunk ist harmonisch und kaum bitter. Im Bierlokal „U Zizku" („Zum Zeisig") in Prag warb der Wirt Oppel schon in der Kaiserzeit: „Das Groß-Popowitzer Bier ist um einen halben Grad stärker und viel nahrhafter und brotartiger als das Smichover Aktienbier. Mit genügenden Mengen an Eis habe ich ordentlich gelagertes und bestens behandeltes Bier. Als gelernter Kellner mit vieljährigen Erfahrungen schenke ich als Gastwirt das Bier persönlich aus, und es ist daher ausgeschlossen, daß das Bier gepanscht wird."

Heute noch wirbt die Brauerei recht selbstbewußt mit dem Hinweis „Wer das Groß-Popowitzer Bier nicht gekostet hat, ist bestimmt kein Bierkenner!" Die 1875 mit 18.000 hl Ausstoß gegründete Brauerei plant, ihre Kapazität von 800.000 auf 1,2 Millionen hl auszubauen – da auf dem böhmischen Biermarkt ein Verdrängungswettbewerb abzusehen ist, sollte man sich mit einer böhmischen Bierreise nicht allzu lange Zeit lassen.

Ein helles tschechisches Bier mit besonderen Qualitäten ist das *Herold 10* aus **Breznice** bei Pribram: Die zehngrädige Version hängt der um zwei Grad stärkeren Schwester in der Schaumhaltbarkeit und im Körper nach, weist aber eine recht angenehme Hopfung auf. Das zwölfgrädige *Herold* ist süffig mit einer leicht süßlichen Note und noch feiner gehopft – ein Bier, das gut an das Vorbild des Urquell aus dem nordwestlich gelegenen Pilsen heranreicht.

Eines der besten zehngrädigen Biere der tschechischen Republik trägt die für uns Deutschsprachigen verwirrende Aufschrift *Most*. Das ist der tschechische Name für die im nordböhmischen Kohlerevier gelegene Stadt **Brüx**, in der seit 1470 Bier gebraut wird. Wie gesagt: ein sehr gutes Bier. Malzig-würziger Duft, aber kein sehr starker Schaum. Dafür eine einwandfrei „böhmische", also dunkelgelbe Farbe und ein ausgewogen-süffiger Antrunk mit einer angenehmen Bittere. Das 11grädige Bier von Most hat etwa dieselbe Farbe, aber einen kräftigeren, blütenweißen Schaum, die Nase ist hopfig, der Antrunk überraschend kräftig. Die zarte Bittere des Nachtrunks erinnert leicht an die Edelbittere mancher Schokoladen.

Auf dem 12grädigen Bier findet sich die Herkunftsbezeichnung kaum (und die Grädigkeit gar nicht) auf dem Etikett: Da heißt es dafür auf deutsch *Böhmisches Bier – Spezialität*, die Haltbarkeit wird mit eineinhalb Monaten angegeben, der Alkoholgehalt mit fünf Prozent und der Hinweis auf das deutsche Reinheitsgebot fehlt ebensowenig wie der EAN-Code. Es ist ein dunkel-bernsteinfarbenes Lagerbier, dem Budweiser nicht unähnlich, aber mit schwächerem Schaum und etwas stärkerer Bittere.

Einen Versuch wert sind auch die Biere aus **Novo Packe**, einer 1872 gegründeten Brauerei. Das 11grädige nennt sich *Krystof*, ist hell und hat eine frische, hopfige Nase, viel Körper für den Typ und eine feine, pilsartige Bittere, die den Saazer Hopfen betont. Noch heller, mit sehr festem Schaum ist das 12grädige *Kumburak* aus derselben Brauerei: Etwas voller, aber auch noch betonter im Hopfen.

Aus **Leitmeritz** kommt neuerdings wieder ein Bier, auf dessen Etikett das Portrait des Kaisers prangt. Es ist eine Wiedergabe der Goldmedaille, die die 1720 gegründete Kommunal-Brauerei auf der Wiener Weltausstellung 1873 errungen hat. Auch das 10grädige *Kuryr* darf als durchaus preiswürdig erscheinen: Es ist bernsteinfarben, riecht frisch und schmeckt sehr ausgewogen-süffig mit einem leicht würzigen, wenig bitteren Nachtrunk. Von gänzlich anderem Charakter ist das dunkle 10grädige, das *Celestin*: Es hat etwas weniger Alkohol (2,3 Prozent), ist also weniger hoch vergoren. Dafür hat es über dem fast schwarzen Bier eine hellbraune, an Guinness erinnernde Schaumkrone. Es ist ein sehr mildes, malzaromatisches Bier mit einer ganz feinen Süße und einer schwachen, leicht hängenden Bittere im Nachtrunk. Auch dieses Bier schmückt sich mit einer Goldmedaille, der von der „Ersten Berliner Ausstellung für volksverständliche Gesundheitspflege für Hauswirthschaft und Küche, 1900".

Das nächststärkere Bier ist das *Kalich* mit 11 Grad: bernsteinfarben, sehr kräftig und mit einem ausgeprägt bitteren, leicht ins gallige gehenden Nachtrunk. Bernsteinfarben, voll und rund mit einem leicht rauchigen Nachtrunk ist das *Fort*, auch dieses mit einer Goldmedaille von 1900 geschmückt, diesmal aus dem Palais Royal in Paris. Zu jener Zeit wurde das Leitmeritzer Bier sogar nach den USA exportiert – und Kaiser Franz Joseph machte am 17. Juni 1901 bei einer Inspektion der Festung Theresienstadt eine Visite in der Brauerei. Der Kristall-Pokal, aus dem er trank, ist heute ein kostbar gehütetes Erinnerungsstück.

Unter den böhmischen Brauereien, die sich in den letzten Jahren einen Namen im Export gemacht haben, nimmt jene von **Hradec Kralove** eine besondere Stellung ein: Sie war das Flaggschiff einer Brauereigruppe, die durch die Privatisierung und Aufgliederung an Bedeutung verloren hat, deren Produkte aber allesamt gut im Markt geblieben sind. Im Falle der 300.000-hl-Brauerei von Hradec Kralove sogar im internationalen Markt, denn nach ersten Exporterfolgen nach Polen hatten die Böhmen den Mut gefaßt, sich auch in Schweden einen Namen zu machen. Und wem der Name Hradec Kralove nichts sagt, der braucht sich nur an dessen deutsche Übersetzung zu halten: **Königgrätz**. Das ist jene Stadt, vor deren nördlichen Toren am 7. Juli 1866 die österreichische Armee von den Preußen vernichtend geschlagen wurde. Dieses Datum, das Österreichs Austritt aus der deutschen Geschichte markiert, verbindet sich mit viel Schulbuchwissen, die Stadt aber ist seltsam abgelegen von den Touristenpfaden.

Schade drum: Wer den Hauptplatz von Osten her betritt, bekommt einen der imposantesten Plätze Europas zu sehen. Der Platz hat die Form eines gigantischen gleichschenkeligen Dreiecks, an dessen Spitze der Besucher steht. Rechter Hand die für böhmische Platzgestaltungen seit der Gotik so typischen Arkaden der Bürgerhäuser, wir kennen das aus Budweis. Linker Hand die Häuser der Kirche: Der barocke Dom, der ebenso auf jesuitische Anordnungen zurückgeht wie der Palast, der auf dem Grund von neun im Dreißigjährigen Krieg niedergebrannten Häusern steht. Anschließend weitere Häuser im Kirchenbesitz, das Bischofspalais und eine Reihe von zu Beginn der neunziger Jahre unseres Jahrhunderts renovierten Domherrenhäusern, die sich gegenüber der den Platz beherrschenden gotischen Domkirche in einen Winkel, der eine Sackgasse zu bilden scheint, hinziehen. Weitergehen lohnt: Hier ist nicht nur ein Durchgang (das heute wenig spektakuläre Tuchmachertor der alten Festung), sondern vor allem der Eingang zur Bierbrauerei.

Deren ältester Bauteil geht zwar auf die Renaissancezeit zurück, auch beinhaltet der Komplex heute noch Teile der alten Stadtbefestigung – die offizielle Geschichte der Brauerei beginnt aber erst mit dem Jahr 1835, als die brauberechtigten Bürger von Königgrätz eine Kommune gegründet haben. Diese hat auf dem Dechantplatz 57 in den Jahren 1844–1846 eine Brauerei im Neo-Renaissance-Stil errichtet, die mehrfach renoviert wurde. So wurde sie 1864 auf Lagerbier-Produktion ausgerichtet und eine Dampfmaschine installiert. 1890, am Ende jener Ausbauphase, wurde ein Ausstoß von 28.200 hl erreicht.

Anschließend kam die – noch heute funktionierende – Wasserversorgung aus eigenen Brunnen, die künstliche Kühlung und die neue (noch heute betriebene) Mälzerei dazu. 1905 wurden 54.607 hl gebraut. Ein neues Sudhaus und ein neuer Maschinenraum waren die Investitionen der nächsten Ausbauphase bis 1945, der Ausstoß stieg auf 141.349 hl. Und das in einem Kriegsjahr – und fast ausschließlich mit Faßbier, denn die maschinelle Flaschenfüllerei kam erst nach dem Krieg und ließ den Ausstoß 1964 auf 225.235 hl steigen.

Die Produktpalette ist in Königgrätz besonders breit, sie reicht von einem mit gestoppter Gärung hergestellten alkoholfreien Bier bis zum kräftigen 14grädigen *Kalich*. In anderen tschechischen Brauereien wird 14grädiges Bier nur zu Weihnachten hergestellt (Bockbier ist in Böhmen unbekannt), in Königgrätz braut man das Kalich aber das ganze Jahr über.

Bekannter ist das 12grädige *Lev*, das in Anlehnung an die Wappenfigur „Löwenbier“ genannt wird. Es ist dunkelgelb, süffig mit einer rauchig-herben Note im Nachtrunk. Vom Publikum der „Pivex 1992“ in Brünn wurde es als das beste Bier eingestuft.

Schließlich kommt aus Königgrätz noch ein Diätbier, das *Hradecke Dia Pivo*, ein sehr hoch vergorenes Leichtbier mit 3,5 Prozent Alkohol und einem etwas aufdringlich-brotigen Geschmack, der wohl vom Pasteurisieren kommt. Der Nachtrunk erinnert nicht an Hopfen, sondern am ehesten an Sonnenblumenöl.

Beim Verlassen dieser in einer innenstädtischen Denkmalschutzreservation gelegenen Brauerei klärt sich übrigens noch ein Mißverständnis: Man steht unmittelbar vor dem Eingang zum Dom des Heiligen Geistes, der vor 1313 unter der Königin Elsa Rejcka begonnen worden war – Hradec Kralove ist die Stadtburg der Königin, nicht die des Königs, also eigentlich „Königinnengrätz“.

Mit dem böhmischen und mährischen Bier drängen noch eine Reihe slowakischer Biere auf den internationalen Markt. Leider haben nicht alle die Qualität der Bräus aus Tschechien: So ist mir im Herbst 1992 eine Flasche des *Zlaty Bazant* in die Hände gefallen; auf dessen Etikett konnte ich zwar mühelos in drei Sprachen erkennen, daß dieses Bier aus der Brauerei **Hurbanovo** „Goldener Fasan" heißt, auch war die Aufmachung überdurchschnittlich vornehm. Aber im Glas zeigte sich ein beinahe verdorben riechendes, schaumarmes Bier von dunkelgelber Farbe, mit einem Eindruck, der an Butterbrot erinnert – Indizien für ungenügenden Abbau des bei der Hauptgärung entstehenden Diacetyls und für eine übertriebene Pasteurisierung.

Wir werden uns daher auch auf der nächsten Reise ein wenig in Böhmen umsehen.

Während einer Reise durch die damals noch existierende Tschechoslowakei bin ich in einem kleinen Hotel auf dem Hauptplatz von **Lanskroun** auf ein Plakat für ein Bier namens *General Laudon* gestoßen. Es ist ungewöhnlich, daß Bier mit dem Namen eines Militärs, noch dazu eines österreichischen (Ernst Gideon Laudon, 1716–1790), angeboten wird – und es war auch nicht vorrätig, weil gerade die Flaschenfüllanlage der Brauerei repariert werden mußte. Als ich am nächsten Tag die Brauerei aufgesucht habe und den Mann kennenlernen wollte, der dem General ein bieriges Denkmal errichtet hatte, wurde mir klar, daß eine einfühlsame und geschichtsbewußte Dame dahintersteckte.

Denn in Lanskroun führt eine Frau das Kommando.

Jana Skvarilova hatte die Marketing-Idee gehabt und mit sanftem Nachdruck durchgesetzt – immerhin gehört die Brauerei von Lanskroun zum Getränkekombinat im eine gute Autostunde entfernten Königgrätz, wo man sich nicht sehr um die Brautradition der Kleinstadt schert. Aus dem Keller hat mir Frau Skvarilova dann einen Krug des dunkelbraunen, mild-süffigen Bieres mit festem Schaum und einer schokoladeartigen Bittere holen lassen und mir die Geschichte des Brauhauses erzählt: Es war im Jahr 1700 errichtet worden. In der liechtensteinischen Chronik heißt es über die Errichtung des Schlosses: „...ward dem Baumeister Antiono Salla auch der Bau des hiesigen Bräuhauses und die Errichtung der Malzdörre im Acord übertragen.“

Die Mälzerei gibt es übrigens noch: Die Tennen liegen in einem Gebäude aus dem 14. Jahrhundert mit teilweise erhaltenem Kreuzrippengewölbe, auch die Darre ist (obwohl sehr energieintensiv) immer noch in Verwendung.

Die liechtensteinische Brauerei war nicht die einzige am Ort: 1880 hatte Landskron noch zwei Brauereien für 5284 Einwohner gehabt. Nach Schließung der 1628 gegründeten städtischen Brauerei im Jahre 1896 muß nun die eine verbliebene um ihre Existenz bangen. Dabei war es einmal ein sehr angesehenes Brauhaus – das liechtensteinische Bier wurde in der Monarchie (über die Bahnverbindung mit Olmütz) bis nach Wien gebracht. An so großartige Zeiten erinnert noch das Wappen an der Außenmauer, eine Figur des gegen Blitzschlag helfenden Heiligen Donat (1733) – und eine Statistik, derzufolge hier immer das zehn- und elfgrädige Bier dominiert hat; allerdings wurde bis 1929 als Nobelgetränk auch ein bockartiger, 17grädiger „Primator“ gebraut.

Heutzutage braut Frau Skvarilova noch vier Sorten Bier, die allerdings – mangels Pasteurisierung – nur eine zehntägige Haltbarkeit haben: Das Zehngrädige heißt *Lanskrounka*, das Elfgrädige *Korounka*, das Zwölfgrädige, pilsartig bittere Bier nennt sie *Koruna* und das dunkle ist dem schon erwähnten General Laudon gewidmet. Im Unterschied zu den niedrigergrädigen Bieren werden die zuletzt genannten nach einer sehr langsamen zwölftägigen Hauptgärung in offenen Gefäßen 50 bis 60 Tage gelagert. Die dafür verwendeten Keller waren noch für Natureis angelegt worden. Und das Sudhaus – im Kriegsjahr 1941 angelegt – mag die 66.000-hl-Brauerei vor der Schließung bewahrt haben, denn es war halbwegs modern, als die Machthaber nach 1946 darangingen, die kleinen Brauhäuser zuzusperren und die verbleibenden an enge Absatzgebiete zu binden.

Frau Skvarilova hat das selber miterlebt: 1963 war sie die erste Brauereidirektorin der damaligen Tschechoslowakei geworden. Und ein bißchen Stolz auf diesen Einbruch in die Männerdomäne schwingt schon mit, als sie mich mit der jungen Braumeisterin bekannt macht, die erst kürzlich ihre einschlägige Ausbildung in Pilsen abgeschlossen hat und nun das Sudhaus beherrscht.

Frauen haben es normalerweise nicht leicht im Umgang mit Bier – nicht in der Brauerei, nicht am Biertisch: „Der Maßkrug ist das Symbol der Männlichkeit", schrieb Ludwig Thoma. Mulier tacet non solo in ecclesia – die Frau möge in der Kirche und nicht nur dort schweigen, meinen die Bier-Machos. Und verkennen, wem sie den Biergenuß zu verdanken haben.

Frauen und Bier – ein Thema, das immer wieder auch für böse Scherze gesorgt hat

Der „Historie vom Thüringer Brauer-Verein von 1802", erschienen im Jahr 1941 in Nordhausen/Harz, ist folgende Würdigung in Gedichtform zu entnehmen:

„Will man dem Biere Gönner werben,
Darf mit der Frau man's nicht verderben.
Die Frau, dies Faktum steht wohl fest,
ist mit dem Bier das Allerbest'
was wir auf dieser Erde haben.
Die hat zuerst das Bier gebraut,
das dann auf strupp'ger Bärenhaut
Germanen kraftvoll endlos tranken,
bis sie bezecht in Schlaf versanken.
Ein Glück ist's, daß in alten Zeiten
die Frau lernt Bier und Meth bereiten.
Ein Glück ist's, daß sich ihre Kunst
erhalten hat, wir wären sunst
ein farb- und kraftlos schwach Geschlecht,
denn nur wer Bier trinkt, der ist echt."

In diesen holprigen deutschtümelnden Versen schwingt die Erinnerung mit, daß in frühen Zeiten das Brauen Frauensache war. Erst im Frühmittelalter verfeinerten christliche Mönche die Braukunst und machten das Bierbrauen, das in den bäuerlichen und bürgerlichen Haushalten die Aufgabe der Hausfrau war, zur Männersache.

Das Brauhaus als Mitgift:
Exponat in Cloppenburg

Im niedersächsischen Museumsdorf **Cloppenburg** läßt sich ein schöner Beleg dafür finden, wie lange es die Frauen waren, die beim Bierbrauen auf dem Lande bedeutend waren: Dort wird das Brauhaus aus dem Brautschatz der Catharina Kramer gezeigt, das 1736 zusammen mit anderen Stücken als Fertigbausatz zum Hof des Johann Hubbermann in Hubertusmühle gebracht worden war. Dort mag die Hausfrau selber gebraut haben, bis für selbstgebrautes Bier adäquater Ersatz da war.

Man muß nämlich wissen, daß der Bierkonsum geradezu lebensnotwendig war – in einer Zeit, als andere bakteriologisch unbedenkliche Getränke kaum verfügbar und Tee oder Kaffee noch sehr teuer waren. Aus Ostfriesland wird überliefert, daß um 1800 der durchschnittliche Jahreskonsum bei 400 Liter Bier lag. Dieses selbstgebraute Bier war aber erheblich leichter als unser gewohntes. Das „Scherbier“ oder „Drinken“ wurde vielfach ohne eigentlichen Brauvorgang hergestellt: In das „Drinkfat“, ein nach oben verjüngtes Faß mit Spundloch über dem Faßboden, tat man gesäuertes Schwarzbrot, übergoß es mit einem Viertel warmem und drei Viertel kaltem Wasser, schloß das Faß luftdicht ab und wartete auf die Gärung, die nach etwa zwei Tagen ein genießbares Getränk ergab.

Das in Cloppenburg gezeigte Fertigteil-Brauhaus dürfte dagegen sehr wohl geeignet gewesen sein, einfache obergärige Biere herzustellen, die noch relativ lange mit Grut statt mit Hopfen gewürzt gewesen sein mögen. Die Frauen hatten guten Grund, selber zu brauen – denn vor der allgemeinen Einführung der Kartoffel (deren Verarbeiter Pfanni ebenfalls in Cloppenburg sitzt und eine Ausstellung zeigt) war Biersuppe ein gängiges Lebensmittel.

Überhaupt waren es die Frauen, die der Menschheit das Bier gebracht haben. Und nicht nur den Germanen – wofür das wohl älteste literarische Zeugnis im babylonischen Gilgamesch-Epos nachzulesen ist. Dem Helden Gilgamesch, dem mächtigen König von Uruk, erwächst mit Enkidu ein Gegenspieler, der zunächst als unkultiviertes Wesen mit den Tieren in der Steppe lebt. Wie diese frißt er Gras und säuft Wasser. Eine Dirne, die von Gilgamesch geschickt wird, verführt ihn und bringt ihm menschliche Lebensart nahe:

„Enkidu weiß nicht wie man Brot ißt, versteht es nicht, Bier zu trinken. Da tat die Dirne ihren Mund auf und sprach zu Enkidu „Iß das Brot, Enkidu, das gehört zum Leben, trinke das Bier, wie es im Lande Brauch ist.“ Enkidu aß Brot bis er satt war, er trank Bier sieben Krüge voll. Da entspannte sich sein Inneres und ward heiter, sein Herz frohlockte und sein Antlitz strahlte. Er wusch sich den zottigen Leib mit Wasser, salbte sich mit Öl – und wurde zum Menschen."

Sieben Krügel Bier sind also das Maß der Menschwerdung. Der zivilisierte Mensch ist demnach dadurch ausgezeichnet, daß er statt Gras und Wasser Brot und Bier zu sich nimmt, daß er sich reinigt und mit Öl salbt.

Das Bier gehört also zu den Kulturgütern, die sich im Zweistromland hoher Wertschätzung erfreuten. Und die traditionell von Frauen hergestellt und dargereicht wurden. An die Biergöttin Ninkasi ging die Anweisung: „Den Gärbottich, der ein liebliches Geräusch macht, stellst du richtig auf das große Faß". Auf den babylonischen König Hammurabi, er regierte 1728 bis 1668 v. Chr., geht eine Bestimmung zurück, die nicht nur klarstellt, daß Bierbrauen sich aus der (weiblichen) Hauswirtschaft entwickelt hat, sondern auch, daß den Brauers-Frauen nicht unbedingt zu trauen war, was die Qualität des Gebräus anging. Hammurabis Biergesetz besagt: „Wenn ein Bierweib den Preis für das Bier nicht in Korn annimmt, sondern des höheren Gewichtes wegen in Silber, oder wenn sie den Wert des Bieres gegen den Wert des Korns vermindert, dann soll das Weib bestraft werden, indem man es ins Wasser wirft."

Auch spätere Zeiten haben Frauen immer wieder verdächtigt, daran schuld zu sein, wenn das Bier nicht in Ordung war – und ob ihrer „Schuld" ähnlich hart gestraft.

In der Mark Bandenburg begann die Hexenverfolgung (nach der ersten Verbrennung einer alten Frau in Berlin 1423) mit einem Gerichtsurteil gegen fünf Frauen, die allesamt 1565 verbrannt wurden. Darunter war die Frau Breisemannsche, der vorgeworfen wurde, dem Joachim Mellemanne das Bier verdorben zu haben; Frau Garmasche aus der Gegend von Perleberg wurde bezichtigt, dem Bernd Schneider Gift in die Bräugefäße getan zu haben. Unter „gütlichem und peinlichem Verhör" wurde vier Jahre später eine Frau in Neuruppin zum Geständnis gebracht, drei Braumeistern das Bier verdorben zu haben; zwei Jahre später gab es ein ähnliches Urteil gegen eine Frau in Wittstock, die dann unter Folterqualen eine andere Frau beschuldigte, fliegende Geister in ein Brauhaus geschickt zu haben.

Die Frauen, die nach schrecklichen Folterungen gestanden haben und dann verbrannt wurden, waren offenbar die Sündenböcke der unfähigen Braumeister ihrer Zeit. 1576 kamen dann aber mit Tina Töbels und der Bierwirtin Elsa Krausen in Neuruppin zwei Frauen vom Fach erst in die Folterkammer, dann auf die Anklagebank: Frau Krausen war offenbar zu erfolgreich. Die Töbels sollte der Krausen beigebracht haben, wie man die Leute dazu bezaubert, Bier nur bei ihr zu kaufen.

Die unchristlichen Mittel, zu denen sich die Krausen bei der Folterung bekannte, sind folgendermaßen überliefert: Speichen von einem Rade, worauf ein Übeltäter gerichtet worden war, und in Wachs verborgene hölzerne Kreuzlein sollten die Männer in ihre Schenke locken. Frau Töbels wurde vermutlich verbrannt, die Bierwirtin wurde zum Staupenschlag verurteilt und des Landes verwiesen – als sie einige Jahre darauf wiederkam, sollten ihr die Finger abgehackt werden.

Allerdings ist überliefert, daß viele Frauen tatsächlich an die Zauberkraft des Bieres glaubten: 1583 wurde eine Frau dafür verhaftet, daß sie jeden Morgen einen Krug Bier und ein Brot zu einem Fliederbusch getragen hat, von dem sie sich Hilfe aus der Not erhofft hat. Außerdem hatte sie eine andere Frau nackt ausgezogen, Bier in eine Grube in der Erde gegossen und „das Weib dies mittels eine Röhre austrinken lassen, damit sie Kinder bekomme".

Meist waren die Hexengeschichten so gelagert, daß sie für die (männlichen) Bierbrauer gut ausgingen. 1504 hatte der Berliner Probst Dr. Jacob Coler berichtet, daß gleichzeitig ein Erzengel und ein Teufel an das Bett der Brauerstochter Ursula Seger getreten seien, wobei der Engel den Teufel in die Flucht geschlagen habe. Wehe dem Brauersmädchen, wenn es umgekehrt gewesen wäre!

Und noch ein Jahrhundert später, 1612, schreibt Justus Stengel in seinem Buch „Bewerte Bierkünste" von „bösen Leuten, die das Bier verderben". Sein Gegenrezept: Man lege unter das Faß mit dem verdorbenen Bier eine von einer Schlange abgestreifte Haut und in dasselbe eine Korallenkette.

Trotz aller Widrigkeiten und Anfeindungen: Es gibt immer wieder Frauen, die in der Brauwirtschaft Bedeutendes leisten. Anfang Februar 1992 brachte Renate Scheibner, die Geschäftsführerin der

1880 gegründeten *Glück Auf-Brauerei* in **Gersdorf**, einem kleinen Dorf in der Nähe des Schriftsteller-Geburtsortes Hohenstein-Ernstthal, ein *Karl-May-Pils* zum 150. Geburtstag des Abenteuer-Schriftstellers auf den Markt – 5.000 hl Karl-May-Bier, das auch als Jubiläumspack – zwei Flaschen und ein Glas mit einem Bildnis von Karl May – angeboten wurde, wurden verkauft.

In diesem Zusammenhang sind auch zwei Österreicherinnen zu erwähnen, die sich sowohl mit Pils- als auch mit Bockbieren profiliert haben. Da ist einmal Eva Seeber in **Schwarzach im Pongau**: Die Salzburgerin packt in der kleinen Brauerei selbst an, wenn es darum geht, das *Tauerngold-Meisterpils* zu brauen. Österreichweiten Ruhm hat sie aber für ihre Bockbiere eingeheimst: Als *Tauerngold Dunkler Bock* wird ein mit 17,2 Grad eingebrautes, vollmundiges und nur leicht süßliches Bockbier mit 7,1 Prozent Stammwürze vermarktet. Gleich stark im Alkohol (aber mit 16,2 Grad Stammwürze deutlich schwächer eingebraut) ist der *Tauerngold Festbock*. Schon an der Relation von Malz und Alkoholgehalt läßt sich ablesen, daß dieser Bock höher vergoren ist – und tatsächlich ist es ein sehr harmonisches, beinahe trocken zu nennendes Starkbier, das sich auch durch eine ausgeprägte Hopfung auszeichnet.

Ähnlich profiliert sind die Biere aus **Zell am Ziller**, wo bereits in der zweiten Generation eine Frau – Frau Kolbitsch-Herbst – die Brauerei führt. Männlich ist nur der Firmenname: Simon Strasser. Und das Bockbier, der *Gauder-Bock*, ein sehr trockener Vertreter seiner Art, der geschmacklich (aber nicht im Alkoholgehalt) mit einem Märzenbier verwechselt werden könnte. Im Unterschied zum vorher erwähnten Pils aus dem Pongau ist das *Zillertaler Pils* viel schlanker und leider auch ärmer an Aromen.

Daß Frauen Brauereien leiten, ist dem ältesten Dortmunder Stadtrecht von 1250 zu entnehmen, in dem männliche Brauer erst gar nicht erwähnt werden.

In **München** hat sich diese Praxis seit dem 16. Jahrhundert eingebürgert. Das Filserbräu, das 1827 zum Löwenbräu kam, war nach den Forschungsergebnissen von Wolfgang Behringer im 17. und 18. Jahrhundert meist an Frauen vererbt worden – weshalb es seinen Namen auch mehrfach änderte, bis schließlich der vorher am Weißen Hofbräuhaus beschäftigte Martin Filser durch Ehe auf das

Haus in der Nähe der Frauenkirche kam. Er gab ihm zwar seinen Namen, aber Eigentümerin blieb elf Jahre, bis zu ihrem Tod 1679, Filsers Ehefrau Maria (aus der Brauerfamilie Mayr).

Erst dann gehörte die Brauerei Filser, der die 22-jährige Maria Magdalena Mader (vom Maderbräu) und nach deren Tod 1688 Maria Catharina Forster heiratete. Insgesamt hinterließ Filser 1692 neun Kinder und eine Witwe – die wieder einen Brauer heiratete: Johann Schütz, zu dem sie fünf Jahre später ins Schützbräu zog. Das Filserbräu fiel an die fünfzehnjährige Tochter Filsers, Maria Sophia

Filserin, die einen Brauer heiratete, ihn überlebte, dann einen Gastwirt und schließlich den Direktor der Wiener Ritterakademie ehelichte. Die Brauerei hat sie an ihre jüngere Schwester Maria Magdalena übergeben, die diese sogar zeitweise allein geführt hat.

Schon die Brauerswitwe Maria Sternegger hatte sich dieses Recht am 8. Jänner 1622 erkämpft – gegen den wütenden Protest der männlichen Kollegen, die einwendeten, so etwas sei „bey uns im ambt nit herkhomben". In der Aufklärung wurden zeitweise 20 Prozent der Münchner bürgerlichen Brauereien von Frauen geleitet. Von einer Frau – Maria Theresia Gegin – stammt auch der Einfall, das Brauhaus in der Engen Gasse, das sie von 1735 bis 1756 führte, künftig *Löwenbräu* zu nennen.

In **Stuttgart** wurde die erste Brauerei 1659 von einer Frau, deren Name als „Schandronin" überliefert ist, betrieben – allerdings wurde in der Stadt 1663 ein allgemeines Brauverbot erlassen, um den Weinbau zu fördern. In Stuttgart haben sich sowohl das *Schwaben Bräu* als auch *Dinkel Acker* einen Namen gemacht: Das *Pilsner* von Dinkel Acker ist ein mittelgelbes, leidlich süffiges Lagerbier, für das ich den Ausdruck „feinherb" nicht gefunden hätte, wenn er nicht auf der Flasche gestanden wäre. Aber offenbar drängen Marketing-Leute, jedes helle Bier Pils zu nennen – wir haben das Problem schon auf der fünften Reise kennengelernt.

Schauen wir beim Schwaben-Bräu im südlichen Stadtteil Vaihingen vorbei, so finden wir dort nicht nur ein schönes Brauereimuseum (in dem unter anderem eine Türtafel aus einem ägyptischen Grab zu sehen ist), sondern auch einfaches, aber hübsch aufgemachtes Bier. Das *Pils* erscheint hier hopfiger, auffallend ist aber die Forcierung eines in Bügelverschlußflaschen gefüllten Märzenbieres, das schlicht *Das Echte* genannt wird, weil es aus schwäbischer Gerste und Tettnanger Hopfen gebraut wird. Es ist süffig, hat aber doch einen überwiegend malzigen Eindruck.

Frauen sind natürlich nicht nur als Brauerinnen bedeutend, sie treffen vielfach auch die Entscheidung, welches Bier ins Haus kommt – selbst dann, wenn sie nicht selber Bier trinken. Marktforscher haben herausgefunden, daß die Bierwerbung irrtümlicherweise an Männer appelliert, während die Frauen die Kaufentscheidung im Supermarkt treffen.

Offenbar wird auch unterschätzt, daß zwischen 40 und 42 Prozent der (deutschen) Frauen sich mehr oder weniger verschämt als Biertrinkerinnen bezeichnen.

Dabei ist Bier zu trinken keineswegs etwas, das bei Frauen in früheren Zeiten als unschicklich gegolten hätte. Im alten Ägypten tranken die Frauen, bis ihnen übel wurde, und niemand fand etwas dabei – eine Sitte, die sich auch im Irland der frühen Neuzeit erhalten haben dürfte. Fynes Moryson berichtete um 1600, „daß Damen so frei in diesen Ausschweifungen waren, daß sie auf den Knien lagen und einen Trunk nach dem anderen mit den Männern stürzten, gar nicht zu sprechen von den Frauen der irischen Lords, die trinken, bis sie in Anwesenheit der Männer ihre Blase entleeren."

Nun ja – Irland ist anders. Auf dem Kontinent liebten die Frauen auch das Bier, nur benahmen sie sich in der Regel schicklicher. Emil Struwe bemerkte 1903 in einem Vortrag über die Bierkultur des Mittelalters: „Die Bierkandl war ebenso heimisch in der Kemenate der adeligen Frauenzimmer wie in der Herberge des fahrenden Volkes. Aus oft prunkvollen Trinkgefäßen, deren ungeheuerliche Dimensionen unser berechtigtes Staunen über den gesunden Durst unserer Vorfahren erregen, trank man Bier an der Tafel des Kaisers und der Fürsten genauso wie in den adeligen und bürgerlichen Trinkstuben."

Wie gesagt: In den Brauunternehmen der Neuzeit sind Frauen selten geworden. Lediglich die Flaschenabfüllung war seit ihrer Einführung überwiegend Frauenarbeit. Die Frauen trugen dabei Lederschuhe mit einer mehrere Zentimeter dicken Holzsohle, deren Unterseite einen Gleitschutz aus Gummi hatte. Dadurch sollte sowohl der Sturzgefahr auf dem feuchten, stets von Überlaufbier verschmutzten Boden vorgebeugt als auch ein Schutz gegen die Flaschenscherben geboten werden.

In der ersten Zeit des Flaschenbieres mußten die Flaschen händisch gewaschen werden. Dazu diente zunächst ein einfacher hölzerner Waschbottich, später eine elektrisch betriebene „Flaschenanlage mit Weichrad, Bürsten- und Rundspritzmaschine". Nach dem Waschen wurden die Flaschen weitergereicht zum Flaschenfüller. Dieses Gerät hatte einen oder mehrere Abfüllarme, an die die Flaschen von unten aufgesteckt wurden. An der Vorderseite jedes Abfüllarmes befand sich ein Schutzgitter, damit die abfüllende Person nicht von eventuellen Scherben verletzt werden konnte. An solch einem Flaschenfüller konnten kaum hundert Flaschen Bier in der Stunde abgefüllt werden. Die modernen Flaschenabfüllanlagen schaffen heute mehrere zehntausend Bierflaschen pro Stunde. Zumeist werden sie hinter einer offenen Verglasung als Stolz der Brauerei präsentiert – die Frauen sind dabei fast überall wegrationalisiert und führen bestenfalls die Besucher durch die Braustätte.

Bedenkt man, daß die Heilige Hildegard (1098–1179), die Mystikerin, Ärztin und Botanikerin, so viel Wissen um Getreidebau und Bierbrauerei (sie vertrat nicht nur die Verwendung von Dinkel, sondern auch die damals unübliche Hopfung des Bieres) verbreitet hat, erstaunt die Tatsache, daß Frauen nicht einmal im klösterlichen Brauwesen Fuß gefaßt haben. In fünf bayrischen Frauenklöstern der Zisterzienser wurde im 14. Jahrhundert gebraut – jedoch durchwegs von Laienbrüdern.

Die letzte bierbrauende Nonne Deutschlands arbeitet allerdings noch heute. 375 Jahre Brautradition hält die Schwester Doris aufrecht – aber das Geschäft darf sie nicht aus den Augen verlieren. Im Kloster **Mallersdorf** ist ihre Arbeitsstätte der einzige Wirtschaftsbetrieb.

Die resolute Bräuin steht in der Ordenstracht im Brauhaus – und das seit über 20 Jahren. Als sie in der Realschule war, da hat man in der Brauerei jemand gesucht. So hat sie die Lehre gemacht, ist 1971 in den Orden eingetreten und hat 1975 in Ulm die Braumeisterprüfung gemacht.

Noch heute schwärmt man in Ulm vom Ausflug der Ulmer Schachtel, die 1975 (wie in jedem Frühsommer) die Donau abwärts bis Wien fährt. „Drei Raben" meldete in jenem Jahr der Ausguck, als sich das urtümliche Boot einer Donaubrücke näherte. Doch die drei Raben, das waren die Silhouetten von Schwester Doris und zwei weiteren Schwestern, die in Ordenstracht auf einer Donaubrücke warteten, um der Ulmer Bootsbesatzung ein Faß Bier hinunterzulassen. Entgegen der Gewohnheit, daß das Flößen auf der Ulmer Schachtel Männersache ist, durften die frommen Frauen ein Stück mitfahren.

Das Bier, das Schwester Doris Engelhart braut, ist ein verhältnismäßig unspektakuläres *Vollbier Hell*: Dunkelgelbe Farbe, mildwürzig mit einer sehr harmonischen, trocken ausklingenden Hopfung, die an gutes böhmisches Bier erinnert. Schwester Doris spricht lieber von „Münchner Typ". Die Haltbarkeit in den Bügelverschlußflaschen ist begrenzt – das Verfalldatum wird gerade mit sechs Wochen angegeben. Aber älter wird das Bier auch nicht, schließlich wird es nur rund um den Kirchturm von Mallersdorf verkauft, präzise: gleich gegenüber.

Dort befindet sich nicht nur das Klosterbräustüberl (das übrigens an Samstagen geschlossen hat), sondern auch jener Wirtschaftstrakt des Klosters, in dem die kleine Brauerei eingerichtet ist. Auch diese ist nicht sehr auffällig – außer, daß hier eben eine geistliche Schwester Hand anlegt. Und sie kann kräftig zupacken, das muß man ihr lassen! Die Klosterbrauerei von Mallersdorf-Pfaffenberg erfordert nämlich noch viel Handarbeit bei der Manipulation der Fässer oder beim Aufladen der Tische und Bänke, die sich die Mallersdorfer hier für ihre privaten Feste ausborgen können.

Da fließt dann freilich auch genug Bier vom Faß, während sonst 80 Prozent in den (von Hand geschlossenen) Bügelverschlußflaschen verkauft werden. Schwester Doris ist stolz, auf Flaschen und Bierkästen hohen Einsatz einheben zu können. Das sichert Kundentreue, und es unterstreicht ihr Prinzip, „daß man als Klosterbrauerei Narrenfreiheit hat. Man muß nicht um jeden Preis verkaufen.“ Wie sich andere Klosterbrauereien die Treue ihrer Kunden erhalten, werden wir auf unserer nächsten Reise erkunden.

Um auf Bayerns Heiligen Berg zu fahren, gibt es vielerlei Anlässe. Es soll Leute geben, die wegen des Komponisten Carl Orff in die Gegend zwischen Starnberger und Ammersee fahren. Jährlich im Sommer gibt es hier einen Konzertzyklus, der dem 1982 in München verstorbenen Künstler gewidmet ist. Zugegeben: Es ist eine kleine Schar von Liebhabern, die deshalb hierherkommt. Schon zahlreicher sind die eigentlichen Pilger, die die reich geschmückte Barockkirche besuchen, ein Kerzerl anzünden, eine Messe feiern. 30.000 Pilger kommen jährlich mit Gruppen nach **Andechs**.

Aber noch mehr erreichen die Klosterkirche gar nicht erst, sie machen schon hundert Meter vorher Station. Dort steht das, was Andechs über die Grenzen des Münchner Raumes hinaus bekannt gemacht hat: Eine der letzten Klosterbrauereien Deutschlands, die noch wirklich in klösterlicher Hand sind. Pater Anselm Bilgri, der Cellerar, ist zwar selber nicht mehr Brauer, stammt aber immerhin aus einer Münchner Gastwirtsfamilie. Und er versteht etwas von Public Relations: Ab und zu bedient er die Gäste selbst – am nächsten Tag kann man's dann in der Zeitung lesen. Oder er philosophiert über zwei Seiten im Magazin der FAZ – über Gott und die Welt und über das starke Andechser Bier: „Wenn es im Sprichwort heißt, die Liebe geht durch den Magen, dann geht sicher auch die Liebe des Herrn ein Stück weit durch den Magen", oder: „Wir Christen haben in den vergangenen Jahrhunderten den Fehler gemacht, Leben vor allem als Verzicht darzustellen."

Von Verzicht kann keine Rede sein im Bräustüberl – nur ein wenig Geduld sollte man mitbringen, denn man muß sich um Speisen und Getränke anstellen. Ein Siebentel der 85.000 Hektoliter Jahresausstoß werden hier aus Holzfässern unters Volk gebracht, das gleichwohl durch fromme Sprüche zum Beten angehalten wird.

Das also lockt jährlich über eine Million „Pilger" auf den Heiligen Berg, an dessen Fuß es in einer modernen, mit Holz verkleideten Halle (in dieser finden auch die Orff-Konzerte statt) gebraut wird. Dabei bekommen die meisten Bier-Pilger gar nicht das berühmte Doppelbockbier in Faßqualität zu kosten – denn am Wochenende, wenn der Andrang am größten ist, wird nur das normale Bier ausgeschenkt.

Es handelt sich dann meistens um das *Export Dunkel*, ein mittelbraunes, kräftig malzig riechendes Bier, malzig-voll und kräftig bitter.

Auch wenn Pater Anselm die Absicht bestreitet, mehrere Verkostungen haben ergeben: Die Flaschenbiere aus dem Kloster Andechs haben sämtlich ein zartes Zitrusaroma in der Nase und im Antrunk. Obwohl die meisten Anhänger des Andechser Bieres die Doppelbockbiere bevorzugen, muß auch das *Spezial Hell* mit seinen 5,5 Alkoholprozenten gewürdigt werden: Es ist ein mittelgelbes, süffiges Bier mit einer angenehmen Hopfenbittere.

Der dunkle *Doppelbock* nennt sich zwar nicht „-ator", wie das in Bayern wohl zulässig wäre, aber das ist bei einer zumindest auf das Jahr 1455 zurückgehenden Klosterbrauerei auch nicht notwendig: Das starke Bier, das noch so manchen Pilger für Andechs gewinnen dürfte, ist von kräftiger rotbrauner Farbe, hat einen besonders steifen, bräunlichen Schaum und einen ausgeprägten Malzgeruch, unter dem man wieder den leichten Eindruck von Orangenschale zu merken glaubt. Der Antrunk ist so mild, daß man von der geschmacklichen Explosion nahezu überwältigt wird. Das Bier entwickelt einen malzigen, doch nicht zu vollen Körper und eine kräftige, an Röstmalz erinnernde Bittere, die auch den Nachtrunk dominiert.

Ursprünglich bezweckten die Mönche mit dem Bierbrauen die Gewinnung eines derartig nahrhaften und wohlschmeckenden Getränkes als Beikost zu ihren Mahlzeiten, die vor allem während der Fastenzeiten sehr schmal waren. Bier zu trinken war nämlich immer erlaubt, denn „Flüssiges bricht das Fasten nicht".

Jonas von Bobbio, der erste Biograph Columbans, macht um 643 auch die erste Erwähnung des Bierbrauens im Kloster: „Sie brauten sich das Bier aus dem Getreide oder dem Safte der Gerste zum Getränke, welches damals nicht nur bei den skordischen und dardanischen Völkern, sondern auch in Gallien, Britannien, Irland und Germanien und bei verwandten Völkern im Gebrauch war."

Verbraut wurde vor allem Hafer, nur in geringen Menge Gerste oder gar Brotgetreide.

Bier tranken nicht nur die Mönche selber. Zudem diente das Bier der Bewirtung des früher sehr zahlreichen Besuches in den Klöstern. Pater Ildefons Poll von der damals noch bestehenden Klosterbrauerei Metten nimmt in seiner 1939 verfaßten Darstellung des schweizerischen Klosterbrauwesens sogar an, daß das Kloster Disentis am 1919 Meter hohen Lukmanierpaß geradezu zur Sicherung der Versorgung der nach Italien ziehenden Pilger angelegt worden war – und diesen sicher keinen Wein bieten konnte, weil Weinbau in der Gegend unmöglich war.

Dazu kommt, daß das Trinken von Wasser bis in unser Jahrhundert als eher bedenklich einzustufen ist: Es war bakteriologisch nicht einwandfrei. Der Kirche war dieser Zusammenhang bekannt, bevor noch mikrobiologische Forschungen die Keime im Trinkwasser nachweisen konnten. Im Jahre 1626 schlägt etwa der Jesuitengeneral Viteleschi dem Provinzial der oberdeutschen Provinz vor, im Kloster Dillingen Bier auszuschenken, „denn jetzt müßten manche mit nicht geringem Schaden für ihre Gesundheit Wasser trinken. Man möge also beraten, ob man dort Bier brauen und den Konviktoren geben könne."

Wein zu trinken wäre eine Alternative gewesen – aber Wein wäre zu berauschend gewesen. Daher wurde auch in Klöstern, die durchaus über eigene Weingärten verfügt haben, Bier gebraut – wie im italienischen Bobbio, aber auch in Göss, wo im Bereich des ehemaligen Klosters heute die größte Brauerei Österreichs steht. Auch das erste „preuhaus“ Tirols wird in einem Kloster vermutet: Es wird in dem im Jahre 1305 verfaßten Urbar des Prämonstratenser-Chorherrenstiftes in Innsbruck-Wilten erwähnt, scheint aber bald darauf abgekommen zu sein – die ursprünglich aus Schwaben stammenden Chorherren dürften sich eher für den Wein im „Land an der Etsch und im Gebirge“ erwärmt haben.

Mönchen diente Bier als Fasten-Nahrung

Die Jesuiten waren – obwohl sie dem Handel mit Bier zunächst ablehnend gegenüber gestanden sind – für das Brauwesen in Süddeutschland recht bedeutend. In Bayern gab es (neben der in der freien Reichsstadt Regensburg) acht solche Brauereien: Altötting, Biburg bei Abensberg, Ebersberg, Ingolstadt, Landshut, Landsberg, München und Schierling, wo heute von der Gräflichen Brauerei Thurn und Taxis ein Roggenbier gebraut wird.

In Altötting beschwerten sich 1747 die Wirte über den Bierverschleiß durch Jesuitenkollegium und Priesterhaus. Als der Orden 1773 aufgehoben wurde, blieb den Wirten und Brauern des Wallfahrtsortes die lästige Konkurrenz erhalten – denn nun wurden die jesuitischen Brauhäuser als „kurfürstliche Fundations-Güter-Deputations-Brauhäuser“ weitergeführt. So gingen die Beschwerden weiter (unter anderem auch in München 1775), aber das führte nur dazu, daß den ehemals jesuitischen und nun als gemeinnützig angesehenen Brauereien neue Bräugerechtigkeiten verliehen wurden. 1777 wurden in Altötting 44 Sude gmacht, woraus 572 Eimer Winterbier und 528 Eimer Sommerbier entstanden, insgesamt etwa 705,5 hl mit einem ausgewiesenen Reingewinn von 920 Gulden und drei Kreuzern, der an den Schulfonds ging. Am 10. August 1781 erhielt jedoch der Malteserritterorden vom Kurfürsten Karl Theodor sämtliche ehemaligen Jesuitengüter – denn der Großprior der bayerischen Ordensprovinz war ein natürlicher Sohn des Großfürsten.

Nur eine der Malteserbrauereien hatte übrigens bis in unser Jahrhundert Bestand, jene von Amberg. Sie überstand die Auflösung des Ordens 1808 und wurde dann später gemeinsam mit dem ebenfalls im ehemaligen Jesuitenkolleg untergebrachten königlichen Studienseminar als Malteserbrauerei weitergeführt.

Über den Bierverbrauch in den Klöstern selbst liegen recht erstaunliche Angaben vor. Immerhin berichten die Chronisten, daß das Permit für den Bierverzehr jedes Klosterinsassen bei fünf Maß am Tag gelegen habe.

Im Mittelalter trank man – wenn die Maßeinheiten vergleichbar sind, was nicht sicher ist – noch mehr: Einer Verordnung des Dekans Ekkehart I. zufolge standen jedem Klosterbewohner in St. Gallen täglich „sieben Essen mit reichlich Brot und fünf Zumessungen Bier“ zu.

In der Stadt **St. Gallen**, die Biertrinkern auch durch den berühmten Klosterplan mit den drei Brauereien bekannt ist, gibt es noch heute eine Brauerei: Den *Schützengarten*, der die anderen lokalen Brauereien Hock und Hirschen 1919 und 1926 aufgekauft hat. Der erste Nachweis, daß auf diesem Grundstück Bier gebraut wurde, fällt auf das Jahr 1779 – damals bestand nebenan noch der Schützenstand, der dem Brauhaus den Namen gegeben hat.

Die nach Schloß Reichenbach in Zollikofen (gegründet 1683) und Locher in Appenzell (1728) drittälteste Brauerei der Schweiz hat jedoch rein gar nichts Klösterliches mehr. 1828 bis 1928 befand sie sich im Besitz der Familie Bilwiller, die sie – nach komplettem

Neubau 1885 – in eine AG umwandelte und von 1938 bis in die frühen achtziger Jahre des 20. Jahrhunderts auch eine eigene Mälzerei betrieb.

Ein bißchen auf die klösterliche Tradition beruft sich allerdings Martin Walker aus Zürich: Er hat sich die Klosterpläne von St. Gallen mit den drei Brauhäusern angesehen und neben jedem Brauhaus auch eine Bäckerei entdeckt. So entstand sein Konzept *Back& Brau*, dessen erste Gaststätte in **Frauenfeld**, 50 Kilometer von St. Gallen Richtung Zürich, entstanden ist. Dort bestand seit 1904 die aus mehreren Kleinbrauereien entstandene *Actienbrauerei Frauenfeld*, die von der Familie Wartmann schon seit geraumer Zeit als Spezialitätenbrauerei auf dem sonst nicht sehr vielfältigen Schweizer Biermarkt profiliert wurde. So kommt aus der 14.000-hl-Brauerei das erste flaschengegorene Hefeweizen der Schweiz, das *Weizentrumpf*, im Lohnbrauverfahren für den Braugiganten *Sibra-Cardinal* das obergärige, altbierartige *Anker* und das *Ittinger Klosterbräu*. Dieses ist ein 15grädiges, deftig-würziges Bier, für das handgepflückter Hopfen aus dem Garten der Kartause verwendet wird. Die über Walkers Initiative dazugekommene postmoderne Gasthausbrauerei ist heute der Pilotbetrieb für inzwischen fünf Brauereien nach gleichem Konzept. Eine weitere – diesmal hinter Klostermauern – ist im Gespräch.

Doch zurück zum Kloster von St. Gallen, das in seiner Gründungszeit eine führende Rolle für die Kultur des süddeutschen Raumes gespielt hat und das – anders als andere Klöster, die bloße Statistiken angelegt haben – sehr genau Buch geführt hat über das Alltagsleben innerhalb und außerhalb seiner Mauern. Gegründete wurde das Kloster als eine Einsiedelei des Heiligen Gallus, eines Schülers von St. Columban, im Jahr 612. Daraus wurde eine Benediktiner-Abtei, die Schenkungen zwischen den Alpen und dem Neckar bekam und so als sehr wohlhabend gelten muß.

Und als gebildet: Es hatte eine der ersten Schulen nördlich der Alpen und eine berühmte Bibliothek. Nicht zu vergessen die drei aus Holz gebauten und mit Eichenschindeln gedeckten Brauereien, die im Bauplan von 820 zu erkennen sind – jede in einem gemeinsamen Haus mit einer Bäckerei. Jedes der Brauhäuser hatte seine eigene Kundschaft: Eines braute für die Mönche, ein zweites für vornehme Gäste, ein drittes für die Pilger. Die Einrichtung war für damalige Verhältnisse modern – 911 wird ein „großer eherner Braukessel" erwähnt, die Zuführung der Hitze erfolgte durch direkte Feuerung „super focum" (während anderwärts das Steinbierbrauen oder das Zubrühen von Wasser üblich waren).

Der Heilige Laurentius ist der Schutzpatron der Mälzer: Sein Martyrium auf dem Rost wird mit dem Darren des Malzes verglichen

Allerdings muß man bei allem Respekt für die brautechnischen Leistungen annehmen, daß das Bier unserem heutigen Standard keineswegs entsprochen haben kann: Unter den im Klostergarten angebauten Pflanzen findet sich weder Hopfen noch sonst ein Bitterstoff

– und es ist fraglich, ob Hopfen aus dem nahen, im Frühmittelalter aber noch nicht entwickelten Tettnanger Anbaugebiet hinzugezogen wurde. Dafür dürfte das Bier der Mönche einen Süßstoff enthalten haben, nämlich Honig: „Cervisia mellita" wird auf den Konzilen zu Worms (868) und Tibur (895) erwähnt. In den Bußordnungen wurde eigens erwähnt, daß dieses Honigbier an normalen Werktagen nicht getrunken werden durfte, doch vermutete der Forscher Richard Knoblauch in den zwanziger Jahren, daß St. Gallen von dieser Bestimmung ausgenommen gewesen wäre.

Jedenfalls dürfte das Bier nicht schlecht geschmeckt haben: „Gruzing" oder „gruz-celia" aus feinstem Weizenmehl soll von Karl dem Großen als besondere Ehrung den persischen Gesandten vorgesetzt worden sein. In den „Benedictiones ad mensas" des Abtes Ekkehart (980 bis 1060) wird auf das Starkbier, die „Celia", der Segen des unbesiegten Kreuzes herabgerufen, über die „Cervisia", den Alltagstrunk der Brüder, wird ebenfalls der Segen gesprochen – schlecht bereitete Biere aber werden verdammt.

Ekkehart hat eine Zeitgenossin, die Heilige Hildegard, die im Kloster am Rupertsberge um das Jahr 1079 Äbtissin war: Hier gab es eine der ersten ausdrücklichen Erwähnungen von Hopfen als Zutat zum Bier.

Nicht jedes so hergestellte Bier war wirklich wohlschmeckend: Der Mönch Wilhelm Witwer von St. Ulrich in Augsburg erwähnt 1494 die Kraftlosigkeit des Würzburger Klosterbieres seiner Zeit. Der braugeschichtlich versierte Pater Ildefons Poll hat daraus 1928 geschlossen, daß seit dem 14. Jahrhundert das Klosterbrauwesen zumindest im süddeutschen Raum einen Niedergang erlebt hat – zumal von den Mönchen der Weinbau favorisiert worden war.

Wie hoch in Ehren das Bier dagegen in den mittelalterlichen Klöstern gestanden hat, zeigt die Legende vom 615 verstorbenen Heiligen Columban. Da soll ein junger Klosterbruder dabei gewesen sein, für den kargen Mittagstisch des Klosters in Bobbio das Bier zu holen, als ihn der Ruf erreichte, zum Abt Columban zu kommen. Regelgemäß folgte er sofort – und vergaß dabei, den Zapfhahn zu schließen.

Als ihm das später einfiel, fand er den Krug mehr als voll: Das edle Bräu hatte sich über dem Gefäß aufgetürmt, anstatt überzulaufen. So habe Gott auf wunderbare Weise den Gehorsam des Bruders belohnt. Und das war wichtig, denn Columban hatte strenge Regeln für den Umgang mit Bier aufgestellt: Wer Bier auf den Tisch oder Boden verschüttete, der mußte während des ganzen Nachtgebetes regungslos stehen bleiben. Überstieg die verschüttete Menge eine Maß, dann so mußte der Schuldige sich eine Zeitlang bei Tisch mit Wasser begnügen.

Überhaupt gibt es viele Legenden, die den Heiligen Columban als einen echten Bierheiligen ausweisen – auch wenn ihm andere Heilige diesen Rang abgelaufen haben. So wird im Kapitel 53 der Vita Columbani die Geschichte überliefert, daß der irische Missionar Columban in der heutigen Schweiz Alamannen traf, die zu Ehren Wodans Bier tranken (Vita Columbani Kap. 53). Die Geschichte soll sich in Tuggen, am obersten Zürichsee (Tuggen heißt Treideln, Schiffe am Seil ziehen), zugetragen haben – angeblich haben die frommen Männer Götze und Bier ins Wasser geworfen und mußten schließlich flüchten. In der Lex Alamanorum (712 bis 725 entstanden) ist als Bier-Zinsmaß an die Klöster die „Fuhre" genannt. Der Brauereibesitzer und Bierforscher Martin Hürlimann hat dazu erklärt: „Wir wissen, daß das 15 Eimer waren, doch der Eimer war je nach Gegend ein anderes Hohlmaß. So wurde der Hof Wil und Umgebung von Rotbald 754 an Othmar, den irisch-katholischen Abt von St. Gallen überschrieben, aber von den Pächtern gegen einen Natural-Zins, der unter anderem zwei Fuhren Bier enthielt, zurückgepachtet. Es war wohl obergäriges, auf den Höfen gebrautes Bier, welches das Kloster St. Gallen zur Labung der zahlreichen Pilger benötigte."

Dies stimmt mit der Entwicklung in Österreich überein. Da akzeptierten die Klöster auch zunächst das von Bauern hergestellte Bier als Naturralleistung – bis sie bemerkten, daß da sehr verschiedene Biere angeliefert wurden – und längst nicht alle in trinkbarem Zustand waren. Nach und nach gingen die Möche also dazu über, selber brautechnisches Wissen zu erwerben – und sich von den Untertanen die Rohstoffe – Hopfen und vermälztes Getreide – als Zins geben zu lassen.

Im Bereich des Erzstiftes **Salzburg** ist von einem Bierdienst in den Quellen erstmals im Jahre 1158 die Rede. In einer Urkunde

Erzbischofs Eberhards I. hören wir von drei Saum Bier („... tres somas Cervisie ..."), und derselbe Erzbischof bestimmt 1210 in einer Schenkungsurkunde für das Kloster St. Peter neben anderem, daß die Armen eine Bierspende erhalten sollten („... et cervisia ad hec sufficiens ..."). Freibier für die Armen gibt es in Salzburg heute nur noch selten – zuletzt bei der 500-Jahr-Feier des *Stiegl*-Bräu im Jahre 1992 – und auch die kirchlichen Wurzeln der Brautradition lassen sich nur noch bei wenigen der Brauhäuser nachweisen. Wohl waren viele – wie das noch bestehende Kaltenhausen der Österreichischen *BrauAG* – früher fürsterzbischöfliche Hofbräuhäuser, aber Klosterbräu steht in Salzburg nur noch eines, mitten in der Stadt, und es ist längst ein Privatbetrieb: Das Augustinerbräu. Es stammt aus dem Jahr 1621 und ist den Bewohnern der Landeshauptstadt als „Müllnerbräu" geläufig. Die heutige – weltliche – Bierburg mit ihrem schattigen Garten und den riesigen Sälen befindet sich an der Stelle des Klosters Mülln, wo seinerzeit Augustinermönche zu brauen begonnen haben. Das Bier wird fast ausschließlich für den Ausschank im Haus hergestellt. Und es gibt normalerweise nur eine Biersorte im Augustinerbräu, das milde, unfiltrierte „Märzen", das aus Holzfässern in Krüge aus Ton fließt. Zur Weihnachtszeit – solange der Vorrat reicht – kann man im Kloster Mülln auch ein kräftigeres Bockbier bekommen. Vor dem Bierfaß sind alle gleich, die Studenten und die Herren Regierungsräte: Ein jeder muß sich seinen Krug selber holen, einen Gutschein lösen und um das Bier anstellen.

Aber kehren wir von den modernen Brauereien noch einmal zu jenen Bauern zurück, die ihre Steuerschuld in Form von selber gebrautem Bier zu leisten hatten. Noch 1299 – anderswo hatten die Klöster längst eigene Brauhäuser – wurde zu Kremsmünster im heutigen Oberösterreich ein Bierregister angelegt. Darin waren 145 Bauerngüter verzeichnet, die zum Bierdienst verpflichtet waren. Willibald Katzinger vom Linzer Stadtmuseum Nordico hat nachgerechnet: 102 Fuder und 5 Eimer, nach neuen Maßen 173 417 Liter, betrug die Steuerleistung, die durchschnittliche Abgabenhöhe erreichte einen Wert von nicht ganz 1200 Liter pro Hof.

Das Kloster des österreichischen Bierpatrons, St. Florian, besaß ebenfalls Bierbauern, sie lieferten zwischen 8 und 18 Eimer (a 56 Liter) pro Hof.

Mit dem Aufkommen der Geldwirtschaft im Verlauf des 12. und 13. Jahrhunderts wurden die meisten Naturalleistungen zugunsten von Geldabgaben abgelöst und verschwinden damit aus den Quellen.

In dieser Zeit entwickeln sich mit der Ablöse der einzelnen Hauswirtschaften auch die Handwerke, so auch das Brauhandwerk, das wegen der recht umfangreichen Einrichtungen schon von vornherein von mehreren Personen betrieben werden mußte. Durch die nun aufkommende Verwendung des Hopfens war auch eine aufwendigere Brautechnik erforderlich, die nur durch geschultes Personal zu bewältigen war.

Der Übergang von der Bereitung eines klösterlichen Haustrunks, der dann auch an Gäste ausgeschenkt wurde, zur kommerziellen Klosterbrauerei ist fließend. Zunächst begann man wohl, Klosterschenken einzurichten, wo Bier gegen Geld verkauft wurde – die Zisterzienserregel gestattete das bereits 1181.

1257 erlaubte das Generalkapitel sogar den Bierausschank durch Mitglieder des Konvents – allerdings mußten die Schenken außerhalb des engeren Klosterbereichs sein und es mußte verboten bleiben, daß in solchen Schenken um Geld gespielt wird.

Das Spielen um Geld soll nämlich in manch kirchlicher Schenke einen Zusatzverdienst gebracht haben: 1474 gab es darum einen Prozeß in **Görlitz**, wo der Pfarrhof einen Bierausschank betrieb. Allerdings wurde dort nicht selber gebraut, sondern das Bier von außen bezogen – was den auf ihr Braumonopol bedachten Stadtvätern auch nicht recht sein konnte. Heute ist von kirchlicher Brautradition in Görlitz nicht mehr viel zu merken. Allerdings steht hier die 1869 gegründete *Landskron-Brauerei*, ein prächtiger Backsteinbau aus dem vorigen Jahrhundert, dessen 16 Meter tiefe Gär- und Lagerkeller auf dem Niveau des nahen Grenzflusses Neisse liegen. Vier Biere werden hier gebraut: Das lokale *Lausitzer Kindl*, ein stärker eingebrautes Pilsner, das angenehm schlanke und herbe *Landskron Pils*, das etwas dünne und metallisch-bittere *Vollbier hell* und für Weihnachten und den Mai ein saisonales Bockbier.

Wo Klostergrund war – und die Kirche hatte bedeutenden Landbesitz – wurden Bierwirtschaften eingerichtet, gelegentlich sogar Zweigbrauereien. Den Städten war das nicht nur in Görlitz suspekt:

In Alt-Zelle bei Meißen sind mehrmals die Städter in die Klosterschenke eingedrungen und haben alles kurz und klein geschlagen. Dieses 1542 aufgelöste sächsische Kloster hatte innerhalb von drei Jahren rund 34.000 Übernachtungen gezählt – wobei wohl jeder Herbergsgast auch Bier gekauft haben wird. Dafür spricht auch, daß das Kloster im Jahr seiner Auflösung sechs (weltliche) Brauknechte und zwei Mälzer in seinem Gesinde hatte; Leute, die das im Kloster erlernte Brau-Wissen hinaus in die Welt getragen haben.

Im Zuge des Niedergangs der Klosterwirtschaft, die immer mehr von weltlichen Herrschaften und von den aufstrebenden (und selber kräftig am Bier verdienenden) Städten bedrängt wurde, sind zumindest die Zweigbrauereien vielfach verpachtet und verkauft worden.

Sie haben dem eigentlichen Klosterbier immer mehr Konkurrenz gemacht. Wir kennen die Situation noch heute in Belgien, wo nur mehr wenige Klöster selber brauen, aber viele Klosterbiere zum Ausschank kommen.

In Deutschland blieben nur im katholischen Süden die Klöster über längere Zeit Brauzentren. Die bayerische Abtei Niederaltaich erwirkte 1321 das Recht, in ihrer Umgebung das selber gebraute Bier uneingeschränkt zu verschleißen. Das Ausmaß des Klosterbrauwesens an der Wende zum 19. Jahrhundert läßt sich daraus ermessen, daß in Bayern 1802/1803 nicht weniger als 242 Klöster aufgehoben wurden. Zwar hatten einige wenige von ihnen keine eigenen Brauhäuser, dafür hatten andere, wie etwa Kempten, gleich mehrere Brauereien.

In Deutschland sind heute nur mehr sechs Brauereien im Besitz von Klöstern – und nicht in allen diesen Brauereien wird noch von Mönchen gebraut. Einige sind erst kürzlich verpachtet worden, wie die *Klosterbrauerei* in **Münnerstadt**. Dieses Brauhaus wurde 1978 an die Familie von Wallmoden verpachtet – nachdem es dem Mutterhaus der bayrischen Augustiner an die 600 Jahre gedient hatte.

Gegründet wurde das Kloster St. Michael 1279, aber der erste Brauer wurde erst „zu Alexis“, am 17. Juli 1381, eingestellt. Der gute Mann hieß Berlt, hatte einen Gehilfen und wurde von den Patres hoch in Ehren gehalten: Er durfte im Refektorium der Patres essen – „zwei Pfund Fleisch, alles in Salz und Schmalz gekocht“ betrug die Zumessung eines solchen Pfründners – und auch den Weinberg nutzen. Aber dieser dürfte zu jener Zeit wenig hergegeben haben, sonst hätte man nicht einen professionellen Brauer anstellen müssen.

Gebraut wurde in Münnerstadt lange Zeit nur für das Kloster selbst – 1511 hatte die Stadt den Bürgern verboten, ihr Bier im Kloster der damals bestehenden Kommende des Deutschen Ordens zu beziehen. Den Bürgern war verboten, selber zu brauen, das Kloster mußte auch in Notjahren ein Braugeld an die Stadtkasse zahlen.

Dabei war das nicht gerade begüterte Münnerstädter Kloster im 17. Jahrhundert recht freigiebig:

„Bei Sankt Augustinus im Kloster
Braut man vortrefflich Bier,
Und bist du ein armer Teufel,
Zahlst Du keinen Heller dafür."

An der Klosterpforte gab es damals also regelmäßig Armenbrot und Freibier. Allerdings handelte es sich um sogenanntes „Kleinbier" (oder „Kofent" oder „Convent") im Unterschied zum kräftigeren „Paterbier". Aus jeweils 5 Malter Gerste braute man damals nämlich 14 Eimer (= 72 Schänkmaß zu je 1,17 Liter) „gutes Bier" und vier Eimer „Kleinbier".

Dieses wurde wohl aus dem Nachguß und dem Glattwasser hergestellt: Man schüttete nach dem Abläutern mehrfach heißes Wasser über die bereits ausgelaugten Biertreber und kochte aus dieser deutlich weniger zuckerhaltigen Würze dann ein eigenes, schwächeres Bier.

Eine eigene Klosterschänke hat es in Münnerstadt übrigens nie gegeben – das überließ man den bis zu fünf anderen Brauereien am Ort, deren letzte (Mariabildhausen, auch eine Klosterbrauerei) erst in den sechziger Jahren des 20. Jahrhunderts zusperrte.

Die Münnerstädter Klosterbrauerei ist auch unter dem weltlichen Pächter Jasper von Wallmoden noch eine Kleinbrauerei mit nur 10.000 hl Jahresausstoß – allerdings werden hier vorwiegend Spezialitäten gebraut. So liegt der Anteil des Bockbieres (ein mittelbrauner, süßlicher und etwas weinig wirkender Doppelbock) bei 15 Prozent des Ausstoßes. Hauptsorte ist der hellbraune „Kloster Urstoff" mit 13,6 Grad Stammwürze und einem sehr malzigen Gesamteindruck. Herr von Wallmoden meint, mit diesem Bier einen Trend vorwegzunehmen – er sagt den stark gehopften Pilsbieren (von denen er selber eines braut) eine eher abnehmende Gunst des Publikums voraus. Die Leute wollten es eher deftig – was ihn auch dazu animierte, einen doppelt gebrannten und fein filtrierten Schnaps aus dem Bier herzustellen: Den „Kloster Hopfen Tropfen".

Ein Manko hat die hübsche Stadt mit Kloster und erhaltener Stadtmauer: Sie steht im Schatten einer noch berühmteren Klosterbrauerei. Neben Andechs ist nämlich vor allem der „Heilige Berg Frankens" bei Bischofsheim an der Rhön als „echte Klosterbrauerei" berühmt. Der Berg überragt zwar keinen See, Kloster **Kreuzberg** ist in der Lage auf einem 932 Meter hohen Berg aber durchaus mit Andechs zu vergleichen. Und das Bier auch – obwohl es noch keine so lange Geschichte hat wie das von Andechs. 686 hat der Heilige Kilian ein Kreuz auf dem Gipfel errichtet (es wird seit 1951 von einem Sender des Bayrischen Rundfunks überragt) und so dem Berg seinen Namen gegeben. Es entstand eine Wallfahrtstätte, die in den Bauernkriegen abgekommen ist und erst 1692 in einem Kloster der Franziskaner erneuert wurde. Dieses Kloster bekam 1731 seine Brauerei bewilligt – doch wurde die Wallfahrt ab 1803, bei der Aufhebung des Klosters, wiederum verboten. 1827 erlaubte Ludwig I. sowohl Kloster als auch Brauerei von neuem – die Pilger blieben nicht aus und können seit 1902 sogar in unmittelbarer Nähe der Klosterschänke einfache Zimmer beziehen.

Zum Genuß des mittelbraunen, würzigen und mild gehopften *Klosterbier* lädt ein Spruch in der Stube. Er lautet:

„Ruhet aus in unserm Stübchen
Dehnt und streckt die müden Glieder
Leert die Gläser frischen Trankes
Bruder Pförtner füllt sie wieder.
Steigt dann auf zum heil'gen Kreuze
Schaut hinab ins schöne Franken
Schwingt Euch aus nichtgem Treiben
Auf zu heiligen Gedanken."

Sind es in Klosterkreuzberg die Naturschönheiten, die den Wanderer auf die heiligen Gedanken bringen können (Kloster und Kirche sind betont schlicht), so treffen einander im Donautal wilde Romantik und kunstvolle Kirchengestaltung. Am Donaudurchbruch oberhalb von Kelheim befindet sich im engen Tal das Kloster **Wel-**

tenburg mit seiner hochbarocken Asamkirche. Wer den kurzen Fußweg vom Ort Weltenburg zur düsteren Klosterkirche geht, kommt erst rechter Hand an den blitzenden Kesseln der 1953 nach einem Brand neuerrichteten und 1982 umgebauten Brauerei und Mälzerei vorbei. Beschriftet ist das Sudhaus mit dem Wappen und dem Spruch „Per Mariem ad Jesum“. Einige Schritte weiter liegt der schattige Biergarten im Klosterhof. Es lohnt, zunächst weiterzugehen und die in den achtziger Jahren restaurierte Kirche zu besichtigen, auch wenn der Großteil ihrer Besucher eher wegen der ältesten Klosterbrauerei der Welt oder wegen der Naturschönheit des engen Donautals zwischen den hochaufragenden Felsen hierher kommt.

Kloster Weltenburg hat eine der ältesten Brauereien der Welt

Nur wenige wissen, daß man auf dem Flußsand der Donau wieder den bierliebenden Gefährten des Hl. Columban auf der Spur ist: Columbans Gefährten Eustasius und Agilus hatten hier um 617 das erste Kloster gegründet. 768 wurde das Kloster benediktinisch und erhielt spätestens 1050 seine Brauerei. Jedenfalls ist aus diesem Jahr eine Schenkung überliefert, die eine alljährliche Lieferung von sieben Scheffeln Malz in der Zeit zwischen Weihnachten und Ostern beinhaltete. Vor diesem „offiziellen“ Gründungsdatum gibt es noch eine Eintragung in einem Totenbuch von 1035; damals ist ein Brauer gestorben – wenn er in Weltenburg tätig gewesen sein sollte, dann wäre diese Brauerei sogar älter als jene von Weihenstephan, das wir zum Ende dieser Reise besuchen wollen. Sehen wir uns aber erst in Weltenburg um. Die Kirche stammt in ihrer heutigen Form – wie das Kloster- und Brauereigebäude – aus dem frühen 18. Jahrhundert, Cosmas Damian Asam baute sie 1716 bis 1718 und dekorierte sie 1721, andere Familienmitglieder schufen die Altäre.

Wer dann in den Biergarten geht, kann unter mehreren Bieren wählen, alle in 40 Meter tiefen Felsenkellern gereift. Die Palette reicht vom mittelgelben, malzig-würzigen *Urtyp Hell* mit einem leicht bitteren Nachtrunk über das *Barock Dunkel* (schwarzbraun, für seine 5,1 Prozent relativ süffig und kaffeeartig bitter im Nachtrunk) bis zum *Asam Bock*. Steht das Barock Dunkel laut Auskunft der Brauerei „für den heiteren Stil des bayerischen Barock – ohne schwer zu sein, besticht es durch ausgewogene Fülle und feine Eleganz“, so ist der schwarze Asam Bock mit seinen 18 Grad Stammwürze ein schweres Doppelbockbier, sehr kräftig-würzig, aber nicht übermäßig süß und im Nachtrunk angenehm herb.

Seit 1972 kooperiert Weltenburg mit der Brauerei *Bischofshof* in **Regensburg**. Das ist eine uralte Verbindung, denn ab 932 war Weltenburg ein bischöflich-regensburgisches Eigenkloster. In Regensburg selber hatte der Bischof 1230 eine Brauerei errichten lassen, „daß die Dumbaulait ain guth Trunkh haven“. Etwas, was schon die römischen Legionäre hier geschätzt haben müssen, denn die allererste Brauerei Regensburgs wird um das Jahr 200 nach Christus datiert.

Jahrhundertelang stand die Bischofshof-Brauerei mitten in der Stadt, neben dem Dom, wo heute noch die Traditionsgaststätte steht. Sie ist auch deshalb sehenswert, weil in ihre Mauern die rund 2000 Jahre alte „porta praetoria“ des römischen Lagers „castra regina“ integriert ist. Auch das Brauereigebäude selber – heute am westlichen Stadtrand gelegen – ist bemerkenswert. Auf der Jugendstilfassade von 1910 ist eine Darstellung von Teufel und Engel beim Brauen.

Bischofshof ist eine Sortimentsbrauerei, die ein herbes Lagerbier, das *Export Hell*, ein noch helleres, feinherbes *Prälat Pilsener* und mehrere Weißbiere braut. Die *Bischofshof Leichte Weisse* hat für den Typ einen angenehm kräftigen Geschmack aber fast keine schmeckbare Bittere. Die Brauerei Bischofshof ist übrigens noch heute – über die Bischöfliche Knabenseminarstiftung – in kirchlicher Hand. Ähnlich ist es mit der 1226 gegründeten Regensburger *Spitalbrauerei*. Sie gehört der St. Katharinenspital-Stifung und führt das Wappen von Bischof Conrad im Logo. Das *Spital Hell* ist dunkelgelb, sehr malzaromatisch ohne aufdringlich vollmundig zu sein und eher mild gehopft.

Aber auch dort, wo die Kirche nicht mehr mitredet und sich von einer Klosterbrauerei nur noch der Name erhalten hat, erwarten sich die Biertrinker mit einigem Recht, daß besonders gutes, traditionsreiches Bier gebraut wird. Zum Beispiel in **Irsee** im Allgäu, dessen Kloster längst in ein Bildungszentrum verwandelt wurde. Die Brauerei aber besteht noch, ebenso der Braugasthof. Von ihm ging die Initiative aus, Private Brauereigasthöfe zu einem Ring zusammenzuschließen, der jedes Jahr ein Verzeichnis kleiner Brauereien und ihrer Gastronomiebetriebe herausgibt. Außerdem gibt es in Irsee ein täglich geöffnetes Museum, von dem aus man durch Fenster in den Produktionsbereich schauen kann, wo der *Irseer Kloster-Urtrunk* entsteht. Es handelt sich dabei um ein unfiltriertes Exportbier, für das die Brauer- und Hoteliersfamilie Paulus eine mehrmonatige Haltbarkeit angibt. Das Bier hat einen deklarierten Alkoholgehalt von 5,6 Prozent, ist hellbernsteinfarben und hefetrüb, hat einen leicht gelblichen, sehr kräftigen Schaum und einen an Kürbis erinnernden Geruch. Der Antrunk ist kräftig-würzig, fast einem Bockbier ähnlich, wobei sich zum Finish schöne Hopfenaromen entwikkeln. Neben diesem Bier braut man „handwerklich, wie es jahrhundertelang klösterlicher Brauch war“ ein *Kloster-Weizen*, den *Abts-Trunk* und ein *Kloster-Starkbier* – auch wenn Mönche mit alledem nichts mehr zu tun haben.

Ganz ähnlich ist es in **Aldersbach**: Es war eine Gründung des Bamberger Bischofs Otto (1103–1139), die sich jedoch im sumpfigen Land nicht halten konnte. Erst die Neugründung 1146 war erfolgreich. Es muß ziemlich von Anfang an Bier gebraut worden sein, denn schon in einer der ersten Urkunden von 1268 wird ein Streit zwischen dem Kloster und dem benachbarten Adeligen Ortlof von Weng geschlichtet, in dem es um die Menge des Ortlof zustehenden Klosterbieres ging. Die Brauerei wurde in der Folge vom Landesherrn bedrängt, ihr Brauprivileg aber 1644 bestätigt. 1734 wurde ein neues Brauhaus, 1780 neue Bierkeller angelegt. Zur Zeit der Säkularisation 1803 hatte die Brauerei zwischen 3000 und 4000 hl Ausstoß – eine für jene Zeit beachtliche Menge, die dann länger nicht mehr erreicht wurde.

Erst unter den neuen Besitzern, den Freiherrn von Aretin aus dem benachbarten Haidenburg, gelang es ab 1811, die Brauerei auf Vordermann zu bringen, doch der Ausstoß lag noch 1830 nicht über 2700 hl, 1850 endlich bei 4800 hl. Im Brauereimuseum kann man nachvollziehen, wie dann konsequent ausgebaut wurde: Aldersbach wurde 1897 die erste niederbayrische Brauerei mit künstlicher Kühlung. Durch abermalige Innovationen wurde in der alten Brauerei Platz für das 1979 geschaffene Brauereimuseum.

Aber auch das Bier kann sich sehen lassen. Die *Aldersbacher Leichte Weisse* ist ein flaschenvergorenes Leichtbier mit 7,8 Grad Stammwürze, hell und leicht hefetrüb, sehr spritzig, aber nicht zu dünn. Viel kräftiger ist natürlich das *Abtei Weizen*: Hefiger Geruch, Bernsteinfarbe und eine angenehme Würzigkeit zeichnen dieses 12,2grädige, flaschengegorene Weißbier aus.

Bei den untergärigen Sorten ist das kräftiggelbe *Aldersbacher Festbier* (5,6 Volumsprozent Alkohol) besonders würzig und eher zu wenig bitter. Ähnlich mild gehopft ist das *Aldersbacher Urhell*, das als Lagerbier bester Art bezeichnet werden kann.

Beim 4,9prozentigen *Freiherrn Pils* schwingt der Firmenname der Brauerei – Freiherr von Aretin KG – ein wenig mit. Es ist – obwohl Aldersbach so nahe an Vilshofen, dem Geburtsort des Pils-Erfinders, liegt – kein sehr ausgeprägtes Pils, weil es dem lokalen Geschmack entsprechend mild ist; allerdings verdient das Aussehen (kräftiggelbe Farbe, blütenweißer, sahniger Schaum) besondere Erwähnung.

Nicht nur wegen der Alliteration, sondern auch wegen der ähnlichen Geschichte gehört an dieser Stelle die *Klosterbrauerei Alpirsbach* im Schwarzwald erwähnt. Dieses 1095 gegründete Kloster ist allerdings bereits 1648 erloschen und war (mitsamt der Brauerei) rund 200 Jahre im Besitz der Familie Köbel. Im 19. Jahrhundert wurde die Brauerei als Genossenschaftsbrauerei der Alpirsbacher Wirte geführt. Nach längerem Stillstand wurde das Brauwesen vom damals achtzehnjährigen Carl Glauner 1880 wiederbelebt.

Damals gegen große Konkurrenz: Acht Brauhäuser gab es in **Alpirsbach**, 27 weitere im nahen Freudenstadt.

Heute ist die Klosterbrauerei aus dem Schwarzwälder Ferienort mit 340.000 hl Jahresausstoß immerhin auf Platz 66 der deutschen Brauereien – und verfügt über einen Betrieb, in dem alte und neue Teile hervorragend harmonieren: Der Turm des Klostervogtes (er diente einige Zeit auch als örtliche Arrestzelle und beherbergt noch heute die Kirchenglocken) ist heute auch der Lagerkeller für das *Weizenbier,* das sich durch eine sehr hellgelbe Farbe und einen fruchtig-malzigen, aber nicht süßen Nachtrunk auszeichnet. Vielleicht bekommt es dem Bier auch, daß über ihm die Glocken der katholischen Kirche geläutet werden?

Die Brauerfamilie Glauner ist übrigens von protestantischem Fleiß und hat nebenbei die Ökologie zu einer Firmenphilosophie entwickelt. Zehn Pfennig pro hl werden in konkrete ökologische Projekte gesteckt – seit 1980 ist da schon ein nettes Sümmchen zusammengekommen, auch wenn sich die Brauerei deshalb „kein grünes Mäntelchen umhängen“ will, wie Carl Glauner betont. In seinem Betrieb wird konserviert, was immer erhaltenswert erscheint. Sogar das alte, runde Kühlschiff (eine Vorform der heute üblichen Whirlpools) und das Sudhaus aus dem Jahr 1912 können auf Anfrage besichtigt werden.

Die meisten Besucher kommen aber zu den neuen Lagerkellern und Flaschenhallen, die durch eine rund zwei Kilometer lange Bierleitung mit dem innerstädtisch gelegenen Hauptbetrieb verbunden sind. Im neuen Betriebsteil gibt es nämlich auch ein sehr gut sortiertes Souvenirgeschäft, in dem unter anderem wohlfeile Emailleschilder zu haben sind.

Ja, und natürlich das Bier. Das schon erwähnte Weizenbier macht nur etwa 20.000 hl aus, der große Rest ist das sehr rezent und eigentümlich malzig schmeckende *Export*, das eine zarte Bittere aufweist. Das *Kloster Dunkel* ist würzig und nur leicht bitter; die Hauptsorte *Alpirsbacher Pilsner* ist sehr hellgelb, etwas malzaromatisch und schön hopfenblumig, ohne dem Trinker die Bittere aufzudrängen.

Durch die Täler des Schwarzwaldes ist es nicht mehr weit ins Rheinland – und dort stieß ich kürzlich auf ein Thüringisches Klosterbier. Es handelt sich um den *Ehringsdorfer Bonifatius Bock*, der eine seltsame deutsch-deutsche Geschichte hat. Er wird als „Weimarer Spezialität" aus der 180.000-hl-Brauerei **Weimar**-Ehringsdorf vermarktet. Dieses rotbraune, sieben Prozent starke Bier hat einen süßlich-malzigen Geruch und einen würzig-bitteren Gesamteindruck, der in einer betonten Hopfenherbe ausklingt – es wird angeblich nach einem traditionellen Rezept der Benediktiner-Mönche gebraut. Und zwar vorläufig in **Offenburg**, von wo aus Braumeister Max Lichtenauer vom *Wagner-Bräu* seinen mitteldeutschen Kollegen Starthilfe gibt. Im mit 35.000 hl viel kleineren Wagner-Bräu in der Offenburger Innenstadt (der turmartige Schornstein gilt als Wahrzeichen) wird die Kultur des Bockbiers besonders hochgehalten. Der schwarze Bock ist hier das ganze Jahr über erhältlich, auch wenn die Schwerpunkte in den Fastenzeiten vor Weihnachten und Ostern liegen. Er hat 20 Grad Stammwürze, lagert ein halbes Jahr und kommt dann auf 7,5 bis 8 Prozent Alkohol. In Offenburg und Umgebung ist das 1843 von Karl Wagner in einer Gaststätte gegründete Wagner-Bräu vor allem wegen seines sehr aromatischen, mit Tettnanger Hopfen recht prononciert gehopften Pils bekannt, das auch als naturtrübes *Lager Pils* vom Faß ausgeschenkt wird.

Nun wollen wir einen gedanklichen Ausflug dorthin machen, wo Klosterbier noch sehr unverfälscht hergestellt wird. Es ist ein Ausflug nach Belgien, der durchaus nachvollziehbar ist, auch wenn man an Ort und Stelle wenig zu sehen bekommt. Wegen der klösterlichen Biere nach Belgien zu reisen, lohnt nur für den, der die volle Palette verkosten möchte – die meisten Liebhaber der starken, traditionsreichen Bräus können sich durchaus darauf beschränken, die Angebote an Trappistenbieren daheim zu studieren – und sie mit Bedacht zu verkosten.

Ehrlich gesagt: Es ist ziemlich enttäuschend, wenn man bei einer Trappistenbrauerei ankommt. Nehmen wir zum Beispiel **Westvleteren**, hart an der französischen Grenze. Das ist ohnehin eine verschlafene Gegend (ein wenig davon haben wir auf der vierten Reise, der ins Hopfenland, kennengelernt) – aber die 1831 gegründete Abtei ist eben besonders abgelegen.

Nun verbinden sich – nach unseren Erfahrungen in Andechs und in anderen Klöstern – ganz bestimmte Vorstellungen damit, wie ein Kloster aussehen soll: Altehrwürdig und (weil Bier ja gemütlich und lebensfreudig macht) barock verziert. Westvleteren hat das nicht zu bieten. Man muß schon eine sehr detaillierte Straßenkarte haben, um überhaupt hinzufinden. Und man muß dann aufpassen, daß man das kleine ummauerte Waldstückchen nicht übersieht, in das die recht modern wirkenden Bauten der Abtei eingegliedert sind.

Das Markanteste ist noch die Bar gegenüber. Sie heißt „Cafe de Vrede" und wirkt ein wenig wie die Lokale, die amerikanische Filmregisseure in den fünfziger Jahren an den Rand der Highways situiert haben – bloß gibt es hier keinen Highway, kaum Gäste, kaum die Spur eines Klosters. Doch: es gibt einen Kircheneingang, eine Arnoldus-Figur und ein Schild, das eine Messe pro Woche in dem neuzeitlichen Bau ankündigt: Wer hierher kommt, kommt der höheren Ehre Gottes halber – und nicht wegen irgendwelcher bierigen Querverweise. Und wer doch wegen des Bieres kommt, findet einen kleinen Rampenverkauf. Am Eingang ein Schild, das nicht wirbt, sondern bewußt abschrecken möchte: Unter keinen Umständen könne eine Besichtigung der Brauerei oder des Klosters ermöglicht werden: „Mein Haus ist ein Haus des Gebetes", heißt es (wie auch in den anderen Trappistenbrauereien) unter Berufung auf das Lukas-Evangelium.

Man weiß: Trappisten sind schweigsame Leute – ihr 1636 gestifteter Orden hat eine weitgehende Abkehr vom Weltlichen als Ziel. „Memento mori" – „Bedenke, daß Du sterben mußt" – ist einer der Sätze, die für die hart arbeitenden Benediktiner-Mönche der strengen Observanz chrarakteristisch sind. Immerhin: welch ein Tod ist es, dem die paradiesische Freude des Genusses vom Trappistenbier vorangegangen ist? In Westvleteren ist es leicht, darüber zu meditieren, die flache, melancholische Landschaft lädt geradezu ein dazu.

Das hiesige Trappistenbier ist jedenfalls eine Rarität, die hauptsächlich vor Ort zu bekommen ist. Allerdings sind Trappistenbiere viel schwerer als das, was unsereins als Bockbier gewohnt ist: Mindestens 9,5 Prozent Alkohol weist etwa das *Abt* aus dem Kloster *St. Sixtus* in Westvleteren auf. Es ist dunkelbraun, mit kräftigem, weißem Schaum und einem ausgeprägt malzigen Geruch, sehr voll (schließlich würde es im deutschsprachigen Raum als Doppelbock klassifiziert werden), eher weinig und erst im Nachtrunk, der ein wenig an Bananen erinnert, bitter. Auch solche Trappistenbiere (die nur mehr in fünf Klöstern gebraut werden) brauchen Gewöhnung, denn das feine Aroma muß man erst schätzen lernen. Viel trinken kann man sowieso nicht davon: Die Trappistenbiere sind nämlich nicht nur alkoholreich, sondern auch teuer – und werden „sicherheitshalber" nur in Viertelliterflaschen gefüllt.

Dasselbe gilt auch für die (häufigeren) Abteibiere, die im Namen eines Klosters (aber stets außerhalb) für eine Großbrauerei hergestellt werden.

Wer gerade kein St. Sixtus-Bier auftreiben kann, findet einen durchaus akzeptablen Ersatz, der ganz in der Nähe gebraut wird: Das neun Prozent starke, in der Flasche nachgegorene *Prior* aus der Serie *Het Kapittel Watou* ist ein dunkelbraunes, sehr bitteres Abteibier mit starkem, aber wenig stabilem braunem Schaum: Sehr kräftiger Eindruck, wenig süß – um den vollen Geschmack zu erreichen, sollte man es bei 10 Grad Celsius genießen. Von der gleichen Farbe, aber etwas leichter (etwa 7,5 Volumsprozent) ist das *Dubbel* aus derselben Brauerei – es zeichnet sich durch einen ähnlich fruchtigen Antrunk aus.

Die unter dem Namen *Het Kapittel* gebrauten Biere sind – wiewohl geschmacklich sehr passend – keine echten Klosterbiere, da sie nicht von den Trappisten selber gebraut werden, sondern quasi in Lizenz von der Brauerei *Van Eecke* in **Watou**, einige Kilometer vom Kloster entfernt. Während man das Bier aus Westvleteren eben nur dort bekommen kann, wird das entsprechende Abteibier überregional vermarktet – und zwar in den Stufen „Pater", „Prior", „Dubbel" und „Abt". Der *Pater* ist 6,5 Prozent stark, dunkelbraun und vergleichsweise mild und schlank – während der *Abt* trotz seiner zehn Alkoholprozente hellbernsteinfarben und fruchtig-frisch ist; erst beim zweiten Schluck spürt man die runde, vanillearomatische Fülle, die diesem Bier einen Spitzenplatz unter den Abteibieren sichert.

In der Abtei **Steenbrugge** ist der Abt stolz, der 58. Nachfolger des Heiligen Arnold, des Patrons der Brauer zu sein. In seinem und dem Namen der Abtei braut die Brauerei *De Gouden Boom* in **Brügge** das *Abdij Steenbrugge*. Ein dunkelbraunes, sehr fruchtig riechendes Bier von 6,5 Alkoholprozenten, dessen runder, angenehmer Geschmack keine zu ausgeprägte Malzigkeit ahnen läßt. Es muß eben deshalb als ein ideales Bier zum Kennenlernen des Typs der obergärigen Klosterbiere gelten: Man trinkt das zartschäumende und mit etwas Hefe in der Flasche nachvergorene Gebräu leicht, vielleicht zu leicht, weil man weder den Alkohol noch die Hopfung spürt.

Das *Steenbrugge tripel* ist im Gegensatz dazu ein helles, etwa honiggelbes und relativ stark mit Kohlensäure angereichertes Starkbier mit 9 Prozent. Der Schaum ist weiß und kräftig, er verströmt einen angenehm-süßlichen Geruch – das Bier ist im Antrunk leicht süßlich und entwickelt erst im Nachtrunk eine scharfe, doch nicht unangenehme Bittere. Dieses Bier entspricht in hohem Maß dem praktisch von den Trappisten in der Abtei **Westmalle** (nordöstlich von Antwerpen) vorgegebenen Standard eines „tripel". Auffallend ist am Steenbrugge tripel die lange Haltbarkeit, die mit zweieinhalb Jahren angegeben wird – während dieser Zeit reift das Bier noch nach.

Das *Westmalle tripel* stellt so etwas wie einen Maßstab für alle „tripel"-Biere dar: Es ist neun Prozent stark, hat einen kräftigen weißen Schaum und eine dunkelgelbe Farbe. Traditionell wird versucht, dieses Bier bei Ausschenken aus der Flasche zu dekantieren –

die Hefe also in der Flasche zu belassen. Das Bier ist erfrischend und doch von einem recht vollen Körper. Der Nachtrunk geht aber rasch in eine ausgeprägte Bittere über.

Das *Leffe blonde* ist ein bernsteinfarbenes, malzig-fruchtig riechendes, sehr rundes und mit einer scharfen Hopfennote abgehendes Bier von 6,5 Prozent Alkohol. Es wird von der Brauerei *St. Guibert* für die Abtei Leffe gebraut. Die Spitzensorte, das dunkelbraune, weinig-vollmundige und doch hopfenaromatische *Radieuse* weist 8,4 Prozent Alkohol auf. Ihren hohen Ruhm verdanken die Leffe-Biere allerdings nicht nur ihrer Qualität, sondern vor allem der Tatsache, daß ihr Vertrieb über den mächtigen Bierkonzern *Interbrew* vor allem national, in letzter Zeit aber auch international forciert wird.

Außerhalb von Belgien sind allerdings die Biere der Abbaye de Scourmount in der Rue de la Trappe in **Forges-le Chimay** (vom namensgebenden Ort Chimay zehn Kilometer entfernt) besser bekannt. Es ist die südlichste der Trappisten-Brauereien, die erst 1862 als kommerzielles Standbein der 1850 gegründeten Abtei eingerichtet wurde. Dennoch kennen viele Gourmets die Trappisten-Käse von Chimay eher als die Biere. Sie werden traditionell nach der Farbe der Kapsel unterschieden: Das *Chimay capsule rouge* ist mit sieben Volumsprozenten ein Starkbier, aber das schwächste des Hauses. Es ist mittelbraun, säuerlich-frisch und mild gehopft. Am hellsten ist das *Chimay capsule blanche* mit acht Alkoholprozenten: Stark und süßlich mit einer deutlichen Bittere, die an Röstmalz erinnert. Das *Chimay capsule bleue* ist ein Jahrgangsbier, das jährlich ein wenig variiert. Die malzig-rauchige Nase, das komplex-Süßliche, das in einer scharfen Bittere ausklingt, sind aber Charakteristika dieses Bieres.

Außerdem gibt es noch als Krönung der Chimay-Biere die mit Champagnerkorken verschlossene *Reserve*, hell und ebenfalls neun Volumsprozente stark.

Nicht zu verwechseln mit dem Chimay-Bier ist das in Belgien ebenfalls sehr populäre *Ciney* mit sieben Prozent Alkohol: Es ist hellbernsteinfarben, erreicht die Nase besonders fruchtig und hinterläßt einen würzig-süßlichen Gesamteindruck mit einer besonders schwachen, dennoch eleganten Bittere im Nachtrunk.

In Chimay brauen die Patres noch selbst

Das *Maredsous* Bier kommt aus einer – an eine Abtei angeschlossenen – kombinierten Käserei und Brauerei. Es ist dunkelbernstein, hat einen sehr ausgeprägten Schaum, der sich zentimeterhoch über den Glasrand heben läßt, und eine sehr blumige Nase. Das als 6grädig (tatsächlich bedeutet das sechs Volumsprozente Alkohol) angeschriebene, in der Flasche nachvergorene Bier hat einen sehr malzig-würzigen Antrunk mit einer durchaus betontem Bockbiernote, die sich aber nicht aufdrängt. Dieses flaschenvergorene Bier hat auch den Vorzug, hervorragend zum Käse zu passen.

Das süffigste der Abtei-Biere ist das hellbernsteinfarbene *Floreffe* aus der Brauerei *Lefebre* in **Quenast**. Es hat 6,5 Alkoholprozente, ist hellbernsteinfarben und hat einen schwachen Schaum, einen eher dünnen Antrunk und eine betonte Hopfenbittere.

Wie die anderen Trappistenbrauereien gibt sich auch die der Abtei Notre Dame de *St. Remy* in **Rochefort** in Belgisch-Luxemburg recht verschlossen. Immerhin ist das ein 1230 gegründetes Kloster, das seit dem 16. Jahrhundert eine Brauerei hatte. Diese wurde allerdings 1794 bei der Säkularisierung des Klosters geschlossen. Das Kloster wurde 1887, die Brauerei 1899 wiedergegründet.

Das *Rochefort 8* (grüne Kapsel) hat eine dunkelbraune Farbe mit fruchtigem Geruch und einer malzig-bitteren Note, die ein wenig an Kakao erinnert. Der Nachtrunk läßt den hohen Alkoholgehalt (immerhin 9,2 Volumsprozent) stark hervortreten.

Noch stärker ist das 11,3 Prozent starke *Rochefort 10* mit der blauen Kapsel: Seine extrem dunkelrote Farbe erinnert an alten Portwein. Und auch der Geschmack ist nicht weit davon entfernt – mein englischer Kollege Tim Webb hat es in seinem „Good Beer Guide to Belgium" ein „contemplatives Bräu" genannt und es als vielleicht das beste Trappistenbier eingestuft.

Diesen Rang dürfte man nicht allzu leichtfertig vergeben – denn es gibt noch andere. Das feurig-bernsteinfarbene Trappistenbier von **Orval** ist mit 5,2 Volumsprozenten zwar nicht übertrieben stark, doch es hat eine Haltbarkeit von gut fünf Jahren und ist besonders aromatisch. Ein leicht säuerlicher Antrunk eröffnet eine Fülle malzig-bitterer Komponenten, bis schließlich eine an Bitterschokolade erinnernde Bittere den Nachtrunk beherrscht.

„Nur" ein Abteibier ist das achtprozentige *Corsendonk Agnus* aus **Oud Turnhout**, Belgien. Es ist dunkelgelb mit eher schwachem Schaum, einem üppig-würzigem Geruch (am ehesten nach Kardamon) und einem ebenso aromatischen Antrunk, der rasch in eine trockene, fast rauchige Bittere übergeht. Gleich stark, aber rötlichbraun, runder und auch bitterer ausklingend ist das *Corsendonk Pater.*

Die Beschreibung des Trappisten-Brauwesens wäre nicht vollständig, wenn man nicht das Trappistenkloster von **Tilburg** erwähnen wollte. Diese mittlere Industriestadt liegt bereits in den Niederlanden, genauer: in Nord-Brabant. Und von hier kommet ein sehr einpägsames, weil volles und ein wenig schokoladeartiges Trappistenbier: Das *Dubbel Trappist Koningshoeven* wirkt wesentlich stärker als die angegebenen fünf Volumsprozente. Das dunkelbraune Bier riecht schon fruchtig-weinig, hat einen bitteren Antrunk wie Kakao und wird erst dann harmonisch – allerdings voll auf der bitteren Seite.

Kehren wir nach diesem langen Ausflug nun in die Münchner Gegend zurück, wo wir diese Klosterbier-Tour begonnen haben. So wie Andechs von der Endstation der S5 in Herrsching ein nettes

Wanderziel darstellt, so können wir mit der S6 bequem zur Endstation **Freising** fahren und von dort einen Spaziergang unternehmen. Ziel ist nicht das Gräflich Moy'sche Hofbräuhaus in der Mainburger Straße, sondern die älteste Brauerei der Welt: *Weihenstephan.*

Solch hohes Alter macht ehrfürchtig – und so erfahren wir staunend, daß in Freising die deutsche Geschichtsschreibung begonnen hat: der Diözesanbischof Otto (gestorben 1158) gilt als einer der bedeutendsten Geschichtsschreiber des Mittelalters, sein Vorgänger Arbeo, der 784 verstorbene vierte Diözesanbischof von Freising, als der erste deutsche Schriftsteller.

Arbeo machte sich besonders um die Verehrung des Heiligen Korbinian, des ersten Bischofs von Freising, verdient, dessen Reliquien er nach Freising überführen ließ. Während der andere von Arbeo biographisch behandelte Heilige, St. Emmeram, für die Biergeschichte nur insoferne bedeutend ist, als er in der Hopfenstadt Spalt verehrt wird, lebt Korbinian in einem Bier der heutzutage staatlichen Brauerei Weihenstephan weiter. Es handelt sich um ein sehr dunkelbraunes Bräu, unter dessen bräunlichem Schaum sich ein süßlich riechendes, voll und kräftig schmeckendes Bier mit sehr dezentem Hopfen und einem langen, malzbetonten Nachtrunk hält. Es ist mit 18,5 Grad eingemaischt und zu 6,5 Prozent Alkohol vergoren.

Das nach der Regel des Heiligen Benedict eingerichtete Weihenstephan wurde 1021 „auf den Tetmons" durch den 1006 gewählten Bischof Egilbertus gegründet. 1040 wurde unter Abt Arnold das

Braurecht dorthin übertragen – womit sich die dem Freistaat Bayern gehörende Brauerei Weihenstephan als die älteste der Welt bezeichnen kann. Wenn auch mit dem Schönheitsfehler, daß das Brauprivileg von 1040 eine Fälschung der Zeit zwischen 1616 und 1640 ist – falsches Zeugnis abzulegen, galt der Kirche nämlich keineswegs als verwerflich, wenn es um die eigene Macht ging.

Über die Geschichte von Weihenstephan erfährt man aus der 1635/36 verfaßten Chronik, daß 1336 „das Bayrland greulich zerschlaimpft worden durch kayser Ludovicum den 4. wider herzog Henricum den eltern“, wobei „vil flecken mechtig verderbt worden“, darunter das Kloster Weihenstephan „bis auf die entblößung der brüder, so derzeit vorhanden waren“.

Solcherlei hat man im 1803 säkularisierten Freising heute nicht mehr zu befürchten. Man setzt sich in einen der Räume des Bräustüberls, wo heute Arbeiter, Studenten und Professoren verkehren, bestellt sich zunächst ein *Original*: Das ist das 11,8grädige Bier, malzig, aber nicht zu voll; ein Helles nach bayrischer Art und die rechte Einstimmung für schwerere Getränke: Etwa den schon erwähnten *Korbinian* oder den mit 19,1 Grad Stammwürze noch stärkeren *Stefansquell*, der 7,5 Prozent Alkohol hat. Es ist ein besonders ausgewogenes Bockbier, vollmundig und erst im sonst hopfenbetonten Nachtrunk leicht süßlich.

Versöhnt mit Gott, seinen Heiligen und der Welt kehrt man dann nach München zurück.

Wie nähert man sich der Münchner Brautradition wohl am besten? Es spräche einiges dafür, die weltweit bekannte Gleichung „München=Oktoberfest" heranzuziehen und Mitte September anzureisen, wenn das größte Bierfest der Welt beginnt. Nun, das wäre ein sehr konventioneller Ansatz. Ganz anders – und sehr viel schräger – hat sich der Fernsehjournalist Hartmut Wiehr im Bayrischen Rundfunk dem Thema „München und sein Bier" genähert. Er fuhr mit einem Kamerateam auf den Südlichen Friedhof vor den Toren der alten Stadt. Hier war in der ersten Hälfte des 19. Jahrhunderts die Begräbnisstätte der Münchner Bürger, und Wiehr fand hier seinen Zugang zu den Brauerfamilien Sedlmayer, die die Spaten- und die Franziskaner-Leistbrauerei gegründet hatte, Mathäser, die bis 1907 im Geschäft war, und Pschorr.

Es gibt aber auch einen gänzlich münchnerischen Zugang, lebensfroher als am Friedhof, intimer als am Oktoberfest. Man muß allerdings die richtige Jahreszeit aussuchen: Wer kommt schon im Vorfrühling in die bayrische Landeshauptstadt? Wer würde hinauspilgern zum Nockherberg – außer einem Münchner, der zur Frühjahrskur aufbrechen will?

Wenn nämlich zwischen Aschermittwoch und Karfreitag die Hälfte der Fastenzeit verstrichen ist, beginnt die „fünfte Jahreszeit", die Starkbierzeit; und zwar traditionell mit einem Bieranstich am Nockherberg, jenem Hügel im Osten des Stadtgebietes, auf dem die *Paulaner* Brauerei angesiedelt ist. „Auf" ist vielleicht nicht ganz die richtige Bezeichnung, man müßte sagen rundherum und innendrinnen. Denn im Berg liegen einige der tiefsten Bierkeller der Welt – 38 Meter unter der Erde, das ist ziemlich selten geworden, seit man die „Keller" der meisten Brauereien dort finden kann, wo die Zylindrokonischen Tanks hoch aufragen. Bei Paulaner geht es also noch wirklich in den Berg hinein. Modernste Technik ist da zu sehen, erschlossen mit gewölbten Gängen des vorigen Jahrhunderts. Wer sich ein bisserl in einen Kriegsfilm versetzt fühlt, der liegt gar nicht zu falsch. Eine der Höhlen diente Adolf Hitler (der ja in München die Hauptstadt seiner „Bewegung" hatte) als Münchner Führerbunker; heute macht dort die Polizei ihre Schießübungen.

Am unteren Eingang des Kellers liegt die Mälzerei. Paulaner kann völlig auf eigene Malze zurückgreifen, auch wenn die Produktion in München viel teurer ist als in den großen Handelsmälzereien des Elsaß. Ein eigener, 300 Meter tiefer Brunnen liefert ein recht weiches (5° dH) Wasser und es gibt sogar noch offene Gärbottiche, in die die fertigen Sude aus dem am Fuße des Berges gelegenen Sudhaus kommen. Zwar gibt es heute moderne Anlagen, aber auch eine blitzblank geputzte Doppelkolben-Eismaschine, System Linde von 1881, könnte die Kühlung besorgen.

Oben auf dem Berg (in dessen Inneren neben knapp 2 Millionen hl Paulaner auch rund 500.000 hl Hacker-Pschorr Biere gereift werden) steht die Faß- und Flaschenfüllung.

Aber eigentlich kommt man ja in die Gaststätte auf dem Nockherberg wegen des Bieres. „Wengam *Salvator*", wie der Münchner sagen würde. Das ist ein seit 1780 überliefertes rotbraunes Bier mit knapp über 18 Grad Stammwürze. Ein halbes Jahr dauert es, bis er durchgegoren und gereift ist, dann kommt er aus dem Keller heraus und zum Ausschank in der oberhalb des Kellers gelegenen Nockherberg-Gaststätte. Das Bier ist rotbraun und würzig-süßlich mit einem kräftigen bitteren Nachtrunk.

Auf dem Nockherberg braucht man schon gute Beziehungen, um beim ersten Anstich – zur Mitte der Fastenzeit – dabei sein zu dürfen. Üblicherweise ist die Bayrische Staatsregierung mehr oder weniger komplett zugegen, wie einst der Herzog wird nun der Ministerpräsident mit dem ersten Humpen begrüßt: „Salve pater patriae! Bibas, princeps optime!“ Dann gibt es eine Rede vom „Pater Barnabas“ (in den letzten Jahren üblicherweise vom Journalisten Hannes Burger verfaßt) und ein politisches Kabarett. Es gibt aber „nur“ 4800 Plätze – die meisten können's erst am nächsten Tag in der Zeitung nachlesen.

Aber schließlich dauert die eigentliche Starkbierzeit in 5000 Münchner Gaststätten 17 Tage lang – in den größeren zahlt man Eintritt und bekommt ein bodenständiges Unterhaltungsprogramm geboten. Im „Löwenbräukeller“ gibt es etwa die Tradition des „Stoalupfens“, bei der ein 508 Pfund schwerer Stein gehoben wird.

Die Trinkkur kann fortgesetzt werden, solange die Vorräte reichen. Beim Salvator schaut die Paulaner Brauerei darauf, daß sie auch über das Jahr nicht ausgehen, denn das Bier ist auch Exportartikel und quasi der Inbegriff aller Münchner Starkbiere. Einmal, 1888, hat er seine Trinker sogar zu einer wahren Schlacht aufgestachelt. Am 20. und am 25. März jenes Jahres hatten die Besucher des Zacherlkellers (wie die Gaststätte auf dem Nockherberg nach dem ersten säkulären Paulaner-Besitzer Franz Xaver Zacherl damals hieß) ihrem Ärger über die preußisch-strengen Sitten bei Militär und Polizei Luft gemacht. Es gab Schwerverletzte, als anwesende Soldaten und Polizisten mit Maßkrügen, Stöcken und Schirmen angegriffen wurden und sich mit ihren Säbeln wehrten. Schließlich mußten 50 Mann der Schweren Reiterei mit blanker Waffe für Ordnung sorgen. Weitere Provokationen sollten aber vermieden werden. Bis nach dem Zweiten Weltkrieg war Soldaten in Uniform das Betreten der Starkbierkeller verboten.

Die gewöhnlichen Bockbiere waren früher etwas schwächer als heute, wie sich aus einer im Brockhaus von 1894 veröffentlichten Tabelle über die Beziehung zwischen den Malzmengen und den damals üblichen Hopfengaben ergibt. Demnach gab man pro Zentner Malz in einem Bier mit 12 bis 14 Grad 0,8 bis 1,5 Pfund Hopfen, bei den (aus steuerlichen Gründen abgekommenen) Doppelbieren von 14 bis 15 Grad zwischen eineinhalb und zwei Pfund Hopfen, bei Bock-Bier von 15 bis 16 Grad eineinviertel bis eineinhalb Pfund Hopfen.

Doppelbockbiere setzten im 19. Jahrhundert ebenso wie heute bei 18 Grad an – doch firmierten sie in der erwähnten Übersicht generell als „Salvator", sie bekamen gleichviel Hopfen wie andere Bockbiere.

Im März 1896 wurde der Name patentrechtlich geschützt, andere Doppelbockbiere müssen sich eine andere, womöglich auf „-ator" endende Bezeichnung suchen. Heute sind beim Münchner Patentamt über 120 auf „-ator" endende Doppelbock-Namen registriert – auch die Brauereien des Münchner Umlandes versuchen sich mit „-ator"-Bieren. Beim *Delicator* (Hofbräuhaus) kann sich der normale Biertrinker noch vorstellen, daß es dabei um ein besonders wohlschmeckendes Bier aus mönchischer Tradition geht. Wie wir auf der achten Reise gesehen haben, hatten ja gerade die Mönche das Bedürfnis, mit stark eingebrauten Bieren das Kaloriendefizit in der Fastenzeit zu überbrücken. Ursprünglich hatten die seit 1627 in München streng nach der Franziskanerregel fleischlos lebenden Paulaner-Mönche ihre Fastennahrung mit einem Bier aufgefettet, das sie für den Festtag des Ordensstifters Franz von Paola (1416–1507) am 2. April als „Sankt Vater Bier" einbrauten.

Ein fleißiger Doktorand hat schon vor Jahren alle Starkbiernamen zusammengetragen, unter ihnen die Kuriositäten „Skator", „Umator", „Brunsvigator", „Hümator", „Mörkator", „Schwibator" oder „Onoldiator". Traditionsreich sind dagegen der *Optimator* (Spaten), der *Maximator* (Augustiner), der *Triumphator* (Löwenbräu) und der 20 Grad starke *Sankt Jakobus* aus der Forschungs- und Familienbrauerei Jakob in Perlach. Ausgestorben ist allerdings der *Animator* von Hacker-Pschorr, der ab 1991 der Sortimentsbereinigung der Gruppe Paulaner-Hacker-Pschorr zum Opfer gefallen ist.

Bei dieser Betrachtung der starken Biere haben wir uns schon einen kleinen Überblick über die Braulandschaft der Bierhauptstadt München verschafft. Zugegeben: Es gibt Städte, die mehr Bier brauen als die Bayern-Metropole – inzwischen ist sogar der Ausstoß in Warstein größer als der aller Münchner Brauereien zusammen. Es gibt Städte mit moderneren Biertypen – wie Dortmund, das sich vom eigenen Biertypus abgewendet und zunehmend als Stadt des pilsartigen Bieres profiliert hat. Es gibt andere Städte mit Hofbräuhäusern – Hallein-Kaltenhausen, Freising oder Traunstein sind nur drei Beispiele dafür. Schließlich gibt es Volksfeste, die dem Oktoberfest ernsthaft den Rang der größten Veranstaltung seiner Art streitig machen wollen – etwa das „Cannstatter Volksfest" in Stuttgart und der „Freimarkt" in Bremen, bei dem die ganze Stadt mitfeiert.

Aber die bierigste Atmosphäre ist München nicht streitig zu machen. Hier gibt es neben den großen Bierhallen 36 Groß-Biergärten, von denen die größten 5000 Plätze bieten. Rechnet man die kleinen Gärten und Straßencafes zusammen, können sich im Sommer 150.000 Menschen zugleich im Freien auf ein Bier setzen!

Auch wenn wir über das Hinscheiden des Animator zu klagen hatten: Wer weiß, vielleicht feiert er dereinst eine Auferstehung? Immerhin hatte er einen Vorläufer, das von Josef Pschorr (1770–1841) gebraute „St. Peters Tröpfl". Biere sind gekommen und gegangen in München, und nicht wenige sind wiedergekommen, nachdem man sie totgesagt hatte. So war der Typus der Münchner Bieres ursprünglich ein Dunkles, mit Farbmalz gebrautes vollmundiges Bier, das momentan out ist – während 1895 acht große Münchner Brauereien gelobten, dem von Hacker (1893), Thomasbräu und Spaten (1895) aufgebrachten Trend zum Hellen Bier nicht mitmachen zu wollen. Dabei hatte es bereits um 1820 so ausgesehen, als ob sich das Helle gegen das Dunkle durchgesetzt hätte (obwohl beide Biere noch eine etwas andere Gärführung hatten).

In welchem Lokal sollen wir uns wohl darüber unterhalten? Es böte sich die neu eingerichtete Gasthausbrauerei von Paulaner am Kapuzinerplatz (im 1892/93 errichteten Thomasbräu-Ausschank) an – aber dort ist alles ein bisserl zu neu. Wir könnten auch ins Hacker-Gasthaus beim Alten Peter gehen – diese Gaststätte hat einmal „Ewiges Licht“ geheißen und hatte den Vorzug, in unmittelbarer Nähe zum Brauer-Altar (1758 dem Hl. Florian geweiht) in der Peterskirche zu liegen; hier soll am 22. Februar 1852 die Weißwurst vom Münchner Metzger und Gastwirt Sepp Moser erfunden worden sein – jenes mit einem speziellen Senf zu genießende Wurststück, das der Kenner mit geübtem Griff häutet und das jedenfalls nur zwischen 0 und 12 Uhr gegessen werden darf.

Aber weil wir ja doch nicht darum herumkommen, lassen wir vorläufig alle die schönen Traditionsgaststätten beiseite und gehen dorthin, wo ohnehin jeder München-Besucher einmal hinmuß: Ins *Hofbräuhaus*, das „berühmteste Wirtshaus der Welt", wie sich die Lokalität ganz unbescheiden nennt. „Das Hofbräuhaus steht weltweit als Symbol für Bayern, ein Symbol für Toleranz und Großzügigkeit" – so sieht Ministerpräsident Max Streibl die „Liberalitas Bavariae" versinnbildlicht.

Und das Hofbräuhaus ist – auch wenn sein 1988 nach Riem übersiedeltes staatliches Brauunternehmen kommerziell nicht immer erfolgreich war – wie eh und je ein Touristenmagnet. Zu seinen berühmtesten Besuchern – wohl aber noch am früheren Standort, dem „Alten Hof" am Hofgraben – zählte unter anderen Wolfgang Amadeus Mozart. Er war mit dem kurfürstlichen Bräuverwalter Johann Andre von Passauer bekannt. Das Mozart anläßlich seines Münchner Aufenthaltes 1780, bei der Komposition des „Idomeneo", zugeschriebene Lobgedicht auf das Hofbräuhaus ist allerdings eine Parodie aus der Feder des im 19. Jahrhunderts populären Volksdichters Ferdinand Fränkel. Eher belegbar ist, daß Leonard Bernstein eine Quetschung erlitt, als ihn ein weiblicher Fan im Hofbräuhaus zu stürmisch umarmte.

Auch Wladimir Iljitsch, genannt Lenin, weilte mehrfach hier. Die eineinhalb Jahre vom 7. September 1900 zum 12. April 1902 hatte er unter dem Decknamen Maier in der Kaiserstraße 46 verbracht, sein bester Freund war der Sozialdemokrat Georg Ritter aus der Gaststätte „Zum Onkel". Es ist überliefert, daß Lenin in jener Zeit (in der sein Hauptwerk „Was tun?" entstand) das Oktoberfest besucht hat, und daß er noch später einmal bei einem Kurzaufenthalt ins Hofbräuhaus ging. Seine Frau Nadescha Krupskaja schrieb 1913 von einem Besuch im Hofbräuhaus, „das durch sein Bier berühmt ist".

Das war vor der Revolution, auch vor der baierischen von 1919, die München eine Räterepublik bescherte, der Lenin begeisterte Grußadressen schickte: „Wer die Mariensäule hat, der hat Europa!"

Lenin hatte recht, jedenfalls in diesem einen Punkt. Die Mariensäule vor dem Münchner Rathaus ist heute Zentrum eines ganz und gar un-revolutionären, kapitalistischen Treibens in der zur Olympiade 1972 angelegten Fußgeherzone. Hier versammelten sich am 6.

März 1992 zehntausende Münchner, um dem späten Lenin-Nachfolger Michail Gorbatschow zuzujubeln, der seinem Land die Abkehr vom kommunistischen System ermöglicht und Deutschlands Wiedervereinigung zugelassen hatte. Dann zog Michail Gorbatschow – pikanterweise Ehrengast der erzkonservativen CSU – ins Hofbräuhaus, wo er vor handverlesenen Biertrinkern eine Rede hielt. Im selben Haus hatten Spartakisten am 18. April 1919 die kommunistische Räterepublik ausgerufen – und in Kiew wurde aus Solidarität ein Bier mit dem Namen „Krasnaja Bawarija " („Rotes Bayern") gebraut.

Aber wenden wir uns dem hiesigen Bier zu, von dem – laut Festschrift anläßlich des 400jährigen Jubiläums 1989 – immerhin 14 verschiedene Sorten gebraut werden. Da man im Hofbräuhaus selbst sofort als „Preiß" entlarvt wird, wenn man nicht eine Maß bestellt, kommt zum Genuß vor Ort vor allem das *HB-Hell* in Frage. Es ist ein nicht zu kräftiges, hellgelbes Bier mit einer leichten Hopfennote.

Als besonders starker Bock galt traditionell der Hofbräuhaus-Bock in München, der 19,9 Grad Stammwürze hatte – der vorhin erwähnte Delicator bringt es heute noch auf 18,8 Grad. Am Hofbräuhaus hatte ja die Tradition des bayerischen Bockbieres begonnen, nachdem ein mit Einbecker Verhältnissen vertrauter Braumeister engagiert worden war. Das war im Jahr 1614, der Braumeister hieß Elias Pichler und das im Mai ausgeschenkte Starkbier war von Anfang an ein Erfolg. Erst mit der Zeit wurde aus „Einbockbier" oder „einbeckschem Bier" die heute gebräuchliche Form „a Bock-Bier". Das Hofbräuhaus hält die Erinnerung dadurch wach, daß es immer noch einen *Maibock* mit etwa 16,5 Grad Stammwürze braut: Es ist bernsteinfarben, riecht malzig, ist aber süffig und rezent mit einer den Nachtrunk dominierenden Bittere. Das kann an warmen Maitagen recht gefährlich werden.

Und ins Geld gehen. Denn in München ist der Bierpreis viel schneller geklettert als in anderen Teilen Bayerns. Über den Bierpreis zu schimpfen ist ein alter Brauch in der Bayernmetropole. Der Wirte-Sprecher und Löwenbräu-Festzeltwirt Wiggerl Hagn hat auch eine Erklärung dafür: Das Münchner Bierpreisniveau wird von der Wiesn, also vom Oktoberfest, beeinflußt – dort eine Festhalle zu führen werde immer teurer, alle Kosten würden auf das Bier überwälzt und somit eine Richtgröße für den Preis der Halben in den Lokalen der Stadt geschaffen. Dazu kommt, daß München immer provinzieller werde: „Jeder mag einen Biergarten gleich ums Eck haben – wenn er selber hingeht. Nur wenn er daheim ist, dann darf man nichts hören."

Die Münchner Gastwirte haben ihre lieben Sorgen mit den Brauereien. Ständig verschwänden traditionsreiche Gaststätten wie der „Rote Hahn" am Stachus, der „Bürgerbräukeller" oder der „Domhof", weil sich die Brauunternehmen profitablere Nutzungen dafür fänden, klagte der Wirte-Sprecher Ludwig Hagn im März 1991 auf einer Versammlung seiner Zunft. Münchens Bierbrauer hätten nicht die Gästewünsche, sondern Hektoliterzahlen und Pachterträge im Auge.

Hagn muß es wissen, denn er ist zu all seinen Funktionen auch noch Brauherr – im kleinen *Unions-Bräu*. Hier gibt es Bockbier nur zu Weihnachten, was ja nach christlicher Überlieferung auch eine Fastenzeit sein sollte. Hagns *Helles* ist bernsteinfarben, riecht hopfig und verquickt deutliche Malzaromen mit einer pilsartigen Bittere. Das Unions-Bräu ist zwar erst 1991 eingerichtet worden, wurde aber mit gebrauchter Maschinerie bestückt. Außerdem steht es an einem historischen Ort: Bis 1921 befand sich hier die „Unionsbrauerei Schülein & Co. AG", vormals Brauerei Schwaige (1886) und Gambrinusbrauerei (1881). Diese wiederum war Nachfolgerin der 1551 gegründeten Löwenhauser Brauerei. Bevor sie mit Löwenbräu fusioniert wurde, wurden in dem noch heute im Hinterhof erkennbaren Sudhaus 360.000 hl gebraut. Selbst der fundierten Löwenbräu-Chronik ist nicht klar zu entnehmen, welche Brauerei da eigentlich die andere übernommen hat.

Jedenfalls ist das heutige Union-Bräu ein Kleinstbetrieb mit einer kleinen Minderheitsbeteiligung der Großbrauerei – und Hagn erklärt fröhlich: „Ich müßte hier drei Jahre an dem brauen, was ich auf der Wiesn in 16 Tagen ausschenk."

Bevor wir aber zur Wiesn kommen, sehen wir uns das *Löwenbräu* näher an. Mit 1,109.000 hl ist Löwenbräu zwar bloß die zweitgrößte Brauerei der Stadt – aber es hat einen hervorragenden internationalen Bekanntheitsgrad. Das Stammhaus war 1524 gegründet worden, erster Braumeister war Jörg Schnaitter. Es gibt Vermutungen, daß an der Stelle des Löwenbräu-Stammhauses, in der Löwengrube, schon 1383 eine Brauerei bestanden hat – anhand der alten Steuerbücher konnte der Augsburger Rechtshistoriker Hans Schlosser aber keinen eindeutigen Beweis finden.

Macht nichts: Ein über die reine Hauswirtschaft hinausgehendes Brauwesen hat es in München bereits gut 100 Jahre früher gegeben. Die älteste Erwähnung stammt aus einem Salbuch Herzog Ludwig II. um 1280 – und enthält vor allem die Steuersätze. 1293 brauchten die „praxatores", die Brauer nichts zu zahlen, denn in jenem Jahr war das Brauen wegen Getreidemangels überhaupt verboten worden. Im Jahr 1300 wurde vom Rat der Stadt verboten, mehr als ein Scheffel Getreide pro Woche für Brauzwecke zu kaufen – die Brauer hätten sonst den Getreidepreis hochtreiben können.

Und dieser Spekulation sollte entgegengetreten werden – ein wesentlicher Ansatz für viele Brauordnungen, Reinheits- und sonstigen Gebote. Wie wir schon bei unseren Erkundungen über den Hopfen gesehen haben, hat es mehrere Gründe für Brauordnungen gegeben – Steuerfestsetzungen, Preisregelungen und Gesundheitsschutz sind meistens in eben dieser Reihenfolge die Motive gewesen. So ist auch das erste Münchner „Reinheitsgebot" vom St. Andreastag 1487 (30. November) zu sehen, in dem erstmals die Bierbestandteile auf Gerste, Hopfen und Wasser beschränkt wurden. Schon vorher hatte es in anderen Städten ähnliche Brauordnungen gegeben, ehe schließlich 1516 die Bierbestandteile landesweit für Altbayern festgelegt wurden.

Dem in München erscheinenden kurfürstlichen Intelligenzblatt war aber im Jahr 1800 unter der Überschrift „Das Polizeiwesen betreffend" zu entnehmen: „Aber auch das Bier, dieses gemeine, selbst dem Bettler notwendige Getränk, ist nicht allemal ungefälscht." Erwähnt wird der Zusatz von Pottasche oder Buchenasche, um verdorbenes Bier zu klären. Auf dem Lande reisten sogenannte Bierzurichter herum, „welche ihrem Handwerk nicht genug gewachsenen Bräumeistern Biereinschläge für leicht eingesottenes oder sauer gewordenes Bier verkaufen und denen man sehr oft die Zuguterichtung des verdorbenen Bieres überläßt. Niemand bekümmert sich darum, worin ihre wunderwürdigen Einschläge bestehen und der Landmann fällt aus ihrer berauschenden Kraft oft ein ganz entgegengesetztes Urteil, weil das Gift, so er zu sich nimmt, nur langsam auf seine Lebenskräfte wirket und ihn ohne sein Bemerken zum Grabe hinführt."

Die Bayern haben stets auf das Reinheitsgebot gepocht, und es geht die Fama, daß seine Gültigkeit für das ganze Reichsgebiet Bedingung für den Beitritt Bayerns zum Deutschen Reich gewesen wäre. Neueste Forschungen von Fritz Ludwig Schmucker, dem Hauptgeschäftsführer des Bayerischen Brauerbundes, haben ergeben, daß es „nur" um das 1918 verhandelte Biersteuergesetz gegangen ist. Bei dessen Beschluß sollte eine „schädigende Rückwirkung auf das bayrische Braugewerbe" verhindert werden. Dies wurde erreicht, indem Bayern (das bis dahin eine Landessteuer auf Bier erhoben hatte) einen Rückfluß aus der neuen, einheitlichen Reichsbiersteuer von 13,5 Prozent des Gesamtaufkommens erhalten sollte. Im übrigen legte das Biersteuergesetz die erlaubten Bierbestandteile in Anlehnung an das Reinheitsgebot fest.

Die Bayern konnten zufrieden sein – und ihre Exportbemühungen unter Berufung auf das Reinheitsgebot verstärken. Löwenbräu war dabei besonders erfolgreich. Mit einem guten Viertel seines Ausstoßes im Export liegt Löwenbräu derzeit an fünfter Stelle in der Rangliste der Exportbrauereien – lange Jahrzehnte hatte es sogar den ersten Platz gehalten.

Auch beim Löwenbräu hat sich die internationale Geschmacksrichtung durchgesetzt – wenn ich mich recht erinnere, hat Löwenbräu sogar als erste der bayrischen Brauereien ein sehr helles, pilsartiges Bier exportiert. Das *Löwenbräu Premium Pilsener* hat eine ziemlich unverwechselbare, eigenständige Note. Trotz sehr hoher Vergärung ist dieses leichte Bier einen Hauch süßlich, um dann eine solcherart wohlverpackte, aber sehr angenehm-kräftige Bittere zu entwickeln.

Natürlich hat Löwenbräu auch auf dem Münchner Heimatmarkt seine Bedeutung – vor allem, weil der immer wieder neu aufgebaute „Löwenbräu-Keller" eine Institution ist. „Hier brüllt der Löwe vom Faß", heißt es da – und schon 1883 schrieb die „Allgemeine Illustrierte" unter dem Titel „Bildende Künste": „München erhielt in dem jüngst eröffneten Bierkeller der Aktienbrauerei zum Löwen ein Etablissement, das in seiner Art einzig genannt werden darf." Und damals wie heute ziert die Speisekarte der Satz: „Das Schankpersonal ist aufs strengste angewiesen, gut einzuschenken."

Der *Helle Bock* vom Löwenbräu ist übrigens eine Spezialität, die am ehesten hier im Keller zu bekommen ist; er ist hellgelb, hat einen leicht malzigen Geruch und ist sehr vollmundig, aber erst im Nachtrunk ist unter der kräftigen Hopfennote eine leichte Süße zu spüren.

Unweit von der Löwenbrauerei liegt die Heimstätte des *Spaten*-Bieres. Im Brockhaus Konversations Lexikon von 1894 gibt es einen schönen Überblick über das Brauwesen: „München bildet den Hauptort der Bierfabrikation in Bayern mit einem namhaften Export. Die größte Bierbrauerei, Gabriel Sedlmayer zum Spaten, verbraute 1890/91 allein 233.488 hl Malz, die nächst größern dortigen Bierbrauereien, nämlich Löwenbräu, Augustiner, Leistbräu und Pschorr, verbrauten zusammen mehr als 600.000 hl Malz." Der Bierkonsum in München lag 1890 bei 1,78 Millionen Hektolitern.

In München trank man 1893 1.774.863 hl Bier, damit bewiesen die Bewohner der Bayern-Metropole weniger Bierdurst als die Berliner, aber auch als die Bewohner von Chicago, von wo die Zahl von 2.205.477 hl aus dem Jahr 1889 überliefert ist.

Das Münchner Brauwesen hatte in jenen Jahren seinen bedeutendsten Aufschwung genommen. Noch 1869 stand es hinsichtlich des Bierversandes mit 28.292 hl bloß an vierter Stelle in Bayern – hinter **Nürnberg** (78.480 hl), **Kulmbach** (60 626 hl) und **Erlangen** (42.903 hl). „Münchner Bier" galt damals noch als Typus für ein dunkelbraunes, stark malziges und eher schwach gehopftes Bier. Im Lehrbuch „Der vollkommene Brau- und Malzmeister" von 1937 heißt es lakonisch: „Der Erzeugung eines vollmundigen Münchner Bieres liegt kein Geheimnis zugrunde, nur liegt es daran, den Charakter dieses Bieres durch richtige Einhaltung der Darrtemperaturen zu sichern." Ein typisches Münchner Bier zeichnete sich also durch eine Schüttung des typischen, etwas dunkleren Münchner Malz, fünf Prozent Karamalz und eineinhalb Prozent Farbmalz aus.

Inzwischen ist man aber auch in der Bayern-Metropole auf eine immer schlankere, hopfigere und trockenere Linie eingeschwenkt. Das jüngste Beispiel kommt aus der Spaten-Brauerei in der Marsstraße. Sie hat ihrem *Spaten Gold* eine völlig neue Rezeptur verpaßt: Das 5,5 Volumsprozente starke, nunmehr als *Premium Lager* firmierende Bier wird stärker gehopft und höher vergoren. So bleibt weniger (süßer) Restextrakt übrig, das Bier schmeckt insgesamt schlanker. Damit hat die Spaten-Brauerei gleichzeitig bewiesen, daß sich auch bodenständige Großbrauereien nicht dem internationalen, von den extrem hellen pilsartigen Premium-Marken diktierten Trend entgegenstellen können.

Allerdings gibt es noch das *Spaten Hell*, das seinem auf dem Etikett ausgelobten Ruf als „feinstes Münchner Lagerbier" gerecht wird: Kräftiggelb, mit malzigem Geruch und vollem Körper, der von einer milden Hopfung begleitet wird, erinnert es daran, daß Spaten-Brauer Gabriel Sedlmayer seinerzeit mit dem Schwechater Brauherrn Anton Dreher die wesentlichen Prinzipien der Lagerbier-Produktion erprobt hatte.

Das *Spaten Pils* ist allerdings als solches nur schwer zu erkennen: Zwar ist es schlank und mit einem festen Schaum ausgestattet, aber die Hopfenbittere ist für den Typ recht mild und wird erst im Nachtrunk deutlich. Insgesamt macht es einen blumigen Eindruck.

Obwohl die Münchner Brauereien auf ihren wertvollen Innenstadtgrundstücken stark beengt sind, hat sich nur die Brauerei des

Hofbräuhauses dazu entschließen können, nach Riem hinaus zu übersiedeln. Immerhin läßt sich ja auch in der Innenstadt gutes Bier brauen – und manch liebgewordene Gepflogenheit aufrecht erhalten, die in einer modernen Bierfabrik nicht mehr denkbar wäre. Wer würde etwa zu einem Brauerei-Neubau Ställe dazuplanen, wer Pferdewagen im Betrieb einsetzen?

In München ist's noch Sitte – und das nicht nur, um beim Oktoberfest mit prächtigen Gespannen auffahren zu können. Die Lokalseiten der Zeitungen füllt das zudem gelegentlich mit kuriosen Meldungen – und nicht alle haben einen so traurigen Hintergrund wie jene aus der Süddeutschen vom 2. September 1992: „Ein tragischer Unfall, wie er seit Jahrzehnten in München nicht mehr passiert ist, kostete dem bei der Leergutkontrolle im Betriebshof der Spatenbrauerei an der Marsstraße beschäftigten 34jährigen Günther S. das Leben. Er ging am Montag neben einem Pferdefuhrwerk her und unterhielt sich mit dem Kutscher. Plötzlich versuchte er aus Spaß auf den Fahrerstand des Zweispänners aufzusteigen." Der Mann rutschte aus, geriet unter die Räder und starb – ein Unfall, wie man ihn anderswo nur aus der Zeit der Jahrhundertwende kennt.

Das *Augustinerbräu* ist die älteste der bestehenden Münchner Brauereien. Sie wurde zwischen 1291 (der Stiftung des Klosters unter Herzog Ludwig dem Strengen) und 1328 gegründet. 1328 findet sich nach einem Brand die erstmalige Erwähnung des Bräustübls. Gegen Ende des 18. Jahrhunderts betrug die Produktion etwa 3900 Eimer, das sind 2500 hl und damit das Dreifache der Durchschnittsproduktion der damaligen bayerischen Brauereien, die mit 786 hl angegeben wird.

Im 17. Jahrhundert galt München als „das teutsche Rom". In der churfürstlich-barocken Stadt, deren Bild gänzlich von Klöstern und Kapellen geprägt war, starben 7000, das war etwa jeder Dritte, an der Pest – aber man vertraute auf Gott. Und auf Wunder. Es war die Zeit, in der neben Maria-Hilf-Bildnissen und Passionsdarstellungen die Verehrung des Christuskindls aufkam. Noch heutzutage wird in der Adventzeit im Bürgersaal ein fast 400 Jahre altes „Fatschenkindl", eine in reich gezierte Borten gehüllte Christusfigur, gezeigt. Die Wachsfigur stammt aus dem alten Augustinerkloster, dem sie um 1600 geschenkt wurde. 1624 fiel die Statuette einem Frater aus der Hand – und fügte sich um die Weihnachtszeit „von selbst“ wieder zusammen. Seither wurde dieses Kindl (das bis zur Säkularisation 1803 im Kloster blieb und dann über das Elisabethspital zur Marianischen Kongregation der Herren und Bürger kam) als heilbringend verehrt. Dabei war das Heil, das sie brachten, ganz anderen Ursprungs: Die ersten Kindl-Figuren im Mittelalter dienten nicht so sehr der mystischen Betrachtung wie der Ableitung der Gefühle. So wie kleine Mädchen heute Puppen mit ins Bett nehmen, bekamen die jungen Novizinnen in den Orden die (Christuskind-)Puppen „als Trösterlein zum Herzen und Kosen“ in die Kammer mit.

Im Februar 1802 wurden das Augustiner-Kloster und die Brauerei mit Braumeister Max Meißlinger im Zuge der Säkularisation unter staatliche Aufsicht gestellt. Der Gesamtwert der Braueinrichtung machte 3573 Gulden (fl.) und 12 Kreuzer aus. Der Wert der Brauerei wurde so taxiert:

Die kupferne Bräupfanne mit 36 Eimer (23,09 hl) Fassungsvermögen im Werte von 800 fl., 1 kupferner Hopfenseiher zu 32 fl., 1 kupferner Grant zu 320fl., 1 „Maischboding" (Maischbottich) zu 150 fl., eine „ferchene" (aus Föhrenholz gefertigte) Kühl zu 150 fl. Im „Giergewölbe" standen neun hölzerne Bierbottiche mit eisernen Reifen im Gesamtwerte von 180 fl., zwei ebensolche mit hölzernen Reifen zu zusammen 20 fl., sechs Trankbottiche mit eisernen Reifen (90 fl.), eine steinerne „Weig" (also ein Weichbottich für Getreide im Wert von 100 fl.), eine eiserne Darre zu 450 fl., 37 Schenkbierfässer mit hölzernen Reifen zu je 3,5 fl. etc. Die Brauerei wurde anschließend verpachtet. 1817 hat sie der Pächter, ein Fischer namens Gröder, auf ein in der Nähe gelegenes staatliches Anwesen verlegt. Schließlich ist die Brauerei 1884 in ihr jetziges Heim in der Landsberger Straße übersiedelt, das heute schon wieder als einzigartiges Industriedenkmal gilt.

Aus dem Augustinerbräu kommt neben der Hauptsorte *Edelstoff* auch ein sehr helles, dennoch aber malzaromatisches *Lagerbier Hell* mit fünf Prozent Alkohol. Es ist angenehm abgerundet, doch nicht so voll wie andere Münchner Biere und hat ein schönes Hopfenfinish. Der Hopfen gibt auch dem volleren Exportbier (5,5 Prozent) Edelstoff seine kräftige, doch nicht unelegante Bittere. Das *Augustiner Pils* ist sehr hellgelb und zeichnet sich durch eine kurze, kräftige, aber leicht metallisch wirkende Bittere aus. Der *Augustiner Mai-Bock* schließlich ist kräftiggelb, voll aber nicht süß – und besonders angenehm gehopft.

Bevor wir nun mit all diesen Erkenntnissen zum Paulaner zurückwandern, unternehmen wir doch noch einen Bummel auf der Wiesn. Klar, daß die Theresienwiese nur drei Wochen im Jahr eine gewisse Anziehungskraft ausüben kann. Zwei Monate vor dem Oktoberfest (und noch einige Wochen danach) ist der Festplatz eine Großbaustelle – allein die Teile für das Riesenrad füllen 22 Container. Für die Latschenkränze im Schottenhamel-Zelt arbeiten sechs

Gärtner drei Wochen lang. Und während dieser Zeit überbieten einander die Boulevardblätter Münchens mit Horrormeldungen darüber, wie wenig Platz für die Münchner auf der Wiesn sein würde, weil in all den Festhallen die Preißn die besten Plätze reserviert hätten (tatsächlich reservieren viele Münchner Unternehmen für auswärtige Geschäftsfreunde).

Selbst die seriöse „Süddeutsche Zeitung“ übt sich dann in Lebenshilfe und erklärt Bekleidungs- zu Gewissensfragen: „Japaner, Neuseeländer und andere Nicht-Münchner haben's da leichter. Sie greifen einfach zu Gamsbart und Lederhose“ – dem Münchner wurden dagegen 1990 Trachten-Jeans empfohlen. 1995 wird's wahrscheinlich umgekehrt sein.

Dann kommt jener Septembersamstag, an dem der Münchner Oberbürgermeister Schlag zwölf im Schottenhamel-Zelt das erste Faß ansticht: „O'zapft is“ heißt es dann – und aller Hader über den hohen Bierpreis und das Gedränge ist für die nächsten Wochen vergessen. Das war schon immer so – seit das erste Oktoberfest als eine Art nationale Kundgebung stattgefunden hat.

Damals noch wirklich im Oktober, genauer: am 13. und 14. Oktober, als der von Napoleons Gnaden zum König aufgestiegene Kurfürst Maximilian Joseph von Bayern anläßlich der Verehelichung seines Sohnes Ludwig mit Therese von Sachsen-Hildburghausen Freibier ausgeben ließ. Am 17. Oktober gab es dann noch ein großes Pferderennen mit der für damalige Zeiten enormen Zahl von 40.000 Besuchern, die den Durst an rasch aufgestellten Buden der Münchner Wirte löschten.

Das Fest hatte von Beginn an einen politischen Hintergrund: Altbayern war um Franken sowie schwäbische und tirolische Gebiete vergrößert worden – nun sollte ein Gemeinschaftsgefühl entstehen. Und dazu hat sich Bier schon immer bewährt. Das tut es bis heute. Und wenn die Wiesn in manchen Teilen zum Rummel- und Tummelplatz seelenloser Technik verkommen ist, dann gibt es doch noch Relikte aus der Frühzeit, wohin sich der Wiesn-Besucher zurückziehen kann. Zum Beispiel, um darüber zu staunen, daß es auch heute noch einen wahrhaftigen Flohzirkus gibt.

Kehren wir noch einmal zurück zum Nockherberg. Wir werden feststellen, daß auch dort (wie in den anderen Münchner Großbrauereien auch) inzwischen Weißbier ausgeschenkt wird. Aber das ist Thema unserer nächsten Reise. Die Kompetenz von Paulaner und der damit verbundenen Brauerei Hacker-Pschorr liegt dagegen eindeutig beim untergärigen Bier: Bei Paulaner beginnt das Sortiment mit *Paulaner's Premium Leicht*, einem 2,9 Prozent starken, mittelgelben Bier mit akzeptabler Schaumkrone, das wirklich sehr kalt getrunken werden muß, um zu schmecken. Der Körper ist nämlich recht dünn, dafür sorgt eine kräftige, doch nicht zu aufdringliche Hopfung für einen versöhnlichen Nachtrunk. Versöhnlich stimmt auch, daß das ein Bier ist, bei dem man kaum zunehmen kann: Penibel wird aufgelistet, daß dieses Leichtbier 113 Kilojoule (27 kcal) pro 100 Milliliter und 1,6 Gramm Kohlehydrate hat.

Das nächststärkere Bier ist das *Original Münchner Hell* mit 11,5 Grad Stammwürze und 4,9 Prozent Alkohol. Es hat einen schönen Schaum, wirkt fein-würzig und harmonisch gehopft. Mit 11,6 Grad und 4,8 Prozent Alkohol zeigt schon die Deklaration des *Paulaner Premium Pils*, daß die Ankündigung „extra trocken“ schwer einzuhalten ist. Erstaunlicherweise funktioniert es aber recht gut: Der Geruch ist schön hopfig, der Antrunk ist vom ersten Moment an hopfenbitter und dieser Eindruck erhält sich bis in den Nachtrunk.

Der Brauerei Hacker-Pschorr gelingt es immer wieder, eine eigene Linie zu behaupten – schließlich ist der Traditionsname aus München schon deshalb nicht wegzudenken, weil die 1892 errichtete „Hackerbrücke“ die einzige Brücke weltweit ist, die nach einer Brauerfamilie heißt! Und im lokalen Markt – wie auch in der österreichischen Gastronomie – wird die Marke gepflegt. Jüngstes Beispiel ist das würzige, 5,1 Prozent starke *Hackerbräu Edelhell.* Aus der Hacker-Pschorr-Brauerei kommt übrigens auch ein „eigenständiger“ Bock: Er heißt *Hubertus-Bock* und ist ein ganz klassisches Bockbier: 16,4 Grad Stammwürze und 6,8 Prozent Alkohol geben diesem Bock eine goldgelbe Farbe, einen sehr vollen, aber kaum süßen Körper, der in einer ausgeprägten, doch harmonischen Bittere ausklingt.

Auch der Biergeschmack ist Moden unterworfen: Bodenständige Biere verschwinden, seltener tauchen neue wieder auf. Vor drei, vier Jahrzehnten schien das Weißbier am Aussterben zu sein. Nur noch alte Leute (denen die untergärigen Biere einfach zu bitter waren) blieben dem spritzigen Produkt treu; 1951 war die Produktion auf ganze 100.000 hl geschrumpft. Heute scheint es umgekehrt zu sein: Weißbier hat ein sehr jugendliches Image – gerade weil es weniger gehopft ist und besonders erfrischend schmeckt, ist es zum Einstiegsgetränk für angehende Bierfreunde geworden. Seit ein paar Jahren kann man Weissbier – oder Weisse oder Weißbier oder Weizenbier – wieder auf fast allen Getränkekarten finden. In Bayern ist der pro Kopf-Verbrauch der Spezialität seit den fünfziger Jahren von einem auf über 25 Liter geklettert – beinahe jede vierte in Bayern gebraute „Halbe" ist Weißbier. Das ist natürlich kein Zufall.

Der Mann, der dem Zufall recht massiv nachgeholfen hat, heißt Werner Brombach, ist 54 Jahre alt und Besitzer der erfolgreichsten Weizenbierbrauerei der Welt. Am Stadtrand von **Erding**, eine halbe Stunde außerhalb von München, steht sein 1977 neugebautes Erdinger Weißbräu, das jährlich 1,15 Millionen Hektoliter des bekannten Erdinger Weißbiers ausstößt. Als er 1965 das Erdinger Weißbräu von seinem Vater übernommen hat, lag dessen Jahresausstoß bei 48.000 hl. Mit für damalige Zeiten beispielloser Biermarken-Werbung – „ich habe Weißbier präsentiert, wie die großen Automarken ihre Autos" – schaffte Brombach die völlige Trendumkehr, pushte sein Weißbräu an die 26. Stelle (zwischen Löwenbräu und Spaten) der deutschen Brauereien und half durch die Marktbelebung so mancher kleinen Weißbierbrauerei zu überleben.

Das Bier, mit dem diese Erfolgsstory geschrieben wurde, heißt *Erdinger Weißbier mit feiner Hefe* – und ist ähnlich modern wie das Erdinger Marketing: Das leicht trübe, niemals klumpige Weißbier ist vergleichsweise schlank, sehr zurückhaltend gehopft und dennoch aromatisch.

Daneben gibt es noch ein *Dunkles Erdinger Weißbier* und das filtrierte (und daher noch schlanker wirkende) *Erdinger Kristall*. So schlank diese Biere (die jüngst noch um das entalkoholisierte *Preminger* ergänzt wurden) auch sind – Werner Brombach hat auch eine süßliche Spezialität parat, die praktisch das Gegenteil von dem ist, was er sonst für seine Weißbiere predigt. Der *Pikantus* ist ein schwarzer Weizenbock, der vor allem zu warmen Süßspeisen ein hervorragender Begleiter ist.

Der Stammbetrieb des Weißbräus von Erding – ein gemütliches Lokal am Beginn der Langen Zeile im Stadtzentrum – ist ein guter Ort, sich mit dem Wesen des Weißbieres auseinanderzusetzen. Zunächst einmal technisch: Wir haben schon festgestellt, daß Weißbier eine obergärige Spezialität ist, daß also eine andere Hefe verwendet wird als für Lager- oder Pilsbiere. Die Eigenschaften der verschiedenen Hefestämme sind besonders wichtig für die Geschmacksbildung – der typische Weißbiergeschmack hat sehr viel mehr mit der verwendeten Hefe als mit dem Malz zu tun.

Allerdings wird für Weißbier auch anderes Malz genommen als für die untergärigen Biere: Zusätzlich zum Gerstenmalz (das für das Läutern der Maische wichtig ist) nimmt man beispielsweise in Erding 60 Prozent vermälzten Weizen. Auch der weitere Brauprozeß ist für Weizenbiere etwas anders: Vor allem wird beim Würzekochen weniger Hopfen verwendet – Weizenbier hat weniger als halbsoviel Bittereinheiten wie ein Pils. Schließlich die Vergärung: Die Hauptgärung läuft mit den obergärigen Hefen etwa bei Zimmertemperatur ab – da vermehrt sich die Hefe schneller und der Großteil des Malzzuckers wird innerhalb weniger Tage in Alkohol umgewandelt. Aber ähnlich wie Lagerbiere müssen auch Weißbiere nachreifen, um ihren spezifischen Geschmack zu erhalten. Das kann entweder in einem Lagertank erfolgen (in Österreich praktiziert diese Methode das Hofbräu **Kaltenhausen** für das *Edelweiss* und die Sigl-Brauerei in **Obertrum** für das *Weizengold*) oder als Original-Flaschengärung wie hier in Erding. Dazu wird das Jungbier gemeinsam mit wenig unvergorener Würze und noch weniger Hefe in Flaschen gefüllt. In Erding lagern ständig 70.000 hl davon in den klimatisierten Kellern, wo das Weißbier in der Flasche bei kontrollierter Temperatur nachreifen kann. Erst wenn diese zweite Vergärung abgeschlossen ist, darf das (gegen Temperaturschwankungen jetzt etwas weniger empfindliche) Bier ausgeliefert werden.

Weizen zu Bier zu verbrauen hat übrigens eine lange Geschichte, die bis nach Babylon und ins antike Ägypten zurückreicht. Und das Weizenbier war zeitweise so populär, daß sein Verbrauch eingeschränkt wurde, um das Brotgetreide nicht der Spekulation auszuliefern.

Das mag eines der Motive für die diversen mittelalterlichen Brauordnungen gewesen sein. Im vom Bayernherzog Wilhelm IV. erlassenen Reinheitsgebot von 1516 wird den privaten Brauereien überhaupt das Brauen mit Weizen untersagt: Nur Gerste, Hopfen und Wasser sollten für das Bier verwendet werden.

Aus den Anmerkungen von Wiguläus Aloysius Xaverius Freiherr von Kreittmayr zum Codex Maximilianeus Bavaricus Civilis, verfaßt 1768, läßt sich eines der Motive des Reinheitsgebotes herauslesen: „In hiesigen Landen befindet sich dißfalls ein merklicher Unterschied zwischen dem Weis- und Braunen Bier. Das Weisse Weizen-Bier war vor diesem durchaus verbotten, und zwar nach Inhalt des General-Mandat von 22. Decembr. 1567 aus doppelter Ursach, theils weil zuviel Weizen dadurch verbraucht wird, theils weil es ein unnützes Getranck ist, das weder führt noch mehrt, noch Kraft und Macht gibt, sondern nur zum Trincken reizt".

Die Klöster waren ursprünglich vom Reinheitsgebot nicht erfaßt, denn dieses Gebot, nur Gerste zu verbrauen, betraf nur Städte, Märkte und Brauer „auf dem Lande", nicht aber Kloster- und Herrschaftsbrauereien.

Letzteren sollte nämlich mit dem Reinheitsgebot ein Monopol der Weizenbierherstellung gesichert werden. 1520 erteilte Wilhelms Bruder und Mitregent Ludwig X. seinem Landhofmeister in Niederbayern, Hans Sigismund von Degenberg, in Schwarzach das Privileg, allein Weißbier brauen zu dürfen. Die Schwarzacher waren auch vom 1567 explizit erlassenen Verbot, weißes Bier zu brauen, ausgenommen. In der Nähe von Bogen entstand so die erste reine Weißbierbrauerei. Als die Degenberger mit Hans Sigismund am 10. Juni 1602 ausstarben, fiel das Weißbier-Regal an den Landesherrn zurück. Herzog Maximilian I. holte den Brauer Siegmund Bettel von Schwarzach an das Hofbräuhaus in München – was so erfolgreich war, daß bald andere Weißbierbrauhäuser (alle in der Hand des Herzogs) gegründet werden konnten.

Der Großteil der 69 kurfürstlich-bayrischen Brauhäuser von Angelberg über (das damals bayrische) Mattighofen bis Zwiesel war denn auch allein der Weißbierbrauerei verschrieben. Selbst den Klöstern wurde es schwer gemacht, eigenes Weizenbier zu brauen. Einem Ansuchen von Abt Meinrad von Andechs, datiert vom 28. November 1764, wurde jedenfalls nicht stattgegeben: Die Klöster sollten weißes Gerstenbier brauen und Weißbier aus den kurfürstlichen Brauhäusern beziehen.

Ausgerechnet zu jener Zeit verlor das Weizenbier zum erstenmal an Popularität und Marktanteilen. Unter dem Kurfürsten Karl Theodor wurde schließlich das landesherrliche Regal der Weizenbier-Brauerei aufgegeben und der neue Staat Bayern ging 1806 an die Privatisierung seiner Brauereien. Heute gehören nur mehr das Hofbräuhaus in München und die Brauerei Weihenstephan – beide keine typischen Weißbier-Brauhäuser – dem Freistaat.

Hefeernte in einer Weißbier-Brauerei:
Die obergärige Hefe schwimmt obenauf im Gärgefäß
und kann zur Wiederverwendung abgeschöpft werden

Nun könnte man einwenden, daß auch das Erdinger Weißbräu kein „typisches" Weißbier-Brauhaus wäre – es geht nämlich nicht auf eines der kurfürstlichen Weißbierbrauhäuser zurück. Dafür wurde es 1886 als „Weißes Bräuhaus Erding" gegründet und hat nie untergäriges Bier gebraut. Jahrelang war das Weißbräu auch ein eher kleiner Betrieb, dessen Anlagen im Keller der heutigen Gaststätte teilweise noch zu erahnen sind: Als die Familie Brombach die Brauerei im Oktober 1935 erwarb, lag der Ausstoß bei nur 3500 hl.

Damals war ein anderer Betrieb – nur wenige Häuser weiter – erfolgreicher: Die *Stiftungsbrauerei* mit ihrem schlanken, kräftig gehopften Hellen. Ihre Geschichte liest sich etwa so: „Es war einmal ein reiches Ehepaar, fromm und erfolgreich. Eine Brauerei und mehrere Gasthäuser nannten sie ihr eigen, dazu eine riesige Landwirtschaft. Es mag ein schönes und unbeschwertes Leben gewesen sein, das Friedrich und Katharina Fischer mit ihren drei Kindern geführt haben – bis ihnen alle drei Kinder gestorben sind. Da hatten die guten Leute das ererbte Vermögen gut verwaltet und vermehrt und standen nun ohne Erben da. So setzten sie die Armen von Erding als Erben ein – vor genau hundert Jahren wurde die Fischersche Wohltätigkeitsstiftung eingerichtet, die um 347.000 Goldmark ein Distriktarmenhaus errichtete. Alle Erträge aus dem Betrieb der Brauerei und der Verpachtung der Fischer'schen Grundstücke kamen fortan diesem Heim zugute."

So habe ich es 1991 beim dreihundertjährigen Jubiläum der Brauerei und gleichzeitig dem hundertjährigen Bestand der Stiftung geschrieben. Jenes doppelte Jubiläumsjahr war aber ein wirtschaftlich schlechtes für die Stiftung, die kommerziell immer weiter hinter das Weißbräu zurückgefallen war. Schließlich hat Werner Brombach auch die Geschäftsführung der wohltätigen 60.000-hl-Brauerei übernommen und sie auf ausschließlich untergärige Produktion beschränkt. Dem sind mehrere interessante Biere zum Opfer gefallen, aber der Stiftungsgedanke konnte erhalten werden: Ein Bier aus der Erdinger Stiftungsbrauerei zu trinken, das erfreut nicht nur den Körper, es beruhigte auch das Gewissen – schließlich ist jeder Schluck zum Wohl der Stiftung.

Welchen Erfolg das Weißbier gegenüber dem untergärigen hat, läßt sich aus den Statistiken des Erdinger Herbstfestes ersehen. Dieses Fest hält in gewisser Weise die landwirtschaftliche Geschichte Erdings (dessen Schranne ein altes Agrarhandelszentrum war) lebendig. 1970 wurden auf dem Herbstfest 807 hl Stiftungsbier und 247 hl Weißbier verzapft, 1989 standen 810 hl Stiftungsbier 701 hl Weißbier gegenüber – und das, obwohl das Weißbier um 30 Pfennig teuer ist als das Stiftungsbier.

Verlassen wir nun Erding, das so gut über die S-Bahn mit München verbunden ist, und sehen wir, wie es um das Weißbier in der Landeshauptstadt bestellt ist. Gleich gegenüber vom Hauptbahnhof habe ich einmal in den Käfer-Markthallen das *Käfer Weisse* entdeckt, ein in Bügelverschlußflaschen gefülltes dunkles Hefe-Weizen. Aber das war gar kein Münchner Bier, es kam aus der Gräflichen Brauerei Arco-Valley in **Bad Birnbach**. Es entwickelt einen ausgeprägten, hellbraunen Schaum (auf dem sich die dunklen Hefeklümpchen leider störend abheben) und einen leicht hefig-fruchtigen Geruch. Im Antrunk ist es rezent, hat einen relativ vollen Körper und eine milde Bittere im Nachtrunk.

Die Bad Birnbacher Braustätte ist quasi die Weizenbier-Spezialistin unter den Gräflichen Brauereien Arco-Valley, deren untergäriges Sortiment wir bei den adeligen Brauhäusern kennenlernen werden. Die Weißbiere werden üblicherweise unter dem Namen Maximilian vertrieben. Die Palette reicht vom recht dünnen *Maximilian Leichte Weisse* über das milde *Maximilian Altbayrisches Hefeweißbier* zum würzigen, mild bitteren *Maximilian Dunkles*.

Bevor wir aber wieder hinausziehen ins Weißbierland, verdient eine Gaststätte in **München** unseren Besuch: Das Weiße Bräuhaus im Tal 10. Als hier eine Weißbierbrauerei eingerichtet wurde, war das ein enormes unternehmerisches Wagnis. München war – obwohl es mitten im Weißbierland liegt – in den letzten eineinhalb Jahrhunderten keine Stadt der obergärigen Biere gewesen. Im Braujahr 1891/92 waren von 2,9 Millionen hl, die in München gebraut wurden, nur 36.037 hl Weißbier, das an bloß vier (von 33 innerstädtischen) Braustätten erzeugt wurde.

Der Stammsitz der Brauerei Schneider

Eine dieser Braustätten stand eben im Tal, einen Steinwurf von Hofbräuhaus und Marienplatz entfernt. Georg Schneider hatte sich in das Haus 1872 eingekauft, das dort schon im 17. Jahrhundert bestehende Maderbräu übernommen und dem Hofbräuhaus das Weißbier-Regal abgelöst, das er seit 1856 am Platzl ausgeübt hatte. Die staatliche Brauerei braute damals nur Braunbier und war froh, daß der Weißbierbrauer aus dem Komplex auszog.

Anders als die Staats-Brauer glaubte Georg Schneider an das Weißbier. Im Tal hatte er nun in bester Innenstadt-Lage eine Weißbierbrauerei, die überlebensfähig war.

Zumindest bis zum 2. Weltkrieg, in dem das Stammhaus der Schneider Weisse ausgebombt und in der Folge nur mehr als Gaststätte weiterbetrieben wurde. Seither wird Weißbier in München nur mehr „nebenbei" von den sonst auf Untergärung spezialisierten Großbrauereien gebraut. So glaubt die Paulaner-Brauerei für ihr *Paulaner Hefe-Weißbier* „den ursprünglichen bayerischen Weißbiergeschmack" garantieren zu können. Das 12,5grädige Bier mit 5,4 Prozent Alkohol werde „naturbelassen, wie es aus dem Lagerkeller kommt" in die dort 1990 eingeführten NRW-Flaschen gefüllt. Es ist also keine Flaschengärung. Das honiggelbe, trübe Bier hat eine dezente Hefenote, ist erfrischend und doch schön voll im Geschmack, im Nachtrunk aber eher bitter.

Einzig die *Spaten*-Brauerei hat mit ihrem Franziskaner eine hinsichtlich Marktbedeutung und Markenpflege bedeutsame obergärige Produktion – sie stellt dafür sogar selbst das Weizenmalz her. Das Ergebnis hat das flaschenvergorene *Franziskaner Hefe Weissbier* zu einem der bedeutendsten seiner Art gemacht. Es ist hell und von hopfigem Geruch, im Antrunk nicht zu voll und recht ausgeprägt herb. Das *Franziskaner Hefe Weissbier Dunkel* ist ähnlich erfrischend und ebenfalls untypisch herb.

Aber verfolgen wir die Spur, die wir mit Georg Schneider aufgenommen haben: Die *Schneider Weisse* wird heutzutage in einer hochmodernen 400.000-hl-Brauerei in **Kelheim**, unmittelbar am Zusammenfluß von Donau und Altmühl, gebraut. Mitten durch die Brauerei fließt der Bräugraben, ein Ableger der Altmühl.

An dieser Stelle stand schon seit 1607 ein Weißbierbrauhaus – der Biergarten zeigt noch ein bißchen etwas von dieser Altehrwürdigkeit. Georg Schneider IV. (alle Oberhäupter dieser Brauer-Familie heißen Georg) hat es 1928 in dem Bestreben gekauft, alle Weißbierbrauhäuser Bayerns in seine Hand zu bekommen – aber der Bankier Franz Brombach war in Erding schneller und kapitalkräftiger. Es wird in Kelheim immer noch sehr konventionell gearbeitet, das Jungbier wird für vier bis fünf Tage in offenen Bottichen angestellt, die Kräusen von Hand abgeschöpft.

Der heutige Firmenchef Georg Schneider residiert auch in Kelheim. Er ist so etwas wie das Urbild des bayerischen Bierbrauers: Mehr gemütlich als behäbig, Techniker und Kaufmann in einem.

Um den Erfolg seines Familienbetriebes macht er aber gerne ein Geheimnis, spricht über „das geheime Braurezept, das von Generation zu Generation, von Georg Scheider senior zu Georg Schneider junior weitergegeben wird". So liest es sich in den Firmenprospekten. Nur der jüngste Georg Schneider, auch er ein studierter Ökonom und Brauer, widerspricht gelegentlich leise: „Was kann man heute, bei den modernen Analysemethoden schon noch groß geheim halten?" Der junge Mann kennt das Rezept, kennt die Analysen.

Das Geheimnis des Geschmacks liegt nämlich nicht nur im überlieferten Braurezept, sondern vor allem auch im Hefestamm, der seit Jahrzehnten derselbe ist: In Weihenstephan, an der Brauerfakultät der Münchner Universität, mit der schlichten Nummer „Hefestamm 209", zusätzliche Bemerkung: „Schneider-Stamm" registriert.

Nur mit besonderer Förderung der amerikanischen Besatzungsmacht konnte dieser spezielle Mikroorganismus überleben – denn in der letzten Nachkriegszeit durften die Brauereien ausschließlich Dünnbier brauen. Und das schmeckt nicht nur wässrig, es gibt auch dem Hefepilz zu wenig Nahrung. Hefe lebt ja davon, die aus dem Malz gelösten Zucker in Alkohol und Kohlensäure umzuwandeln – und im Dünnbier ist halt nicht viel Zucker. Die Hefen, besonders die wärmeliebenden obergärigen Stämme der Weißbierbrauerei, verkümmern; verändern ihre Eigenschaften und ihren Geschmack. Ein mikrobiologisch interessierter Besatzungsoffizier ließ sich diesen Zusammenhang verdeutlichen und erlaubte, daß jeder vierte Sud als kräftiger Hefesud eingebraut wurde.

Wer weiß, vielleicht wäre heutzutage auch das dünnere Bier der Nachkriegszeit wieder gefragt – schließlich sind Alkohol und Kalorien derzeit ziemlich verpönt. Jedenfalls gibt es aus dem Hause Schneider auch ein leichteres Weißbier – unter dem Namen *Thal 10*. Es ist mittelgelb, hat einen frischen Weizenbiergeruch, ist aber (weil nachträglich auf 1,5 Prozent alkoholreduziert) sehr viel schlanker als die dunklere und stets leicht süßliche Schneider-Weisse.

Auf der anderen Seite gibt es von Schneider & Sohn auch ein Starkbier, den kupferfarbenen *Aventinus*. Es ist kräftig und süßlich-voll, dennoch lockt es, immer weiter zu trinken. Auch der Aventinus hat eine bemerkenswerte Geschichte. Als er 1907 als erstes Weizen-Starkbier auf den Markt kam, da durfte er – obwohl er ein Doppelbock ist – keinen Namen auf „-ator" tragen, denn das bleibt untergärigen Bieren vorbehalten. Auch der Name Aventinus stieß auf Widerstand der Konkurrenz – die Münchner Brauer meinten, ein Starkbier müsse nach einem Heiligen benannt sein, wofür Aventinus doch ein zu unsicherer Patron sei. Immerhin: Die Abfüllstation für das Bier war in der Münchner Aventin-Straße und der Name durfte bleiben. Das Publikum lief ohnehin „in Scharen zu dem hochfeinen und gesundheitsfördernden Aventinus", wie eine zeitgenössische Chronik berichtet.

Der Mann, der auf Etikett und Bierglas dargestellt ist, ist tatsächlich kein Heiliger (seine Kritik an der Kirche brachte ihn 1528 sogar ins Gefängnis), sondern der Humanist Johannes Turmair, der sich nach dem lateinischen Namen seiner Vaterstadt **Abensberg** nannte. Machen wir also noch einen Abstecher in Richtung der Hallertau, die zwischen München und Kelheim liegt. Das Haus, in dem Aventinus am 4. Juli 1477 geboren wurde, steht heute noch – und ist wie damals ein Bier- und Weinausschank. Der Haus-Spruch ist Programm: „Daheim is' am schönsten, aber gmütlicher is' im Wirtshaus."

Dieses gehört zum *Hofbräu Abensberg*, das zehn Jahre nach Turmairs Geburt gegründet wurde. Das Weißbier heißt *Graf Niclas Dunkles*, ist von sehr dunklem Braun und hat einen leicht hefigen Geruch. Der Antrunk ist erfrischend-säuerlich, der Gesamteindruck ist süffig und leicht herb im Nachtrunk. Außerdem braut man hier ein sehr hopfenbetontes Pils und ein Bier im Namen des Aventinus: Das *Johann Thurmair Jubiläumsbier Dunkel* ist zwar erstens untergärig und zweitens schwächer als der Schneider-Aventinus, aber mit dem malzig-fruchtigen Eindruck, den es in der Nase erweckt und dem leicht süßlichen Antrunk, aus dem sich langsam eine samtige, etwas an Kakao erinnernde Bittere entwickelt, darf es in diesem Zusammenhang nicht unerwähnt bleiben.

Ebensowenig wie das Haus auf dem Abensberger Stadtplatz, in dem es ausgeschenkt wird: vom Bierausschank des Spätmittelalters hat es sich nicht nur zu einer 6000-hl-Brauerei ausgewachsen, sondern auch zu einem guten und dennoch preiswerten Restaurant mit bieriger Küche; die Bayrische Biersuppe und der Aventinusschaum (Ei, Zucker und dunkles Bier im Wasserbad aufgeschlagen) mit Walnußeis sind einen Abstecher wert.

In Abensberg steht mit dem *Kuchlbauer* allerdings eine noch bedeutendere Weißbierbrauerei, die in den letzten Jahren kräftig expandiert. Schräg gegenüber von Turmairs Haus ist das bereits um 1300 mit einer Braugerechtsame versehene Stammhaus des Kuchlbauer, dessen Brauerei 1918 auf den heutigen, 200 Meter entfernten Standort verlegt wurde. Die Brauerei ist nicht nur eine der ältesten der Welt, sie hat auch schon mehr als dreieinhalb Jahrhunderte Exporterfahrung. 1628 wurde um 2000 Gulden Bier nach Österreich verkauft. Als „Kuchlpaur" hatte der Besitzer des Jahres 1700 die bischöfliche Küche in Regensburg zu versorgen – daher habe er vom Bischof auch das Recht erhalten, Weißbier zu brauen. Möglicherweise war das aber ein mit Weißbierhefe vergorenes Gerstenbier – denn der Name Weißbier leitet sich nach einer bayrischen Überlieferung nicht nur vom Rohstoff Weizen, sondern auch von den überschäumenden weißen Kräusen der entsprechenden Hefe ab. Deren Kraft zur Geschmacksbildung ist so stark, daß man ein wohlschmeckendes Weißbier auch aus reinem Gerstenmalz brauen könnte – erlaubt ist es allerdings nicht.

Die *Kuchlbauer Weisse* ist natürlich nach den Regeln der Kunst gebraut, bernsteinfarben, riecht hefig-frisch und ist gerade nicht zu vollmundig. Unangenehm bei der von mir im November 1992 verkosteten Probe (haltbar bis Juni 1993) wirkte lediglich, daß die von der Flaschengärung reichlich vorhandene Hefe im Glas Klumpen bildete. In jeder Hinsicht (dunkle Farbe, sahniger Schaum, Geruch, Geschmack und Bittere) kräftiger ist der *Aloysius* aus demselben Haus – mit seinem süßlichen Gesamteindruck wird dieser Weizenbock jedoch nur besondere Liebhaber ansprechen. In Frankreich ist er allerdings sehr beliebt.

An welch große Traditionen diese Weißbiere anknüpfen, geht aus einer Urkunde Wallensteins hervor, der 1632 geschrieben haben soll: „Dieweil ich sonst nichts trinken kann, thue ich die Anordnung, daß für mich Weizenbier gebracht werde.“ Diese Aussage ist insoferne bedeutsam, als Wallenstein in Böhmen begütert war, wo es ja auch kein schlechtes Bier gibt.

Und auch Weißbier kann seine Tücken haben – wenn es etwa mit Milchsäurebakterien in Berührung gekommen ist und/oder zu lange lagert. Da wird es dann leicht „zickig“, also zu sauer.

Ein feines Weizenbier bedarf – auch wenn uns manche sich nobel dünkenden Wirte anderes einreden wollen – auch keiner Dekoration mit einer Zitronenscheibe. Sie verdirbt bloß den Geschmack und weckt unselige Erinnerungen: Die ursprüngliche Funktion der Zitrone im Bier war nämlich, durch ihre Säure den sauren Geschmack eines schon verdorbenen Biers zu überdecken.

Wie gesagt: Ein gutes Weißbier hat das nicht nötig. Wobei der Begriff „gut“ bei den Weißbieren ähnlich wie bei den anderen in diesem Buch beschriebenen Bieren relativ ist. Er meint zunächst einmal nur „technisch in Ordnung“, also unverdorben. Alles andere ist Geschmackssache. Der *Rosenheimer Weizenbock* zum Beispiel ist eines der süffigsten Starkbiere, die mir je untergekommen sind. Es ist mittelbraun und trüb, riecht stark malzig, ist aber dann erfreulich spritzig und kaum süßer als etwa die Schneider Weisse: 17 Grad Stammwürze sind hier zu sieben Prozent Alkohol vergoren, und die fruchtige Frische könnte den unvorsichtigen Biertrinker verleiten, zuviel zu trinken. Die Brauerei, aus der dieser Weizenbock kommt, heißt *Auer* und ist nur eines von drei Brauhäusern in **Rosenheim**, die alle drei Weizenbier herstellen.

Ein Beispiel für einen ganz anderen Weizenbock-Typ ist der *Michaeli Weizenbock*, den man – mit Glück, denn es gibt ihn nur im Herbst – im Altmühltal bekommen kann. Gebraut wird dieses Bier von Michael Krieger in **Riedenburg**. Dieser heute vom Rhein-Main-Donaukanal geprägte Kurort hatte früher sechs Brauereien; zwei der Brauereibesitzerfamilien hießen Krieger und daher firmiert der 1866 gegründete Betrieb noch heute als *Unterkrieger*. Der Weizenbock wird ab dem St. Michaelstag, dem 29. September, ausgeschenkt. Es ist das wohl außergewöhnlichste Weißbier, denn der Michaeli-Weizenbock hat einen frisch-fruchtigen Geruch und erinnert mit seinem vollen und aromatischen Körper ein wenig an belgische Abteibiere (mit 6,9 Alkoholprozenten ist er auch nicht viel schwächer).

Für die rund 30.000 hl, die Michael Krieger braut, hat er Verträge mit 18 Bio-Bauern geschlossen – das von ihnen produzierte Getreide gibt ein besseres, gleichmäßiger sich lösendes Malz und damit eine bessere Sudhausausbeute, was die höheren Rohstoffkosten allerdings nicht ganz aufwiegen kann. Vom Unterkrieger kommen noch drei weitere Weißbiere, alle mit dem hauseigenen Hefestamm: Das *Riedenburger Leichte Hefeweissbier* ist leicht und spritzig, für den Typ ziemlich aromatisch. Das sogenannte *Einfache Weissbier*, das zwar einen säuerlich-rezenten Antrunk hat, aber dann eher unharmonisch voll wirkt, und das bernsteinfarbene *Riedenburger Weizen*, das einen sehr säuerlich-hefigen Geruch, einen fruchtig-aromatischen Antrunk und einen vollen, aber nicht zu schweren Körper hat.

Stärker exportorientiert – vor allem nach Österreich und Italien – ist die etwa fünfmal so große *Wieninger*-Brauerei in **Teisendorf**. Dieses Brauhaus im Rupertiwinkel, hart an der Grenze zu Salzburg, hat in den letzten Jahren stark ausgebaut. Seine obergärigen Spezialitäten (darunter ein etwas vollmundiges, aber dennoch fruchtigrezent wirkendes *Hefe Weizen Dunkel*) gären im geschlossenen Tank an, bevor sie zur Flaschengärung in die Euro-Flasche kommen. Der Hefestamm ist eine eigene Reinzucht, deren Ergebnis auch in anderen Brauereien angewendet wird.

Das kupferne Sudhaus ist leider durch ein weniger romantisch wirkendes ersetzt worden, doch kann man durchaus die alte Brauereigeschichte erahnen, wenn man oben an der Kante der Kellertreppe steht: Das Portal zum Lagerkeller wurde am 29. Mai 1815 errichtet, nachdem ein Brand einen Teil des Marktes vernichtet hatte. Zu jener Zeit nahmen die Gewölbe auch noch beträchtliche Mengen Eis auf, das im nahen Höglwörther See gewonnen wurde. Aber für den damals viel geringeren Bierausstoß reichte die Lagerkapazität allemal. Als der 1768 geborene Philipp Wieninger 1813 das ehemals fürsterzbischöflich-salzburgische Hofbräuhaus von Teisendorf erwarb, war er ja noch ganz auf den lokalen Markt beschränkt. Noch ein Jahrhundert später war der am weitesten entfernte Kunde in Berchtesgaden – die Bierlieferung mit dem Pferdefuhrwerk dauerte zwei Tage!

Neben der obergärigen Linie (drei Hefe-Weißbiere) braut man bei Wieninger auch ein breites untergäriges Sortiment vom *Pils* bis zum Doppelbock *Impulsator*, in dem das 12,6grädige und 5,5 Volumsprozent starke *Bräufaß* besonders auffällt: Dunkelgelb und mit kräftigem Schaum zeigt sich dieses vollmundig-würzige Bier im Glas – es ist insofern bemerkenswert, als es bei aller Vollmundigkeit und Milde der Hopfung nicht süßlich schmeckt.

Die Brauerei von Teisendorf ist übrigens die einzige, die noch heute von der Brauer-Dynastie Wieninger betrieben wird. Deren Ursprünge lassen sich bis um 1400 in dem kleinen Dorf Wiening nahe Aicha am Walde zurückverfolgen. 1501 taucht in den Urkunden Berthold Wieninger zu Trautmannsdorf auf – seine Nachkommen erwarben auch Brauereien im heute österreichischen **Schärding** (bekannt durch die Brauerei *Kapsreiter* mit ihrem milden, sehr lange gelagerten *Landbier*) und in Vilshofen.

So hatte die Familie reichen Anteil am Zustandekommen des berühmten Sprichworts:

„Traunstein und Erding,
Vilshofen und Schärding-
im Bayernland der Orte vier
wo man braut das beste Bier."

Ein Ort des Sprichworts bleibt noch zu erläutern: Das Teisendorf quasi benachbarte **Traunstein**, ebenfalls Sitz eines (in diesem Fall allerdings bayrischen) *Hofbräu*. Es wurde vom Kurfürsten Maximilian I. 1612 als „Weißes Preyhaus" gegründet und wurde die größte Brauerei der Stadt. Der Brauereigeschichte ist zu entnehmen, daß der Brauereigründer engstens mit dem bayrischen Brauchtum verbunden ist: Er führte Edikte gegen „üppige Gastereien" (wie sie Aventinus in der Hallertau kritisiert hatte) ein – und er förderte das allgemeine Heerwesen, indem er eine Schützenordnung und Schießwettbewerbe anordnete: Dem besten Schützen winkte eine Lederhose, zu der der Rat der Stadt jährlich ein „Hosengeld" beisteuerte.

Unmittelbar mit dem Hofbräu ist eine weitere militärhistorische Episode verbunden: Schon zwanzig Jahre vor der Schlacht am Zacherlkeller (von der wir auf der letzen Reise gehört haben) entlud sich in Traunstein der Volkszorn gegen die neue „preußische“ Führung des Militärs nach dem verlorenen Krieg von 1866. Es wurde nämlich 1868 eine „Kontrollversammlung“ der bayrischen Reservisten einberufen, bei der sie der preußischen Berufsheer-Struktur untergeordnet werden sollten. Die Reservisten kamen allerdings bewaffnet nach Traunstein, lieferten der Gendarmerie ein Feuergefecht, bei dem ein Gendarm fiel, und verschanzten sich schließlich im Hofbräuhaus. Dem herbeigeholten königlich-bayrischen Infanterieleibregiment hatten sie allerdings nicht mehr viel entgegenzusetzen, denn als dieses eintraf, hatte der übermäßige Biergenuß die Aufständischen bereits außer Gefecht gesetzt.

Die große Lagerkapazität der Brauerei zahlte sich zweimal aus: 1704 und 1851 wurden Brände mit dem Bier des Hofbäuhauses gelöscht. 1806 war die Brauerei privatisiert worden, neunzig Jahre später kam sie an Peter Sailer, dessen Familie die Brauerei nun in vierter Generation betreibt. Das Bier, das hier noch in Erinnerung an das kurfürstlich-bayrische Weißbiermonopol gebraut wird, ist die *Hofbräu-Weisse mit Hefe*, ein 12,5grädiges, sehr helles Hefeweizen, erfrischend, süffig und ein wenig bitter. Es wird übrigens auch für den kleinen Durst in 0,3-Liter-Flaschen abgefüllt. Daneben gibt es noch einige untergärige Spezialitäten, darunter den mittelgelben, recht süffigen und im Nachtrunk hopfenherben *Fürstentrunk* und den kräftig-würzigen, recht schwer wirkenden *Hellen Bock*, der ebenfalls eher bitter ausklingt.

Aber zurück zum Weißbier: Unsere bisherige Suche danach hat uns eher in den Norden und Osten von München geführt, aber es ist nicht zu übersehen, daß auch in anderen Gegenden ein bemerkenswertes Weißbier gebraut wird. Für einen Studien-Ausflug empfiehlt sich etwa **Altomünster**. Um uns so recht einzustimmen, besuchen wir als erstes die Brigitten-Klosterkirche. Immerhin ist sie eines der bedeutendsten Werke des bayrischen Rokkoko, aber das für den Bierliebhaber wirklich Faszinierende ist in den Kirchenbänken zu finden. Hier hat jeder Platz sein Namensschild – es ist mit dem Hausnamen verbunden und wir staunen wieder einmal, wieviele

Brauereien es in so einer kleinen Gemeinde früher gegeben hat. Nach dem Kirchenbesuch geht es aber zum Bier, gleich gegenüber der Kirche ist hinter einer Barockfassade das – Sonntags leider meist überfüllte – *Kapplerbräu*. Schon Ludwig Thoma hat hier verkehrt. Das Bier, das ihm kredenzt wurde, ist wahrscheinlich auf jener Anlage gebraut worden, die heute im Hinterhaus gezeigt wird, wo ein schönes kleines Brauereimuseum und eine Sammlung historischer Wägen locken. Das Bier der 20.000-hl-Brauerei ist natürlich auch nicht zu verachten. Familie Wiedermann (die seit 1921 den Betrieb führt, aber nach 1945 zum seit 1650 belegten Hausnamen der seit 1561 bestehenden Brauerei zurückgekehrt ist) braut neben einem dunkelgelben, recht würzigen *Hellen* eine kräftig-volle, im Nachtrunk leicht bittere *Hefe-Weisse* mit Flaschengärung.

In der Wallfahrtskirche von Altomünster haben die Brauer-Familien ihre Stammplätze

Von Altomünster könnte ein Sonntagsausflug weiter nach **Augsburg** führen – man muß aber bedenken, daß die Braustüberln der hiesigen Brauereien (ebenso wie die zentral gelegene Gasthausbrauerei) am Sonntagnachmittag geschlossen haben. Ein Ausweg ist die Einkehr im „Altstadtgasthaus Bauerntanz", das mit seinem (nicht erhaltenen) Bauerntanz-Fresko aus 1738 der ganzen Gasse den Namen gegeben hat. Schon Goethe saß hier 1790 bei Sauerkraut mit Würsten und Spatzen und trank einen Krug Braunbier. Das „Braunbier" (also ein untergäriges), das hier derzeit serviert wird, ist das *Extra* vom *Hasenbräu*, ein dunkelgelbes Bier von malzigem Geruch und vollem, würzigem Charakter, recht mild gehopft.

Uns aber interessiert der *Weisse Hase*, das dunkle Hefeweizen mit 13 Grad Stammwürze. Es ist süffig und mild mit einem kohlensaurem Nachtrunk. Während wir dieses Bier genießen, können wir uns noch etwas über die Geschichte des Hauses informieren – etwa darüber, daß hier 1770 der berüchtigte Räuberhauptmann Mathias Klostermaier, der „Bayrische Hiasl“, eingekehrt ist und tüchtig gefressen und gesoffen hat – worauf sich niemand getraut hat, ihn ans Zahlen zu erinnern. Sieben Jahre später kam der passionierte Biertrinker Mozart vorbei, 120 Jahre später war der nebenan lebende Erfinder Rudolf Diesel Stammgast.

Von den bedeutenden Weißbierbrauereien Bayerns liegt eine auch im nördlichen Franken – wir haben sie schon bei unserer fränkischen Bierreise kennengelernt: *Gebrüder Maisel* in **Bayreuth**. Immerhin 60 Prozent des Ausstoßes dieser Brauerei sind Weizenbier, hier wieder vor allem *Maisel's Hefe Weisse*. Es liegt eine ganze Welt von Geschmacksnuancen zwischen dem schlanken, feinen und hellen Bier des Marktführers aus Erding und dem deftigen Bräu der Bayreuther. Es ist durch seine Trübe feurig-kupferfarben, riecht nach Hefe und Malz und ist besonders vollmundig. Ganz wenig Säure und eine dezente Bittere machen es zu einer sehr angenehmen Alternative für den fortgeschrittenen (oder bodenständigen) Freund des Weißbiers.

Sehr angenehm ist auch *Maisel´s Weisse Kristallklar*: Mittelgelb und nicht zu voll ist sie eine angenehme Erfrischung für jene, denen das Hefe-Weißbier am Ende zu deftig ist.

Der durchschnittliche Weißbiertrinker sollte sich zum Einstieg vielleicht eher an *Maisel's Weisse Light* halten. Auch dieses Bier hat eine wundervoll leuchtende Farbe, läßt im Geschmack nichts von einem großen, rezenten und süffigen Weizenbier vermissen, ist aber alkoholreduziert. Das bedeutet, daß dem Bier nach der Haupt- und vor der Flaschengärung ein Großteil des Alkohols entzogen wird. Dann kommt es – wie bei normalen flaschenvergorenen Weißbieren – gemeinsam mit unvergorener Würze (der sogenannten Speise) und Hefe in die Flasche, wo durch die zweite Gärung der typische Charakter entsteht.

Nach einem ähnlichen Verfahren wird in **Ingolstadt** das *Herrn Bräu Leichte Weizen* alkoholreduziert. Es ist ein dunkelgelbes, recht rezentes und wenig volles Bier, das ausgesprochen mild gehopft ist.

In den letzten Jahren haben auch viele etablierte untergärige Großbrauereien den Trend zum Weizenbier aufgegriffen und den Geschmack aus dem Münchner Raum im Großteil Deutschlands verbreitet. Das *Hefe Weizen hell* von der 1672 gegründeten *Tucher AG* in **Nürnberg** ist ein sehr schönes Beispiel dafür: Honiggelb, feintrüb, mit sehr feinem Weizengeruch und einem angenehm süffigen und doch malzaromatischen Antrunk, dezent-frischer Säure und einer leichten Herbe im Nachtrunk. Dieses obergärige Bier ist mir immer als das beste aus dieser Nürnberger Brauerei der März-Gruppe erschienen. (Obwohl unter den untergärigen Bieren der sieben Prozent starke, rotbraune und sehr malzaromatische *Bajuvator* durchaus auch einer Erwähnung wert ist.)

Ähnliche bundesweite Verbreitung wie das aus dem Imperium der Gebrüder März stammende Tucher-Weißbier findet in Deutschland das *Schöfferhofer Weizen* aus der Binding-Gruppe – ein kräftiggelbes, volles und nicht sehr typisch weizenaromatisch schmeckendes Weißbier.

Aber insgesamt gilt, was Georg Beer von der Spaten-Brauerei im Dezember 1992 auf einer Pressekonferenz gesagt hat: „Der Verbraucher erwartet sich, daß Weißbier aus Bayern, Oberbayern oder München kommt.“ Wir haben diese Region nun kreuz und quer bereist – und gerade weil wir so verschiedenartige Weißbiere (oder Weizenbiere oder Weisse, geschrieben wird es ja überall anders) kennengelernt haben, werden wir sie gerne auch in anderem Zusammenhang kosten.

Gleich auf der nächsten Reise wird uns eine ganz eigenartige Version eines aus Weizen gebrauten Bieres unterkommen.

Die Erwähnung der Stadt **Brüssel** kann manchem Biertrinker heilige Zornesröte ins Gesicht treiben: In Brüssel sitzen doch jene EG-Beamten, die kein Herz haben für überlieferte Herstellungsverfahren, die Europa mit Einheitsfraß und Einheitsbier überschwemmen wollen. Sagen die Ideologen. Die Kenner aber fahren hin. Und stellen fest, daß von Einheitsgeschmack keine Rede sein kann: Nirgendwo auf der Welt findet man eine solche Vielfalt an Bieren wie in Belgien. Und die Brüsseler Biere stehen ganz an der Spitze, denn für sie gibt es ein überliefertes Herstellungsverfahren, das sich seit Jahrhunderten kaum verändert hat. „Die belgischen Biere enthalten viel Milchsäure, welche ihnen einen eigentümlichen Geschmack verleiht, und sind von einer sehr bedeutenden Haltbarkeit", heißt es dazu schon in Lintners „Grundriß der Bierbrauerei" von 1904.

Lintner erläutert, daß die belgischen Biere nicht nur aus Gerstenmalz, sondern zu einem bedeutenden Teil aus unvermälzter

Rohfrucht, hauptsächlich Weizen, bestehen, er schildert das aufwendige Maischverfahren und die Kochung der Würze, die bis zu 12 Stunden dauern kann. Das Besondere aber ist die Art der Vergärung: „Die gekochte Würze wird nur auf dem Kühlschiff abgekühlt und auf Fässer von 2 hl Inhalt abgezogen, in welchen sie im oberirdischen Gärraum der Selbstgärung überlassen werden. Ohne besonderen Hefezusatz tritt die Gärung durch in der Luft reichlich vorhandene Hefepilze von selbst ein."

Diese „spontane" oder „wilde" Gärung ergibt ein Bier, das ausschließlich im Brüsseler Mikroklima mitsamt der dort heimischen Mikroflora entstehen kann. In der *Timmermanns* Brauerei in **Itterbeek** zum Beispiel reift Lambic in 75 Jahre alten staub- und spinnwebenbedeckten 6.000-Liter-Fässern. Das fertige *Timmermanns Gueuze* ist dunkel-bernsteinfarben, säuerlich-erfrischend, malzaromatisch und ganz leicht süßlich. Etwas dunkler und für die kleine Brauerei typischer ist der *Bourgogne des Flandres*, der flandrische Burgunder, der unverändert nach einem Rezept von Jean van Houtryve aus dem Jahr 1911 hergestellt wird: Rötlich schwarz und mit dunkelbraunem Schaum wirkt er schon optisch sehr weinig – der Antrunk ist fruchtig, im Nachtrunk mischt sich Säure dazu, wodurch man sich ein wenig an einen halbtrockenen Sekt erinnert fühlt.

Schließlich wird ja das Brüsseler Bier auch traditionell in Champagnerflaschen gefüllt. Das kommt aus der Zeit nach 1830, als in der Stadt eine aufstrebende Bourgeoisie ihren neuen Wohlstand durch das Trinken von Champagner manifestierte (noch heute gehört Brüssel zu den Städten mit dem höchsten Champagner-Konsum). Champagnerflaschen sind aber nun einmal klassische Einweg-Gebinde – Leerflaschen waren daher für die örtlichen Brauer billiger zu haben als neue. Und eine edlere Verpackung ermöglichte dieses Recycling zudem.

Überhaupt waren Brüssels Brauer trotz aller Verbundenheit mit der handwerklichen Herstellungsweise des Bieres immer recht innovativ. Ihr Grundsatz war, daß Bierbrauen die Konservierung von Getreide in einer verbesserten Form ist, wie es mir Poul de Kersmaeker erzählt hat. Man kann sein Bier jung trinken, dann ist es ein Wit-Bier, nach drei, vier Monaten, wenn die Milchsäure sich ausgebreitet hat, ist es ein „junges Lambic", nach zwei Jahren ist es ein

„altes Lambic“ mit sehr adstringentem Geschmack. Die vierte Form ist schließlich das Gueuze, das aus einem Verschnitt von älterem und jungem Lambic besteht – dabei kommt es ähnlich wie beim Sekt zu einer zweiten Vergärung. Das Gueuze *Mort Subite* ist eines der bekanntesten dieser Biere: Als altes Lambic hat es eine dunkelgelbe Farbe, einen leicht weinigen Geruch und ein kräftiges Mousseux, das in einem Sektkelch besonders gut zur Geltung kommt. Da kann man auch den feinen säuerlichen Charakter mit der Zungenspitze ertasten, den rasch ins süßliche übergehenden Antrunk genießen und schließlich den herben, süßsauren Nachtrunk empfinden. Versetzt man so ein Gueuze schließlich mit Kandiszucker, beschleunigt das den Effekt der Nachgärung – und ergibt einen fünften Biertyp, das Faro.

Brauherr De Kersmaeker ist in 10. Generation mit der Bierherstellung befaßt, der Betrieb in **Kobbegem** ist ein Weltbegriff: Mort Subite nennt er sich – nach einem Cafe im Zentrum von Brüssel. Um dieses haben sich viele Legenden gerankt: Zum Beispiel war früher in der Nachbarschaft ein Beerdingungsinstitut, im Cafe hätten die Erben auf den „plötzlichen Tod“ des Erblassers getrunken. Tatsächlich stammt der Name aber von einem seinerzeit unter Börsenmaklern beliebten Würfelspiel. Mußte einer der Herren wegen anderer Verpflichtungen den Tisch verlassen, erklärte er sich für „tot“ und es wurde danach „subito“ abgerechnet. Mort Subite ist nicht nur für sein Cafe, sondern vor allem für sein Kirschbier, das *Kriek* berühmt.

Dessen Entstehung geht ebenfalls auf das vorige Jahrhundert zurück. Da Bier nun einmal konserviertes Getreide ist, wurde versucht, es selbst als Konservierungsmittel einzusetzen. Nach einer überreichen Weichselernte legte man die Früchte – ähnlich wie bei einem Rumtopf – in Lambic ein. Dies bewirkte zwar keine Konservierung der Früchte als solche – aber es kam durch den Fruchtzukker eine neuerliche Gärung in Gang. So fand sich in den Fässern – neben den abgesetzten Kirschkernen – ein wiederum neuer Biertyp, die sechste Art, Lambic zu trinken.

Dabei kann dieses Bier noch weitere Jahre reifen. Als sich die englische Brauereigruppe *Whitbread* 1990 von ihren belgischen Beteiligungen trennte, stand auch die Brauerei *Eylenbosch*, wenige

Kilometer nördlich von Brüssel, zum Verkauf. Es kaufte die Familie De Kersmaeker. Aber nicht etwa, weil Eylenbosch über ein so schönes Sudhaus und mehrere riesige Kühlschiffe verfügt, auf die die heiße Würze zum Abkühlen und zur erwünschten Infektion mit der örtlichen Mikroflora ausgeschlagen wird. Der wesentliche Wert lagert in den Kellern: In riesigen Fässern finden sich dort mehrere Jahre alte Lambics, manche mit unvergleichlichen Aromen und einer feurigen, von den Weichseln herrührenden Farbe.

Allerdings ist das „Kriek", das die großen Konzerne anbieten, sehr viel runder als das ursprüngliche Produkt. Weil die Konsumenten das angeblich so wollen, wird dem reifenden Kriek noch eine Extraportion Zucker zugesetzt – dasselbe wird auch bei anderen Fruchtbieren versucht, die in den letzten Jahren nach demselben Verfahren hergestellt werden. Es entstehen so liebliche, an Fruchtwein erinnernde Biere. Sogar ein Bananenbier ist mir bei einer meiner Reisen untergekommen.

Es kam aus der Brasserie *De Troch*, nannte sich *Tropical Lambic Chapeau*, war mit drei Alkoholprozenten schwächer als ein Kriek und auch sonst nicht sehr traditionsverbunden: Bräunliche Farbe, starker Bananengeruch, säuerlicher Antrunk und erst im süßlichen Nachtrunk Bananengeschmack.

Viel besser als die Banane im Tropical Lambic harmoniert der Pfirsich im *Pêcheresse*, dem Pfirsichbier von der Brauerei *Lindemans* in **Vlezenbeek**. Es ist mit 2,5 Alkoholprozenten besonders leicht, hat eine dunkelgelbe Farbe, ein starkes Mousseux und einen süßlichen Antrunk, der mit der kräftigen Säure harmoniert und so die Fruchtigkeit betont. Lindemans füllt dieses Bier in die traditionelle Champagnerflasche, die mit einem Jugendstil-Etikett verziert ist.

Auch von der **Wambeek**er Brauerei De Troch gibt es ein traditionelleres (wenn auch offenbar leicht aufgezuckertes) Lambic: Es ist das *Gueuze Chapeau* mit 5,5 Volumsprozenten, einer rötlichgelben Farbe und betonter Säure. Allerdings sind die Lambics von De Troch gelegentlich mit minderwertigen Korken verschlossen, was bei längerer Lagerung den Biergenuß trüben kann.Das *Pêche Mort Subite* duftet stark nach Pfirsich und hat einen dominierend fruchtigen Eindruck mit etwas zu starker Süße für ein Lambic. Nur im Nachtrunk ist etwas von der typischen Säure zu spüren. Ähnlich ist es mit dem Kriek Mort Subite, das zwar saurer, aber dennoch ein wenig süßlich schmeckt.

Traditionell aufgemacht ist das *Kriek Belle Vue*, das zwar aus der Champagnerflasche serviert wird, aber etwas zu süß ist, was die anderen Aromen (besonders das in diesem Bier recht fruchttypische der Sauerkirsche) leider zurückdrängt. Fruchtiger und etwas weniger süß erscheint das Framboise, das Himbeerbier aus demselben Hause – es hat außerdem einen angenehmen Himbeergeruch und einen kräftigen Schaum; beim Trinken harmoniert die leichte Bittere mit der Fruchtigkeit. Bei *Belle Vue* ist auch das normale, hellbraune *Gueuze* leicht süßlich – der Antrunk ist aber erfrischend-fruchtig und die Bitterkeit ist sehr schwach. Und das, obwohl für Lambics dreimal soviel Hopfen verwendet wird wie für ein Pils – allerdings verwendet man alte Hopfen, die Aroma und Geschmack weitgehend verloren haben, während die konservierenden Inhaltsstoffe erhalten bleiben.

Ein traditionelles Kriek ist schwer zu finden. Aber es gibt einen ziemlich unfehlbaren Tip, für den sich jeder Bierliebhaber bei einem Besuch in Brüssel Zeit nehmen sollte: Die Brauerei *Cantillon*. Hier wird noch ganz handwerklich gearbeitet, in einem sehenswerten Gebäude aus den zwanziger Jahren, das seither sicher nicht mehr renoviert oder auch nur gesäubert worden sein dürfte. Und das ist – angesichts der gewünschten Infektion – auch sehr gut so.

Experimente gibt es auch im traditionell arbeitenden Brauhaus Cantillon: Hier ein Gueuze mit Muskateller-Trauben

Das Haus ist ein gutbesuchtes Museum geworden (prominentester Gast war der damalige US-Außenminister George Schultz), durch das mehrmals am Tag Führungen veranstaltet werden.

Und vier- bis fünfmal im Jahr gibt es einen öffentlichen Brautag, der so früh morgens beginnt, daß den ersten Besuchern ein stärkender Kaffee angeboten wird. Das Brauen dauert einen ganzen Tag, dann wird der Sud auf das Kühlschiff unter dem Dach gepumpt, wo die aus einem Hinterhof einfliegenden Mikroorganismen ihr Werk tun können. Eigentlich kann man nur in der Übergangszeit brauen, ist man hier überzeugt – sonst kommen entweder zuviele Milchsäure-Bakterien (die dem Lambic einen Yoghurt-Geschmack geben würden) oder zuviele Hefen (die den Reifungsprozeß zu früh abschließen würden) in die Würze.

Das Grundprodukt ist bei Cantillon – wie bei allen Gueuze-Brauereien – das *Gueuze-Lambic*. Hier wird das Etikett vom Manneken Piss geziert, ein dezenter Hinweis, daß obergärige Biere auf die Blase drücken. Das Bier ist dunkelgelb, fast ohne Schaum und hat einen ausgeprägt säuerlichen Geruch und einen ebensolchen Antrunk. Wesentlich stärker als die ein wenig an Zitronen erinnernde Säure ist jedoch der herbe (aber nicht bittere) Effekt, der auf den Gaumen ausgeübt wird.

Das *Gueuze Vigneronne* wird mit Muskattrauben versetzt, die das Bier etwas dunkler, sehr viel milder und fruchtiger macht. Und dann das *Kriek Lambic*: Es ist von einer leuchtend hellroten Farbe, riecht fruchtig-frisch und hat eine ausgeprägt fruchtige Säure mit deutlichem Weichselaroma und dem typisch adstringenten Nachtrunk des Gueuze – ohne jede Restsüße ist es das ursprünglichste aller Kriek-Biere.

Wir haben schon festgestellt, daß man das ganz junge Lambic als Weißbier trinken kann. Und als solches werden die Wit-Biere auch vermarktet. Sie sind, obwohl ebenfalls mit viel Weizen gebraut, schwer mit den uns vertrauten Weizenbieren aus Bayern und Österreich zu vergleichen. Eher können sie als Mittelding zwischen dem wilden Gueuze und der Berliner Weisse eingestuft werden – doch unterscheiden sie sich von diesen beiden wieder durch das Fehlen der ausgeprägten Säure, die einen adstringenten Effekt auf dem Gaumen bewirkt.

Dafür hat das Witbier eine Fülle von Aromen, die jene Biere nicht aufweisen. Ein besonders aromatischer Vertreter kommt aus der erst 1983 gegründeten *Raaf*-Brauerei in Heumen, nahe **Nijmegen** im Gelderland. Diese Brauerei produziert die unglaubliche Vielfalt von 30 verschiedenen Bieren – die verständlicherweise nicht ständig vorrätig sind (manche sind auch Jahrgangsbiere, die es nach dem Abverkauf nicht mehr gibt). Das *Raaf Wit* ist jedenfalls ein Aushängeschild der obergärigen Spezialitäten, die Braumeister Herm Hegger herstellt. Er empfiehlt, es kühl, aber nicht kalt zu trinken, womöglich aus einem schlanken, hohen Glas. Das 5 Alkoholprozente starke Bier ist honiggelb und (wegen der Flaschengärung) trüb. Es verströmt einen süßlich-fruchtigen Geruch. Im Antrunk ist es citrus-fruchtig und hat ein Koriander-Aroma, ist süffig mit einem süßsauren Eindruck, der erst im Nachtrunk eine leichte Hopfenbittere verspüren läßt.

Das ebenfalls fünf Prozent starke *Dentergems „Wit Bier – Bière Blanche“* ist sehr viel weniger ausgeprägt, es erinnert von Charakter eher an ein bayerisches Weißbier – allerdings schäumt es sehr viel weniger und hat einen leicht süßlichen Geruch, der im Körper aber keine Entsprechung hat. Es ist zart säuerlich und leicht fruchtig im Nachtrunk, Hopfen ist nicht zu schmecken. Im Gegensatz zu den deutschen Hefe-Weißbieren wird das Wit aus der belgischen Ortschaft **Dentergem** übrigens dekantiert: Dazu muß die Flasche einige Tage in einem wenig kühlen Kühlschrank gelagert werden, dann wird sie vorsichtig entnommen und geöffnet, damit das Hefedepot sich nicht wieder verteilt.

Noch schwerer wird das beim ebensostarken *Hoegarden Wit*, dessen Hefe aus der Flaschenreifung in kleinen Klümpchen ausfällt, die den steifen weißen Schaum stark verunzieren würden – eine leichte Trübung ist ohnehin nicht zu vermeiden. Das Hoegarden Wit ist sehr viel ausgeprägter als das Weißbier aus Dentergem, wobei vor allem das leicht süßliche Marzipanaroma auffällt, das den bitteren Charakter des Nachtrunks einleitet. Aber es hat auch die Verwandschaft eines Champagners und jenen würzig-süßlichen Eindruck, der bei jeder Flasche ein anderes Verkostungsergebnis nahelegt. Das Bier kommt aus der Brauerei *De Kluis* in **Hoegarden**, die etwa auf halbem Weg zwischen Brüssel und Lüttich liegt. Die erste

Brauerei der Kleinstadt wurde 1318 erwähnt, 1709 gab es 12, 1880 35 Brauereien – für knapp 2000 Einwohner! Allerdings wurden die traditionellen Biere zur Mitte unseres Jahrhunderts kaum mehr gebraut. Erst 1965 ging Pieter Celis daran, das Wit-Bier wiederzubeleben, 1978 gründete er De Kluis. Aus deren Brauhaus kommt unter anderem auch das 9prozentige *De verboden Vrucht* (hell-rotbraun, fruchtiger Geruch, durchgehend bitter und vollmundig) und das 8,7 Prozent starke *Hoegarden Grand Cru*, das durch fruchtigen Geruch und seine Bernsteinfarbe allerdings mehr auffällt als durch den bockbierartigen, nur ganz leicht an die verwendeten Gewürze erinnernden Geschmack.

Viel süßer als das Hoegarden Wit und mit der Würzigkeit eines feinen Lebkuchens präsentiert sich dagegen das sehr hellgelbe, mit leicht krümeligen Heferesten versetzte *Valkenburgs Wit* aus der 1886 gegründeten *Leeuw*-Brauerei in **Valkenburg**, das als „reines Naturbier" verkauft wird. Sein einmalig fruchtiges Aroma, das einen leichten Anklang an Kardamom hat, ist aus verschiedenen Weizensorten und speziellem, hellem Gerstenmalz gebraut und nur auf 4,8 Volumsprozente vergoren, wobei eine leichte Nachgärung in der Flasche stattfindet.

Mild und frisch dagegen ist das *Wieckse Witte* aus der 1857 gegründeten Brauerei *De Ridder* in **Maastricht** – es ist in seinem leicht säuerlichen Nachtrunk dem baierischen Charakter nahe. Ebenso das *Arcenser Tarwe* aus **Arcen** in Limburg, das halb aus Gersten, halb aus Weizenmalz gebraut wird und einen ausgeprägt kohlensauren Charakter hat, der wohl durch die Flaschengärung erklärt wird. Schließlich das aufbrausende *Blanche des Neiges*, das sehr frisch wirkt, einen kräftigen Schaum aufweist und im Nachtrunk eine Bittere betont, die mit den kräuter-würzigen Aromen zu harmonieren scheint. Es gibt bayerische Weißbiere, die diesem ähnlich sind.

Aus Flaschengärung kommt auch das *Brugs Tarwebier*, das Blanche de Bruges. Es wird bei *Gouden Boom* in **Brügge** gebraut, ist im Gesamteindruck ein wenig dünn, hat aber einen lieblichen, doch nicht süßen Charakter, der das Tarwebier von den anderen Wit-Bieren unterscheidet.

Noch kleiner als De Gouden Boom ist die Brauerei *Straffe Hendrik*, die für ihr gleichnamiges, (fast möchte man sagen: selbstverständlich) in der Flasche nachgereiftes Bier berühmt ist. Es ist zwar nur 5,4 Prozent stark, hat aber alle Merkmale eines Starkbieres: Reinweißer Schaum, aus dem sich ein malzig-fruchtiger Geruch entwickelt, der Antrunk ist aromatisch-frisch, der Körper dann der Stärke angepaßt, der Nachtrunk von einer würzigen, herben Bittere.

Mild und mit 4,5 Prozent ein wenig leichter ist das *Blanche de Namur*, das seine Entstehung auf die schwedische Königin der Jahre 1336 bis 1363 zurückführt; ein leicht würziger Nachtrunk und ein leichter Hauch von Bittere prägen dieses Weißbier. Aus **Namur** kommt noch ein anderes berühmtes Bier, das mit 6,7 Prozent stärker ist und quasi die Spitzenleistung der örtlichen Braukusnt darstellt: Die *Cuvee de Namur*. Feurig, rotbraun und weinig stellt es einen Höhepunkt dessen dar, was aus Malz und Hopfen (der unaufdringlich die leichte Bittere des Nachtrunks ausmacht) gemacht werden kann.

Mit dieser Cuvée haben wir uns an die kräftigeren Biere herangetastet. Schon auf der achten Reise haben wir gemerkt, daß die Belgier nichts gegen ein sehr schweres Bier haben – auch wenn es nicht hinter Klostermauern gebraut wurde. Die Verkostung bedarf einigen Mutes, auch wenn die Biere vertrauter schmecken als Gueuze, Wit und Kriek – die Spezialitäten sind einfach teuflisch stark.

Eines davon heißt auch so: Das *Duvel* (=Teufel). Es wird dringend geraten, dieses achteinhalb Prozent starke Bier aus **Breendonk** bei einer Temperatur von nicht weniger als zehn, besser zwölf Grad zu trinken. Man könnte es nämlich sonst mit einem Pils verwechseln und rasch einen über den Durst trinken. Mit entsprechender Temperatur entwickelt dieses goldgelbe Bier aber nicht nur einen schönen Schaum, sondern auch fruchtig-malzige Aromen, die in einen pilsartig-trockenen Nachtrunk übergehen. Hell und würzig ist auch das stark schäumende *Hapkin* aus der Brauerei *Louwage* in **Kortemark**. Es ist gleich stark, läßt sich das aber ebensowenig anmerken. Das Hapkin ist auch deutlich weniger bitter und erinnert im Nachtrunk leicht an Kardamon. Das in der Flasche refermentierte *Pauwel Kwak* Bier aus der Brauerei *Bosteels* in **Buggenhout** ist das dritte Bier, das in diesem Zusammenhang erwähnt werden muß: Es hat eine kräftig rotbraune Färbung und einen schönen, weißen Schaum mit einem erfrischend-fruchtigen Geruch. Darunter steckt ein sehr herbes, viel leichter als seine 8,5 Prozent Alkohol wirkendes Bier, das üblicherweise aus hohen Gläsern mit ballonartigem Fuß serviert wird, die eine eigene Halterung brauchen. In manchen belgischen Bars ist es üblich, für so ein teures Glas einen Schuh als Einsatz zu verlangen.

Unter den vielen belgischen Bieren mit ungewöhnlichem Namen fällt auch das *Lucifer* aus der Brauerei *Riva* in **Dentergem** auf: Auch dieses ist hellgelb wie ein Pils, hat einen ähnlich kräftigen, blendend weißen Schaum und einen enorm fruchtig-frischen Geruch. Im Antrunk vermittelt es eine kräftige, den Charakter bestimmende Bittere, die noch einmal an ein Pils erinnert. Aber wehe dem, der es wie ein Pils trinken wollte: Mit acht Prozent Alkohol würde sich Lucifer rasch rächen! Übrigens ist auch das Lucifer flaschenvergoren, ein Ablaufdatum ist gar nicht erst angegeben. Es lohnt also, sich das Bier für ein teuflisches Vergnügen lange aufzuheben.

Sehen wir uns also nach Bieren um, die weniger heimtückisch sind. Zwei in grau lackierten Flaschen gelieferten Spezialbieren von *M.D.IM. Belgique* gebührt zunächst wegen der Aufmachung Aufmerksamkeit: Dem *La Guillotine* mit 19,5 Saccharometergraden und 9,1 Prozent, und dem mit 21,5 Grad eingebrauten und zu neun Volumsprozenten vergorenen *Delirium Tremens*, auf dessen Etikett zwar keine weißen Mäuse, wohl aber rosa Elefanten und tanzende Krokodile ihr Unwesen treiben.

Das La Guillotine erinnert im Geruch an das *Westmalle triple*. Es hat ein an grünen Koriander erinnerndes Aroma mit einem leichten Eindruck von Honigwein und einen scharfen, an Hopfen und abermals Koriander erinnernden Nachtrunk. Süßer, runder, mit einer plötzlichen pfeffrigen Schärfe aufwartend präsentiert sich das Delirium Tremens, in dessen Nachtrunk man einen Eindruck von Kochsalz zu spüren vermeint. Beide Biere – sie kommen aus der *Huyghe* Brauerei im Süden von **Gent** – werden dreifach vergoren.

Knappe 20 Kilometer weiter südlich liegt etwas abseits der N42 die kleine Ortschaft **St.-Lievens-Esse**, wo in der Brauerei *Van den Bossche* das acht Volumsprozent starke *Lamoral* (erkennbar an der Egmont-Darstellung auf dem Etikett) gebraut wird. Es ist hellbraun, riecht fruchtig – vielleicht ein wenig nach Datteln – macht aber insgesamt einen trockenen, herben, im Nachtrunk salzig-bitteren Eindruck.

In der Brauerei Bios in **Ertvelde** wird – neben 51 anderen Bieren – seit 1295 das acht Volumsprozent starke *Augustijn* Bier gebraut. Die normale Variante ist dunkel-bernstein mit einem beeindruckenden Schaum, einem hefigen Geruch und einem fruchtig-säuerlichen Antrunk, der einem würzigen Malzaroma Platz macht. Stärker, aber ein wenig heller, ist das *Augustijn Grand Cru*, das einen sensationell kräftigen Schaum hat, dessen Nase an Cardamon erinnert, der Antrunk hat einen leichten Ester-Anklang und eine angenehm-weinige Säure. Im Nachtrunk ist eine scharfe, nicht ganz harmonische Bittere zu spüren.

Aus Belgien kommen noch andere Biere, die ein wenig an Altbier erinnern. Das *Vieux Temps* aus der Brauerei in **Mont St. Guibert** ist bernsteinfarben wie jenes von Pinkus Müller, allerdings ohne die bei diesem übliche Säuerung, sondern schön malzaromatisch und recht kräftig gehopft. Ähnlich dem deutschen Altbier ist auch das *1833* von *de Koninck* in **Antwerpen**: Helles Braun, stark malzige Nase, ein leicht säuerlicher, schlanker Antrunk – das Bier ist nicht stärker als ein Pils, aber obergärig – und eine prononcierte Bittere im kurzen Nachtrunk.

Das *Rodenbach* aus **Roeselare** hat einen fruchtig-säuerlichen Geruch, der aus dem kräftigen Schaum über dem dunkelbraunen, fünf Prozent starken Bier verströmt. Auch der Antrunk ist sauer und erinnert daran, daß hier Milchsäurebakterien mitwirken, die mit der würzig-malzigen Note und der sehr milden Bittere harmonieren. Die Biere dieser Brauerei lagern in großen Eichenfässern, denen sie etwas Tannin entziehen dürften. So ist das 6,5prozentige, sehr kernig wirkende *Alexander* mit einem leichten Duft von Apfel-Cider geschmückt. Noch ausgeprägter ist der Eindruck beim *Rodenbach Grand Cru*, das optisch einen viel weinigeren Eindruck macht und dessen Geruch an Sherry erinnert – allerdings wird man dann von der Säure im Antrunk überrascht.

Wir haben schon bei einigen Biertypen gesehen, daß die geschmacklichen Grenzen zwischen Belgien und den Niederlanden verschwimmen. Wie die Belgier – mit der führenden Marke *Stella Artois*, einem hellen, hopfenbetonten Pils aus **Leuven** und dem *Jupiler* aus **Jupille** – sich auch die Niederländer überwiegend Pilstrinker. Auch wenn hier der Pilsgeschmack nicht so ausgeprägt bitter ist wie in Norddeutschland oder Belgien: Von den 13,6 Millionen hl Bier (pro Kopf sind das 90,5 Liter), die 1991 in den Niederlanden getrunken wurden, waren 86,7 Prozent Pilsbiere. Mit 7,6 Prozent waren alkoholfreie Biere gleich das zweitstärkste Segment in diesem Markt, auf dem es 1984 noch einen 99prozentigen Pilsanteil gegeben hatte.

Pils, das heißt in den Niederlanden überwiegend *Heineken*, ein mildes, helles, nicht zu betont bitteres Lager-Bier, von dem weltweit in 110 Braustätten über 50 Millionen hl gebraut werden. 9,1 Prozent oder 28,9 Millionen hl der in Europa verkauften Biere kommen von Heineken. Dazu trägt bei, daß die lokale Marke *Amstel* seit 1968 ebenfalls eine Heineken-Tochter ist. Das zugehörige Bier ist ein malzaromatisches, doch süffiges Pils mit einer angenehmen, allerdings nicht sehr aromatischen Bittere, die im Nachtrunk ein wenig hängt.

Grolsch behauptet in den Niederlanden einen Marktanteil von 15 Prozent. Grolsch will ein rein niederländisches Bier bleiben, es soll nur aus den beiden Braustätten in **Groenlo** und **Enschede** kommen, während die Auslandstöchter in Deutschland (*Küppers*) und England (*Ruddles*) nationale Spitzenmarken ihrer Länder bleiben sollen. Nur wer die von Grolsch gekaufte und in Lohnmälzereien verarbeitete Gerste, das eigene Quellwasser, und den von Grolsch als Reinzucht weitergeführten Hefestamm habe, könne Grolsch brauen, heißt es in der Grolsch-Werbung, die auch das Faktum betont, daß das Grolsche Bier teilweise in offenen Bottichen bis zu 14 Tage gärt, acht Wochen lagert und nicht pasteurisiert ist.

Traditionsverbunden zeigt sich das Grolsch-Brauhaus mit seinem kupfernen Läutergrant

Unter Grolsch wird gemeiniglich das *Grolsch Premium Pilsner* verstanden, kräftiggelb, süffig und unaufdringlich hopfenherb mit einem trocken-bitteren Nachtrunk. Aber die Grolsche Bierbrouwerij braut noch eine Reihe anderer Biere. Das zweitbekannteste Grolsch-Bier ist der Bock, im niederländischen *Bok* geschrieben. Sein Schaum ist nicht so weiß wie der des Pilsner, die Farbe ist mittelbraun, der Geruch malzig, der Antrunk kräftig und voll, der Nachtrunk sehr herb und für den Typ überdurchschnittlich hopfig-bitter. Neuerdings wird bei Grolsch auch wieder ein bernsteinfarbener *Meibok* gebraut, der wie das zum herbstlichen Erntedank gebraute

Bok-Bier 6,5 Prozent Alkohol hat und in traditioneller Weise den Sommerbeginn ankündigt. Süßer noch ist das *Oud Bruin*, ein traditionelles, gezuckertes Bier für den Inlandsmarkt, dann gibt es noch das alkoholfreie *Grolsch special Malt* mit gestoppter Gärung und das obergärige, dennoch lang gelagerte *Amber*, das geschmacklich zwischen einem Altbier und dem belgischen *Palm* positioniert ist. Es ist dunkelbraun (die Niederländer sagen: „Dunkelblond"), süffig mit deutlichen Komponenten dunklen Malzes und relativ bitter.

Aber im Ausland kennt man eben nur das Grolsch Premium Pilsner, das immer seltener in den in den achtziger Jahren aufgekommenen Dosen und immer häufiger in der seit 1898 verwendeten Bügelverschlußflasche angetroffen wird. Noch 1975 war 98 Prozent des Grolsch-Bieres in die Bügelflasche gefüllt worden. Nur hier und im norddeutschen Flensburg wurde die arbeitsintensive Füllung von Bügelverschlußflaschen nie aufgegeben. An einer Flaschenlinie in den je etwa 1,2 Millionen hl produzierenden Brauereien von Groenlo und Enschede arbeiten jeweils 35 Mann, die im Jahr über 200 Millionen Porzellanverschlüsse zumachen. An vergleichbaren modernen Flaschenlinien sind es zwei bis drei Mann.

Aber der Aufwand lohnt, denn Grolsch hat gerade in der traditionellen grünen Bügelflasche einen internationalen Auftritt und ist bei den Bieren in Bügelflaschen Marktführer. Es wurde unter Ronald Reagan im Weißen Haus getrunken – eine späte Ehrung dafür, daß es seit den Fünfzigerjahren in Hollywood bei den Filmschauspielern um Freunde geworben hat. Und dafür, daß eine ausgeprägtere Geschmackskultur gepflegt wurde als bei den ganz Großen der Branche, bei *Anheuser-Busch*, Heineken und *Kronenbourg*, die in der Grolsch-Zentrale in Enschede als die stärkeren, aber geschmacklich unterlegenen Mitbewerber gesehen werden.

Enschede ist erst relativ spät zur Grolsch-Brauerei gekommen; sie war eine Gründung der Textilindustriellen, die hier um 1880 auch einen Braubetrieb haben wollten. Aber dieser funktionierte nicht so richtig und so wurde die Brauerei 1920 an die Brauerei de Klok („die Glocke") im nahen Groenlo verkauft. Grol war der alte Name für Groenlo und unter dem Namen „Grolsche Bierbrouwerij" wurden nun beide Betriebe langsam zu einer nationalen Bedeutung aufgebaut. Der Betrieb in Grol ist übrigens der wesentlich ältere: In der kleinen Stadt in Geldern nahe der deutschen Grenze war der Kaufmann Willem Neerfelt schon 1615 ein Brauer, sein Schwiegersohn Peter Cuyper galt als besonders kundig und innovativ und wurde zum Gildenmeister der Brauerzunft gewählt. Schon zu seiner Zeit soll das Bier aus Grol, das „Grolsche Bier" über die Grenzen bekannt gewesen sein.

Das erste europäische Bier, das nach Aufhebung der Prohibition nach den USA verschifft wurde, kam von Heineken

Heineken ist, wie gesagt, größer, jünger – und nicht zu übersehen. Wer in **Amsterdam** leuchtend rote Lichter sieht, muß nicht unbedingt in das Prostituiertenviertel geraten sein; einige hundert Meter außerhalb – halben Weges zum Reichsmuseum – leuchtet nämlich die Inschrift auf einer alten Brauerei. Sie ist nicht mehr in Betrieb, sondern ein Museum (für Bierfreunde nicht weniger interessant als das Reichs- oder das Van Gogh-Museum). Hier wurde von 1867 bis 1988 gebraut – und der Erfolg von Gerard Adriaan Heineken begründet. Dieser hatte sich 1864 in eine kleine Brauerei eingekauft und sie konsequent ausgebaut – noch heute ist Heineken ein Familienunternehmen, das mit den Niederlanden und deren Geschichte aufs engste verknüpft ist. So wurde erst 1992 bekannt, daß während des Zweiten Weltkriegs Alfred Heineken zum britischen Meisterspion mutierte: Da von seiner Brauerei in Rotterdam jedem deutschen Besatzungssoldaten wöchentlich zwei Liter Bier geliefert werden mußten, hatte er den besten Überblick über die Truppenverschiebungen.

Nicht weit von der alten Heineken-Brauerei steht eine der alten, für Holland so typischen Windmühlen – eine der wenigen in der Stadt. Aber sie ist auch nicht mehr in Funktion, sondern Wahrzeichen und Quartier der neuen, kleinen *Brouwerij t'Ij*. Sie produziert einige hochgelobte Flaschenbiere, die an die Tradition der obergärigen Spezialitäten der Region anknüpft. Das *Struis* ist mit 10 Prozent das stärkste davon, dunkelbraun, süßlicher Geruch, sehr vollmundig, etwas bitter. Es muß ebenso wie die anderen Biere dekantiert werden. Das *Natte*, sechs Prozent stark, ist ähnlich dunkel, entsprechend leichter, sehr aromatisch mit einem Kardamon-Geschmack im Nachtrunk. Das hellste der Biere ist das neunprozentige *Columbus*; es hat den fruchtigsten Geruch und einen besonders schönen Schaum. Auch das Aroma ist sehr ausgewogen, der volle Geschmack, der an ein Trappistenbier erinnert, zarte Süße und eine leichte Bittere im Nachtrunk. Bernsteinfarben und mit einem leicht an Kardamon erinnernden Aroma ist das *Zatte* („Amsterdamse Tripel"), das trotz seiner acht Prozent einen recht süffigen Eindruck macht.

Neben den ganz großen Brauereien halten sich auch in den Niederlanden – und zwar mit wachsendem Erfolg – noch einige Spezialitätenbrauereien: So etwa die holländische *Arcense Stoombierbrouwerij*, die das *Oud Limburgs*, ein hellbraunes, 5,5 Prozent starkes malzaromatisches Altbier mit leicht säuerlicher Note und einem harmonischen milden Nachtrunk braut. Von dunklem Rotbraun ist der kräftig schäumende *Oer Bock*, ein karamelig-volles, aber für ein Starkbier mildes Bräu von 6,5 Alkoholprozenten, das ausgewogen mit Hallertauer Hopfen gewürzt ist. Es gewinnt seinen ausgewogenen Eindruck durch lange Lagerung. Das stärkste Arcener Bier ist das mit 20 Grad eingebraute, neun Prozent starke *Winter Bier*. Es empfiehlt sich mit seiner mittelgelben Farbe, dem kräftigweißen Schaum und dem fruchtigen Geruch für gesellige Winterabende. An denen weiß man auch die leichte, würzige Süße des Antrunks recht zu schätzen, die in einer Fülle von Malzaromen und schließlich einer kurzen, überraschend trockenen Herbe ausklingt.

Aus der *Phoenix-Brauerei* in **Breda** kommt das *Stadhouder Pilsner*, ein mittelgelbes, sehr würziges Bier mit leichter Hopfenblume aber ohne ausgeprägte Bittere. Erst im Nachtrunk zeigt es seine trockene Herbe.

Traditioneller ist das *Klassiek 1628* aus der *Groot Brabantse Hooggistbrouwerij de Drie Hoefijzers*, das die Biere des Großherzogtums Brabant am Leben halten will. Es wird aus bernsteinfarben gedarrten Malzen gebraut und obergärig vergoren. Es hat einen malzig-frischen Duft und ist mittelbernsteinfarben. Im Antrunk süßlich voll, erweist es sich als erstaunlich kurz im Nachtrunk. Nach Empfehlung der Brauerei soll es aus dickbäuchigen, „Baronneke“ genannten Gläsern bei nur fünf Grad Celsius getrunken werden.

Machen wir noch einen Blick in den Süden Belgiens, wo es einen eigenen Biertyp gibt: Die Saison-Biere. Hellbraun, mild und säuerlich-frisch ist etwa das *Saison Silly* aus der gleichnamigen Ortschaft. Das *Saison Regal* ist das in Belgien selbst bekannteste und auch traditionellste Bier aus dem Land von Ardennen und Maas. Es wird in der 1858 gegründeten Brauerei *Du Bocq* in **Purnode** hergestellt. Es ist sechs Prozent stark, mittelbraun, kräftig-fruchtig mit einem betont bitteren Nachtrunk. Kräftiger, nämlich acht Prozent stark, ist das in der Flasche gereifte *Triple Moine* hellbernstein, fruchtig und süßlich, mit dem typischen bitteren Nachtrunk. Aus demselben Haus kommt auch das im Export bekanntere, oft in 0,7 Liter-Flaschen mit Sektkorken gefüllte *La Gauloise*, das vom Typ her an ein Trappistenbier erinnert – nicht schlecht, aber es reicht nicht ganz an die Originale heran. Den gleichen Anschein gibt sich das Etikett des *St. Benoit*, von dem ich die blonde, sieben Prozent starke Version gekostet habe. Es ist kräftiggelb mit blütenweißem, kräftigem Schaum, riecht ein wenig nach frischem Heu, schmeckt aber überraschend dünn und hat auch einen reizlosen, stumpf-bitteren Nachtrunk.

Der durch Obergärung geprägte belgische Biergeschmack reicht auch weit hinein nach Frankreich, dessen nördliche Region der sachlichen Zuständigkeit halber hier abgehandelt werden soll.

Als besonders traditionsbewußt präsentiert sich das *Ch'Ti - Biere de Garde*, ein bernsteinfarbenes Bräu, das handwerklich mit einem Infusionsverfahren gebraut wird. Es hat eine fruchtigen, ein wenig an Pfirsich erinnernden Duft, einen malzbetonten, dennoch schlanken Antrunk und eine milde Bittere. Die Brauerei von Yves Castelain, aus der es kommt, steht seit 1926 in der Stadt **Benifontaine** – und wirbt schon auf dem Etikett der eigenwillig geformten 0,75-Liter-Flasche mit einem Bergmann, über dem auf dem Halsetikett ein Gambrinus-Portrait prangt.

Ebenfalls aus Nordfrankreich kommt das *Jenlain*, das denselben Typus repräsentiert; allerdings wird er von der *Brasserie Duyck* etwas anders interpretiert: Das Bier aus Jenlain wird in einer Champagnerflasche ausgeliefert, es ist von einem feurigen Kupferrot, riecht ein wenig wie Cognac, wirkt malzaromatisch-fruchtig mit einer kurzen, aber kräftigen Bittere und wird seinem Ruf gerecht, „teuflisch rund und großzügig“ zu schmecken.

Auch das einzige heute noch als „Pariser“ Bier verkaufte Bräu wird in Wirklichkeit im nordfranzösischen **Douai** gebraut. Das *Lutece* ist ein reines Malzbier, das in edle Champagnerflaschen gefüllt wird. Man könnte es am ehesten mit einem etwas stärker eingebrauten (Alkoholgehalt 6,4 Prozent) Altbier vergleichen, das bernsteinfarben und fruchtig-schlank, mit wenigen malzigen Aromen und einer sehr bescheidenen Bitterkeit ausgestattet ist.

Es nennt sich nach dem alten Namen der Hauptstadt „Lutece“. Dieses Lutetia, später **Paris**, hat eine durchaus respektable Bier-Geschichte, aber schon seit mehreren Jahren keine Brauerei mehr. Dabei ist bekannt, daß im Paris des 18. Jahrhunderts jährlich 180.000 bis 200.000 hl Bier getrunken wurden – eine respektable Menge für eine Wein-Metropole! Wie einflußreich die Pariser Brauer in jener Zeit gewesen sein müssen, sehen wir aus einer Episode der Französischen Revolution. Der 1752 geborene Bierbrauer Antoine Joseph Santerre schwang sich zum Führer der Volksmassen – seiner Kunden in der Vorstadt Saint-Antoine – auf. 15.000 Mann soll er am 10. August 1792 aus Saint Antoine zu den Tuilerien geführt und dadurch die Absetzung Ludwigs XVI. bewirkt haben. Der Brauer Santerre war es, der den König am 11. Dezember desselben Jahres vor den Konvent brachte – und er war es auch, der den König am 21. Jänner 1793 zum Schafott geleitete und bei der Hinrichtung die Trommeln schlagen ließ. Ob Santerre die Bierbrauerei wieder aufgenommen hat, nachdem er das Kommando über die Nationalgarde abgegeben hatte, ist mir nicht bekannt – er starb am 6. Februar 1809 als zurückgezogen lebender Privatmann in Paris.

Santerre war übrigens nicht der einzige Brauer, der in der Revolution Karriere machte. Auch der 1767 in Bar-le-Duc an der Maas (also im Land des obergärigen Bieres) geborene Nicolas Charles Oudinot arbeitete bis zu seinem 17. Lebensjahr als Brauereiarbeiter, schloß sich dann der Armee an und war bereits mit 23 Jahren Major. Mit 41 trug er entscheidend zu Napoleons Sieg in der Schlacht am Wagram bei und wurde in Wien zum Marschall ernannt. Oudinot war ein richtiger Haudegen, wurde vierunddreißigmal verwundet und erwies sich beim Zechen genauso als Held wie als Feldherr. Später diente Oudinot dem König; er starb einundachtzigjährig als Großkanzler der Ehrenlegion und Gouverneur des Invalidenhauses in Paris.

Noch ein weiterer napoleonischer Marschall hatte mit Bier zu tun – wir werden ihn in Saarlouis, auf der 19. Reise treffen. Zunächst aber suchen wir ein weiteres Land des obergärigen Bieres auf.

Es gibt tausenderlei Gründe, nach **London** zu fahren – und bedürfte es eines 1001., dann könnte es das Bier sein. Man kann ihm ohnehin nicht entkommen. Steht man am Südufer der Themse, um den Ausblick auf das Parlamentsgebäude zu genießen, so drängt sich der britische Löwe am Brückenkopf der Westminster Bridge förmlich ins Bild. Er sieht aus, als wäre er schon immer da gestanden, doch der „South Bank Lion" ist erst nach dem letzten Krieg auf seinen Platz gekommen. 1837 war das Tier von W.F.Woodington geschaffen worden, aus Kunststein, um der schon damals aggressiven Luft in London besser standhalten zu können; bald darauf wurde er zum Markenzeichen der Lion-Brauerei in der Belvedere Road, wo heute die Royal Festival Hall steht. Die Brauerei sperrte aber 1923 zu, ihr Gebäude wurde im Krieg ausgebombt. Auf ausdrücklichen Wunsch von George VI. wurde das Wahrzeichen des Londoner Löwenbräu gerettet.

In „Heinrich IV" beschreibt William Shakespeare die Langsamkeit und Nachlässigkeit der Bediensteten in den Gasthäusern Englands. Shakespeare machte auch das Gasthaus „The Boar's Head", das sich in der heutigen City befand, berühmt – es existiert allerdings schon lange nicht mehr. Ein bekanntes Londoner Bierwirtshaus war auch das „Dagger Inn" am Holborn. Es dürfte einen recht derben Charme gehabt haben, dafür aber ein gutes, starkes Bier kredenzt haben. Aber bleiben wir vorläufig auf der Südseite der Themse, schauen wir in die Gegend, wo einst das „Globe Theatre" des Bierliebhabers, Schauspielers und Dichters Shakespeare gestanden ist. In Southwark, beim Borough-Market, findet sich nicht nur die nette kleine Pub-Brauerei *Market Porter* (wo man ein angehm hopfenbitteres *Market Bitter* braut), sondern auch ein Zentrum des Hopfenhandels. Im selben Block ist die alte Hopfenbörse, rundum stehen die Jahrhundertwende-Gebäude der Hopfenhandelshäuser.

Noch augenfälliger ist der brauhistorische Bezug am südlichen Ende von Tower Bridge. Östlich davon – zwischen der Brücke und dem Design-Museum – hat man in den letzten Jahren einen größeren Gebäudekomplex unmittelbar am Flußufer als Wohnanlage revitalisiert. Es handelt sich um das Anchor Brew House von Horselydown, das im Dezember 1787 von einem gewissen John Courage aus Aberdeen gekauft worden war.

Mister Courage konnte sich seines Bräuhauses mit bescheidenen 51 barrels Jahresausstoß nicht einmal sechs Jahre lang erfreuen, und auch seine Witwe überlebte ihn bloß um vier Jahre. Ihr Unternehmen ist dennoch zu einer Bier-Legende in England geworden: 20 Prozent des dortigen Biermarktes werden heute von der Courage-Gruppe (*Courage, John Smith, Websters, Wilsons)* kontrolliert. Am besten bekannt ist das *Directors*, ein mit 4,8 Volumsprozenten für englische Verhältnisse relativ starkes Ale, rotbraun, schön ausgewogen und mit einer kräftigen, trockenen Hopfennote.

Es soll uns in diesem Zusammenhang nicht stören, daß das Courage-Bier heute nicht mehr in London, sondern in **Bristol** gebraut wird. Denn anders als bei den in der Brauerei fertiggestellten Bieren des Kontinents handelt es sich beim englischen Bier, dem richtigen englischen Bier („Real Ale") um Jungbier, das mitsamt der lebenden Hefe auf die Reise geschickt wird. Erst im Keller des Pubs reift es im Faß aus – man nennt das „cask-conditioning". Und hier hat der Cellar-Man, der Kellermeister, entscheidenden Einfluß auf die

Qualität des fertigen Produktes. Das erklärt, warum die Engländer sehr viel mehr an der Geschichte, Ausstattung und Führung eines Pubs interessiert sind als an den Qualitäten der Brauereien. Cellar-Men und Pub-Geschäftsführer wechseln zudem öfters – die Pubs gehören (mit Ausnahme der sogenannten „Free Houses") zu Ketten, die teilweise wieder den Brauereien gehören. Um da den Überblick zu behalten, empfiehlt es sich, den jeweils aktuellen „Good Beer Guide" zu kaufen, der von der Konsumentenschutzorganisation CAMRA herausgegeben wird.

CAMRA stand zu Beginn der siebziger Jahre für „Campaign for the Revival of Ale". Zu jener Zeit waren die Brauereien dazu übergegangen, das Ale in der Brauerei ausreifen zu lassen, zu pasteurisieren und im KEG an die Pubs zu liefern. Das Produkt ist dann eher einem Altbier ähnlich, hat allerdings weniger Aromen. Deshalb wird es auch kälter getrunken. Sehr unbritisch. Denn das richtige Produkt entwickelt sich am besten, wenn man es knapp unter Zimmertemperatur trinkt – was andererseits eine gewisse Gewöhnung verlangt. Es wird in England traditionell mit einer Handpumpe hochgepumpt – denn die modernen Zapfmethoden mit Kohlensäure-Druck würden das lebende Bier zu stark mit Kohlensäure anreichern und schäumen lassen.

Noch 1907 war „Real Ale" auch in Österreich gängig – selbstverständlich unter anderem Namen. Professor Emil Adam beschrieb in seiner „Materialienkunde für Nahrungsmittel- und Schankgewerbe", erschienen im k.k. Schulbücher-Verlag, ein solches Bier: „Das von den Brauereien, namentlich während der Wintermonate gelieferte trübe (mit Hefe versetzte) Hefe-, Schank- oder Winterbier, das wegen seines schneidigen Geschmacks sehr beliebt ist, muß unbedingt bei einer Temperatur von 5 bis höchstens 10 Grad Celsius ein bis drei Wochen lang lagern und darf vor dem Ausschanke nicht mehr gerührt werden." Dieselbe Textpassage wurde in der Neuauflage von 1927 stark gekürzt – dort ist nur mehr vom „Kräußenbier" die Rede. Dieses ist bis zur Wiedereinführung des – untergärigen – Zwicklbiers durch die Zwettler Brauerei völlig vom Markt verschwunden.

In Englands Pubs aber lebt diese Biertradition noch weiter. Um sie genießen zu können und einen sicheren Geschmackssinn für Ale zu entwickeln, sollte man während eines England-Aufenthaltes strikt auf untergärige Biere verzichten. Die Lagers kommen an unser Helles oder Pils ohnehin nicht heran, obwohl das erste britische Lagerbier schon 1890 von *Tennant* gebraut wurde. Unter Experten gilt es als das einzige akzeptable untergärige Produkt aus Großbritannien – aber wir sind ja hier, um Ale (dazu zählt auch Bitter, Mild, Porter und Stout) zu kosten.

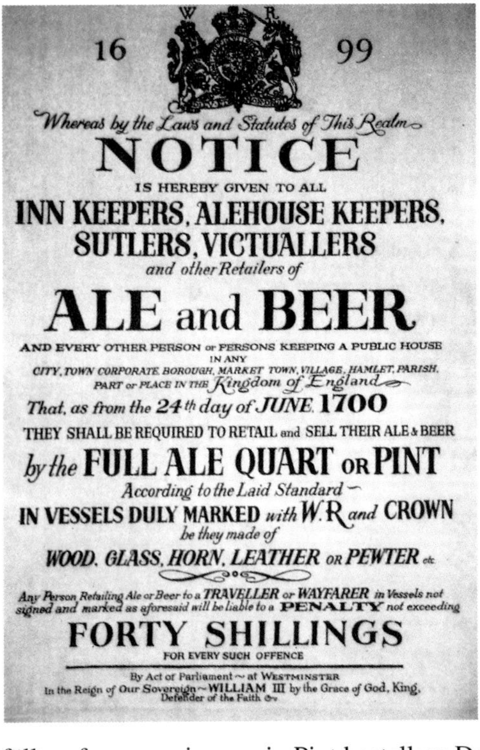

Dreierlei fällt auf, wenn wir uns ein Pint bestellen: Daß wir sofort zahlen müssen. Daß das Bier zumeist keinen Schaum hat – zumindest trifft das auf die Biere aus Südengland zu. Und daß Ale eben ungewohnt warm ist. Wenn wir kosten, dann kommt der nächste ungewohnte Effekt: Die meisten englischen Biere sind wesentlich leichter als wir es gewohnt sind (Pale Ale hat oft nur drei, Best Bitter vier Alkoholprozente – ein Pils bei uns dagegen hat rund fünf).

Dafür ist das Ale zwar kräftig bitter, aber die Bittere ist von einem ganz anderen Aroma als etwa bei einem Pils. Auch die Malzaromen haben einen anderen Ton. Die für Ales verwendeten obergärigen Hefen bringen nämlich viel mehr geschmackliche Variationen zustande als die untergärien Reinkulturen der Lager-Biere.

Nach diesen Eindrücken geben viele Kontinentaleuropäer auf – dabei beginnt das Bier nach dem zweiten oder dritten Pint erst so zu schmecken, daß man jede Vorstellung von einem „schönen Pils“ vergißt.

Also suchen wir uns ein Pub und versuchen wir es. Und bedenken wir, daß ein Pub in manchem anders ist als die Eckkneipe in Deutschland, das Beisel in Österreich oder das Cafe in Belgien. Inns, Taverns und Pubs haben Traditionsbewußtsein: In den siebziger Jahren des 16. Jahrhunderts hat es in England mehr als 16.000 Schenken gegeben. Ähnlich wie auf dem Kontinent der Bierzeiger das frische Bier ankündigte, waren die in normalen Wohnhäusern untergebrachten Vorläufer der Pubs an einem roten Gitter und an einem ausgehängten Stechpalmen- oder Efeuzweig zu erkennen. Die Schilder, die wohl auch ausgehängt worden waren, konnten nicht durch ihre Aufschrift anlocken, da sie von den vielfach des Lesens unkundigen Gästen nur an Symbolen von den Hauszeichen und Werkstattschildern anderer Gewerbe unterschieden werden konnten.

Zu jener Zeit galten die englischen Gaststätten, die auch Herberge boten, als denen auf dem Kontinent überlegen; angeblich konnte man sich sogar darauf verlassen, frische Bettwäsche zu bekommen.

Das darf man inzwischen überall mit Fug und Recht erwarten – die Besonderheit des Public House, dem ganze soziologische und architektonische, kulinarische und belletristische Bibliotheken gewidmet sind, bleibt bestehen. Es hat sich allerdings vieles von dem strengen Reglement geändert, das Karl Breul 1926 in seinem Führer „Land und Leute in England“ erläutert hat: „In allen besseren Wirtshäusern findet außer dem ungeheuren Bier- und Branntweinverkauf über den Ladentisch hinweg, der stets ein höchst dramatisches und häufig abschreckendes Schauspiel bietet, der Ausschank und die Aufwartung in zwei Räumlichkeiten statt, welche in Betreff des Publikums, das sie zu besuchen pflegt, streng voneinander geschieden sind und in welchen auch besondere Preise gefordert werden. Die Engländer unterscheiden im Wirtshaus das Sprechzimmer (parlour) für die besser situierten Klassen streng von dem Zapfzimmer (tap room) für Arbeiter in der Werkstattracht. In den meisten Wirtshäusern werden die Getränke von den Gästen am Schenktisch (the bar) stehend eingenommen; auch da ist wieder eine Klassifizierung vorhanden, und in der feineren Abteilung wird z. B. Bier nur in Gläsern nicht in Kannen ausgeschenkt, was für den Wirt einen pekuniären Unterschied ausmacht."

Diese Unterschiede sind weitestgehend egalisiert – in England scheint jeder nach der Arbeit auf ein Bier zu gehen. Und zwar wirklich nur nach der Arbeit und in der Mittagspause, denn obwohl die sogenannten „licensing hours" inzwischen liberalisiert wurden, sind Pubs am Vormittag und am Nachmittag geschlossen – und um spätestens dreiviertel elf am Abend ertönt die Glocke mit der Aufforderung „last orders, please". Zapfenstreich.

Verändert hat sich seit Breuls Zeit aber die Praxis, Frauen ausschließlich in eigenen Kaffeezimmern zu bedienen. Allerdings gilt weiterhin, was schon George Orwell in der Nachkriegszeit festgestellt hat: Dadurch, daß Kindern unter 16 der Aufenthalt in Räumen, wo Alkohol ausgeschenkt wird, verboten ist, sind Mütter vom Geschehen im Pub de facto ausgeschlossen. Allerdings gibt es Pubs mit eigenen Family-Rooms, auch Gastgärten stehen Kindern offen.

In den meisten Reiseführern wird „Ye Olde Cheshire Cheese" als erste Adresse angegeben – aber dieses traditionelle City-Pub in einem kleinen Durchgang (Wine Office Court) an der Nordseite der Fleet-Street bei Nummer 145 ist seit längerer Zeit wegen Renovierung geschlossen. Wer in der Gegend ist, sollte trotzdem schauen, ob wieder geöffnet ist und ob die Atmosphäre früherer Jahrhunderte erhalten wurde, denn von Dr. Samuel Johnson und Charles Dickens abwärts waren alle Berühmtheiten der englischen Literatur hier Stammgast und haben das Lokal gepriesen. Einige Häuser weiter gibt es ein neueres, im Art Deco-Stil eingerichtetes Pub, das ebenfalls als Sehenswürdigkeit gelten kann: „The Black Friar", das an das früher hier bestehende Mönchskloster erinnert. Auf dem touristischen Trampelpfad der Carnaby Street können wir auch ins „Shakespeare's Head" einkehren – ein Pub, das 1735 angeblich von entfernten Verwandten des Dichters gegründet wurde und in dem stolz eine im Zweiten Weltkrieg beschädigte Büste des Dichters gezeigt wird.

Das beste Pub von London ist aber im Westen der Stadt, am Parson's Green. Im „White Horse“ garantiert der gelernte Anwalt und Hobby-Kellermeister Mark Dorber die perfekte Reife des jeweils ausgeschenkten Bieres. Wenn er Zeit hat, zeigt er gerne den Keller und sein System, das jeweils richtige Faß für den Ausschank zu finden und es richtig zu spunden. Allerdings gibt es auch hier kein Bier aus London, denn in diesem einstigen Zentrum der Brauindustrie sind die Brauereien rar geworden.

Wohl gibt es einige Pub-Brauereien, die die Tradition aufrecht erhalten: Neben der Kette der *Firkin*-Pubs, die besonders wegen ihrer in Pubs sonst unüblichen Kinderfreundlichkeit bekannt sind, ist vor allem das *Yorkshire Grey* in der Theobalds Road erwähnenswert. Hier gibt es nicht nur drei hauseigene Biere, sondern auch eine angenehme Auswahl fremder Ales und Stouts. In diesem Brew-Pub wird auch noch die Tradition aufrecht erhalten, Biere zu mischen. Im 18. Jahrhundert soll ja das Porter-Bier auf diese Weise entstanden sein. Heute mischt man eher *Guinness* mit *City Bitter* oder mit einem Pale Ale oder einem Cider, was die schöne Harmonie von Kaffee-Bittere und Apfel-Fruchtigkeit beweist. In den fünfziger Jahren kannte man auch Drinks wie „Mother in law“ (Old Ale und Bitter) oder „Grandmother“ (Old Ale und Mild). Und natürlich den „Shandy“ (Bitter und Limonade), die obergärige Variante zum Münchner „Radler“.

Als Großbrauerei besteht noch *Fuller's* mit seinen immer wieder von CAMRA ausgezeichneten Ales: *Chiswick Bitter* ist ausgesprochen hopfenherb und dennoch voller Malzaromen. Das etwas stärkere (aber mit 4,1 Prozent noch immer weit unter kontinentalem Schnitt liegende) *London Pride* gilt als eines der besten Real Ales. Man kann es auch – vor allem im Ausland – in Flaschen bekommen. Es ist dann nicht derselbe Genuß, soviel steht fest. Man muß das Bier auch kälter trinken und wird, kennt man das Original, meist unbefriedigt bleiben. Aber versuchen wir es dennoch, denn außerhalb des Landes muß man sich eben behelfen. *Fuller's London Pride* als blank filtriertes Flaschenbier zeigt einen hellen Kupferton, sehr viel Schaum und einen leicht säuerlichen Geruch, der zunächst einen etwas ungewohnten Eindruck vermittelt. Auch der Alkoholgehalt ist mit 4,5 Prozent etwas höher als der des gleichnamigen Cask-Bieres. Der Antrunk ist hocharomatisch, läßt einen vollen, malzigen Körper spüren und klingt in schönen, bitteren Hopfentönen aus. Ein akzeptables Substitut, wenn das Original nicht greifbar ist.

Noch bodenständiger ist die *Ram-Brewery* in **Wandsworth** im Süden von London. Sie wurde hier 1675 von der Familie Draper gegründet, 1831 von Charles Young gekauft und ist noch heute hauptsächlich in Familienbesitz. Ein Großteil des Braubetriebes läuft noch heute so wie beim Neubau der Brauerei 1885. Das Sudhaus von 1869 hielt man damals noch nicht für erneuerungswürdig – und so ist es mit einigen Adaptionen noch heute in Betrieb, die offenen Gärgefäße sind teilweise 100 Jahre alt, und es gibt auch noch zwei Dampfmaschinen, die als Reserve gehalten werden. Auf einer las ich staunend die Jahreszahl 1867 – „aber das ist die neue“, hat man lächelnd gesagt und mir auch das ältere Stück gezeigt: 1835 gebaut; die älteste betrieblich genutzte Dampfmaschine der Welt. Ohrenzeugen haben berichtet, wie unglaublich leise und präzise sie ihren Dienst versehen kann.

Es ist fast überflüssig zu sagen, daß in der unter *Youngs* firmierenden Brauerei noch eine eigene Faßbinderei ist (auch wenn der Großteil des Bieres in Alu-Fässer kommt). Und es ist nicht allzu überraschend, wenn man einen mit Bier beladenen Pferdewagen mitten in London sieht – er kommt von Youngs und beliefert zum Beispiel die „Olde Windmill“, ein Pub an der Südseite der einstigen Gemeindewiese Clapham Common.

Dieses Pub, im vorigen Jahrhundert an Stelle einer Windmühle und Poststation errichtet, ist an sich schon eine Sehenswürdigkeit. Richard Williamson pflegt eine immerhin bis 1665 zurückreichende Gaststättentradition. Und beherbergt neben den Gästen auch einen veritablen Hausgeist namens Croaker.

Denn ihre Gespenster hätscheln die Engländer gerade so gerne wie ihre Angst vor Tollwut und ihre Liebe zum traditionellen obergärigen Bier. Ganze Bücher wurden vollgeschrieben über „haunted pubs“, in denen ein Hausgeist sein Unwesen treibt – und sie sind immer rasch vergriffen.

Croaker soll ein unerfreulicher Zeitgenosse sein, tröstet Richard die Gäste, die ihn nicht zu Gesicht bekommen haben. Und wenn nach der Sperrstunde noch ein paar Logiergäste auf sind, spendiert Richard oft noch ein Bier – und er gibt gerne die eine oder andere Geistergeschichte zum Besten. Schön ist die von einem anderen Pub, in dem ein verstorbener Brauereiearbeiter – natürlich aus der Ram-Brewery – sein Unwesen treibt. Der Mann war von vollen Bierfässern erdrückt worden; und seit jenem Tag sei es öfters vorgekommen, daß im Keller seines Stammlokales die Hähne der Bierfässer über Nacht geöffnet worden seien. Abhilfe habe es erst gegeben, als der Manager des Pubs jeden Abend ein Pint Bier und etwas Schnupftabak für seinen verstorbenen Gast im Keller aufgestellt hat. An manchen Morgen – „believe it or not" – wäre das Glas zumindest halb leergetrunken und der Schnupftabak verbraucht.

Um was für ein Bier handelt es sich nun? Da gibt es einmal den sehr dunklen und süßen *Winter Warmer*, mit 13,47 Grad Stammwürze nur für englische Begriffe stark, dort aber sehr berühmt und auch als *Old Nick* in Flaschen erhältlich. Gängiger ist das *Special Bitter*, das seine angenehm trockene Bittere dem sogenannten „dry hopping" (zu deutsch: „Hopfenstopfen") verdankt. Dazu werden Hopfenpellets in das Faß getan, mit dem das junge Bier ausgeliefert wird. In diese Ausschankfässer für „Real Ale" kommt übrigens immer auch Hausenblase, die Schwimmblase bestimmter Fischarten: durch sie setzt sich die lebende Hefe am Boden des Fasses ab und das Bier im Glas ist immer klar.

Eine Brauerei muß bei unserem ersten Besuch beim Londoner Bier noch gewürdigt werden, jene von Samuel Whitbread (1720–1796), die immer noch teilweise in Familienbesitz ist. *Whitbread*, der Brauereigigant, der 1992 sein 250-Jahr-Jubiläum gefeiert hat, ist nur mehr mit Verwaltungsgebäuden in London präsent, die Brauaktivitäten wurden in andere Regionen verlegt: Es gibt kein Real Ale von Whitbread mehr, wohl aber von seinen Tochterbrauereien *Boddingtons* (ein mittelbraunes, hopfenherbes *Bitter* und ein dunkles, etwas dünnes *Mild*), *Castle Eden* (ein bittersüßes Ale), *Flowers* (ein sehr hopfenbetontes *Original* und das sehr fruchtige und erfrischende, im Nachtrunk leicht herbe *Fremlins Bitter*) und *Exchange*. In London, in der Nähe des Barbican-Centre, befindet sich noch das

Archiv, eines der besten Englands. Hier wird der in diesem Jahrhundert erst viermal genutzte Zermonienwagen „Speakers Coach" aufbewahrt – und von hier ziehen die Whitbread-Pferde alljährlich den Wagen des Lord Mayor durch London. Schließlich befindet sich in der Chiswell-Street der „Porter Tun Room" aus dem Jahr 1784, der eine der größten Holzdecken Europas hat. Sie wurde im Weltkrieg nur gerettet, weil die Betriebsfeuerwehr nach Zusammenbruch der Wasserversorgung mit Bier löschte.

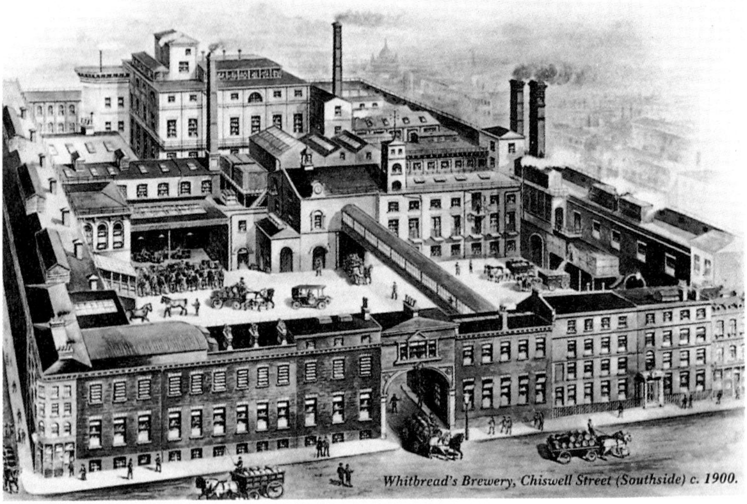
Whitbread's Brewery, Chiswell Street (Southside) c. 1900.

Der Name „Porter Tun Room" erinnert an die Gärgefäße, in denen das berühmteste Londoner Bier gebraut wurde: Das billige Porter, erstmals 1722 als „entire beer" oder „intire" erwähnt, machte auch Whitbread groß. Es war ein dunkles, billiges Bier, das der damaligen, an Malzverbrauch und zunehmend am Alkoholgehalt orientierten Steuergesetzgebung einerseits und der Einkommenslage der Schwerarbeiter (Porter) andererseits entgegenkam.

Whitbread hat seine Brauerei in der Chiswell-Street mit enormem Tempo ausgebaut – seine Brauerei war in der zweiten Hälfte des 18. Jahrhunderts nicht nur die größte Englands, sondern wahrscheinlich der ganzen Welt. Und mit Sicherheit die modernste. Zu einer Zeit, zu der das deutsche Brauwesen weitgehend stagnierte, mußte man nach London fahren, um sich in Sachen Brauwesen kundig zu machen – und das taten dann auch etliche deutsche Brauer.

Allerdings war London nur relativ kurze Zeit an der Spitze der Brauwelt. Mitverantwortlich dafür war die Produktion billigen Glases: Die Tonkrüge, an deren Boden oft Frösche und anderes unappetitliches Getier gemalt waren, mochten für das undurchsichtige, trübe Porter in Ordnung sein. Aber im Glas wollte man ein feineres Gebräu haben.

Und so wurde Londoner Bier plötzlich unmodern – auf der nächsten Reise wollen wir der Konkurrenz nachspüren.

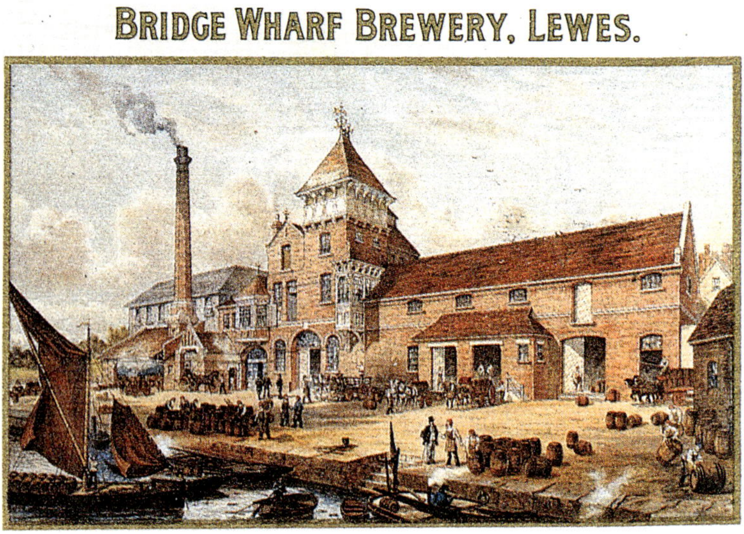

Es war einmal ein Prinz. Ob er schön war, das wissen wir nicht, nur daß sein Vater ihn schon als Sechsjährigen verlassen hat. Nun war der Prinz zwar als künftiger Herzog auserkoren – und er wurde es auch im zarten Alter von acht Jahren – aber er hatte unter seinen Zeitgenossen einen höchst unerfreulichen Beinamen: „Wilhelm der Bastard". Denn der Vater, „Robert der Teufel", war eine Mesalliance eingegangen: Er hatte die schöne Harlette, die Tochter eines reichen Brauers und Pelzhändlers aus Rouen geheiratet. Der Sohn aber war enorm ehrgeizig: Mit 39 hatte er eines der größten Reiche seiner Zeit erobert und keiner hielt es mehr für eine Schande, daß sein Großvater Bierbrauer gewesen war.

Die Geschichte hat sich wirklich so märchenhaft abgespielt, im 11. Jahrhundert. Der Beiname „der Bastard" ist längst durch „der Eroberer" ersetzt worden. Wir wissen nicht, ob Wilhelm nach der siegreichen Schlacht bei Hastings 1066 mit Wein oder mit Bier gefeiert hat. Wir wissen nur, daß das Bier damals deutlich anders geschmeckt haben muß als heute.

Sehr wahrscheinlich war das Ale der unterworfenen Angelsachsen süßlicher als das heute gewohnte Getränk – aber auch da sind wir auf Vermutungen angewiesen. Denn sicher ist nur, daß die Angelsachsen keinen Hopfen ins Bier taten; welche anderen Gewürze verwendet wurden, dürfte von Brauhaus zu Brauhaus verschieden gewesen sein. Jedenfalls hatte es schon viereinhalb Jahrhunderte vor Wilhelm Regelungen für den Bierausschank gegeben: 616 hatte sie König Ethelbert für ein „eala-hus", also ein Bierhaus, verordnet. Ina, ein König von Wessex, hatte 728 erstmals auch Strafen für schlechtes Brauen eingeführt. 965 wurde von König Edgar bestimmt, daß in jedem Ort nur eine Taverne bestehen sollte.

Noch eine Regelung dieser angelsächsischen Zeit verdient Beachtung: Ale war damals ein rein weltliches Getränk. Kirchenmännern war es verboten, in den Häusern, in denen Ale verkauft wurde, zu essen oder zu trinken – sie tranken damals Met.

Aber die Inns, Taverns und Ale-Houses nahmen dennoch eine großartige Entwicklung und wurden zu Institutionen des britischen Lebens. Und zwar lange bevor die „public houses" als allgemeine Trinkstellen eingerichtet wurden, wie wir sie auf unserer London-Reise kennengelernt haben.

Wer England kennenlernen will, sollte die Hotels meiden. Die Insel kennenlernen kann man am besten bei „B&B", was für Bed and Breakfast, die englische Version von Zimmer mit Frühstück steht. Das gibt es glücklicherweise auch in vielen Landgasthäusern und Pubs.

Ale ist ein milder Trunk, auf den einen nicht aufstößt und der mit drei bis viereinhalb Prozent Alkohol im Schnitt leichter ist als die bei uns üblichen Biere. Gerade der richtige Schlummertrunk, wenn man etwa im „Old Mill Inn" in **Salisbury** einkehrt. Der Bau aus Steinen und Ziegeln stammt aus dem Jahr 1135 und ist damit um 85 Jahre älter als die berühmte Kathedrale mit dem höchsten Kirchturm Englands, der jenseits einer großen Wiese hinter der Mühle weiß herüberleuchtet. Die einheitlichen Gemäße für das Bier wurden etwa zur selben Zeit (1215 in der Magna Charta) eingeführt.

Gut, die Mühle ist keine Mühle mehr (auch kein Archivgebäude wie im 13. Jahrhundert) – sie ist ein Pub, eines der schönsten in England. Das Wasser des Avon rauscht noch heute unter dem Gebäude – vom Restaurant aus kann man durch ein Fenster direkt nach unten in den sprudelnden Mühlgang sehen.

Salisburys kirchliche Tradition hat auch ein entsprechendes Bier hervorgebracht: „Secundus Nullo Est“, es ist keinem unterlegen, heißt es auf dem Etikett, das vom Bild der Kathedrale geziert ist. Das *Bishops Tipple* von *Gibbs Mews* ist von dunklem Rotbraun, hat einen für englische Biere hervorragend festen Schaum und einen malzigen Geruch, der keineswegs zuviel verspricht. Dieses Ale vermittelt einen etwas apfeligen, erfrischenden Eindruck, obwohl es als „Strong Beer“ mit einer Original Gravity von 1062–1070 und 6,5 Prozent Alkohol deklariert ist und diese Stärke im Nachtrunk auch spüren läßt.

Sehr viel leichter und seinem Namen zum Trotz wohl am ehesten als Vormittags-Bier geeignet ist das Flaschenbier *Moonraker*, auf dessen Label tatsächlich jemand die Spiegelung des Mondes aus einem Teich zu rechen versucht. Es handelt sich um ein 3,3 Prozent starkes, traditionelles „Brown Ale“, schwarzbraun mit bräunlichem Schaum, einem karameligen Duft und einem milden, malzigen Gesamteindruck, der in eine leichte Süße im Nachtrunk übergeht. Das *Wiltshire Traditional Bitter* ist dagegen ein Real Ale, mittelbraun und leicht mit einem zarten Malzaroma und schwacher Bittere.

Salisbury ist ein Zentrum der britischen Malzindustrie. Diese muß hier schon im 13. Jahrhundert bestanden haben, die erste schriftliche Nachricht betrifft den Mälzer Moses White und datiert vom 3. März 1620. Acht Jahre später hören wir von einer Verpachtung der dem Domkapitel gehörenden Mälzerei in Fisherton Anger an den Mälzer Robert Jole, dessen Familie „schon lange“ dort gelebt habe.

Zur gleichen Zeit war die Brauer-Zunft von Salisbury schon wieder aufgelöst: Sie bestand bis 1612. 1623 hat der Puritaner John Ivie ein kommunales Brauhaus errichtet, dessen Ausstoß allerdings höher lag als der Profit, aus dem eigentlich Sozialleistungen finanziert werden sollten. Immerhin: Gebechert wurde ordentlich. In jenem Jahr war der Brauer Robert Joles Bürgermeister, der eines Nachts so betrunken war, daß er durch den Fluß watete und die Anstrengung dabei für das Stiegensteigen in seinem Haus hielt.

Und das Bier hatte legendären Ruf. In Aubreys „Natural History of Wiltshire“ heißt es 1847, daß in Salisbury und Wilton das beste Flaschen-Ale der Nation gebraut wird“. Heute ist das Bier- und Malzgeschäft stark zurückgegangen, die mitten in der Stadt bis 1964 bestehenden Maltings sind heute Wohnblocks; ein riesiges Pub, das einzige irgendwie postmodern wirkende, das mir je untergekommen ist, wurde auch eingebaut.

Sehen wir uns weiter in Südengland um. In **Southampton** zum Beispiel. Dort gibt es im historischen Pub „Red Lion“ auf der High Street noch einen Keller aus normannischer Zeit. Im vorigen Jahrhundert gab es zu eben diesem Lokal einen regelmäßigen Kutschendienst: Ab 7 Uhr 15 bei Watney's Stag Brewery in Westminster. Die 1641 gegründete Brauerei in bester Londoner Lage gibt es seit 1959 nicht mehr, der Name des aus dem Hopfenhandel und dem Mühlengewerbe kommenden James *Watney* verschwand 1991, nachdem die Gruppe Grand Metropolitan ihre Brauereien gegen die Pubs von *Courage* getauscht hatte. Und auch die Zeiten sind dahin, zu denen man mit acht Pferdewechseln nach Southampton eilte, wo man abends um 7 Uhr 30 ankam.

In **Horndean**, nicht weit von Southampton, gibt es die kleine, aber höchst interessante Brauerei von *George Gale & Co.* Sie betreibt ein Pub, daneben steht der obligate Supermarkt, mehr hat die Ortschaft nicht zu bieten. Macht nichts: Man kehre ein und labe sich am Bier. Das ist von durchaus guter Qualität – aber die Besonderheit des Hauses wird wohl kaum je im Pub getrunken: Das *Prize Old Ale*, das in einer traditionellen, an die viktorianischen Zeiten erinnernden Flasche mit Kork verschlossen geliefert wird.

Schwarzbraun und klar (das Hefedepot setzt sich nach monatelanger Flaschenlagerung am Boden ab) fließt dieses milde, kohlensäurearme Ale in das Glas – dabei ist es 9 Prozent stark! Es macht einen sehr vollen, erstaunlicherweise aber kaum süßen Eindruck und vermittelt eine schöne, kräftige Bittere, die so typisch für den englischen Hopfen ist. Trinkt man mehrere Schlucke von diesem edlen Bier, entfaltet sich ein schöner weiniger Charakter, der vielleicht etwas an einen Medium Dry Sherry erinnert.

Weiter an der Küste liegt **Brighton**, in dessen Ortsteil *Kemptown* die gleichnamige Brauerei liegt. Ihr dunkelbraunes, fruchtig-aromatisches *Bitter*, das einen sehr tockenen-hopfigen Nachtrunk hat, bekommt man ebenso wie die etwas stärkeren Biere (*Staggering in the Dark, Old Grumpy*) fast ausschließlich im Brauereiausschank „Hand in Hand“ und in einigen benachbarten Pubs.

Der holzverkleidete Maischbottich in Horndean

Fahren wir weiter Richtung London, so kommen wir durch **Lewes**, wo die besonders schöne 1790 gegründete und 1880 in die heutige Form gebrachte Bridge Wharf Brewery steht. Das *Harveys Sussex Pale Ale* ist ein mittelbraunes, sehr hopfenbetontes Bier, das süffig und doch mit fruchtigen Malzaromen angereichert ist. *Harveys* betreibt auch ein kleines Geschäft, in dem es Bier und Biersenf zu kaufen gibt. Das *Exhibition Brown* ist ein 3,6 Prozent starkes, kaffeebraunes Flaschenbier mit stark malzig-bitterem Charakter, der sich schon in der Nase bemerkbar macht und bis in das leicht süßliche Finish anhält. Heller, aromatischer und sehr viel runder ist das *Tom Paine*, ein 5,5 Prozent starkes Ale, das rotgolden aus der Flasche kommt. Schöner Schaum wie auch beim Exhibition Brown, aber ein viel fruchtigerer Geruch, ein an belgische Biere erinnernder Antrunk, der erfrischend malzig ist und in eine leichte, unaufdringliche Bittere übergeht. Man meint, in der Malznote Geschmackskomponenten zu spüren, die man aus dem Honig kennt – aber dann ist da doch wieder zuwenig Restsüße, um diese Assoziation zu bestätigen. Eigentlich wären vor allem historische Assoziationen angebracht, denn der Namensgeber dieses Bieres ist nicht irgendwer: Thomas Paine (1737–1809) war einer der Mitautoren der Amerikanischen Unabhängigkeitserklärung.

Tom Paines Beziehung zu Lewes datiert aus früherer Zeit: Paine kam 1768 als Finanzbeamter nach Sussex, wohnte im Bull House in Lewes und heiratete hier Elizabeth Ollive. Im White Hart Hotel in Lewes nahm Paine an den Versammlungen des Headstrong Club teil, an den das Flaschenetikett heute noch erinnert. Die Diskussionen in diesem Klub sollen besonderen Einfluß auf die Unabhängigkeitserklärung der USA gehabt haben. Paine ist auch der Autor eines 1791/92 fertiggstellten Werkes über die Menschenrechte, das noch heute als eine der grundlegenden Schriften über das Demokratieverständnis gilt.

Auf mehr royalistisches Geschichtsbewußtsein trifft man in Kent. Etwa im „Queen's Head Hotel" in **Boughton**, einer Nachbargemeinde von Canterbury. Das historische Gebäude liegt mitten in den Hopfengärten von Kent. Ein typischer Grundstoff des Ale (Kenter Fuggles-Hopfen hat ein anderes Aroma als der auf dem Kontinent) wächst also direkt vor der Haustüre. Das Haus ist so klein und verwinkelt, daß man sich wundert und zweimal auf das gemalte Pub-Schild mit dem Portrait von Elizabeth I. schaut, um sich der richtigen Adresse (schlicht 111 The Street) zu versichern. Bedenken feuerpolizeilicher Art lassen sich aber damit wegwischen, daß das Gebäude heil geblieben ist, seit Königin Elizabeth I. (1558–1603) hier eingekehrt ist. Beim Eintreten ergibt sich: 16 Personen passen in den Speisesaal, vielleicht doppelt so viele an die Bar, an der das sehr ausgeprägte, dem lokalen Hopfen entsprechende *Master Brew* aus der *Shepherd Neame*-Brauerei (in der nahen Kleinstadt **Faversham**) ausgeschenkt wird. Diese Brauerei wurde bereits 1698 gegründet, sie besitzt noch eine eigene Farm zur Verwertung der Biertreber. Die Bierhefe, die den typischen Hausgeschmack ausmacht, wird seit über 100 Jahren stets weitergeführt.

Eine ähnlich traditionelle Braustätte findet sich auch nordöstlich von London, in **Bury St. Edmunds**. An der Stelle, wo seit 1799 die

Westgate Brewery entstanden ist, stand das Sterbehaus des letzten Abtes von Bury, John Reve, gestorben 1540; im Garten der Brauerei sieht man noch heute Reste der Abteigebäude. Im 18. Jahrhundert stand hier eine Brauerei der Familie Wright, die 1798 stillgelegt wurde. 1799 kam der bei Whitbread ausgebildete Brauer Benjamin Greene nach Bury, erwarb das Grundstück und begann in der ersten Juniwoche 1806 mit dem Bierausschank.

Greene King ist heute eine bedeutende Mittelstandsbrauerei, die selber vermälzt und sich auch den Luxus leistet, die Fässer mit dem ältesten Ale Englands aufzubewahren. In Eichenfässern lagert dieses sehr stark eingebraute Bier vier Jahre lang, um nach und nach mit dem Starkbier verschnitten zu werden. Nur über eine Leiter kommt man zu den großen Gefäßen, die übrigens mit Sand bedeckt sind, der als Gasfilter dient. Das berühmteste Bier aus dem 1938 im Stil eines Ozeandampfers eingerichteten Sudhaus ist das sechsprozentige *Strong Suffolk* (Flaschenbier) beziehungsweise die im Faß vergorene Form *Winter Ale*. In dessen rotbraun gefärbtem Cuvée finden wir ein wenig von dem lange gelagerten Ale, das insgesamt für eine weinige Note sorgt und dieses Bier als „Teil unseres alten englischen Trink-Erbes“ ausweist. Der Nase begegnet eine malzige Fruchtigkeit – und fruchtig-schokoladig ist auch der Eindruck dieses normalerweise nur um Weihnachten erhältlichen Bieres (Flaschen sind aber oft auch im Frühjahr an Ort und Stelle zu haben).

Nicht ganz so speziell ist das mittelbraune, recht aromatische *Abbot Ale* (die Dosen-Version davon ist allerdings zu meiden) sowie das Bier, das unter dem Namen *IPA* läuft. Es ist bernsteinfarben und sehr hopfenbetont.

IPA ist ein Kürzel, das jedem Engländer geläufig ist. Es steht für „India Pale Ale“ – und das wiederum ist jenes Bier, das dem Londoner Porter zu Beginn des 19. Jahrhunderts den Rang abgelaufen hat. Die Erfolgsgeschichte beginnt in **Burton on Trent**, einer mittelenglischen Stadt, die um das Jahr 1800 in England noch keinen besonderen Ruf hatte. Denn das Bier aus Burton ging fast ausschließlich in den Export. Mit Binnen- und Hochseeschiffen gingen die Casks in die baltischen Häfen. Es waren meistens Kompensationsgeschäfte: Für ein Faß Bier konnte man die begehrten russischen Eichen bekommen, die bestes Faßholz lieferten.

Das ging gut bis zu den Napoleonischen Kriegen, als der Handel mit Europa praktisch flachfiel. Es waren Brauereien aus Burton, die als erstes auf die Idee kamen, ihr Bier auch an die Westküste zu liefern, von wo aus es nach Indien geliefert werden konnte. Das relativ helle Bier, das „Pale Ale“, reifte im Schiffsbauch und kam in trinkbarem Zustand bei den Kolonialtruppen an.

Berühmt wurde es aber dadurch, daß einmal eine Lieferung gar nicht bis zu ihrem Bestimmungsort gelangte. Dazu kann man in den Brauereikellern von Burton folgende Geschichte hören: Ein Indienfahrer soll Schiffbruch erlitten haben – und die geborgenen Fässer sind in London versteigert worden. Ihr Inhalt soll den Käufer und seine Gäste so begeistert haben, daß das Getränk zum Gattungsbegriff wurde: IPA oder schlicht „Burton Ale“ avancierten zum Londoner In-Drink. Tom Dawson, ein langgedienter Brautechniker im *Bass*-Konzern, betont zwar mit der ihm eigenen Seriosität, daß die Geschichte nicht ganz verbürgt ist – aber die Story ist so gut, daß sie zur Firmenlegende aller ortsansässigen Brauereien geworden ist.

Was das bedeutet, demonstriert Dawson ausgewählten Besuchern, die er auf das Dach des Bass-Sudhauses führt: „Wenn Du hinunter auf die Stadt schaust, siehst Du noch fünf Brauereien – aber überall, wo Du eine freie Fläche siehst, einen Parkplatz oder einen Supermarkt, kannst Du sicher sein, daß es eine ehemalige Brauerei ist!“ Demnach müßte Burton einmal fast ausschließlich aus Brauereien bestanden haben – ein Eindruck, den alte Ansichten und ein im Bass-Museum liebevoll gepflegtes Modell aus den 20er Jahren bestätigen.

Draught Bass ist heute eines der am weitesten verbreiteten Biere Englands – malzig und gelegentlich ein wenig süßlich, aber mit einer trockenen Hopfennote ausklingend. Die Gerste wird von Bass in Burton selbst gemälzt, außerdem wird der Schüttung Rohfrucht in Form von Weizenmehl und Maissirup zugegeben. Früher war Bass stark im internationalen Flaschenbiergeschäft tätig – das rote Dreieck auf dem Etikett war das erste eingetragene Warenzeichen der Welt.

Dieses Dreieck ist auf den heutigen Flaschen mit „bottle conditioned“ Bass-Bier nicht mehr zu finden. Es wurde ersetzt durch das 5,6 Prozent starke *Worthington White Shield*, das von Bass gebraut wird. Dadurch wird der Name und das Firmenlogo (silbernes

Schwert auf weißem Schild) der 1744 gegründeten und 1927 mit Bass fusionierten Brauerei Worthington weiter gepflegt, deren eigenständige Produktion 1967 eingestellt worden war. Die Herstellung des White Shield erinnert ein wenig an die eines Hefeweizen; es wird eine genau definierte Menge eines bestimmten Hefestammes mit in die Flasche mit dem jungen Bier gefüllt, wodurch eine Flaschengärung in Gang kommt. Wird das Bier ordnungsgemäß gekühlt – etwa 11 Grad sind angemessen – und dekantiert (anders als bei Hefeweizen-Bieren ist der Hefetrub im Glas unerwünscht) erhält man ein dunkelbraunes, sehr malziges Bier mit einer etwas scharfen Hopfenbittere im Nachtrunk. So muß das Bier geschmeckt haben, das von Burton aus um die halbe Welt gegangen ist – und als einem beachtlichen Teil der Welt die typisch englische Bierkultur noch vertraut war.

Edward Ind und die Brüder Octavius und George Coope dehnten 1856 ihr Braugeschäft von Romford in Essex in die Station Street in Burton aus, wo heute die größte Brauerei Englands steht. Während *Ind Coope* (heute Teil des Nahrungsmittelgiganten Allied Lyons) und der Bass-Konzern in Burton blieben, sperrte ein Großteil der 31 vor hundert Jahren in Burton bestehenden Brauereien wieder zu – denn die intensive Forschungsarbeit, die in Burton von Cornelius O'Sullivan im Dienste von Bass betrieben wurde, machte schnell bekannt, wie man Wasser behandelt, um es für die jeweils gewünschten Bräus einzustellen.

Während IPA auf diese Weise ein Allerweltsbegriff für obergärige, mittelbraune Biere geworden ist (wie Pils für untergärige, hellgelbe, bittere Biere), bleibt „Burton Ale“ eine lokale Spezialität – die allerdings so ziemlich in jedem Winkel Englands ausgeschenkt wird. Das *Burton Ale* von Ind Coope und das etwas leichtere, individueller wirkende, jedoch im selben Brauhaus gebraute *Ansells Bitter* haben ebenfalls den charakteristischen frischen Malzton, sind aber etwas deftiger gehopft als das Bass.

Diese Real Ales machen allerdings nur einen bescheidenen Anteil der Bierproduktion in Burton aus – wie überall in England setzen die Brauer auch hier auf das Geschäft mit dem in der Brauerei gereiften Lager oder den (ebenfalls in der Brauerei fertiggestellten und pasteurisierten) KEG-Ales. Inzwischen gibt es Ales auch in Dosen und sogar in PET-Flaschen – so herzhaft wie das im Faß nachgereifte Cask-Ale sind sie aber nie. Deshalb gibt es das Real Ale auch nur in in den gut eingespielten Vertriebsnetzen auf den britischen Inseln. Eine Chance gibt es aber doch, auch auf dem Kontinent ein echtes Ale aus Burton zu verkosten: Die kleine *Heritage Brewery* am Stadtrand von Burton – sie ist in einem 1881 von Thomas Sykes gegründeten Brauhaus untergebracht und heute mehr Museum als Brauerei – braut das *Thomas Sykes Ale.* Es hat rund 10 Volumsprozent Alkohol (es ist damit zweieinhalb mal so stark wie gängige Ales) und wird mitsamt der Hefe in Flaschen gefüllt. Das ermöglicht eine lange Lagerung. Im Unterschied zu den Cask Ales, die in den Pubs nicht viel später als zehn Tage nach dem Brautermin schon angezapft werden, können die Starkbiere mit Flaschengärung mehrere Jahre oder Jahrzehnte reifen – sie nehmen dann aber eher den Charakter eines Portweins an. Flaschen des am 22. Februar 1902 im Beisein von Edward VII eingebrauten *King's Ale* von Bass tauchen noch gelegentlich auf Auktionen auf. Auch „Commemorative Ales“ zur Hochzeit von Prinz Charles und Diana Spencer werden gelegentlich in den Tausch- und Sammler-Inseraten angeboten – zu Preisen, die sich mit der Qualität des Bieres nicht erklären lassen.

Solche Spezialbiere wurden früher in jedem besseren Haushalt selber gebraut – in Wales etwa gab es die Tradition, nach der Geburt einer Tochter ein „Wedding Ale“ einzubrauen, das erst bei der Hochzeit des Kindes verkostet wurde.

Andere Jubiläumsbiere werden sogar für Brauereien hergestellt, die ihre Tätigkeit längst eingestellt haben. So konnte man 1990 ein *Bicentenary Ale* der *Heavitree*-Brauerei bekommen. Diese Brauerei war 1790 aus der vierzig Jahre vorher gegründeten Mälzerei von John Holland in der Church Street in **Heavitree** hervorgegangen. 1890 war der Familienbetrieb in eine Kapitalgesellschaft umgewandelt worden, die zwischen 1899 und 1925 fünf kleinere Brauereien übernahm. 1970 war der Betrieb an *Whitbread* verkauft und eingestellt worden – und von Whitbread kam dann auch das Jubiläumsbier: Es hatte einen schönen Schaum auf dem rötlichbraunen Bräu, eine angenehm malzige Nase und einen erfrischend-malzigen Antrunk. Insgesamt wirkte es stärker als die deklarierten vier Prozent

Alkohol, vor allem der ausgewogen bittere Nachtrunk erinnerte an ein Starkbier.

Whitbread hat in eigener Sache etwas ähnliches versucht. Zum 250. Firmenjubiläum wurde ein Porter gebraut, der jahrzehntelang haltbar sein soll. Der Kaufpreis war entsprechend hoch – ins „Guinness Book of Records“ wird es demnächst als teuerstes Bier der Welt eingetragen werden: Jede Flasche kostete schon ab Brauerei zehn Pfund. Nur im Export war sie leider nicht zu haben – eine schlechte Art der Traditionspflege, die etwa in Schottland undenkbar wäre, wie wir auf der nächsten Reise sehen werden.

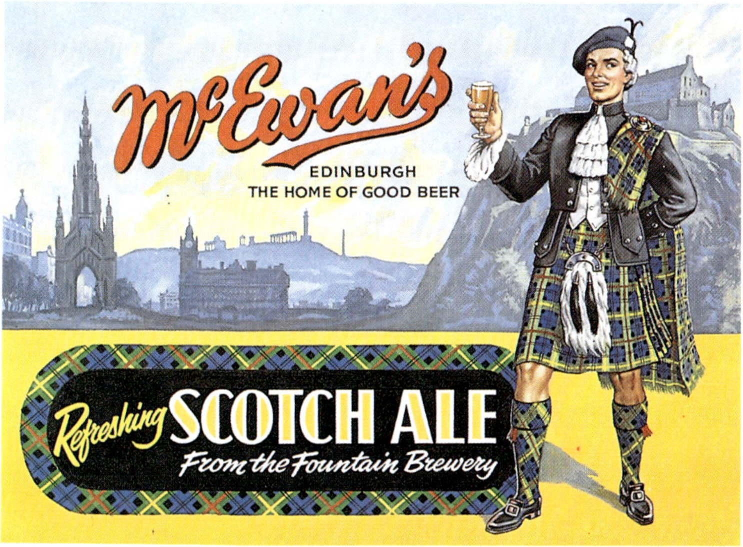

Auch unsere Reise in den Norden der britischen Hauptinsel verdient eine gebührliche Vorbereitung – und nirgendwo könnten wir uns besser einstimmen als in Belgien (und sei es vor der Abfahrt der Fähre in Oostende). In Belgien hat nämlich eine Rarität überlebt, die über Jahrhunderte das Ansehen Schottlands ähnlich geprägt hat wie der Madeira-Wein das Image der Insel, auf der er wächst. Es geht um Scotch. Heute würde in fast jeder Bar der Welt ein Whisky eingeschenkt, wenn man einen Scotch bestellt.

In belgischen Cafes, deren besondere Stimmung wir schon auf der elften Reise kennengelernt haben, ist das noch heute anders: Scotch heißt hier meistens noch „Scotch Ale" – und das ist ein Getränk, das man außerhalb Belgiens kaum bekommt. Schon gar nicht in Schottland, wo es gebraut wird.

Also versuchen wir, es in Belgien zu verkosten. Unter den heute noch erhältlichen Scotch Ales sind zwei besonders verbreitet: Das *Mc. Ewans* und das *Gordon Scotch Ale* aus **Edinburgh**. Sie werden von Scottish (& Newcastle) Breweries hergestellt und in Antwerpen von John Martin abgefüllt. Das Scotch Ale ist das weinigste Bier von den britischen Inseln: Das Gordon hat eine dunkelrot-braune

Farbe, einen leicht bräunlichen, sehr kräftigen Schaum und bestürmt die Nase mit süßlicher Malzigkeit, die den Gesamteindruck des 8,5 Prozent starken Bieres beherrscht, das dann überraschend wenig süß und von einer kakaoartigen Bittere ist. Nicht ganz zu unrecht nennt man dieses Bier „wild wie sein Herkunftsland, mysteriös wie seine Legenden“; nur was mit „großzügig wie seine Einwohner“ gemeint sein kann, bedürfte einer gewissen Diskussion.

Jedenfalls macht dieses Bier Appetit auf Schottland. Die Feinheiten der britischen Steuergesetzgebung haben dafür gesorgt, daß es in Schottland das Scotch Ale gar nicht mehr gibt: Es würde bei niedrigerem Alkoholgehalt ähnlich besteuert wie Whisky. So geht das schwere Ale ausschließlich in den Export – wie früher die meisten Biere, die in Schottlands Hauptstadt gebraut wurden. Noch im 18. Jahrhundert existierte kaum ein Schottischer Biermarkt, denn das Brauen von Bier gehörte damals wie schon seit Urzeiten zur Hauswirtschaft. Eine zeitgenössische Edinburgher Zeitung berichtet: „Eine gewisse Margaret Stachan, die diese Woche hätte heiraten sollen, braute für die Hochzeit Bier, stolperte aber unglücklicherweise rückwärts in einen Bottich mit kochender Bierwürze durch die sie schrecklich verbrüht wurde und starb.“

Gewerblich gebrautes Bier ging meistens mit schottischen Truppen und Handelsschiffen nach Südengland, die Niederlande, Neuseeland, West- und Ostindien und ins Baltikum. Brauzentren entstanden nördlich und südlich des Firth of Forth, der Meerenge, die Alloa (zur besten Zeit acht Brauereien) und Edinburgh (einst mehr als 35 Brauereien) trennt. Der Export brachte eigene Biertypen hervor, neben dem „Scotch Ale“ das „Imperial Russian Stout“, das man heute nur noch gelegentlich in Südengland findet. Bei William Younger wurde so ein Bier 1862 gebraut und erst nach 22jähriger Reifung im Faß auf Flaschen gezogen.

In Edinburgh ist es relativ leicht, der Braugeschichte nachzuspüren, weil die Sehenswürdigkeiten der Stadt ziemlich eng um die sogenannte „Royal Mile“ gruppiert sind – die Straße, die den königlichen Holyrood-Palast mit der Burg verbindet, in der die Kronjuwelen lagern. Entlang dieses Straßenzuges waren traditionell auch viele Brauhäuser etabliert – allerdings sind von den meisten nur noch schwache Reste vorhanden.

Immerhin findet sich in der Calton-Road, am unteren Ende der Royal Mile, ein als Wohnhaus renoviertes Gebäude der Craigwell Brauerei – der ursprünglichen Heimat des Gordon Ale.

Südlich davon liegt die Holyrood Road, an der sich heute noch das Verwaltungszentrum des Brauereikonzerns *Scottish&Newcastle* befindet. Im selben Straßenzug stehen noch mehrere brauereiarchäologisch bedeutende Gebäude, so das Brauhaus von William Younger von 1937 neben einem älteren Lagerturm (wohl von 1872), der stolz das Wappen und die Gründungs-Jahreszahl 1749 trägt. Damals hatte der aus begüterter Familie stammende William Younger in Leith eine Brauerei gegründet. Als er sich 1753 mit der aus noch besserem Hause stammenden Grizel Cochrane Syme verlobte, wurde er nebenbei auch Zoll- und Steuerbeamter – und das war in jener Zeit besonders abenteuerlich. Die Küsten von Nordengland und Schottland waren von Schmugglernestern übersät – wir werden später noch bei einem vorbeikommen. Zur Brauereigeschichte genügt zunächst der Hinweis, daß Younger sich Pistolen und Reitstiefel beschaffte, zunächst die Flaschensteuer prüfte und einhob und offenbar so erfolgreich war, daß er seine Karriere in Edinburgh fortsetzen konnte.

Hier verband er seine beamtete Tätigkeit als Zollfahnder mit dem Ausbau seiner Brau-Interessen, die seine offenbar sehr geschickte Frau wahrnahm. Bald gehörten der Familie mehrere Brauereien an der Holyrood Abbey (von Mönchen 1679 gegründet), am Canongate und in der Calton Road. Bis 1986 wurde in der Holyrood Road gebraut. 1960 ist Younger in Scottish & Newcastle aufgegangen.

Die bodenständigste der Brauereien von Edinburgh ist *Caledonian*: Mein britischer Kollege Michael Jackson hat sie als „lebendes, arbeitendes Museum der Bierherstellung“ bezeichnet, was insoferne irreführend ist, als es keine regelmäßige Besuchsmöglichkeit gibt. Auch mir war es bisher nicht vergönnt, die letzten direkt gefeuerten offenen Braupfannen Großbritanniens (der Welt?) zu sehen, deren älteste aus dem Gründungsjahr 1867 stammt – aber ich konnte die Biere kosten, die alle sehr aromatisch und besonders kräftig gehopft sind. Ihre Namen sind noch heute am alten Steuersystem orientiert: *60/-* (sprich: *Sixty Shilling*), *70/-* und *80/-* bezeichnen den Steuersatz, der für Biere dieser Klasse eingehoben wurde, dazu kommt noch das *Golden Promise*, das seinen besonders fruchtigen Eindruck womöglich der Gerste und dem Hopfen aus Bio-Anbau verdankt. Das stärkste Bier des Hauses ist das *Strong Ale*, das seinen hohen Alkoholgehalt unter einem fruchtig vollen Körper und einem deutlich bitteren Nachtrunk verbirgt.

Gewerkschaftsfahne der Faßbinder von Edinburgh

Ein weiteres Brauzentrum liegt, wie erwähnt, in **Alloa**. Dort wird man gleich an der Stadteinfahrt von einem *Skol*-Schild gegrüßt, allerdings ist der traditionellste Betrieb hier die im Stadtzentrum versteckte „Thistle Brewery" von *Maclay*, ein turmartiges Gebäude von 1869, das die 1830 von James Maclay gegründete Brauerei aufgenommen hat. Seit 1883 ist kaum umgebaut worden und so ist das Bier wohl so ähnlich wie jenes, das 1894 bei der Landwirtschaftsausstellung in Wien von Franz-Ferdinand ausgezeichnet wurde.

Man wundert sich unwillkürlich, daß es in Schottland eine berühmte Brauindustrie und ähnlich berühmte Whisky-Destillerien gibt, daß aber niemand schottisches Whisky-Bier braut. Um das zu finden, muß man ins Elsaß oder nach Oberösterreich. Im Brau-Ort **Schiltingheim** bei Straßburg, den wir auf der 19. Reise kennenlernen werden, steht die Brauerei *Adelshoffen* (die zur Firma *Pecheur/*

Fischer gehört), wo Braumeister Henri Weber das *Adelscott* braut. Er nimmt dazu über Torf gedarrtes Whiskymalz und zur Abrundung eine ungewöhnlich große Menge Mais, damit der Gesamteindruck des Bieres nicht zu rauchig wird. Das Ergebnis ist ein rötlichbraunes, recht aromatisches und leicht rauchiges Bier. Ein reines Whiskymalz-Bier ohne Rohfrucht kommt dagegen aus dem oberösterreichischen **Vorchdorf**. Es heißt *Nessie* wie das Ungeheuer, ist rötlichbernsteinfarben und hat das volle Whiskyaroma, das durch die leichte Hopfung sinnvoll ergänzt wird. Das Malz für dieses 17grädige Bockbier wird aus Schottland importiert.

Vaux in Sunderland führte schon früh den Lkw ein: Im Vordergrund ein dampfbetriebenes Exemplar

Von dort – genauer: aus Nordengland – ist noch eine Besonderheit zu erwähnen: Das „Brown Ale". Das erste derartige Bier kam aus **Sunderland** und wurde von Colonel Ernest Vaux persönlich eingebraut. Der Brauereibesitzer war am 2. Jänner 1904 vom Burenkrieg zurückgekehrt und gab dem Bier den heute unverfänglich klingenden Namen „Maxim" – damals aber wußte jeder, daß Hiriam Stephens Maxim der Erfinder des Maschinengewehrs war, mit dem die „Northumberland Husars" des Colonels erfolgreich in Afrika gekämpft hatten. Die 1837 von Cuthbert Vaux gegründete *Vaux*-Brauerei war 1881 nur eine von 25 in Sunderland. Heute ist sie ein mittelständisches Unternehmen, das gelegentlich erfolgreich mit den Großen der Branche pokert.

Hier braut man bedeutende Mengen Lagerbier und auch ein uninteressantes *Pale Ale*, das in der Brauerei ausgereift und in KEGs gefüllt wird, daneben als Real Ale das *Samson*, das regionaltypisch eher malzig-süßlich mit milder Hopfung ist. Auch eine ganz leichte (3,6 Alkoholprozente) Version eines Scotch gibt es hier: Das *Lorimers Best Scotch* ist aber eher einem Mild ähnlich – sehr dunkelbraun, süffig und mit einem leichten Röstmalzgeschmack.

Diese Biere bekommt man in rund 550 Pubs der Region, von denen eines als das wohl seltsamste Englands erwähnt werden muß: Es liegt in der Nähe von **Marsden** zwischen den Flußmündungen von Tyne und Wear und heißt „The Grotto". Von der Straße führt ein Lift über die Klippen hinunter zum Strand, an dem einst Schmuggler ihre Verstecke hatten. 1782 hat ein Arbeiter die Höhlen als Wohnung ausgebaut, Stufen in den Fels gemeißelt und in seiner Wohnung mit Bierausschank begonnen. In dem Pub spukt es – fast möchte man sagen: selbstverständlich. Und es ist auch klar, daß der Spuk mit dem illegalen Seehandel zwischen England und Schottland zu tun hatte, über dessen Bedeutung wir durch den Zollfahnder und Brauherren William Younger ins Bild gesetzt wurden. Da gibt es die schaurige Geschichte von „Jack the Jibber", einem Verräter, den andere Schmuggler hier verdursten ließen: Er hat seinen eigenen Krug, aus dem kein anderer trinken darf – und er läßt alle Blumen im Pub verdorren. Außerdem spukt in dem Pub eine Katze, die durch Wände durchgehen kann.

Aber wir sollten nicht vergessen, daß wir nicht wegen der Geistergeschichten hier sind, sondern wegen des Brown Ale. Vaux bietet es gelegentlich als Real Ale an, immer noch unter dem historischen Namen *Double Maxim*: Sehr malzig und mit leichtem Röstmalzaroma, das in eine angenehme Bittere übergeht.

Die früher weitverbreitete Spezialität Brown Ale ist heute das Flaggschiff von Scottish & Newcastle – das *Newcastle Brown Ale* ist das meistverkaufte Flaschenbier in Großbritannien. Gebraut wird es in der *Tyne Brewery* in **Newcastle upon Tyne**: Ein mittelbraunes, mild-malziges Bier, dessen Rezept aus dem Jahr 1927 stammt. Heute ist die Tyne-Brücke aus dem Etikett dieses Bieres nicht wegzudenken – sie wurde aber erst ein Jahr später, 1928, errichtet.

Noch neueren Datums ist das *Newcastle Amber Ale*, ebenfalls ein Flaschenbier, das für den lokalen Markt gedacht ist. Es ist hellbraun, macht einen sehr leichten und charakterarmen Eindruck mit einer zarten Bittere im Nachtrunk und ist als Durstlöscher für die Mittagszeit gedacht. Die Tyne-Brauerei steht in einer Stadt mit großer Braugeschichte. Ihren Namen hat sie nach einer Befestigungsanlage, die sich am Ostende des Hadrians-Walls entwickelt hat. Robert Curthose, der Urenkel eines französischen Brauers und Sohn Wilhelms des Eroberers, baute hier 1080 eine „Neue Burg". Nirgendwo in England war der Fortschritts- und Technikglaube so sehr über das Geschichtsbewußtsein erhaben wie hier, in der Stadt des Eisenbahn-Pioniers Robert Stevenson. Die Eisenbahn wurde einfach mitten durch die Burg gebaut; allerdings war die Befestigung damals längst außer Funktion. Bereits 1782 war sie zum Verkauf angeboten worden: Als Windmühle oder wegen des guten Brunnenwassers „als sehr lohnender Platz für eine Brauerei", wie es in einem Anschlag aus jenem Jahr hieß.

Der Plan wurde nie umgesetzt – doch zu jener Zeit hatte sich mit John Barras bereits ein bedeutender Brauer im benachbarten Gateshead etabliert, und in einem Handbuch von 1801 heißt es: „Die Brauereien in Newcastle und Umgebung sind zahlreich und einige von ihnen tätigen viele Geschäfte." Die aufstrebende Industriestadt sicherte Barras und seinen Mitbewerbern einen wachsenden lokalen Markt, der schließlich die Basis für die Errichtung der Tyne-Brewery 1868 zu bieten schien. Man nannte sie „eines der Wunder, die Fremde bei einem Besuch in Newcastle nicht zu besuchen versäumten," doch in Wahrheit war dieses größte Industrieunternehmen Nordenglands überdimensioniert und ging bankrott.

John Barras & Co übernahmen die Brauerei 1884, brachten voller Traditionsbewußtsein den 1770 gelegten Grundstein der Brauerei aus Gateshead über den Fluß und nannten sich ab der Börseneinführung 1890 „The Newcastle Breweries". Immer wieder gewannen sie Wettbewerbe als „Champion Beer of Britain" und werben noch heute mit dem Slogan „The North never tasted so good“. Auch darin liegt ein Mythos – der von Europas Norden als dem Bier-Walhalla. Wir werden diesem Mythos auf der nächsten Reise nachspüren.

Von Skandinavien hat man in unseren Breiten ein festgefahrenes Bild: Wildromantische, unberührte Landschaft, puritanische Lebensweise und gelegentliche Saufgelage. Der Anblick von hordenweise im alpinen Raum einfallenden trinkfreudigen Jungtouristen aus dem hohen Norden verstärkt den Eindruck noch: In dem fernen Land scheint man mit Alkohol nicht umgehen zu können. Sicher ist: Man betreibt dort eine ziemlich dubiose Politik der Beschränkung des Alkoholausschanks.

Dabei kommen Europas älteste Biertraditionen aus dem Norden. Kultische Trinkgelage dürfte es schon in prähistorischer Zeit gegeben haben. J. P. Arnold schrieb 1911 in seinem umfassenden Werk „Origins and History of Beer and Brewing“: „Das Alehaus oder Bierhaus war der Ort, an dem sich im frühen Mittelalter die Menschen Skandinaviens getroffen haben – um über wichtige und unwichtige Dinge zu plaudern, wobei während der Diskussion ein

Humpen oder Trinkhorn mit Bier herumgereicht wurde. Oder man besprach Geschäfte und schloß sie vielleicht ab, wobei der Handel mit einem guten Schluck besiegelt wurde. Es war in jenen Tagen und unter den damaligen Bedingungen ein weit wichtigerer Platz als man heute denken würde." Das Bierhaus war – neben der Kirche und dem Thing (der rituellen Gerichtssitzung) – der Platz, an dem rechtsgültige Verträge geschlossen werden konnten.

Es gibt eine Reihe von Hinweisen, daß man auch später im Norden Europas zum Bier eine besondere Beziehung hatte. Noch 1502 galt, daß die eigentlichen Biergegenden Europas im Norden liegen, wie es der schwedische Bischof Olafs Magnus vermerkte: „Wie der Wein nach Süden, so wird das Bier nach Norden zu immer besser." Man würde demnach vermuten, daß das beste Bier irgendwo am Polarkreis zu finden wäre. Nun, wir werden sehen. Nach den Angaben des Bischofs waren es jedenfalls die norddeutschen, damals teilweise dänischen Städte, die das Brauwesen zu solcher Blüte gebracht hatten.

Eine dieser Städte ist noch heute vor allem für ihr Bier (und nebenbei für das deutsche Verkehrssünder-Register, aber das ist weit weniger angenehm) bekannt: **Flensburg**.

Das *Flensburger Pilsener* riecht eher malzig, ist aber dann überraschend schlank mit einer leichten malzigen Note, die in die ausgeprägten Hopfenaromen und schließlich in einen deutlich bitteren Nachtrunk übergeht – eines der schönsten Beispiele für deutsches Pilsener. Und es wird – wenn nicht im Faß – in kleinen Bügelverschlußflaschen ausgeliefert. In der Brauerei wird stolz darauf verwiesen, daß schon Friedrich II. von Dänemark (1559–1588) das Bier aus Flensburg so sehr schätzte, daß er sich Flensburger Brauer an den Hof holte. Vom 12. Februar 1596 stammt dann die Braugerechtsame, die Flensburg mitsamt dem Meilenrecht verliehen wurde. 1873 wurde die Flensburger Actien Brauerei gegründet, 15 Jahre später die Flensburger Export Brauerei – beide Unternehmen fusionierten 1919 am Standort der Exportbrauerei, an dem noch heute eine alte Schiffsglocke an jene Zeiten erinnert. Sie fuhr mit dem Kolonialschiff „Herta" von 1879 um die Welt, ehe sie ins Sudhaus gehängt wurde. Der Brauer Hans Lorenz Hansen hat mir noch von der Zeit erzählt, als die Glocke jedesmal geläutet wurde, bevor ein Sud ausgeschlagen wurde. Da kam der Brauereidirektor noch persönlich, um zu kosten – eine Praxis, die nach dem Brand von 1961 abgekommen ist. Zu jener Zeit gab es auch noch eine beachtliche Bier-Vielfalt in Flensburg: acht Sorten. Erst 1984 hat man sich ausschließlich auf das Flensburger Pilsener konzentriert, das immerhin schon 95 Jahre in der Produktpalette war.

Das *Dithmarscher Pilsener* kommt ebenfalls aus Holstein, von der 1775 gegründeten Brauerei Karl Hintz. Es schmückt sich mit zwei Goldmedaillen von 1958 aus Gent. Anders als das Flensburger Pilsener hat dieses Bier keinen ausgeprägten Pils-Charakter – dafür einen sehr malzigen Duft und einen etwas vollen Antrunk; nur die Hopfung ist pilsartig, auch wenn sie in sehr viele Malzaromen verpackt ist.

Wenn wir Deutschland nun in Richtung Skandinavien verlassen, dann kommen wir in eine Welt, wo staatliche Eingriffe eine früher blühende Bierkultur bedrängt haben – und der Endsieg des Bieres ist noch immer nicht errungen.

In Nordeuropa sind alle Fähren im grenzüberschreitenden Verkehr erheblich billiger als im Binnenverkehr. Verantwortlich dafür sind die Biertrinker, die über die gute Auslastung der Duty-Free-Shops die Fährtarife subventionieren. Und die Biertrinker fahren weit, um billiges Bier zu bekommen: In Südschweden gibt es organisierte Busreisen, die bis zu 450 Kilometer im Umkreis von Helsingborg die Durstigen aufnehmen. Dann geht es auf die Fähre, die zwischen dem schwedischen Helsingborg und dem dänischen Helsingör pendelt – wobei die Schweden bei jeder Anlandung in Helsingborg nur zwei Liter Bier mitbringen dürfen. Aber das Preisgefälle zwischen Dänemark und Schweden lohnt die mehrfache Fahrt.

Dabei ist Bier auch am dänischen Ufer für mitteleuropäische Verhältnisse recht teuer, besonders in den Lokalen. In Dänemark wird nämlich Alkohol – wie in anderen skandinavischen Ländern – besonders hoch besteuert. Eine Regelung, die sich mit dem gemeinsamen EG-Markt nicht gut verträgt, weshalb Brüssel die Dänen im Frühjahr 1991 zwang, das Einfuhrlimit von 10 Litern billigen Importbiers wieder aufzuheben.

Einen Monat lang blühte daraufhin ein nahezu uneingeschränkter Eigenimport: Tausende Dänen fuhren im Auto nach Deutschland, um von dort mit zum Bierwagen umfunktionierten Pkw heimzukommen. An der Grenze mußte dann eine Erklärung „auf Treu und Glauben“ unterschrieben werden, daß das mitgebrachte EG-Bier wirklich nur zum persönlichen Genuß bestimmt war – und nicht etwa profitabel verhökert würde.

Die Autos waren gelegentlich mit 500 Litern (plus entsprechendem Gebindegewicht) beladen, Dänemarks Polizei ließ bei Verkehrskontrollen die Fahrzeuge auf das zulässige Gesamtgewicht abladen. Daß dabei viel Bier am Straßenrand blieb, störte wenig, der Privat-Import blieb immer noch lohnend, denn Bier war in Deutschland halb so teuer wie in Dänemark.

Um diesem Unfug abzuhelfen, einigten sich Kopenhagen und Brüssel: Die Dänen haben ihre Bier-Besteuerung gesenkt (was natürlich auch den Touristen zugute kommt), die EG hat ihnen dafür erlaubt, wieder ein Limit für den privaten Bier-Import (diesmal zwölf Liter) einzuführen. Bier-Schmuggel ist damit ziemlich unattraktiv geworden – aber für viele Dänen ist es ein lohnender Sonntagsausflug, die Fähre von Gedser nach Warnemünde zu nehmen. Auch wenn sie im deutschen Ostseebad gar nicht von Bord gehen, ist es für sie ein Genuß, zwölf Liter Bier im Duty-Free-Shop auf dem Schiff zu erwerben: Die 13 Mark Fährpreis lassen sich so allemal einspielen und die fünfstündige Seefahrt ist quasi gratis.

Um welches Bier geht es nun? Das in Dänemark populärste Bier ist das *Tuborg*, hier wiederum jenes, das nach der Farbe seines Etiketts als *Tuborg groenbier* verkauft wird. Dieses „Fadöl“ (Lagerbier) ist mittelgelb, hat einen grasigen Duft und einen schlanken Antrunk. Obwohl es viele malzige Komponenten aufweist, ist es kräftig gehopft und hat einen trockenen Nachtrunk. Die Tuborg Brauerei wurde 1873 gegründet, das grün etikettierte Pilsner Bier braut sie seit 1880. Dazu kommt noch das dunkle und vollere *Tuborg rot* vom bayrischen Typ und das *Tuborg Gold* (*Tuborg Export Quality*), das mit 5,4 Prozent deutlich stärker und auch vollmundiger ist. Außerdem gibt es zwei Starkbiere (*Fine Festival*, *Osterbock*) und zwei alkoholarme obergärige Biere (*Kongens Bryg, Tuborg Hell*).

Tuborg gehört seit 1903 gemeinsam mit *Hannen* und *Tetley* zum weltumspannenden *Carlsberg*-Konzern, der in Europa viertgrößten Gruppe nach *Heineken*, *BSN* und *Guinness*. Die formelle Verschmelzung erfolgte 1970. Die Geschichte der Carlsberg-Brauerei ist eine der großen und oft erzählten Erfolgsgeschichten des 19. Jahrhunderts: 1801 war Christen Jacobsen als Braubursche aus Nordjütland nach Kopenhagen gekommen. Zehn Jahre lang sparte er, um sich eine Brauerei kaufen zu können. Im selben Jahr kam sein Sohn Jacob Christian Jacobsen zur Welt, der 1826 bereits in der zweiten vom Vater gekauften Brauerei zu arbeiten begann.

Nebenbei hörte der junge Mann technische Vorlesungen und war so der bestausgebildete Brauer seines Landes, als er 1835 den damals immer noch bescheidenen Betrieb übernahm, der aber immerhin schon über eines der noch seltenen Thermometer verfügte.

Von Gabriel Sedlmayer von der Münchner Spatenbrauerei bekam Jacobsen die erste untergärige Hefe, vom König die Erlaubnis, die Keller unter der Stadtmauer als Lagerkeller zu benutzen. 1846 gab es daher erstmals Lagerbier in Dänemark – und es war so erfolgreich, daß Jacobsen 1847 eine neue Brauerei in Betrieb nehmen konnte, die er nach seinem fünfjährigen Sohn Carl benannte. Der Ausstoß im ersten Jahr – 3500 hl – entspricht etwa dem, was heute in zwei Stunden gebraut wird. Aber weiterer Ausbau war von Beginn an geplant – alles auf wissenschaftlicher Grundlage. 1875 wurde das Carlsberg-Laboratorium gegründet, in dem unter anderem Emil Chr. Hansen tätig war, der die Hefereinzucht entwickelte und neben Louis Pasteur einer der großen Biochemiker des 19. Jahrhunderts war. Der von Hansen isolierte Hefestamm Saccharomyces Carlsbergensis ist der Haupttypus der untergärigen Bierhefe.

Den Brauern wurde zu jener Zeit in ganz Europa klar, daß man mit dem gezielten Zusatz von Hefe zur Würze die Gärung rasch in Gang bringen konnte. Das „Zeug“ oder der „Satz“ war zunächst eine Mischung verschiedener Pilze – neben der eigentlichen obergärigen Bierhefe (saccharomyces cerevisiae) sind noch viele andere Organismen mitgesprossen. Das hat einerseits zum für den jeweiligen Keller typischen Geschmack geführt, andererseits aber die Bierqualität gefährdet.

Zum Weiterführen der (untergärigen) Hefe eignet sich nur ein Teil dessen, was als Satz nach der zwischen sechs und zwölf Tagen dauernden Hauptgärung am Boden des Gärbottichs abgesetzt ist: Obenauf schwimmen nämlich leichte Hefen und Mikroorganismen sowie verschiedene Stoffwechselprodukte, die sich auch in den Kräusen finden, unten am Boden dagegen sind Verunreinigungen und Gelägerbestandteile. Nur die mittlere Schicht kann – nach Reinigung mit Wasser – als Zeug für den nächsten Gärvorgang verwendet werden. Die Reinhefe, die aus möglichst gleichartigen Spaltpilzen besteht und in einer eigenen Kultur weitergezüchtet wird, wurde nach Forschungen Hansens ab dem Braujahr 1883/84 verwendet, „mit bedeutendem Erfolge“, wie es in einer zeitgenössischen Darstellung heißt.

Bevor wir Carlsberg verlassen, sollten wir noch ein für diese Brauerei und auch das Land ganz ungewöhnliches Bier verkosten: Das 7,8 Prozent starke *Carlsberg Porter*, das sich auf dem Etikett auch stolz „Imperial Stout“ nennt. Es ist tiefschwarz, hat einen hellbraunen Schaum und eine betont bittere Grundnote, die an Kakao erinnert, was durch die leicht süßliche Malznote unterstrichen wird.

Von den dänischen Bieren hat es das *Faxe* aus **Fakse** auf eine ungewöhnliche Art zu Berühmtheit gebracht: Es ist an fast jeder deutschen Tankstelle als Dosenbier in der Literdose zu haben – obwohl es einen geringen Rohfruchtanteil hat, also nicht dem Reinheitsgebot entspricht. Das Bier hat einen leicht malzigen Geruch, ist mittelgelb, süffig und angenehm gehopft.

Eine Darstellung der dänischen Bierlandschaft wäre unvollständig, wenn man sie bloß auf die Carlsberg-Tuborg-Gruppe und das Faxe beschränken würde. Wir haben schon von der Spezialitätenbrauerei in **Thisted** gehört, die eines ihrer Biere traditonell mit Grut würzt. Eine ähnliche Kuriosität ist das *Green Bacchus*, ein viereinhalb Prozent starkes, hellgrünes (!) pilsartiges Bier mit weißem Schaum, sehr schlankem Antrunk und schönen Hopfenaromen im Nachtrunk.

Von *Ceres*, einer immerhin auf das Jahr 1681 zurückgehenden Brauerei in **Arhus**, kommt das 6,3 Prozent starke *Bering-Bryg*, eines der wenigen nordischen Starkbiere. Es ist nach Commander Vitus Bering benannt und hat die Farbe eines Burgunderweines. Fruchtige Süße erobert die Nase, der Antrunk ist süßlich-voll und birgt Aromen von Kirschen und Karamel, das hier offenbar in hohem Maß zugesetzt wurde und dennoch eine minimale saure Komponente, die das Bier trotz geringem Mousseux rezent schmecken läßt.

Ein anderes dänisches Starkbier ist das *Giraf* von den *Albani* Breweries in **Odense**. Das Giraf – es wird aus einer langhalsigen Schulterflasche serviert – ist mit 31 Prozent Rohfrucht gebraut, hat 15,4 Grad Stammwürze und 5,9 Alkoholprozente. Es ist mittelgelb, sehr würzig und im Nachtrunk angenehm herb. Aber natürlich kann man auch auf der Suche nach dänischem Starkbier nicht an *Carlsberg* vorbeigehen – in den skandinavischen Ländern hat es einen legendären Namen: *Elephant Beer*. Die Bezeichnung kommt von den beiden steinernen Elefanten, die das Haupttor der Brauerei flankieren. Diese Elefanten sind nach dem Vorbild jenes lächelnden (aber viel kleineren Elefanten) geschaffen, der auf dem Platz vor der Kirche Santa Maria Sopra Minerva in Rom einen Obelisken aus dem vierten vorchristlichen Jahrhundert trägt. Jenen Elefanten hat übrigens Bernini entworfen.

Das Bier mit den Elefanten ist kräftiggelb, malzaromatisch und nicht zu kräftig gehopft. Seine 7,2 Volumsprozente würden ihm auch einen würdigen Platz unter den Starkbieren einräumen.

Ziehen wir weiter in den Norden, so werden die Biere deutlich schwächer. Nur wenig ist von der Tradition geblieben, daheim auf dem Bauernhof zu brauen – dies praktizieren nur die Gotländer zur Weihnachtszeit, wo man das „Gotlandricka" herstellt.

In Schweden finden wir zunächst das helle, überraschend würzige und dennoch leichte *Spendrups*. Dessen Brauerei wurde 1892 von zwei Grubenarbeitern in der für Eisenerz-Abbau berühmten

Stadt **Grängesberg** gegründet. 1923 kaufte Lois Spendrup, der Großvater der heutigen Eigentümer, die Braustätte, die damals ausschließlich den lokalen Markt mit zwei Bieren (1,8 und 2,8 Gewichtsprozent Alkohol) belieferte. Noch als der Sohn Jens Spendrup das Unternehmen 1950 übernahm, lag der Ausstoß bei bloß 3000 hl.

Das Elefantentor bei Carlsberg - eines der vielen Wahrzeichen, die Kopenhagen der Brauerei verdankt

Als 1953 gesetzlich erlaubt wurde, das Bier über den lokalen Bereich hinaus zu verkaufen und auch ein *Starköl* mit 4,5 Gewichtsprozenten Alkohol für die staatlichen Monopol-Läden zu brauen, gab es in Schweden noch 40 Brauhäuser. Die Grängesbergs-Bryggeri besitzt zwei der acht, die überlebt haben. 1960 betrug der Ausstoß 40.000 hl, 1976 bereits 175.000 hl und derzeit sind es knapp zwei Millionen. Davon werden 380.000 in der Varby-Brauerei in **Stockholm** gebraut – übrigens zu einem beachtlichen Teil als Lizenzprodukt der Löwenbräu München.

Die Bierproduktion Schwedens war 1892 bei 1,487 Millionen hl, heute macht Spendrups mit nur 20 Prozent Marktanteil mehr. Bedeutsamer ist die Brauerei *Pripps* in **Gothenburg** mit ihrem *Special Lager*. Es ist mittelgelb, hat einen schwachen Schaum, ist dünn und hat zum Überfluß auch noch eine metallisch-bittere Note. Man beginnt zu ahnen, warum die Schweden ausländisches Bier preisen.

Um die rigide Anti-Alkohol-Politik Schwedens und der anderen skandinavischen Länder zu verstehen, muß man die Geschichte ansehen: Vor 200 Jahren, im ausgehenden 18. Jahrhundert, war Schweden versoffen wie kein anderes Land Europas. Stockholm hatte zur Zeit des 1795 verstorbenen Volkspoeten Carl Michael Bellmann auf je hundert Einwohner eine Kneipe – das war Weltrekord. Und entsprechend sah die soziale Lage in Schweden aus, das in jenem 18. Jahrhundert von einer führenden Weltmacht zu relativer Bedeutungslosigkeit abgesunken war. Bellmann, der zahlreiche Gedichte und Theaterstücke (darunter eines mit dem bezeichnenden Titel „Im Wirtshaus") schrieb, war unter Gustav III. Hofbeamter, ließ seine Arbeit aber von einem Substituten (dem er sein halbes Gehalt von 3000 Talern abgab) erledigen, um sein liederliches Leben fortsetzen zu können.

Sehen wir weiter nach Finnland, denn dort hat sich noch ein bodenständiges Bier erhalten. Die Bierspezialität Finnlands ist den meisten Touristen unerreichbar. In der Gastronomie gibt es sie kaum – vielleicht mit Ausnahme der Bierakademie von **Helsinki**, einem unscheinbaren, etwas heruntergekommenen Schuppen in der Nähe des Felsendomes (Ponj Rautatiekatu 21B). Dabei steht das *Sahti* durchaus auch in den staatlichen „Alko"-Läden, in denen der einzig legale Handel mit Alkohol stattfindet. Zu beachtlich hohen Preisen, denn der damals junge Staat Finnland hat in den zwanziger Jahren in Anlehnung an die USA die Prohibition eingeführt und sie erst im April 1932 nach einer Volksabstimmung 70:30 wieder aufgehoben. Seither (und wohl bis das EG-Recht diese Wettbewerbsbeschränkung aufhebt) gibt es nur alkoholfreie und Leicht-Biere (Klasse I) im freien Handel, der Handel mit stärkeren Alkoholika ist Staatsmonopol. Immerhin gibt es auch einige Importbiere in den „Alko"-Läden, dann natürlich die finnischen Biere und eben jene unscheinbaren Kartons, die man als Tourist übersieht. Es sind 3-Liter-Kartonboxen, in die die Brauerei von Lammin das mit obergäriger (Brot-)Hefe vergorene, durch Stroh filtrierte *Sahti* ausliefert. Es ist das finnische Pendant zum „Real Ale" Englands, es reift in der Box nach und hat eine Haltbarkeit von nur zwei Wochen.

Sahti ist mit anderen Bieren nicht wirklich zu vergleichen, es ist dunkelbraun, trüb und ohne Schaum, hat einen säuerlichen Geruch – man würde Schlimmstes befürchten. Der Antrunk ist allerdings überraschend süßlich und voll – mit einem Aroma, das deutlich an Bananen erinnert. Erst im Nachtrunk entwickelt sich eine leichte Bittere. Wie gesagt: Es ist ein einfaches Bier für den finnischen Hausgebrauch und ein wenig gewöhnungsbedürftig.

Es gibt wenige andere typisch finnische Biere. Mag sein, daß sich die ersten gewerblichen Bierbrauer ein Vorbild an den Bieren genommen haben, die zu jener Zeit aus dem englischsprachigen Raum importiert wurden – so ähnlich ist wohl das an die sieben Prozent starke *Sinebrychoff-Porter*. Tiefschwarz, nicht blank filtriert, ein brauner Schaum mit einem an Röstmalz erinnernden Duft und einem kaffeeartig-bitteren Antrunk, der sich, begleitet von schwachen Malzaromen, bis in den kräftig-bitteren Nachtrunk erhält.

Noch heute wirbt die *Koff*-Brauerei mit Plakaten, auf denen zu lesen steht: „1818 war Finnland trocken und durstig". Das war das Jahr, bevor die erste Großbrauerei des Landes entstanden ist. Finnland war damals russische Provinz und von Importen abhängig, was vor allem dem russischen Adel nicht recht sein konnte; dieser, vom mißtrauischen Zaren an Auslandsreisen gehindert, verlegte sich darauf, seine Sommerfrische in den im Sommer sehr warmen Villenvierteln von Helsinki zu verbringen. In deren unmittelbarer Nähe gründete am 13. Oktober 1819 der 1786 geborene Kaufmann Nikolai Sinebrychoff aus St. Petersburg die erste Brauerei Skandinaviens, die heute noch als Koff-Brauerei besteht. Allerdings wurde Ende 1992 ihre angestammte Braustätte am Hafenbecken von Helsinki geschlossen und an den nördlichen Stadtrand verlegt.

Bestehen geblieben ist die Villa Sinebrychoff und deren weitläufiger Park, der vom Reichtum der Familie ebenso zeugt wie die

Miniaturensammlung, das Kernstück der in der Villa untergebrachten Kunstsammlung. Und die Erinnerung, die in einem mit dem russischen Doppeladler geschmückten Bier weiterlebt: *Nikolai Sinebrychoff* ist ein bernsteinfarbenes, vollmundiges Lagerbier mit einer Malznote, die schön mit der Hopfung harmoniert.

Auch im Bereich der alten Brauerei ist geplant, wieder Bier zu brauen – in einer der wenigen Gasthausbrauereien von Skandinavien. Aus der eigentlichen, jetzt übersiedelten Sinebrychoff-Brauerei kommt – neben den Bieren unter dem Markennamen Koff – eine Reihe von Sinebrychoff-Bieren. Das mittelgelbe *Amiraali* (Klasse IV A) zeigt auf dem Etikett ein Portrait des vollbärtigen Seemanns Stepan Makarov (1848–1904), hat einen malzig-frischen Geruch und einen würzig-vollen Charakter. Noch ein wenig stärker ist das *Koff IV B*, das bis vor kurzem nur exportiert wurde. Es ist ein hellbernsteinfarbenes Bockbier mit respektablen sieben Alkoholprozenten. Die Nase ist ungewöhnlich neutral, der Antrunk eher schlank. Umso mehr überrascht das sich entwickelnde Aroma, das mit einer unaufdringlichen, ausgewogenen Bittere einhergeht.

Als Bier der Klasse III (aber keineswegs drittklassig) ist das *Perinteinen Kesäolut*, ein hellgelbes, leichtes Sommerbier mit einem frischen, etwas grasigem Geruch, sehr süffig und mit einer angenehmen, dezenten Bittere.

Ein anderes Kesäolut kommt aus der *Erikois*-Brauerei – das *Midnight Sun Beer* ist Klasse IV-A, ausgesprochen hellgelb und schlank, hat schwache Malzaromen und eine unausgeprägte Bittere.

Unter den Finnen ist das *Vaakuna* aus der 1878 gegründeten *Olvi*-Brauerei besonders beliebt, wohl weil es als „IV-A" Bier eine besondere Kraft verspricht. Es ist mittelbraun, hat einen sehr kräftigen Schaum und eine süßlich-fruchtige Nase. Fruchtig ist auch der Antrunk, der zwar nicht ganz so voll ausfällt wie erwartet, dafür aber Aromen enthält, die ein wenig an Birnen erinnern. Das Bier ist einen Hauch säuerlich (da entfaltet es ein Orangensaft-Aroma) und hat eine sehr milde Hopfung.

Gleich stark, aber heller und weniger würzig ist das im Nachtrunk etwas hängend bittere *Olvi Export*. Das *Olvi Silver* ist sehr hellgelb, als Bier der Klasse III leichter und erfrischender – es erinnert an ein pilsartig gehopftes Schankbier.

Das *Karjala IV-A* ist dunkelgelb, vollmundig und ausgewogen gehopft. Von der *Karjala*-Brauerei wurde kürzlich auch ein *Jubileumsöl* zum 75-jährigen Jubiläum der Unabhängigkeit Finnlands herausgebracht. Es hat nur Klasse III, ist aber dunkelbernstein, hat eine frische, etwas an Heu erinnernde Nase und einen sehr malzaromatischen, gleichwohl nicht zu vollmundigen Antrunk. Man würde auch dieses mild gehopfte Bier wohl am ehesten als leichtes Sommerbier trinken wollen – in größeren Mengen, wenn es nicht so teuer wäre.

Ganz vom äußersten Norden Europas, aus **Tromsø**, kommt das *Mack*-Bier, ebenfalls Klasse III: Dieses norwegische Bräu weist schon auf dem Etikett darauf hin, daß es ein „Arctic Beer" ist – „first on the north pole". Der Geruch ist sehr malzig, der Antrunk eher würzig und dennoch ohne Körper. Nicht wirklich empfehlenswert. Das Biertrinken in Norwegen birgt seine Risiken, speziell, wenn man autofährt. In den letzten Jahren wurde die Promillegrenze de facto auf 0,0 gesenkt. Wer auch nur nach Bier riecht, dem wird der Führerschein und eine Blutprobe abgenommen – selbst wenn diese nicht beanstandet wird, dauert die Untersuchung wochenlang und so lange ist der Führerschein jedenfalls weg.

Bei solcher Bier-Politik wundert es einen, daß die Mack-Brauerei immerhin seit 1877 bestehen konnte. Schließlich ist Norwegens Politik ja nicht erst seit gestern bierfeindlich.

Sie muß es schon im Hochmittelalter gewesen sein: Für das Jahr 1186 liegt ein Zeugnis für einen regen Bierexport deutscher Städte nach Norwegen vor. Der norwegische König Serrir Sigurdsson hielt damals in der Handelsstadt Bergen eine Dankesrede an alle möglichen Nationen, in der es hieß: „Den Deutschen aber, die in großer Zahl und mit vielen Schiffen hierhergekommen sind, danke ich nicht. Denn sie gedenken Butter und Stockfische auszuführen und haben dafür Bier und Wein ins Land gebracht, die sowohl meine Landsleute, wie die Städter und Kaufleute nur allzu willig gekauft haben. Aus diesem Handel kann nur Übles, nichts Gutes entstehen."

Sein Volk dürfte anders gedacht haben – sonst hätte die Hanse nicht einen derartigen Erfolg gehabt. Wir werden auf der nächsten Reise sehen, wie sehr dieser Erfolg auf das Bier gegründet ist.

Bei einem Bummel durch die Altstadt von **Rostock** stößt man auf Schritt und Tritt auf alte Bierkultur. Nicht, daß die Stadt an der

Mündung der Warnow ein so hochentwickeltes Kneipenwesen hätte – der einleitende Satz ist ganz wörtlich zu nehmen. Denn die Natursteine, mit denen viele Straßen gepflastert sind, haben viel mit dem einst hochentwickelten Brauwesen der Stadt zu tun. Einst segelten mit Bier vollbeladene Schiffe aus der Hansestadt ab – und wenn nicht genügend Rückfracht vorhanden war, wurden Steine geladen, um mit diesem Ballast die Schiffe zu trimmen.

Die gepflasterten Straßen geben uns einen schönen Eindruck von den Bierexporten. Einen weiteren bekommen wir aus Kopenhagen: Als die dänische Königin Sophia 1578 ihren ersten Sohn gebar, wurden für ein großes Fest 1046 Tonnen Bier importiert, davon alleine 960 Tonnen „Rostocker Öl", das als ein bekömmliches, allerdings nicht sehr nahrhaftes Sommerbier beschrieben wurde.

In der großen Zeit der Hanse war die Passage in die Ostsee ein wichtiger Handelsweg. Zwischen 3000 und 5000 Schiffe passierten im 16. Jahrhundert jedes Jahr den Sund, im Jahr 1620 waren es 5241. Zu den 50 wichtigsten Handelsgütern zählten auch Bier, Malz und Hopfen.

König Gustav Vasa (1523 bis 1560) war besonders dem Bier aus Stralsund zugetan – und das, obwohl er ganz im Sinne merkantilistischer Vorstellungen eigentlich das schwedische Brauwesen fördern und begünstigen wollte.

Aus jener Zeit ist schwunghafter Bierhandel im Ostseeraum überliefert – wobei das Ostsee-Bier von Danzig, Lübeck und Rostock in der Regel westwärts gehandelt wurde: Im Jahr 1568 etwa 159 Lasten (zu etwa 2.400 Kilogramm) ostdeutschen Bieres für die Niederlande, geringere Mengen gingen nach Nordwestdeutschland, nach Bremen, nach Schottland und sogar nach London. Auch Hamburg „importierte" Bier aus dem Ostseeraum: 1568 etwa 148 Lasten, Lübeck verfrachtete im selben Jahr 212,5 Lasten durch den Sund westwärts, Rostock 75,5 Lasten.

Besonders der Bierexport von Rostock, der 48 Prozent aller Bier umfassenden Lasten der Hanse ausmachte, fällt auf: Er stieg in den folgenden Jahren beträchtlich. 1578 hatte er sich auf 209 Lasten mehr als verdoppelt, dann stieg er im nächsten Jahrzent sprunghaft auf 1941,5 Lasten, um sich dann bis zum Ausbruch des Dreißigjährigen Krieges zwischen 1100 und 1800 Lasten einzupendeln. All diese 2,4-tönnigen Lasten umfaßten nur das Bier. Dazu kommt noch ein Malzexport, der vor allem in Stralsund, Stettin und dem übrigen Pommern bedeutsam war. Hopfen passierte den Sund offenbar in beide Richtungen, wobei sich besonders Königsberg und Rostock als Exporthäfen erwiesen – gleichzeitig kam Hopfen aus Schottland und England, Hamburg, in großen Mengen aus den Niederlanden und in kleinen Mengen sogar aus Spanien und Portugal.

Rostocker Bier blieb allerdings über die Zeiten hinweg ein Exportartikel, selbst in der DDR: Damals bunkerte die Flotte ein eigens gebrautes Rostocker „Hafenbier", um bei Landgängen im Ausland nicht von kapitalistischem, nur gegen Devisen erhältlichem Bier abhängig zu sein.

Das Bier kam aus der Brauerei Mahn & Ohlerich (M & O), deren Gebäude von 1878 bis heute teilweise in Betrieb sind. Allerdings hat es in ihnen einmal einen Großbrand gegeben – und auch dieser war nach den Erinnerungen älterer Rostocker ein Segen für die Bierkultur. Im Jahr 1967 wurde nämlich ersatzweise Bier aus der ganzen DDR nach Rostock geliefert, womit die Rostocker einen ungewöhnlich guten Überblick über die ostdeutsche Bierlandschaft gewinnen konnten. Natürlich hat sich auch in Rostock seit der Zeit der DDR einiges geändert. Das Bockbier gibt's nun ganzjährig, das *Rostocker Pils* hat sich als heller, schlanker und vor allem trockener Typ etabliert und auch das alte „Hansabräu" gibt es jetzt wieder. Der Name wurde leicht auf *Hanse-Bräu* geändert – und er steht für ein bernsteinfarbenes, malzaromatisches Bier, das allerdings überraschend süffig und mild gehopft ist.

Die Rostocker Brauerei ist heute ein Tochterbetrieb der größten deutschen Exportbrauerei – *Beck&Co.* in **Bremen.** Hier ist der Bierhandel noch älter als in Rostock – schon im 11. Jahrhundert wurde Bier aus der Bischofsstadt nach Friesland verkauft – pro Tonne Bier gab es einen Mastochsen. Diese Austauschrelation ist nicht hundertprozentig nachzuvollziehen – eine Tonne maß in den Hanse-Städten 261 Liter. Jedenfalls ist überliefert, daß alleine die Haut des Tieres soviel wie das Bier wert gewesen sein soll. 1229 wird der erste Brauer, ein gewisser Lambertus, namentlich erwähnt. Es scheint festzustehen, daß Bremen lange vor Hamburg für seine Bierausfuhr berühmt war.

Allerdings wurde nicht darauf geachtet, Markenpflege oder Qualitätskontrolle zu betreiben; im Ratskeller gab es traditionell nur Wein, und Bremen wurde nach und nach zum Bierimporteur. Bis schließlich im 17. Jahrhundert im Ratskeller Bier aus Minden zugelassen wurde – sehr zum Groll der Bremer Brauer. Dabei waren die besten der Bremer Biere immer noch hochberühmt. J.H. Stover beschrieb 1789 ein Bier, das „sehr stark und pikant, die beste Qualität ölig, außerdem feurig wie kräftiger Wein" gewesen sein soll.

Heute ist Bremer Bier praktisch ein Synonym für *Beck's Pilsener*. Beck&Co, derzeit mit 4,4 Millionen hl auf Rang 15 der weltgrößten Braukonzerne, hat mit dem Beck's einen Standard für die Vorstellungen von einem Bier aus Bremen geschaffen: Es ist ein mittelgelbes, nur 11,2 Grad stark eingebrautes, aber in langer, sehr kalter Lagerung auf 4,7 Alkoholprozente vergorenes Pils, das sich noch heute mit der Auszeichnung der Weltausstellung in Philadelphia 1876 schmückt. Dieses helle, ein wenig runde Bier hat die Eigenschaft, morgens viel „pilsiger" zu wirken als abends. Das hängt damit zusammen, daß Beck's Bier zwar alle Pils-Merkmale von der hellen Farbe und dem sehr stabilen Schaum bis zum hopfigen Duft und den feinen Hopfenaromen hat; dabei aber nicht sehr bitter ist.

Überhaupt ist das Beck's ein sehr eigenwilliges Bier. Sein aus der Eiszeit stammendes Tiefenwasser wird über eine Pipeline aus der Rotenberger Rinne nach Bremen gebracht, das Malz wird mit dem Schiff aus England und Dänemark an die brauereieigene Anlegestelle gebracht und der Hopfen kommt aus Süddeutschland. Die weiteste Reise hat aber die Hefe hinter sich: Im Februar 1993 wurde eine Hefekultur von Beck sogar ins Weltall mitgenommen – allerdings nicht, um dort Bier zu brauen, sondern um die Eigenschaften des Einzellers genauer untersuchen zu können. Aus der Hansestadt selber kommt nur die Brautradition – und die wiegt andererseits viel.

Bedenkt man, daß in Brügge 1298 fast nur Bremer Bier ausgeschenkt wurde und daß mehr als ein Drittel der deutschen Bierausfuhr allein von Beck's kommt, so kann man sich den Stolz der Hanseaten vorstellen. Bedeutsam für Beck's ist das Jahr 1553, in dem Hinrich Dannemanns Brauhaus erstmals aufscheint. Die älteste Brauerei, die erst in die Remmer-Brauerei (in deren Namen heute ein nicht sehr ausdrucksstarkes *Remmer light* gebraut wird) und dann, 1917, im Beck-Konzern aufgegangen ist.

Dieser war 1873 vom Baumeister Lüder Rutenberg als „Kaiser-Brauerei Beck & Co" gegründet worden. Neben Rutenberg war Heinrich Beck, ein Braumeister, der zehn Jahre Berufserfahrung in den USA hatte, an dem Unternehmen beteiligt. Es belieferte unter anderem auch Friedrich Ebert, den großen Sozialdemokraten und späteren Reichspräsidenten, als dieser 1894 bis 1905 eine „Restauration und Bierhalle" in der Brautstraße 16 führte. Der Politiker führte damals in einer Anzeige aus: „Es wird mein Bestreben sein, durch Verabreichung von nur guten Getränken und vorzüglichen Speisen mir die Gunst meiner Gäste zu erwerben."

Ein zweiter Stamm des Konzerns ist die 1826 von Cord Hinrich Haake gegründete Brauerei. Anders als das stets exportorientierte Beck-Bier ist das *Haake-Beck* ein Bier für den Heimatmarkt. Hier ist vor allem das ein wenig volle, hefetrübe *Kräusen-Pils* für die Gastronomie zu erwähnen.

Zur Bremer Biertradition gehört nicht nur der ausgelassene „Freimarkt", mit knapp tausend Jahren die älteste Großveranstaltung Norddeutschlands, sondern auch die Bierlieferung mit dem Pferdewagen, wie es Haake-Beck noch betreibt, und das Hausbrauwesen.

In der Innenstadt, in der Nähe vom ehemaligen Haake-Beck-Stammhaus, steht die Gasthausbrauerei *Schüttinger*, die ihr historisches Inventar teilweise von der *Jever*-Brauerei geliehen hat. Auch ihr *Helles* hat in seiner kräftigen Bittere eine gewisse Ähnlichkeit mit dem Pilsener, ist aber etwas dunkler.

Wir verlassen Bremen, um die einstmals berühmteste Hanse- und Braustadt Norddeutschlands zu besuchen: **Hamburg** galt als das „Brauhaus der Hanse“ – auch wenn die Biere der Hansestädte Einbeck und Braunschweig zeitweise mehr Popularität erreichen konnten.

Die erste Erwähnung des Hamburger Brauwesens findet sich in einem Dekret Friedrich Barbarossas von 1189, in dem Strafen für falsches Maß und Gewicht für Bier, Brot oder Fleisch festgelegt wurden.

In der zweiten Hälfte des 14. Jahrhunderts hatte das Brauwesen die höchste Blüte: 475 brauberechtigte Handwerker werden da genannt, beinahe die Hälfte der 1075 Meister und Kaufleute der Stadt. Daß das Brauhandwerk tatsächlich ausgeübt wurde, läßt sich daraus belegen, daß in Hamburg 104 Faßbinder tätig waren. 126 Brauereien sollen zu jener Zeit ausschließlich für den Export nach Amsterdam gebraut haben. „Gott möge sich das Braugewerbe dieser Stadt befohlen sein lassen“, lautete ein Gebet mit solidem wirtschaftlichen Hintergrund. 1410 hieß es, Rat und Bürgerschaft müßten gut zusammenarbeiten, um gutes Bier zu machen, denn darin liegt die große Stärke der Stadt begründet.

Das macht auch verständlich, daß es in Hamburg äußerst strenge Handwerksregeln gab, die jährlich neu verlautbart wurden: „Probestecher“ gab es da, also städtische Vorkoster, die über Geschmack und helle Farbe zu wachen hatten. Hamburger Bier müsse „stark syn an Korne, nicht bitter am Geschmack, geel und nicht roth von Farven“. Und um zu brauen, mußten sich die Bürger jeweils erst einen „Orlof“, eine Erlaubnis holen.

1698 – die Hanse war längst bedeutungslos – wußte Mathaeus Schlüter noch von 14 verschiedenen Hamburger Biertypen zu berichten, aber der Abstieg der deutschen Brauwirtschaft, der um 1800 seinen Tiefpunkt erreichte, verschonte auch Hamburg nicht. Dort wurde 1790 ein Preis für einen Brauer ausgeschrieben, der es vermöchte, ein ebenso gutes Bier wie das englische Porter zu brauen – doch der Preis wurde nie eingelöst. Und das, obwohl „das edle Hamburger Bier" noch zweihundert Jahre vorher von Heinrich Knaust als „eine Königin unter allen anderen Weitzen- oder weißen Bieren" berühmt worden war.

Hamburger Weißbier ist heute nicht einmal in den kleinen Gasthausbrauereien – von denen es in Hamburg mehrere gibt – zu finden. Dafür hat man mir in *Dehns Privatbrauerei*, einem recht urigen Kellerlokal mit Restaurant im ersten Stock, eine ganz seltsame Interpretation des Pils-Typs vorgesetzt: Das *Grönigner Pils* war bernsteinfarben, süffig und doch malzbetont und erst im Nachtrunk, dann aber überraschend scharf bitter.

Heute sind die wesentlichen Brauereien Hamburgs *Bavaria St. Pauli* und Holsten. Bavaria kennt man vor allem unter dem Namen des lokal sehr verbreiteten Bieres *Astra*, von dem es einen etwas volleren *Urtyp* und ein spritzigeres *Astra Pilsener* gibt. Beide Biere kommen aus einer modernen Braustätte, deren futuristisch anmutender Büroturm hoch zwischen Reeperbahn und dem Hamburger Hafen aufragt.

Die *Holsten*-Brauerei (ursprünglich im ehemals holsteinischen Stadtteil Altona daheim) hält viel darauf, „würzige" Biere zu brauen: So ist ihr *Edel Pils* zwar typgerecht hell und bitter, wird aber von ungewöhnlich kräftigen Malzaromen einbegleitet. Das mit 5,4 Volumsprozenten etwas kräftigere *Holsten Export* ist um einen Ton dunkler, etwas vollmundiger doch fast so stark gehopft. Im Ausland erhält man Holsten gelegentlich als Premium Bier mit 5,2 Volumsprozenten.

Das bemerkenswerteste Produkt von Holsten ist allerdings das neu eingeführte *Duckstein*, das seinen Namen nach dem ehemals berühmten lokalen Bier der braunschweigischen Stadt Königslutter hat. Theodor Grässe berichtet in seinen 1872 erschienenen „Bierstudien", daß dieses Bier damals noch gebraut worden sei: „Ein weißes, angenehm schmeckendes und stark auf den Urin wirkendes Weizenbier." Heute ist es ein „rotblondes Oberbräu", das vorläufig nur als Faßbier angeboten wird. Es hat eine dunkle Bernsteinfarbe, einen sehr kräftigen Schaum und einen fruchtigen Geruch, der ein wenig an Himbeeren erinnert. Angeblich reift das Duckstein auf Buchenholz. Süffig und doch malzaromatisch erinnert dieses Bier daran, daß auch im hohen Norden Deutschlands anständige obergärige Biere gebraut werden.

Zunftpokal von J. Tischer, 1669

Schließlich waren wohl auch die Biere der hanseatischen Zeit obergärig. Schon vor der Herausbildung der Hanse, um die Wende des 1. Jahrtausends, war das Bier flandrischer und sächsischer Städte ein begehrter Tauschartikel, ab dem 11. Jahrhundert war Bier ein häufiges Handelsgut: Flandrisches Bier ging 1104 nach Köln und wurde dort gegen Wein getauscht. Soest, ebenfalls ein Zentrum der Braukunst, war die erste niederdeutsche Stadt der Hanse – Soester Bier ging bereits im späten 12. Jahrhundert in die Küstenstädte der Nord- und Ostsee. In Soest war im Mittelalter das „Kniesenack“ als ein „Herrenbier“ bekannt: Der Name kommt von (slawisch) „Knäs“ für Herr – es war in Mecklenburg, vor allem in Güstrow, weit verbreitet. Als „Adambier“ wurde ein Starkbier bezeichnet, das hier allerdings über 16 Grad Stammwürze hatte – der Dortmunder Adam dürfte etwas schwächer gewesen sein.

Als sich aber der Schwerpunkt der Hanse um 1300 in die Ostsee verlagerte, blühte dort das Brauwesen auf. Es war die wichtigste Finanzquelle dieser Städte, während in Mittel- und Süddeutschland das Brauwesen stagnierte. Hauptabsatzgebiete des Ostsee-Bieres waren London und Whisby in Dänemark. Für das Bier gab es sogar die Sonderregelung, daß es nicht über den Londoner Stahlhof (wie die anderen Hanse-Güter), sondern frei an jedermann in England verkauft werden durfte. Außerdem war das Bier von der Stapelpflicht befreit, es mußte also nicht an jedem Handelsplatz, durch den es transportiert wurde, zum Verkauf angeboten werden. Dies verhinderte nebenbei, daß das Bier verdarb.

Nicht befreit wurde der Bierexport allerdings von der zur Sicherung der Handelswege erhobenen Besteuerung, dem in Naturalien zu entrichtenden „Warenschoß“ – da das Bier aber rasch ausgeschenkt werden mußte, wird diese Steuer eine ähnliche Werbewirkung wie Freibier gehabt haben. Im Londoner Stahlhof soll es dann gelegentlich ausschweifende Gelage gegeben haben, die allerdings stets um neun Uhr abends beendet sein mußten, denn da mußte das Kontor geräumt sein.

Bleibt als letzte der großen und für die Bierbrauerei bedeutenden Hansestädte **Lübeck** zu erwähnen. Diese im Krieg schwer zerstörte Stadt hat einen grandiosen Wiederaufbau erlebt, bei dem viel von der alten Biergeschichte rekonstruiert wurde. So findet man im Dom die Böttcherkerze, die immer nur zu Ostern angezündet wird, sowie einen mit Bierfässern verzierten Luster. Im Heiligen-Geist-Hospital findet man ein Modell des Spitals mit seiner eigenen Brauerei, die als einziger Betrieb detailgenau nachgebaut wurde. Und schließlich gibt es immer wieder Häuser, die ihre Geschichte als Brauhaus nicht verleugnen können – so die ehemalige Braunbierbrauerei „Zur Walkmühle" auf dem Hüxterdamm, deren Gebäude aus dem 15. Jahrhundert heute als Studentenheim dient und die Brauereien im Engelswisch, deren letzte bis um 1970 in Betrieb war.

Es sind, wie gesagt, nur Spuren dessen, was Lübecks Brautradition einmal ausgemacht hat. Denn seit 1988 gibt es keine Großbrauerei mehr in Lübeck – wohl aber zwei kleine Gasthausbrauereien. Eine davon befindet sich direkt im historischen Rathauskeller von 1265, die andere im ältesten Keller der Stadt aus dem Jahre 1225. Im Ratskeller wurde bereits seit 1666 Wein (der berühmte, auf dem Seeweg hierhertransportierte „Rotspon") und Bier ausgeschenkt, allerdings wurde auf dem Gelände damals wohl noch nicht gebraut. 1847 fand im Bierkeller die erste Germanistenversammlung statt, aber das Brauhaus kam erst 140 Jahre später hierher. Man braut das *Lübsch hell*, das einen an Getreide erinnernden Duft und Antrunk hat, würzig und doch betont bitter schmeckt; das *Lübsch dunkel* ist hellbraun, malzig und leicht süßlich.

Einige Häuser weiter, in der Alfstraße, findet sich *Brauberger*, wo Harald Berger aus drei verschiedenen Malzen ein bernsteinfarbiges, hopfenbetontes Bier braut. Herr Berger ist ein Profi, der schon in den fünfziger Jahren bei Hannen seine Lehre als Brauer und Mälzer absolviert und seine Kenntnisse der Brautechnik dazu genutzt hat, sich ein Brauhaus ganz nach seinen eigenen Plänen bauen zu lassen. Auch wenn seine Brauerei nicht an einem alten Brauhaus-Standort steht, pflegt Herr Berger die Geschichte wohl. So weiß er zu berichten, daß schon im 13. Jahrhundert ein Wasserleitungssystem für die Lübecker Brauhäuser angelegt wurde – 200 Jahre vor dem von Hamburg. Früh gab es auch eine Feuersozietät zur gemeinsamen Abwehr von Bränden, die sehr oft ihren Ausgang in Brauhäusern genommen haben. Schließlich datiert die erste Brauordnung von 1363. Sie bestimmte, daß aus einer Last Malz (etwa 2.400 Kilogramm) nur 18 Tonnen Bier (etwa 27 hl) gebraut werden durften. Schon ein Jahrhundert vorher sind Hopfenimporte nach Lübeck und Hopfenanbau in seiner Umgebung belegt. Das Bier hier hieß „Israel" und soll dem Hamburger ähnlich gewesen sein.

Lübeck ist übrigens einmal von einem Biertrinker gerettet worden. Das war im Jahr 1384, als sich eine Verschwörung von Zunftmitgliedern und Adeligen gegen die Hanse-Herrschaft gebildet hatte. Einer der Verschwörer sollte sein Haus anzünden, die anderen würden in der bei den Löscharbeiten entstehenden Verwirrung die Ratsmitglieder ermorden, die Tore besetzen und eine zünftige Stadtverwaltung einsetzen. Ein adeliger Mitverschwörer machte den Plan publik, ohne seine Pflicht zu verletzen, „keinem Lebenden Menschen“ davon zu erzählen. Er ritt abends unerkannt ins Hansehaus, setzte sich an den Ratsherrentisch und erzählte seiner Bierschale von dem Umsturzplan, der solcherart vereitelt werden konnte.

Werfen wir noch rasch einen Blick in den Osten: Schließlich wurde im Zentrum des Osthandels, in Nowgorod, eine hanseatische Brauerei eingerichtet – denn die Bediensteten am deutschen Hof hätten nur gelegentlich der zweimal im Jahr durchgeführten Rußlandfahrten mit Bier versorgt werden können. Der Oldermann des Nowgordoder Hofes der Hanse holte sich mit Billigung der Hanseleitung in Lübeck einen Braumeister aus Stendahl und eröffnete 1225 die Brauerei. Dort wurde süßer Met und schwarzes Starkbier hergestellt – „Behagen und Tröstung“ für die Winterfahrer, die ein halbes Jahr in Nowgorod blieben, wie Dr. E. Huber in seiner 1931 verfaßten Chronik des hanseatischen Brauwesens feststellt.

Auch **Danzig** hatte – mit einem hohen Exportanteil – eine bedeutende Stellung in der hanseatischen Brauereigeschichte: Es galt als „die Königin aller Gersten- und Roten Biere“. Schon 1416 gab es in Danzig 376 Brauer, ihre Zunft war die bedeutendste Körperschaft der Stadt. Man braute mehrere Qualitäten: Die sogenannten Jopen- oder Schoppenbrauer machten ein „Schiffsbier“, das in die übrigen Hansestädte und nach Hamburg verfrachtet wurde. Gewöhnliches und Tafelbier fand seine Kundschaft unter anderem in den benachbarten Ordensburgen. Das Jopenbier hatte seinen Namen von der Jopengasse, in der die Schoppenbrauer saßen – das Wort Jope dürfte die Schöpfkelle bezeichnet haben, aus der die Maische mit heißem Wasser übergossen wurde. Zumindest in späteren Jahrhunderten war Jopenbier ein schwach vergorener Malzextrakt, der eher als stärkender Schiffsproviant denn als Bier verstanden werden konnte – wahrscheinlich hatte das Danziger Bier einen ähnlichen Niedergang wie die Mumme aus Braunschweig, die wir auf der Suche nach dem ursprünglichen Stout-Rezept kennenlernen werden.

Die Reise zum Stout-Bier beginnen wir am besten in **Braunschweig**. Nicht, weil es von dem kleinen Flughafen eine so gute Verbindung nach Irland, ins Mekka der Stout-Fans gäbe, sondern weil eines der traditionellsten Stout-Rezepte hier seinen Ursprung hat.

Allerdings ist das Bier, von dem man sagt, daß es das Vorbild für das Guinness gewesen sei, bereits lange ausgestorben. Es handelt sich um die sogenannte *Mumme*, ein Bier von legendärem Ruf.

Ihre Erfindung, so sagt man, gehe auf Christian Mumme zurück, der dieses Bier erstmals 1492 gebraut haben soll. C. Ph. Funke berichtet im Jahr 1800: „Die braunschweiger Mumme, von ihrem Erfinder so genannt, geht selbst bis nach Ost-Indien, und soll die merkwürdige Eigenschaft haben, daß sie unterwegs etlichemahl sauer wird, und dennoch an dem Ort ihrer Bestimmung den guten Geschmack wieder erhält. Ihr Absatz ist aber jetzt lange nicht mehr so stark, wie ehemals."

Der Naturkundler Funke dürfte hier einer Legende aufgesessen sein. Ebenso erging es Max Delbrück, der im Brauereilexikon von 1910 Mumme als einen „im Mittelalter (14. Jahrhundert)" lebenden Brauer bezeichnet. Auch im Brockhaus fand man lange die Geschichte von dem legendären Christian Mumme, der offenbar eine Erfindung geschickter Vorläufer des heutigen PR-Business ist. Das im letzten Weltkrieg zerstörte Mumme-Haus Am Alten Petritore – verziert mit einer Biertrinker-Figur und dem Wirbel eines Wals – hat weder 1492 noch sonstwann einem Herrn Mumme gehört. Dafür hat es die Mumme schon viel früher gegeben: Um 1350, als die Hansestadt Braunschweig eine ihrer glücklichsten Phasen hatte, wurde schon Mumme getrunken, 1390 wird im Schoßbuch der Neustadt angeführt, daß „viel geld vor Mummen" ausgegeben wurde. 1425 wurden dem Landgrafen von Hessen bei einem Besuch in der Stadt zwei Fäßchen Mumme überreicht.

Sowenig der Name Mumme geklärt werden kann, so unsicher ist, was die Mumme eigentlich war. Denn das, was ich im Herbst 1992 bei meinem Besuch bei Gert Basilius auftreiben konnte, das war nur mehr ein schwaches Relikt dessen, was bis ins 18. Jahrhundert als Mumme gebraut worden war. Heute braut man in Braunschweig vor allem pilsartige Biere: Das *Feldschlößchen* (mit 1,2 Millionen hl die Nummer 21 unter den deutschen Brauereien) haben wir schon auf der Reise zum Pils-Bier in Dresden angetroffen. Die kleinere *Hofbrauhaus Wolters AG* ist auf dem lokalen Markt recht stark und profiliert sich mit dem mittelgelben *Wolters Pilsener*, dessen ausgeprägte Bittere leider ein wenig nachhängt. Mit dem angestammten Bier der Stadt ist es nur weitläufig verwandt.

„Mumme, wie wir sie hergestellt haben, war ein reiner Malzextrakt, der nicht sehr viel mit Bier zu tun hatte – außer daß man ihn mit Bier gemischt getrunken hat", erzählte der Geschäftsmann Basilius, der nun für die Nordwestdeutsche Klassenlotterie tätig ist. Bis nach dem Krieg hatten noch drei Unternehmen Mumme gemacht, seines bis 1990. „Als Hobby“, denn eigentlich waren die technischen Einrichtungen in der Leipziger Straße längst veraltet.

Dann holte er für mich eine Fotokopie einer Schularbeit über die Mumme (verfaßt von Hans-Werner Clemens, 1961) hervor und – „warten Sie einmal, ich habe da noch etwas“ – brachte mir kurz darauf eine rot-weiße Blechdose mit der Aufschrift „Mumme“. Eine der letzten ihrer Art.

Ich habe sie bald darauf verkostet: Es ist ein dicklicher, schwarzbrauner Sirup gewesen, der unverdünnt ein wenig an Ahornsirup erinnert hat, allerdings mit einem deutlichen malzigen Unterton. Ein Schnapsglas davon zu einem kleinen hellen Bier gemischt ergab einen dunkelbernsteinfarbenen, malzig-süßlichen Trunk, der vor allem auch durch seinen ungewöhnlichen süßlichen Geruch eine deftig-bodenständige Note hatte. Bei einem Weizenbier brachte die Mischung ein noch angenehmeres Ergebnis, da die Süße nicht gegen Hopfenbittere anzukämpfen hatte.

Auch in Braunschweig trank man die unvergorene Mumme zuletzt hauptsächlich mit Lagerbier gemischt – „wie Berliner Weisse mit Schuß“ erinnert sich Basilius. Da jene späte Version der Mumme alkoholfrei war, wurde sie auch Kindern zur Stärkung empfohlen – und zudem zur Verdünnung bitterer Medizin verwendet. Die Herstellung in Basilius Unternehmen „H. Nettelbeck KG“ dauerte 37 Stunden für einen Sud, denn das Maischverfahren war sehr aufwendig: Im (übrigens ungehopften) Malzextrakt sollte ja ein besonders hoher Anteil Maltosegehalt erzielt werden.

Noch schwieriger ist es, jener Mumme auf die Spur zu kommen, die die Stadt berühmt und reich gemacht haben. Die Bedeutung der Braunschweiger Brauwesens läßt sich daran ablesen, daß im 14. Jahrhundert eine Bruderschaft der „Koplüde und Mültere“, der Kaufleute und Mälzer bestand. 1682 gab es in der immer noch eher kleinen Stadt 298 Brauer, von denen 86 Mumme herstellten und wohl großteils exportierten.

Die überlieferten Rezepte für die Mumme sind sehr verschieden – und das hängt nicht zuletzt damit zusammen, daß es verschiedene Qualitäten des Bieres gegeben hat. Eine Auflistung von 1687 erzählt: „Schiffsmumme“ enthielt 15 „Himpen“ Hopfen. Was immer diese Maßeinheit gewesen sein mag – sie hilft uns beim Vergleich, daß Erntebier zwölf Himpen Hopfen bekam, die „Stadtmumme“ für den unmittelbaren Verbrauch vier, wenn sie aber länger lagern sollte zehn.

Jedenfalls muß man davon ausgehen, daß mit Mumme stets ein sehr süßliches und meist auch alkoholreiches Getränk bezeichnet wurde: „Je, ja, du ehrliche Braunschweiger Mumm', Du stärkst das Herz, machst den Kopf gleich dumm“, heißt es in einem volkstümlichen Stück von 1718.

Eine Mumme-Beschreibung stammt von Franz Ernst Brückmann, im Folgenden nach Hans-Werner Clemens zitiert. Er nennt sie 1736 – wie vorher, 1588, Jacobus Theodorus Tabernaemontanus – „ein edles, alkoholhaltiges, magenstärkendes Getränk, dem Einbecker Bier am nächsten stehend, aber etwas dicker, im Geschmack jedoch jenem völlig gleich. Sie steigt leicht zu Kopf und macht ihn schwer.“

Brückmann stellt fest, daß man zu seiner Zeit bereits „ganz davon abgekommen“ sei, Alantwurzel, Kardamon und andere Gewürze zuzusetzen, „weil viele behaupten, daß jener Trank Erbrechen hervorrufe“ – zu seiner Zeit sei Mumme bereits ein reines Gersten- und Hopfenbier gewesen.

Vorher ist aber von allerhand anderen Zusätzen die Rede. Da gab es etwa ein „Kirschmumme“, der zerstoßene schwarze Kirschen zugesetzt worden wären – was ein wenig an das Frucht-*Lambic* aus dem Brüsseler Raum erinnert. Brückmann schildert das ursprüngliche Mumme-Rezept so: „Zu Wasser werden sieben Scheffel Weizen Malz, ein Scheffel Gersten Malz und ein Scheffel Land Bohnen gebraut. Wenn es anfängt, zu arbeiten, muß die innere Rinde vom Tannenbaum, drei Pfund von den Zipfeln des Tannenbaums und je ein Pfund von getrockneten Cardobenedicktenkraut, zwei Hände voll Sonnenthau-Blumen, Majoran, Benedickten-Wurz, Holunderblumen, Thymian, je eine und eine halbe Hände voll gestoßenen Lorbeeren zugesetzt werden. Dann läßt man die Feuchtigkeit eine Weile unter den Kräutern gären. Dann tut man zehn frisch gelegte Eier hinzu, deren Schalen unzerbrochen sind, stopfet alles feste zu und trinket davon, wenn es zwey Jahr alt ist. Man hat gemerkt, daß Meerrettich die Mumme frischer zu trinken macht, als wenn in welcher keiner gewesen.“

Wir haben es demnach mit einer Art Medizinalbier zu tun: „Ja, es ist die Mumme, wenn sie recht zubereitet wird, eins der allernützlichsten Getränke unter der Sonnen und fast eine Universalmedizin zu nennen.“ Bruckmann verweist darauf, daß Eierschalen die im Bier entstehende Säure neutralisieren („sie machen Weinessig süß“) und daß die Tannenbaumspitzen zu der Zeit zugesetzt werden sollen, zu der sie am meisten Terpentin enthalten.

Dieses Mumme-Rezept – angeblich sogar mit städtischem Siegel versehen – ist an den englischen General George Monk (1608–1670) geraten und wurde ab dem Ende des 17. Jahrhunderts in England und Irland (wo der General lange gedient hat) nachgebraut. In einer zeitgenössischen englischsprachigen Quelle werden nur kleine Abweichungen genannt: So ist in der englischen Mumme auch von Birkenknospen die Rede – und es gibt den Hinweis, daß „ein Seetransport das Getränk sehr verbessert“. Eine andere Quelle empfahl, die Rezeptur um Ingwer und Walnußrinde zu bereichern – oder Brunnenkresse und Petersilie zuzusetzen.

Jedenfalls war das „Mum“ genannte Getränk sehr aromatisch und hatte solchen Zuspruch, daß es 1673 in einer Petition an das englische Parlament gemeinsam mit Tee, Kaffee und Branntwein genannt wurde.

Es dauerte noch mehr als ein halbes Jahrhundert, bis sich aus der „Mum“ ein eigenständiges Getränk entwickelt hatte. Jedenfalls muß auch im englischen Sprachraum der Gebrauch von Kräutern sehr zurückgegangen sein, denn um 1750 kam in London das Porter-Bier auf, von dem wir auf der zwölften Reise schon gehört haben. Etwa gleichzeitig bürgerte sich für süßlichere, schwere dunkle Biere (die Stammwürze lag bei gut 20 Grad) der Begriff Stout ein.

Stout oder „Mum“ von den britischen Inseln galten im frühen 18. Jahrhundert als wesentlich schmackhafter als die Braunschweiger Mumme. Dies hing damit zusammen, daß in einem Streit der Hansestädte Braunschweig und Bremen der freie Marktzugang beschnitten worden war, während gleichzeitig neue Zollschranken errichtet wurden: Zöllner prüften immer wieder das Bier, behielten dabei wohl auch Teile für sich und füllten die Transportfässer immer wieder mit Wasser auf. Man kann sich denken, daß das Bier, bis es die Küste erreicht hatte schon viel dünner war als jenes, das unter demselben Namen vom einstigen Braunschweiger Exportmarkt England nach Deutschland gebracht wurde.

Wenn wir heutige Stout-Biere betrachten, dann können wir uns schwer vorstellen, daß diese direkte Nachfahren jener süßlichen Mumme sein sollten, die seinerzeit in Braunschweig gebraut worden ist. Das hängt damit zusammen, daß man heute Guinness quasi als Synonym für Stout sieht. Das war nicht immer so – und trifft etwa in England noch heute noch nicht zu.

Bevor wir also nach Irland übersetzen und nachsehen, was wohl aus unserer Mumme in den letzten dreihundert Jahren geworden ist, schauen wir uns kurz in England und Schottland um. In **Alloa**, nördlich von Edinburgh, habe ich etwa das *Sweetheart Stout* von *Youngers* kennengelernt, das jetzt allerdings von der *Bass*-Tochter *Tennant Caledonian* in **Glasgow** gebraut wird. Um es kurz zu machen: Das nur zwei Prozent starke Bier war so lieblich wie das Lächeln des Mädchens, das im Stil der 50er Jahre auf dem Etikett abgebildet ist. Brauner Schaum und dunkelbraunes Bier unterscheiden es ebenso wie seine Süße von dem, was unsereins als Stout zu kennen glaubt. Die Sache mit der süßen Schönheit auf dem Etikett hat allerdings einen interessanten Hintergrund: Mit den Bildern deuteten die Brauereien in den Kolonien die Identität ihrer Biere an: Wer „Sweetheart" nicht lesen konnte, verlangte einfach das Bier mit dem Mädchen.

Ganz anders das *Black Velvet Stout* von *Thompsons* in **Ashburton** in Südengland: Es ist tiefschwarz, sein trockener Geschmack wird von Röstmalz mit einer bitteren Schokoladenote geprägt. Das *Velvet Stout* aus der **Reepham**-Brewery in Norfolk ist dagegen wieder süßlich und vollmundig mit leichten Malzaromen und einer recht kräftigen Hopfung. Die Biertrinker-Vereinigung CAMRA hat dieses Bier in seiner im Faß gereiften Version 1991 zum besten Bier des Norfolk Beer Festivals gewählt.

Derzeit sind auf dem englischen Markt rund 40 verschiedene Stout-Biere „cask conditioned", also mit lebender Hefe im Faß, erhältlich – allerdings nur in ausgewählten Pubs. In den meisten gibt es aber akzeptable, in der Flasche gereifte Biere wie das *Guinness Original*, ein sehr trockenes Bier mit kaffeeartiger Bittere, das von der Konzernzentrale allerdings demnächst aufgegeben werden soll.

Die Produktionsweise eines solchen „bottle conditioned" Biers ist ähnlich der eines Hefeweizen – und kann daher leicht schwankende Ergebnisse bringen. Und das erscheint den Managern eines Großkonzernes wie Guinness zu riskant. Daher haben sie bereits 1989 eine Möglichkeit ersonnen, Bier mit gleichbleibender Qualität und vor allem dem typischen cremigen „head" zu fabrizieren. Dazu wird das gleiche pasteurisierte Guinness, das wir außerhalb von Irland als Faßbier kennen, in Dosen gefüllt, in denen eine kleine Plastikkapsel mit Stickstoff eingebaut ist. Reißt man denVerschluß auf, öffnet sich auch die Kapsel und läßt das Gas frei. Dann schenkt man ein: Das Glas füllt sich mit dem bekannten weißen Schaum, der sich dann immer dichter werdend oben auf dem schwarzen Bier absetzt.

Eine nahezu perfekte Illusion dessen, was in Wirlichkeit nur in einem irischen Pub zu haben ist, wo es nicht nur frisches Stout, sondern dazu auch ein Gläschen irischen Whiskeys (besonders angenehm ist die Kombination mit dem „Powers", der ein leichtes Apfelaroma hat) und zumindest zu vorgerückter Stunde auch eine lautstarke Unterhaltung gibt. Man tut sich anfangs schwer, die Sprache zu verstehen, noch dazu, wenn die Zungen an der Bar schon etwas schwer geworden sind. Aber die Atmophäre ist freundlich, freundlicher noch als in England. Außerdem ist es in vielen Pubs üblich, daß der eine oder andere Gast seine Tin-Whistle, die kleine Flöte, auspackt und alle miteinander in die Singalongs einstimmen, die man von den Schallplatten der „Dubliners" kennt.

Dieses komplette Erlebnis von Guinness gibt es nur in einem der Pubs auf der grünen Insel – in beinahe jedem, denn Guinness beherrscht den Stout-Markt ziemlich vollständig. Es ist fast erstaunlich, wenn man irgendwo auf die Mitbewerber aus **Cork** trifft. Von dort kommt zunächst einmal das *Murphy's Stout*, aus der 1856 gegründeten Laydy's Well Brauerei, die seit 1983 zu Heineken gehört.

Beamish Stout, ebenfalls aus Cork, ist ebenso schwarz wie das Guinness, der Schaum ähnlich stabil. Im Antrunk ist das Beamish etwas leicht, hat aber eine schöne, nicht zu deftige Bittere, die nicht so kratzig ist wie jene von Guinness.

Auch diese Beschreibung zeigt, daß man letztendlich nicht darum herumkommt, beim Stout das Guinness als Meßlatte anzulegen. Kaum vorstellbar, wie das gewesen sein mag, als es Guinness noch nicht gegeben hat. Dabei ist Guinness noch gar nicht so übertrieben alt: Arthur Guinness (1725–1803) übernahm die Brauerei am St. James´s Gate in **Dublin** erst 1759 – und in den Jahren bis zu seinem Tod dürfte der Ausstoß der Brauerei hauptsächlich aus Ale und leichtem Tischbier bestanden haben.

Aber die Braugeschichte Irlands geht viel weiter zurück: Schon in vorgeschichtlicher Zeit tranken die irischen Kelten „courmi" oder „coirm" – eine Art von Ale. 438 gibt es dann im ersten irischen Gesetzbuch Bestimmungen über das Mälzen, von irischen Heiligen wie St. Patrick und der Heiligen Brigid wird in jenem Jahrhundert berichtet, daß sie sogar selber brauten. Noch um 1300 ist ein bedeutender Teil der Dubliner Brauereien in der Hand von Frauen.

Die Stadt wurde ein Brauzentrum: Um 1610 soll es 91 Brauereien und 1180 Ale-Häuser gegeben haben – wohlgemerkt für nicht mehr als 4000 Familien! 1634 wurden vom (britisch beherrschten) irischen Parlament Bestimmungen erlassen, wie Ale-Houses (die heutigen Pubs) zu führen wären. Schon in der Eingangsbestimmung des neuen Gesetzes heißt es, daß „die tägliche Erfahrung lehrt, daß viele Unzukömmlichkeiten aus der übergroßen Zahl von Ale-Häusern entstehen, aus ihrer Errichtung in Wäldern, Sümpfen und anderen ungeeigneten Plätzen, viele nicht in Ortschaften, sondern verstreut und an gefährlichen Plätzen." Welche Gefahr da gemeint war, wurde gleich erläutert: Daß die von „ungeeigneten Personen" geführten Lokale zum Unterschlupf für Rebellen und andere Unheilbringer, „Häfen für Spieler und andere unnütze Lebewesen" werden könnten.

Also sollte die „unnütze Vielzahl der Ale-Häuser" reduziert werden. Es wurde ein Lizenz-System eingeführt und – natürlich – eine Gebühr (zunächst fünf shilling und sixpence pro Jahr) festgesetzt. Voraussetzung für eine Lizenz war zunächst „gutes Betragen und guter Ruf" sowie die Ausstattung der Häuser mit Möbeln und Schlafplätzen. Die Lizenz wurde nur für ein Jahr vergeben und nur gegen den Erlag einer Sicherheit von zehn Pfund Sterling.

Den Wirten war ausdrücklich aufgetragen, Brot und Bier nur nach dem festen Satz zu vertreiben und andere Lebensmittel zu einem vernünftigen Preis zu verkaufen. Fremde durften – außer im Krankheitsfall – nicht für länger als 24 Stunden aufgenommen werden. Wer eine Lizenz ergattert hatte, mußte sein Haus mit einem Schild, Pfahl oder Buschen kennzeichnen „um Fremden und Reisenden ein Zeichen zu geben, wo sie mit Fleisch, Getränken und Unterkunft für ihr gutes Geld rechnen könnten".

Besonders im rebellischen Dublin und seiner Umgebung gab es Schwierigkeiten bei der Umsetzung dieser Bestimmungen – woraufhin 1639 das Gesetz für diesen Bereich noch einmal verschärft wurde. Die – erfolglose – Revolution von 1641 konnte damit ebensowenig aufgehalten werden wie der irische Bierdurst.

Übrigens ist heute nur noch jedes zweite in Irland verkaufte Pint ein Stout. Immer stärker sind Lager-Biere vertreten, vor allem das nach australischem Rezept gebraute, milde *Fosters* und das ebenfalls aus Australien stammende, etwas vollmundigere *Castlemaine XXXX*.

Auch Guinness hat der Welle der hellen Biere Rechnung getragen: Seit einiger Zeit läuft sogar ein recht erfolgreicher Export des

Kilkenny nach Deutschland, wo es inzwischen 130 von Guinness eingerichtete Pubs gibt. Das 13 Stammwürzegrade (Alkoholgehalt 5,5 Prozent) starke, als „Red Beer" bezeichnte Bräu ist von kräftigem Braun, mit leicht rauchigem Aroma, das vom dunklen Malz herrührt, nicht zu voll und im Nachtrunk ausgesprochen bitter. Da dieses Bier für den Export bestimmt ist, wird extra darauf hingewiesen, daß es dem Reinheitsgebot entspricht – vor allem für Altbier-Trinker dürfte es recht attraktiv sein.

Gebraut wird das Bier in der *Smithwick's* Brauerei, die 1710 an der Stelle der St. Francis' Abbey in **Kilkenny** gegründet wurde und die auch ein Ale herstellt.

Die meisten gesetzlichen Bestimmungen, die das Bier betreffen, machen sich an dessen Besteuerung fest. So wurde 1785 ein Gesetz für Irland erlassen, mit dem einmal mehr eine neue Steuer auf Wein, Bier und Ale eingeführt wurde. Zusätzlich wurde unter Ziffer X bestimmt, daß eine Abgabe auf importierten Hopfen eingehoben wird. Solche Sondersteuern waren zwar üblicherweise befristet – aber es wurde kaum je vergessen, die Frist zu verlängern. So wurde vom 25. März 1786 an jährlich eine Malzsteuer von zwei Shilling und Sixpence verordnet, die dann ausgelaufen ist und mit höherem Satz wieder in Kraft gesetzt werden konnte.

Wie rücksichtslos Irland gerade auf dem Gebiet der Getränkebesteuerung ausgebeutet wurde, läßt sich aus der Diktion eines erpreßten Parlamentsbeschlusses von 1692 ablesen: „Wir, Ihrer Majestät treueste und loyalste Subjekte, das in diesem Parlament versammelte Unterhaus, bedenkend die großen Einbußen die der Kasse ihrer Majestät in den letzten Jahren und wohl noch für einige Zeit daraus entstanden sind, daß sich eine höchst unnatürliche Rebellion gebildet hat usw." Während Bier-Reglementierungen im katholischen Mitteleuropa dazu dienten, die Bevölkerung „katholisch zu machen", wurden hier die Katholiken drangsaliert und zur Kasse gebeten.

Waren 1604 noch 90 Prozent des irischen Bodens in katholisch-irischer Hand, so waren es 1770 nur noch fünf. Britisch-puritanische Lebensart gab den Ton an. 1695 wurde etwa ein Gesetz erlassen „zur besseren Einhaltung des Tages des Herrn, gemeinhin Sonntag genannt". Darin wurde unter anderem verboten, Waren zum Verkauf anzubieten oder auszurufen (außer Fisch und Milch vor zehn Uhr früh), Fußball zu spielen oder während der Heiligen Messe die Schank offen zu halten. „Zur besseren Hintanhaltung des Trinkens und der Unmäßigkeit am Tag des Herrn, gemeinhin Sonntag genannt, wird von der vorgenannten Behörde bestimmt, daß kein Wirt einer Taverne, eines Ale-Hauses oder öffentlichen Lokals irgendeine Person oder Personen während der Zeit der Heiligen Messe empfangen, bedienen oder sich in seinem Haus aufhalten lassen soll außer es wären Mitglieder seiner eigenen Familie oder Untermieter. Schon gar nicht soll er mit Wein, Ale oder Bier bedienen widrigenfalls eine Strafe von zehn Shilling für jeden derartigen Verstoß von einem solchen Wirt fällig wird, ebenso eine Strafe von fünf Shilling von jedem, der in eine Taverne, ein Ale-Haus oder öffentliches Lokal geht oder darin verweilt." Konstabler und Kirchendiener wurden gleichzeitig aufgerufen, „sooft sie begründete Ursache hätten" in alle bezeichneten Lokale zu gehen und verdächtige Gäste und Wirte anzuzeigen und vor den nächsten Friedensrichter zu bringen.

Die Regel, den Sonntag zu heiligen, indem man weniger Bier trinkt, gibt es übrigens nicht nur in Irland. In der Reformationszeit findet sich etwa in der Hansestadt **Soest** die Vorschrift, daß während des Gottesdienstes kein Wirt zapfen durfte. Die Strafdrohung lag 1560 bei immerhin zwei Goldgulden. Nach der Predigt dürfe gezapft werden, aber „nur zur Notdurft, nicht bei Gelagen oder zum Vollsaufen". Kindelbiere und andere Feiern waren daher am Sonntag verboten. Die für die Feiertage gebrauten Biere werden Thema unserer nächsten Reise sein.

Das erstemal bin ich ihm im Waldviertel begegnet, im Yspertal, wo Freunde kurz vor Weihnachten 1992 Österreichs erstes Bockbierfest veranstaltet haben. *Bocky* ist mir gleich aufgefallen: Gedrungene Figur, Stirnband, Boxhandschuhe. Er war übrigens nur zu Gast, denn eigentlich kommt *Bocky* aus Salzburg, genauer: Aus **Obertrum**. Von dort, wo auch das *Weizengold*, quasi der „Standard" der österreichischen Weißbiere, her ist. Aus derselben Brauerei Sigl, der

Österreichs trockenstes Pils, das *Trumer Pils* und die *Sigls Beer Bop Collection* entstammen.

Das sind sechs verschieden etikettierte Typen ein und desselben Lagerbiers – für den Genuß aus der (speziell gestylten) Flasche bestimmt und deshalb schwächer an Schaum als an Charakter. *Bocky* könnte sich zwar (wie sein Vorgänger, der *Trumer Bock*) auch im Glas sehen lassen – als eher helles, nicht zu vollmundiges und ausgeprägt gehopftes Starkbier. Aber schon auf dem Etikett wird vom Braumeister gewarnt, daß „wer dieses Bier aus dem Glas trinkt, sein Ansehen k.o. schlagen“ kann. Zeitgeistig trinkt man *Bocky* also aus der Flasche, da wirkt es rund und längst nicht so schwer wie es ist: 7,3 Volumsprozent Alkohol mahnen zur Zurückhaltung – sicherheitshalber werden die In-Biere nur in 0,33-Liter-Flaschen angeboten. Bocky & Co machen es übrigens leicht, zum Biervergnügen zu kommen: Für die „Beer Bop Collection“ wurden die Aufreiß-Verschlüsse wiederbelebt, die früher für einfachen Biergenuß gestanden sind. Nur ist der Aufriß von der Baustelle in die Bars gewandert. Und so trifft man *Bocky*, „den Flaschenbock“ nur in ausgewählter, bieriger Umgebung – und nur solange der Wintervorrat reicht.

Bocky ist also eine Innovation, die an einen uralten Brauch anknüpft, in der kalten Jahreszeit stärkere Biere zu trinken – wir haben uns auf der Reise nach **München** ausführlich mit dem Thema befaßt. Bockbiere gibt´s aber inzwischen viele und wir treffen beinahe auf jeder Reise neue. Aber sie alle haben einen gemeinsamen Ursprung, der nichts mit Ziegen- oder Gamsböcken zu tun hat, sondern mit dem Bier aus der niedersächsischen Kleinstadt **Einbeck**. Touristisch gesehen ist Einbeck ein (noch dazu vom Massentourismus unentdecktes) Schmuckkästchen Deutschlands: Fachwerk-Romantik satt und dazu einen Till-Eulenspiegel-Brunnen auf dem Marktplatz. Sowohl der Einbecker Baustil als auch die Figur des Spaßmachers haben viel mit dem Brauwesen zu tun. Da sind zunächst einmal die auffallend breiten Toreinfahrten, die für Einbecks Häuser charakteristisch sind. Sie wurden geschaffen, um den Bürgern die Ausübung ihres Braurechtes zu erleichtern: In Einbeck gab es nämlich die Sitte des „Reihebrauens“ bei dem nach einem festgesetzten Terminplan der Braukessel in die Bürgerhäuser gebracht wurde, wo der Braumeister den jeweiligen Haustrunk bereitete.

Braumeister sein war also ein wichtiges Amt – und der Braumeister saß auch im Stadtrat. Um 1300 soll Till Eulenspiegel als Brauknecht gedient haben. Während der Braumeister auf einer Sitzung war, hatte Eulenspiegel den Sud zu beobachten und „den Hopf" zuzugeben – der Schalksnarr warf aber nicht Hopfen, sondern den gleichnamigen Hund des Braumeisters in die kochende Würze. Eine Tierquälerei, die ihm den Job kostete, aber das 1935 errichtete Brunnen-Denkmal einbrachte. So derb der Spaß auch war – daß er Eulenspiegel zugetraut wird, zeigt jedenfalls, wie bedeutend Einbecker Braukunst damals bereits war.

Schon anfang des 13. Jahrhunderts war Bier aus Einbeck – wohl auf Schiffen der Hanse – nach Salerno gekommen, wo die medizinische Fakultät ein sehr anerkennendes Gutachten darüber verfaßte. Berühmt wurde aber der spektakuläre Auftritt, den sich das Einbecker Bier am 18. April 1521 auf dem Reichstag zu Worms sicherte. Dort verteidigte Martin Luther seine 95 Thesen gegen den Ablaß vor dem Kaiser – und erhielt bei dieser Gelegenheit von dem mit ihm sympathisierenden (bis an sein Lebensende aber katholischen) Herzog Erich eine Kanne Einbecker Bieres, von der der Herzog vorher selber getrunken hatte. Ein romantischer Heimatdichter hat die Szene so beschrieben: „Dieses Liedchen schmeckt nicht nach Wein, ist Hopfen, ich schwöre. Spräche Herr Martin der teure Gottesmann: 'Ich kenne die Blume: Lasset uns trinken und stoßen an zu Einbecks Ruhme!'" Einbecker Bier wurde zum Markenzeichen: Stolz zeigt man im Rathaus von **Celle** ein Bild vom ersten Einbecker Biertreck, der hier am 2. Oktober 1378 angekommen ist. Celle erhielt erst später, am 11. Mai 1447, ein eigenes Brauerprivileg, das die Celler Brauer vor Konkurrenz schützte. Zwar gab es in Celle eine eigene Brauergilde (sie hatte 1602 immerhin 90 brauberechtigte Mitglieder). Man zeigt im örtlichen Bomann-Museum eine „Goße Beerkann" aus Zinn – der „Willkomm" der Celler Brauer, ein prunkvoller Bierkrug aus der 1. Hälfte des 18. Jahrhunderts, steht im Lüneburger Brauereimuseum.

Das Brauen von Bockbier ist aber erstmals für 1908 in der schon vor 1930 wieder geschlossenen Brauerei Schilling überliefert.

Heute sucht man in Celle vergeblich nach örtlichem Bockbier (nur in manchen Jahren gibt es einen *Maibock*) – dafür gibt es eine

Reihe anderer Spezialitäten der Brauerei Betz. Zunächst einmal ist dieses 1883 gegründete Unternehmen eine Farbebierbrauerei, die aus geröstetem Malz ein tiefschwarzes Bier herstellt. Dafür wird zwar besonders viel Malz genommen (36 bis 40 Grad Stammwürze) – aber Bockbier wird dennoch nicht daraus, denn das mit 180 Grad abgedarrte Malz verzuckert kaum und erreicht bei der Vergärung auch nur einen ganz niedrigen Alkoholgehalt. Man könnte es trinken, aber es schmeckt nicht; zum Trinken ist es auch nicht gedacht, sondern dazu, anderen Bieren durch eine kleine Beimengung eine sattere Farbe zu geben. So haben viele dunkle Biere einen winzigen Anteil an *Celler Farbebier.*

Die anderen Spezialitäten sind umso besser zum Trinken geeignet: Das *Celler Urtrüb* ist ein mittelgelbes Kellerbier mit würzigem Geruch, ist sehr vollmundig, aber ausgewogener gehopft, was zu einem angenehm herbem Finish führt. Das *Celler Pilsener* ist hellgelb, die Nase erinnert an frisches Gras und schon der schlanke Antrunk ist hopfig – wobei der Nachtrunk überraschend wenig bitter ist. Schließlich gibt es noch das *Betzinger*, ein harmonisches dunkles Exportbier.

Wie Celle wurden auch andere bedeutende Bierstädte lange Zeit mit Einbecker Bier beliefert. 1579 bezog die Stadt München für 562 Gulden Bier aus Einbeck. Und aus München wurde das Bier als besondere Kostbarkeit weiter verschenkt: Im selben Jahr erhielt Erzherzog Ferdinand in Innsbruck vom Bayrischen Herzog „25 Tönnlein Einbecker Bier“. Eine Tatsache, derer sich die Münchner Brauer anläßlich des „Einbecker Biertrecks“ vom 8. bis 23. Mai 1969 nicht mehr entsinnen wollten: Als da ein vom damaligen Brauereidirektor Lenz organisierter Pferdetransport aus Einbeck vor das Münchner Hofbräuhaus zog, kniffen die bayrischen Brauer, die einen billigen Werbegag vermuteten. Die „Feuchte Fracht für München“ (Schlagzeile der Münchner AZ vom 19. 3. 1969) wurde an die Bewohner eines Münchner Altenheimes ausgeschenkt, der offizielle Empfang der Einbecker wurde boykottiert.

Der Bier-Boykott der Bayern, die ihre eigenen Starkbiere 1614 den Einbeckern abgeschaut hatten, ist allerdings kein Einzelfall.

Auch im nahen **Hannover** ist der Ausschank von Einbecker Bier auf allen öffentlichen Plätzen verboten. Die Einbecker machten sich nicht viel daraus – sie stahlen den Brauern der Niedersächsischen Hauptstadt die Show, indem sie ihnen das Broyhan-Haus vor der Nase wegschnappten.

Es ist freilich nicht mehr jenes Haus, in dem der berühmte Brauer gelebt hat – aber das „Broihan-Wirtshaus“ in der Kramerstraße 24 wird unübersehbar von einem Schild des Einbecker Biers verziert. Der Name erinnert an einen Mann, der Hannover bis in die heutige Zeit den Ruf als Bierstadt gesichert hat: Aus Hamburg, dem „Brauhaus der Hanse“, war 1524 Cord Broyhan – entgegen einem für Braumeister verhängten Ausreiseverbot – nach seiner engeren Heimat Hannover entwichen. Die freundliche Aufnahme dankte er mit einem besonderen Bier: dem Broyhan.

Am 31. Mai 1526 gab es das erste Bier, das damals noch als „nach Hamburger Brauart“ bezeichnet wurde. Superintendent Bünting beschrieb es aber 1584 als „ein sonderlich neues Bier, dem man nach dem Manne, der es gebrauet, zuallererst den Namen geben". Cord Broyhan verwendete zu seinem Bier ein Drittel Weizen- und zwei Drittel Gerstenmalz. Er erstellte daraus ein schwach vergorenes und schwach gehopftes hellbraunes Bier, das das bis dahin vorherrschende Rotbier fast völlig verdrängte.

Heute gibt es in Hannover noch drei Brauereien: Das kleine *Brauhaus Ernst August*, das ein pilsartiges Bier braut, die Herrenhäuser und die *Gilde-Brauerei.*

Das *Gilde Pilsener* ist 4,9 Prozent stark, riecht würzig, hat einen etwas vollen Antrunk und ist hopfenherb, ohne eigentlich pilsartig zu schmecken. Milder gehopft und würziger ist das *Edel Export Bier*. Dazu kommt ein richtiges Szene-Bier: Der *Bölkstoff*. Das ist der Name, den der Comic-Held Werner dem Bier gegeben hat – in älteren Versionen des Comics heißt es auch „Flaschbier". Der heutige Bölkstoff kommt aus speziell geformten Schulterflaschen mit langem Hals und Porzellanverschluß. „Hau wech!" heißt es auf dem Halsetikett – also versuchen wir's: Das Bier ist mittelgelb, hat einen blumig-malzigen Geruch und einen für einen Pilsener etwas zu vollen Körper, in den der betont hopfenherbe Nachtrunk eingebettet ist.

Auch heute ist Hannover noch immer für Bier-Innovationen gut: Aus der 1868 gegründeten *Herrenhäuser Brauerei* – sonst bekannt für ihr 90 Tage gelagertes, sehr herbes und im Nachtrunk betont trockenes *Pilsener* – kommt das *Diplomat*, Deutschlands erstes Dry-Bier. Dieser Biertyp hat sich in den achtziger Jahren in Japan als besonders erfolgreich erwiesen: Hell wie ein Pils, sehr betonter Schaum, ein blumig-malziger Eindruck in der Nase. Malzaromen bestimmen auch den Eindruck dieses hochvergorenen Bieres – dennoch ist es nicht sehr voll und dank seines hohen Kohlensäuregehaltes sehr rezent. Der kurze, weder von Hopfen, noch von Malzsüße geprägte Nachtrunk hat dem Bier das Prädikat „extra dry" verschafft.

Wenden wir uns aber wieder der nahen Stadt **Einbeck** und dem Bock zu, der von dort kommt. Ursprünglich war dieser ein aus zwei Teilen Gersten- und einem Teil Weizenmalz gebrautes Bier, das sehr stark gehopft gewesen sein soll und auch nicht dickmachte, wohl aber gegen Fieber half. Dieser ursprüngliche „Einbock" erlebte einen Niedergang, als man anderswo Bierspezialitäten ähnlicher Qualität zu brauen lernte.

Der Berliner Professor Struwe konstatierte, daß in Einbeck um die Mitte des 18. Jahrhunderts nicht einmal ein Fünftel soviel Bier gebraut wurde wie noch hundert Jahre davor, als der Bierexport florierte. Das hat sich zwar hinsichtlich der Menge erfreulicherweise geändert – nicht aber, was die Bierart betrifft. Das Einbeckisch Bier ist heute längst kein Synonym mehr für das Bockbier. Da gibt es ein *Spezial*, mit 12,5 Stammwürzegraden eingebraut; es ist ein helles, süffiges Exportbier, dessen typischer Eindruck ein leichtes Apfelaroma im Geruch und im Antrunk ist. Noch bedeutsamer sind aber die Einbecker Pils-Biere, die um 1980 das traditionelle Bockbier überrundet haben und ihm auf dem lokalen Markt um Längen überlegen sind. Zweierlei Pils-Biere braut man im Einbecker Brauhaus. Sie sind so dünn, daß man sich zu glauben weigern möchte, daß sie aus der Bockbier-Stadt kommen. Aber sie kommen von hier, und die Brauer und die Geschäftsführung des Brau- und Brunnen-Konzerns, zu dem Einbeck gehört, sind sogar sehr stolz darauf: Das *Brauherren Pils* ist ein selbst für ein Pils extrem schlankes, sehr kräftig gehopftes Bier, dem man die 11,5 Grad Stammwürze nicht anmerken würde. Gleich stark, ein bißchen voller, aber etwa ein Viertel weniger gehopft ist das *Einbecker Pilsener*.

Der Ruhm des *Ur-Bock* wird dadurch allerdings nicht geschmälert. Er ist überraschenderweise gar nicht so stark eingebraut: Mit 16,5 Stammwürzegraden liegt er durchaus in der Norm. Die Farbe ist hellbernstein (auch wenn es zusätzlich einen dunklen und einen *Mai-Bock* gibt), der Schaum reinweiß und die Nase vermittelt einen Eindruck von ausgewogenen Malz- und Hopfenaromen. Ohne Fehl und Tadel auch das Verkostungsergebnis: Man kennt vollere, süßere, herbere, länger gelagerte Bockbiere – aber das von Einbeck darf getrost als wegweisend gelten: Süffig und malzig mit einer harmonisch eingebundenen Bittere, die (ganz ohne aufdringlich zu wirken) etwas höher als beim Pils ist.

In meiner ersten Verkostungsnotiz hat das so geklungen: „Der Einbecker Urbock, auch der helle, hat eine leicht rötliche Farbe. Sein Geschmack ist tatsächlich vorbildlich kräftig: Mit dem festen Schaum genießt man bereits den Malzgeruch, der auch den Antrunk prägt. Voll und kaum süßlich füllt dieser Bock den Mund – bis man überrascht das Glas absetzt. Nicht, weil man plötzlich der Stärke (immerhin 6,5 Alkohol-Prozente) bewußt würde, sondern wegen der ausgeprägten Bittere, die diesem Bier gegeben ist. Damit wird der Nachtrunk zu einem Erlebnis der Kraft und der männlichen Herbe, während manches andere, schwächer gehopfte Bockbier im Nachtrunk pappig zu hängen scheint. Der *Dunkle Einbecker Urbock* ist ähnlich kräftig, aber etwas süßlicher."

Bleibt noch ein Bier vom anderen Rand des Spektrums (es hat nur 2,7 Alkoholprozente) zu erwähnen, das aus einem Tochterbetrieb des Einbecker Brauhauses in **Göttingen** kommt, der quasi benachbarten Göttinger Brauhaus AG: Das *Göttinger Leichte Dunkel* hat eine helle kupferne Farbe, eine malzige Nase, einen sehr schlanken und doch malzaromatischen Antrunk und ist kaum bitter.

In Einbeck also kam das Bockbier auf die Welt, aber das ist nur ein Teil der Story. Es gibt ja eine Gruppe von Biertrinkern, die die Qualität eines Bieres vor allem an seiner Stärke bemessen, und die EG, die in Sachen Lebensmittelrecht so ziemlich jeden Unsinn zur Richtlinie erhebt, fördert das auch noch durch ihre rein am Alkoholgehalt orientierten Deklarationspflichten.

So kriegen Engländer glänzende Augen, wenn ihnen ein „Winter-Warmer" oder ein „Christmas Ale" unterkommen, die Deutschen kultivieren Doppelbock-Biere, deren Name auf „-ator" endet, Österreich mischt mit dem immerhin 23 Grad (und 9,9 Volumsprozent Alkohol) starken *Eggenberger Urbock* mit: ein helles Bier aus **Vorchdorf**, das wegen seines Aperitiv-Charakters besondere Wertschätzung genießt.

Und immer wieder der Streit, wo wohl das allerstärkste Bier der Welt gebraut wird. Man ist verleitet, auf **Kulmbach** zu tippen. Von dort, so weiß man, kommt der Eisbock, auch „Bayrisch Gfrorns" genannt. Hier wird nach alter Überlieferung in einem ohnehin starken Bockbier ein Teil des Wassers ausgefroren, womit acht bis zehn Prozent Alkohol im Bier verbleiben. Angeblich stammt die Erfindung von einem Brauburschen, der vergessen hatte, an einem strengen Winterabend nicht ausgelieferte Fässer in den Lagerraum zu rollen: Die Flüssigkeit war am nächsten Morgen gefroren, hatte ein Faß gesprengt und im Kern des Eises eine Flüssigkeit eingeschlossen. „Strafweise“, so berichtet die Legende, habe der Bursch den ungefrorenen Rest trinken müssen. Aber der war gar nicht so übel, schließlich war es ja ein Bockbier-Konzentrat.

Heute gibt es davon noch einen Vertreter in Kulmbach, den *Eisbock* vom *Reichelbräu* mit 24 Grad Stammwürze und zehn Alkoholprozenten: Es hat einen kräftigen, nicht ganz weißen Schaum, der gut einen Zentimeter über den Glasrand stehen kann. Die Farbe ist fast schwarz, der Geruch malzig, der Antrunk erinnert ein wenig an Haselnuß-Schoko-Kuchen, auch wenn sich die Aromen rasch auf eine intensive, sehr süßliche Malznote einschränken. Das Bier ist voll und erst im Nachtrunk etwas herb. An diesem Bier, das so sehr zentraleuropäischen Geschmacksvorstellungen entspricht, zeigt sich deutlich das Problem untergäriger Starkbiere: Sie haben enorme Kraft, bleiben aber eine bloße Verstärkung gewohnter Geschmackseindrücke, überhöht ins Süßliche.

Viele halten daneben den *Kulminator* für das stärkste Bier – aber der ist „nur“ ein 19grädiges Doppelbockbier; zu verachten ist er dennoch nicht. So wird etwa dem Verleger Ernst Rowohlt nachgesagt, sein letzter Satz habe gelautet: „Gebt mir ein Glas Doppelbock!“

Aber das als das Stärkste gesuchte Kulbacher Bier ist das *EKU 28*, dessen Stammwürze mit 28 Grad deklariert ist, tatsächlich aber bei etwa 31 Grad liegt, die zu gut 11 Volumsprozent Alkohol vergoren werden. Als noch stärker bezeichnet sich ein französisches Bier, *La Bière du Démon* aus **Douai**. Es verspricht 12 Prozent diabolisches Vergnügen und auch, daß es das stärkste blonde Bier der Welt wäre: 21,7 Grad Stammwürze wären demnach zu 12 Prozent Alkohol vergoren. Das Ergebnis ist ein recht trockenes, nicht allzu aromatisches und ziemlich bitteres Bier von goldgelber Farbe.

Ganz beachtlich, aber inzwischen überboten von der winzigen Hausbrauerei von *Klaus Vetter* in der Altstadt von **Heidelberg**: Dort wird ein 33grädiges Bier (sehr süß und mehr nach Malzlikör schmeckend) verzapft.

Die Aufnahme ins Guinness-Buch der Rekorde hat aber ein Starkbier aus **Zürich** geschafft: Für das traditionsreiche Brauhaus *Hürlimann* ist es eine stolz vorgeführte Spezialität – aber sicherheitshalber wird das **Samichlaus**-Bier mit einer mehrsprachigen Warnung auf de Etikett ausgeliefert: „Trinken Sie es mit Vorsicht und bitte fahren Sie danach nicht Auto!" Das gefährliche Bräu wird im Namen des Heiligen und Bierbrauer-Patrons Nikolaus – in Schweizer Lesart: Samichlaus – gebraut.

Und es war ein Experiment, das am 6. Dezember 1979 unternommen und seither jährlich wiederholt wurde. Es sollte die Qualität des bei Hürlimann gezüchteten Hefestammes untersucht werden. Dazu ein kurzer Exkurs in die Gärungschemie: Bier entsteht, indem die süßliche Bierwürze (der Sud aus Malzextrakten und Hopfen) mit Hefe vergoren wird. Je mehr vergärbare Stoffe in der Würze sind, desto höher ist die Grädigkeit des Bieres – die 29 Grad Stammwürze des Samichlaus deuten also an, daß in 100 Teilen Würze (theoretisch) 29 Teile vergärbaren Stoffes sind. Das Problem ist aber, daß die Bierhefe (die sich durch Zellteilung vermehrt und als Stoffwechselprodukt Alkohol und Kohlendioxid bildet) selber sehr sensibel auf Alkohol reagiert: Hochkonzentrierter Alkohol tötet die Hefe, der Vergärungsprozeß stoppt von selbst. Daher ist es für die Produktion eines Starkbieres entscheidend, einen Hefestamm zu besitzen, der nicht nur wohlschmeckende Alkohole als wesentliche Geschmacksträger erzeugt, sondern auch robust genug ist, dem selber produzierten Alkohol zu widerstehen.

Beim Samichlaus ist das Ergebnis ein 14 Alkoholprozente starkes, sehr dunkles, weinig und doch süßlich schmeckendes Bier mit bitterem Nachtrunk. Es wird gemeinsam mit winzigen, likörglasgroßen Bierkrügen angeboten, die die Mahnung zur Mäßigung beim Trinken verstärken sollen.

Der Welterfolg von Hürlimann hatte zunächst einen schweren Start: 1836 gründete Heinrich Hürlimann-Bleuler in Feldbach am Zürichsee die Brauerei Hürlimann&Co, die erst nach mehreren Mißerfolgen den für damalige Zeiten respektablen Ausstoß von 4500 hl erreichte. Erst Albert Hürlimann-Müller gelang es, den handwerklichen Betrieb auf neue, industrielle Beine zu stellen: 1866 wurde in die damals ländliche Gemeinde Enge bei Zürich übersiedelt, der Ausstoß kletterte von 30.000 im Jahr 1887 bis auf 250.000 1927 und 355.000 vierzig Jahre später. Noch 1967 waren drei offene Kühlschiffe aus Kupfer in Betrieb, das moderne Gesicht der Brauerei, das von den hochaufragenden zylindrokonischen Gärtanks geprägt wird, stammt aus den achtziger Jahren.

Allerdings ist bei Hürlimann noch viel Hergebrachtes zu bewundern – angefangen von den Pferdeställen, in denen noch einige brave und zu Traditionsfahrten hervorgeholte Braurösser stehen, bis zum Museum historischer Trinkgefäße (das an Größe nur von jenem der Firma Rastal im deutschen Höhr-Grenzhausen bei Koblenz übertroffen wird), in dem auch einige alte Wirtshausschilder und Brauersterne hängen. Quasi als „Draufgabe" können Brauereibesucher eine Sammlung von Emailleschildern und Bierflaschen bewundern.

Klar, daß Hürlimann nicht allein von der Starkbierproduktion leben kann. In ihrem Haus werden vor allem helle Lagerbiere gebraut. Das *Hürlimann Lager* („Ein helles Bier von runder Frische, hoch geschätzt an jedem Tische", wie die Werbung kundtut) schmeckt stark malzig und ist im Nachtrunk wenig stark gehopft. Daneben ist auch das dunkle *Hexenbräu* bemerkenswert.

Aus der Hürlimann-Brauerei in der Brandschenkestraße kommen seit den achtziger Jahren auch die Biere der 1897 gegründeten „Actienbrauerei Zürich", die unter dem einprägsameren Namen *Löwenbräu* vermarktet wurden und noch werden. Vor der Fusion mit Hürlimann war die Löwenbräu Zürich selber als Aufkäufer anderer Brauereien aktiv gewesen: 1899 schon hatte sie den Betrieb Hober, 1902 die Brauerei Seefeld, 1909 die Unions-Brauerei, alle in Zürich, erworben und das Vertriebsgebiet durch Kauf der Brauereien Uhler (St. Gallen, 1901), Schönthal (Winterthur, 1906) Gütsch (Luzern, 1915) und Schweizerhaus (Wil, 1916) erweitert. Die 1924 gekaufte und stillgelegte Brauerei Löwenbräu in Dietikon gab der Actienbrauerei dann schließlich ihren neuen Namen.

Zürich hatte also nicht nur eine Löwenbrauerei wie München, es hatte auch die Besonderheit, jahrzehntelang auf dem „Seeweg" mit Bier versorgt zu werden: Die 1826 aus einer Schnapsbrennerei hervorgegangene Brauerei Wädenswil beförderte die Bierkästen auf einer eigens konstruierten Anlage in den Hafen am Zürichsee und brachte sie mit eigenen Schiffen (ein Schlepper hieß Gambrinus, ein Lastschiff Gambrina) nach Zürich.

Aber nicht alle Starkbierbrauer sind glücklich darüber, eine starke Spezialität anbieten zu können. Im *Schäffbräu* in **Treuchtlingen** – bekannt für die sehr angenehme *Altmühltaler Weisse* – habe ich erlebt, wie mir der Besitzer versichert hat, daß das *Feuerfest Edel Bier* ein letztlich ungeliebtes Produkt seines Hauses ist. Es stecke einfach zuviel Arbeitsaufwand darin, ein mit rund 24 Grad Stammwürze eingebrautes Bier ein Jahr lang zu lagern, dann in spezielle numerierte Flaschen zu füllen, von Hand zu siegeln und mit aufwendigen Etiketten in den Handel zu schicken. Herr Schäff war gar nicht recht begeistert von der Idee, in den Reigen der Bierreisen aufgenommen zu werden – denn da würde dieses Nischenprodukt wohl noch besser auf dem Markt angenommen. Respekt bekommt es ja ohnehin viel – nicht nur, weil es schwarzgold und weinig, mit enorm kräftigem Malzaroma und einer beachtlichen, schweren Süße im Glas (ich bevorzuge große Weingläser dafür) schwappt. Geschmacklich ist es dem Kulmbacher Eisbock sicher nicht überlegen – aber vom Auftritt her schon. Auf dem Etikett nennt es sich „eines der teuersten Biere der Welt" – und als ich im Jahr 1991 eine Flasche davon an der Karstadt-Kasse in Dresden beglichen habe, konnte die Verkäuferin kaum fassen, daß ein Wessi für 0,33 Liter Bier acht Mark zu bezahlen bereit ist.

Nun, man kann sein Geld besser anlegen – zum Beispiel in Biere, die eine geschmackliche Reifung erwarten lassen. Das ist bei untergärigen, filtrierten Bieren nicht der Fall. Aber beim obergärigen Bier sieht das ganz anders aus. Das *Thomas Hardy Ale* ist ein Beispiel für ein solches Starkbier, das über die Jahrzehnte hin noch besser zu werden verspricht. Falls man die Nerven hat, so lange zu warten. Dieses stärkste Bier Englands – 12 Prozent Alkohol – kommt von *Eldridge Pope* in **Dorchester** und ist nach einem Dichter benannt. Hardy schrieb in seinem Gedicht vom „Trumpet Major" über das Bier aus Dorset: „Es hatte die schönste Farbe, die das Künstlerauge in einem Bier wünschen konnte. Vollmundig und doch lebendig wie ein Vulkan; pikant, aber ohne Schärfe; farbkräftig wie ein Sonnenuntergang; frei von hartem Geschmackseindruck, aber recht belebend". Eben dieses Bier gibt es in numerierten, für jahrzehntelange Lagerung aufgelegten Flaschen. Der weinige Eindruck beherrscht alles. Wenn man dieses Bier zu einem Christmas Pudding (dessen Teig traditionell mit Ale bereitet wird) versucht, dann harmoniert es perfekt. Leichter und auch im Faß gereift erhältlich ist das *Thomas Hardy Country Bitter*, mittelbraun, süffig und mit einem edlen bitteren Ton im Nachtrunk.

Übrigens ist das Bier nicht die einzige Spezialität, die durch das Präfix Bock geadelt wird: In der bayrischen „Land- und Policeyordnung“ von 1616 ist neben dem Bockbier auch von einem Bockmet die Rede, „welcher nicht anders als zur Notdurft der Kranken gesotten“ werden sollte. Im Gegensatz zum starken Doppel-Bockbier ging, besonders aus den Brauhäusern der Jesuiten, auch ein etwas „sanfteres“ Geiß-Bier hervor, von dem sich jedoch nicht viel mehr als eine Eintragung in Irmgard Gierls „Raritäten aus Schmellers Bayrischem Wörterbuch“ erhalten hat.

Das ist insoferne verständlich, als dieses Bier nur den Jesuiten selber zugänglich war. Der Rechtsgelehrte und Staatsmann Wiguläus Xaverius Aloysius Freiherr von Kreittmayr schrieb 1761, „der Einbock, wie auch die sogenannte Geis ist zwar keinem bräuenden Stand verwehrt und wird auch in dem hiesigen Jesuitter Bräuhaus zum Haus-Trunck würklich gesotten, zum Verschleis aber verbietet er sich von selbst, weil solcher viel mehr Zeug verlangt.“ Einfaches Bockbier unterlag aber der Preisregelung für normales Bier und hätte nur mit Verlust verkauft werden können.

Übrigens: In Österreich ist die Biersteuer 1992 „harmonisiert“ worden. Kenner der einnahmenfreudigen Finanz vermuten darunter zurecht eine Anhebung. Allerdings ist die Bestimmung gefallen, nach der Bockbier generell dem doppelten Steuersatz unterliegt. So darf in der Alpenrepublik nunmehr auch „Lückenbier“ (mit einer Stammwürze zwischen 14 und 16 Grad) gebraut werden, andererseits wird das Starkbier nicht mehr steuerlich diskriminiert. Dies kommt unter anderem dem *Mohren Bock* aus **Dornbirn** in Vorarlberg zugute. Er wird – ähnlich wie der eingangs erwähnte *Bocky* – nur in 0,3-Liter-Flaschen gefüllt. Das ist auch empfehlenswert, denn mit 17,3 Prozent Stammwürze und 7,2 Prozent Alkohol gehört er zu den kräftigsten Bieren Österreichs. Und schon mancher, der zuviel davon gekostet hat, vermutete, „vom Bock umgestoßen“ worden zu sein.

Etwas, was bei den Bock-Bieren aus Frankreich schwer vorstellbar wäre – denn dort ist Bock nicht unbedingt ein Zeichen außergewöhnlicher Stärke. Wir werden es auf der nächsten Reise ausprobieren.

In ganz Europa darf man getrost behaupten, daß Brüssel das Machtzentrum der EG ist – nur in Parlamentssitz Straßburg und in Luxemburg sollte man etwas zurückhaltender sein, denn diese beiden Städte beherbergen ebenfalls Europäische Institutionen und wollen keinesfalls zurückgesetzt sein. Es trifft sich, daß ihre Umgebung eine ähnlich reiche Brautradition hat wie jene von Brüssel – und so sollen sie uns genauso eine Reise wert sein. Es ergibt sich, daß man von Luxemburg nach Straßburg wieder einen Grenzgang zwischen sehr interessanten Bierlandschaften machen kann, wie wir ihn ähnlich auf der zweiten Reise erlebt haben.

Wir beginnen in der Stadt **Luxemburg**, dem EG-Finanzzentrum und Steuerparadies. Wer die Innenstadt auf ihrer felsigen Höhe gesehen hat, der kann leicht ermessen, warum Luxemburg jahrhundertelang als die mächtigste Festung Europas gegolten hat: Noch heute werden die Reste der 1867 bei der Neutralisierung des Landes geschleiften Festungsbauwerke vorgeführt – und wenn man bedenkt, daß Luxemburg einmal viel mehr als die heute der NATO unterstehenden 900 Mann unter Waffen hatte, ist man schon auf der richtigen Spur. Denn wo Soldaten sind, da wird auch Bier getrunken.

Gleich unterhalb der ehemaligen Festung liegt ein heute recht hübsch hergerichtetes Stadtviertel namens Grund. Es war früher ein Brauzentrum und hat Stadt und Festung beliefert. Abgesehen davon, daß hier eine besonders rührige Gambrinusbruderschaft ihren Sitz hat, ist nur wenig von der alten Brautradition übriggeblieben. Nur eine einzige Brauerei steht noch im Tal der Alzette, die in dem tiefen Tal durch die Stadt fließt. Sie ist entsprechend idyllisch gelegen.

Es handelt sich um das alte Brauhaus von *Mousel*, das auch einen prächtigen Braugasthof mit einer bodenständigen Küche betreibt. Aber zwischen dem Eingang zur Gaststätte und jenem zum Brauhaus befindet sich eine Nische für einen Heiligen – es ist St. Arnould, der im frankophonen Teil der Welt Brauerpatron ist. Als Bischof von Metz soll er einmal ein Bierwunder vollbracht haben, was ihm einen Platz unter den Bier-Heiligen sichert (allerdings gibt es im belgischen einen anderen Arnold, der fürs Bier zuständig ist). Im süddeutschen Raum ist ja St. Florian der Brauer-Patron, weil er im Wasser ertränkt wurde, in der Schweiz ist der Heilige Nikolaus (er wird nach den ihm zugeschriebenen Wundern mit einem Bottich, mit Brot oder Getreideähren dargestellt) der Schutzpatron des Bieres. Und schließlich verehrt man auch St. Laurentius: Er erlitt sein Martyrium auf dem Rost und wurde daher Patron der Mälzer.

Als ob wir es nicht gewußt hätten: Das Heiligenbild ist Beweis, daß wir uns an einer Schnittstelle europäischer Kulturräume befinden. Auch wenn die obergärig geprägte belgische Bierregion in der benachbarten Provinz Belgisch-Luxemburg beginnt, so ist das von der Dynastie der Nassauer beherrschte Großherzogtum doch von Untergärung und von der Kunst deutscher Braumeister geprägt. Im Mousel-Braugasthaus trinkt man ein mildes *Zwickl*-Bier, wer es stärker mag, greift zum siebenprozentigen *Donkle Beer*, das fast schwarz, aber nur wenig süß und auch überraschend wenig bitter ist.

Die Brauerei (die heute zum Konzern der *Brasseries Reunies* gehört) knüpft an die Tradition der 1083 erstmals erwähnten Brauerei Altmünster an. Sie hat ihren Namen nach Michel Mousel, dessen Familie seit 1825 im Braugeschäft ist. Emile Mousel galt als Brauherr von patriarchalischem Zuschnitt: Streng kapitalistisch, aber mit der Grundeinstellung, „daß man gut ist zu seinen Leuten". So gewährte er ab 1909 neben dem üblichen Haustrunk eine Krankenversicherung für die Arbeiter und ihre Angehörigen. Und er engagierte sich in der Politik: von 1894 an war er zehn Jahre lang Bürgermeister der Hauptstadt.

Emile Mousels Neffe Albert war einer der bestausgebildeten Brauer seiner Zeit: Gelernt hatte er in Maxeville, dann war er in Frankreich auf der Walz, studierte dann an der VLB in Berlin, wo er auch am Böhmischen Brauhaus praktizierte. Von einem Praktikum in Pilsen brachte er die dortige untergärige Hefe mit, in Kopenhagen vollendete er schließlich 1905 seine Studien der Gärungsphysiologie.

Auch in der nördlich gelegenen Kleinstadt **Diekirch** steht eine hübsche Brauerei und eine Mälzerei. Von hier kommt neben einem wenig ausgeprägten *Pils* das *Grande Réserve*. Es ist die Creation von Braumeister Horst Hermann Müller, der vor über zehn Jahren eigentlich Überlegungen für ein Leichtbier angestellt hat. Das dunkelgelbe, sehr kräftige (6,9 Prozent), honigähnlich duftende und leicht bitter schmeckende Bier hat ihm allerdings dann besser geschmeckt, und so hat sich Diekirch mit diesem Bier profiliert.

Noch kleiner, noch profilierter ist die Brauerei von **Esch sur Alzette**: Um sie zu finden, muß man gegenüber vom Bahnhof nach so etwas wie einer Garageneinfahrt suchen – dahinter ist das unscheinbare kleine Brauhaus *Batin*, wo unter anderem der *Gambrinus Urtyp*, ein 5,5 prozentiges, hellgelbes Bier mit leicht malzigem Geruch, malzig-aromatischem Antrunk und vollem Körper gebraut wird. Zu erwähnen ist auch der *Bock*, ein dunkles, malzig-süßliches Bockbier, das auch von der *Brasserie Nationale* vertrieben wird.

Dieser auch unter dem früheren Namen *Bofferding* bekannte Betrieb liegt ganz in der Nähe, nämlich in **Bascharage**, wo kürzlich auf eine Kapazität von 240.000 hl erweitert wurde. Schon von weitem kann man die alten, vor dem Brauhaus aufgestellten Sudpfannen erkennen, an der Fassade rankt Hopfen und im Inneren reift ein angenehm mildes *Lager*, das sich durch schönen Schaum und Süffigkeit auszeichnet.

Daneben gibt es noch den *Meeschterbock* – aber dieser ist nicht wirklich ein Bock, sondern ein sehr helles, ausgeprägt edel gehopftes Pilsbier. Nur zu Weihnachten braut man ein etwas kräftigeres *Christmas*-Bier.

Noch eine Luxemburger Brauerei verdient Erwähnung, auch wenn ich sie nie selber besucht habe: *Simon*. Deren *Simon Noel* ist mit etwas über sieben Volumsprozenten das stärkste Bier von Luxemburg. Das *Pils* ist hell, schlank und ein wenig nachhängend herb

– aber das Auffälligste ist das kräftiggelbe Etikett, das sich offenbar aus den sechziger Jahren bis auf unsere Tage erhalten hat.

Ja – und der Name: Simon; das erinnert doch an einen großen Brauherrn. Tatsächlich gibt es gleich jenseits der Grenze die Eifelstadt **Bitburg**, wo es eine Familie Simon zu beachtlichem Ansehen und der viertgrößten Brauerei Deutschlands (3 Millionen hl) gebracht hat.

Johann Peter Wallenborn hatte diese 1817 als kleine obergärige Hausbrauerei gegründet. Der gelernte Brauer Ludwig Bertrand Simon heiratete 1842 Wallenborns Tochter Elisabeth. Der 1847 geborene Sohn Theobald Simon übernahm 1876 das Unternehmen von seiner Mutter. Der Ausstoß von 1070 hl stieg sprunghaft, als er 1879 eine „Kunstkellerei" für Untergärung, ein Jahr später eine Flaschenfüllerei und 1887 die damals noch völlig unüblichen Bierfilter in Betrieb nimmt. Schon 1884 wurde das erste Pils-Bier gebraut, 1909 kreiert man das „Original Simonbräu Deutsch-Pilsener" und setzt diesen Namen in einem Rechtsstreit gegen die Pilsner Urquell-Brauerei durch. Schon damals gab es eigene Pils-Gläser – 1964 ließ sich die Brauerei den noch heute üblichen Bit-Pokal entwerfen.

In der Ende der achtziger Jahre fertiggestellten neuen Braustätte Bitburg-Süd, einer der modernsten und großzügigsten der Welt, wird nur das bekannte, *Bitburger Pils* (mit den „abgespeckten" Versionen *light* und *Drive*) gebraut. Man bestellt dieses helle, herbe, aber nicht zu bittere Pils schon seit den dreißiger Jahren mit dem Spruch „Bitte ein Bit".

Wir setzen unsere Bier-Pirsch im Bundesland Rheinland-Pfalz fort, in dem wir wieder den Nassauern begegnen. In **Hahnstätten** finden wir das *Nassauer Klassisch Alt* aus der Nassauischen Privatbrauerei *Heckelmann-Kuhn*. Man denkt unwillkürlich an den Begriff „nassauern", also: sich ein Freibier erschleichen. Aber das ist historisch weit gefehlt: Die nassauischen Fürsten waren im Gegenteil besonders großzügig – und sie pflegten für Studenten aus ihren Ländern gut zu sorgen. Dies hatte sich natürlich rasch unter den Studiosi herumgesprochen, die sich gerne den nassauischen Kollegen anschlossen, um mit ihnen gemeinsam mit Bier versorgt zu werden; es „nassauerten" also gerade die Nicht-Nassauer. Probieren wir nun das 4,8 Volumsprozente starke Nassauer Alt, dann stellen wir fest, daß das Nassauern durchaus lohnen würde: Es ist hellbraun, hat eine schöne, malzig duftende Blume – ist aber völlig durchgegoren, süffig und trocken und entwickelt besonders schöne Aromen.

Obergäriges Bier ist in diesem Teil der Bundesrepublik nicht besonders verbreitet – aber es erlebt vor allem in Form der Weißbiere eine Renaissance. Wenn man aber das *Domhof Weizen* aus der gleichnamigen Hausbrauerei gegenüber dem Kaiserdom in **Speyer** verkostet, dann bekommt man Zweifel, denn dieses etwas dunkle Weizen ist ein wenig zu säuerlich ausgefallen – da hält man sich lieber an das mild-malzige, mit Tettnanger Hopfen gebraute *Helle* oder das leicht „liebliche" *Dunkle*, das in dem schönen Brauhaus an der Stelle des ehemaligen Reichskammergerichtes verzapft wird.

Auch in **Pirmasens** braut man neuerdings wieder obergärig. Das *Parkbräu Weizen* ist etwas voll, aber recht blumig und doch rezent mit einem trockenen Nachtrunk – auch wenn die Pfalz einmal zu Bayern gehört hat, kommt dieses Bier nicht ganz an die bayrischen Vorbilder heran. Dagegen braucht die untergärige Linie keine Konkurrenz zu scheuen. Die Parkbrauerei braut auch ein hellbernsteinfarbenes Bockbier mit wunderbarem weißen Schaum und einer malzig-blumigen Nase. Es nennt sich *Park Pirminator* und liegt mit seinen 6,9 Prozent Alkohol und knapp 18 Grad Stammwürze an der unteren Grenze der „-ator"-Biere. Es hat einen beeindruckend-kräftigen Antrunk mit schönem, keineswegs süßlichen Malzaroma und eine deftige, aber unaufdringliche Bittere. Auch das sehr helle *Park Pils* mit seinem außergewöhnlich festen Schaum erfreut mit einer schönen Hopfenblume, die von einem zart-rundlichen Malzaroma einbegleitet wird und mit trockener Bittere ausklingt. Als Premium-Bier besteht daneben noch das *Park-Primus*, das etwas herber wirkt, sowie das recht anständige *Park leicht* und das *Park frei*.

Die *Park-Brauerei* leitet ihren Namen übrigens nicht vom nahen Naturpark Pfälzer Wald ab, sondern von einem Park, der einmal an der Straßenecke des heutigen Brauereigeländes war. Dennoch ist die regionale Verbundenheit groß: Man braut mit dem sehr weichen Pirmasenser Stadtwasser und Pfälzer Braugerste, die in einer eigenen Mälzerei in Kirchheim vermälzt wird – 10.000 Tonnen im Monat. Der Hopfen kommt aus der Hallertau und aus Spalt.

Pirmasens war eine alte Garnisonsstadt, daher muß hier das Bier schon früh verbreitet gewesen sein. Die erste schriftliche Erwähnung stammt aus dem Jahr 1749, als der „Wiederaufbau des abgebrannten Brauhauß" angeordnet wird. Die Familie Seitz erwirbt 1880 die Brauerei Friedrich Schneider, verpaßt ihr den Namen „Brauerei zum Park" und verbindet sich 1888 mit der „Parkbrauerei Zweibrücken" in der nächsten größeren Stadt. Um die Jahrhundertwende empfahl sich die Brauerei mit „hochfeinen hellen und dunklen Bieren nach Münchner und Pilsner Brauart". Schon 1914 werden in Pirmasens 200.000 hl Bier gesotten, womit dieses Brauhaus das größte der Pfalz wird.

Noch eine Rheinland-Pfälzische Stadt bedarf der Erwähnung: **Trier**. Zum einen, weil diese Stadt die älteste Deutschlands ist; sie wurde im Jahr 16 vor unserer Zeitrechnung gegründet – und obwohl es an der Mosel wohl schon damals gute Bedingungen für den Wein gegeben haben muß, haben wir aus römischer Zeit den ersten schriftlichen Beleg für Bier auf deutschem Boden: Ein Bierverleger-Grabstein beweist, daß es hier schon in der Antike Bierhandel gegeben hat.

Zum anderen gibt es in Trier eine Brauerei, die ein bißchen zu Unrecht im Schatten des nahen Bitburg steht. Sie ist 1890 aus der damals liquidierten „Trierischen Aktienbrauerei" hervorgegangen.

Die *Löwenbrauerei Trier* hat ihre früher breite obergärige Produktion – solange das noch zulässig war, wurde auch ein Kölsch gebraut – auf ein Bier, das *Treverer Alt,* eingeschränkt. Dieses zeichnet sich durch besondere Haltbarkeit aus – und durch eine süffige Frische. Das 4,8 Prozent starke Altbier ist rotbraun und voll – mit einem angenehm bitteren Nachtrunk.

Bedeutender ist natürlich auch hier die untergärige Produktion, bei der sich vor allem das *Petrisberger Pils* auszeichnet: Als eine der wenigen Brauereien Deutschlands verwendet die Löwenbrauerei Saazer Hopfen – entsprechend aromatisch ist dieses helle und sehr sortentypische Bier, neben dem noch ein *Löwen Edelpils* mit einer ebenfalls feinen, aber weniger ausgeprägten Hopfung und ein 19grädiger *Doppelbock* für die Weihnachtszeit gebraut wird.

Die Löwenbrauerei gehört zum *Karlsberg*-Konzern, der unsere Reiseregion in besonderer Weise prägt. Er liegt – zwischen Holsten und Bitburger – an der dritten Stelle der deutschen Brauereien, die Braustätte in **Homburg/Saar** produziert allein 2,9 Millionen hl. Eine Besonderheit von Karlsberg ist seine Internationalität: In Frankreich ist Karlsberg mit Braustätten in **Reichstett** (*Brasserie Karlsberg*), **Saverne** (*Karlsbräu, Brasserie de Saverne*) und in der Stadt des Heiligen Arnold, in **Metz** (*Amos*) die sechstgrößte Brauereigruppe. Im Saarland gehört auch die Brauerei *Becker* in **St. Ingbert** dazu – sie braut ein sehr sortentypisches, angenehm bitteres und trockenes *Becker Pils*, in Rheinland-Pfalz die wesentlich bekanntere Brauerei *Königsbacher* in Koblenz, deren *Pils* einen erst malzigaromatischen, doch süffigen und sehr edel-herben Charakter repräsentiert.

Eine besonders liebenswerte Tochter von Karlsberg ist das *Saarfürst-Bier*, das ursprünglich aus **Merzig** stammt: Man bekommt dieses 4,8 Prozent starke obergärige Bier in Bügelverschlußflaschen mit der Bezeichnung *Bier-Eiche* – und damit hat es seine besondere Bewandtnis. Das dunkelgelbe Bier mit dem schönen malzigen Duft und dem schlanken, hopfenherben Charakter verdankt seine Popularität einer Zeitungsente. Eine saarländische Lokalzeitung hatte nämlich berichtet, daß „nur heute" bei einer bestimmten Eiche im Merziger Stadtwald Freibier ausgeschenkt werde. Der Tag war natürlich der erste April – aber es kamen doch so viele Durstige, daß die Brauerei den Gag aufgriff und aus dem Freibier zum 1. April eine Tradition machte. Mag sein, daß ich mit dieser Geschichte (mir wurde sie im Mai erzählt) selber in den April geschickt wurde, aber wer zur rechten Zeit im Saarland ist, kann der Sache ja nachgehen.

Unwahrscheinlich ist die Freibier-Story ja nicht, denn Karlsberg ist bekannt für seine umfangreiche Sponsor-Tätigkeit. Und für sein im Saarland (aber auch auf so fernen Märkten wie dem polnischen) omnipräsentes Bier: Es heißt *Ur-Pils* und wäre recht interessant und typgerecht, wenn die Bittere nicht gar so wenig aromatisch und nachhängend wäre.

Bleibt noch der Name zu erklären: Er hat mit dem dänischen Carlsberg nichts zu tun, denn er leitet sich von Karl II. August, dem Herzog von Pfalz-Zweibrücken ab. Schon bevor dieses Fürstenhaus 1755 nach Homburg gekommen war, hatten die Grafen Nassau-Weilburg das örtliche Brauwesen gefördert. Als dann Karl II. August sein Schloß Karlsberg in Homburg errichten ließ, entstand eine der größten Baustellen des 18. Jahrhunderts; das Schloß sollte die Macht und Pracht von Kurpfalz und Kurbayern als dritter deutscher Macht neben Österreich und Preußen dokumentieren. Für die Bauarbeiter mußte Bier sogar aus Zweibrücken hergeschafft werden, doch wurde am Fuß des Karlsberges bald eine örtliche Brauerei errichtet. Anders als das in Folge der französischen Revolution zerstörte Schloß ist das Homburger Brauwesen erhalten geblieben. 1858 wurde die Braustätte der Gebrüder Jacoby errichtet, die 1878 zwangsversteigert wurde und so an den Kolonialwarenhändler Christian Weber kam. Noch heute ist die Brauerei in Familienbesitz, doch agiert man viel professioneller als damals: Der erste Sud im um 57.000 Mark ersteigerten Unternehmen mußte nämlich in die Gosse abgelassen werden – man hatte vergessen, Hopfen zuzugeben!

Die Familie Weber nutzte jedenfalls die Grenzlage und die mehrmalige französische Besatzung des Saarlandes zum Aufbau weitreichender Geschäftsbeziehungen. So wurde in Homburg im Lohnbrauverfahren Bier der im letzten Weltkrieg zerstörten, in französischem Besitz stehenden Walsheim-Brauerei gebraut – es labte die französischen Soldaten im Indochina-Krieg.

In welcher Währung zahlt man eigentlich im Saarland? In der bewegten Geschichte war es mal der französische Louis, die Mark, der Franc, die Reichsmark, wieder der Franc und schließlich, seit sich das Saarland 1956 wieder Deutschland angliedern durfte, die DM.

Aber die eigentliche Währung, so hat mir der Brauereibesitzer Thomas Bruch einmal erklärt, wäre der „So". Denn vieles werde hier als Gegengeschäft abgewickelt, da fragt man dann: „Muß ich das bezahlen oder geht das so?"

Und oft geht es eben „so", versicherte der Hausherr in der Gasthausbrauerei *Zum Stiefel* am St. Johanner Markt von **Saarbrücken**. Allerdings: Zahlen kommt meist billiger, denn eine kleine Gefälligkeit wird später wohl erwartet – und man begegnet einander oft, denn im Saarland lebt gerade eine Million Menschen. Sie leben gemütlich und sie leben gut: „Hauptsach, mehr habe gut g'esse" ist ein Leitspruch in dieser weltoffenen Region. Und das Trinken ist auch nicht schlecht: Das *Stiefel Hausbier hell* ist im Antrunk sehr schlank, doch malzaromatisch und mit einer schön betonten Hopfennote ausklingend. Das *Hausbier Dunkel* hat einen karameligen Duft und einen ebensolchen Antrunk, ist aber eher schlank und klingt mit leichter, an Röstmalz erinnernden Bittere aus. Dazu kommt noch ein mittelgelbes, unerwartet vollmundiges, fruchtig-säuerliches *Weisses*, das nur im Sommer angeboten wird. Das ganze Jahr über gibt es dagegen das Bier aus Bruchs Großbrauerei: Das *Bruch-Pils* ist sehr süffig und zeigt eine kräftige, edle Bittere; das *Landbier dunkel* ist ein sehr mildes und dezent bitteres Zwickl-Bier.

Das Saarland hat eine durchaus beachtliche Biergeschichte und sie ist nicht auf Karlsberg beschränkt. „Im Stiefel" war bereits 1702 eine kleine Hausbrauerei mit Ausschank, den ein Schuster nebenbei betrieb. Überhaupt war es üblich, daß Bierbrauer noch einen zweiten Beruf ausübten. Zumeist war es allerdings ein verwandter Beruf – entweder Bäcker (zur Weiterverwendung der Hefe) oder Küfer. Eine derartige Tradition ist auch aus Saarlouis, der planmäßig angelegten Festungsstadt von 1686, überliefert. Hier wurde am 10. Jänner 1769 in der Bierstraße 11 ein gewisser Michel Ney geboren – der Beruf des aus Wüthemberg stammenden Vaters ist mit Faßbindergehilfe überliefert, sehr wahrscheinlich war er auch Bierbrauer. Der deutschsprachige Bursche trat (wie vordem sein Vater) in die Armee ein und machte unvorstellbare Karriere; er brachte es vom

Gemeinen bis zum Marschall, einem der tapfersten in Napoleons großer Armee.

Noch einmal überschreiten wir eine Grenze, diesmal nach Frankreich. Frankreich ist ein Weinland. In den meisten Regionen liegt der pro Kopf-Verbrauch an Bier unter 20 Litern; nur in zwei Regionen ist Bier ein Thema: Im äußersten Norden, an der belgischen Grenze, und in Elsaß-Lothringen. Da zeigt schon die Statistik, daß über 60 Liter Bier pro Kopf getrunken werden. Eine Bier-Kompetenz, durch die es vor allem die sechs noch bestehenden elsässischen Brauunternehmen zu hohem Ansehen gebracht haben. „Bière d'Alsace" ist an sich schon ein Qualitätsbegriff, während von der Bierkultur Lothringens vor allem die Großbrauereien in Champigneulles und Metz sowie eine Reihe schöner Museen übriggeblieben sind.

Brauer-Patron St. Arnold auf einem Bild des 19. Jahrhunderts

In Metz gibt es zwar kein Brau-Museum, dafür aber zwei andere Merkwürdigkeiten, die der Bierliebhaber kennen sollte. Die eine ist eine Figur des Brauer-Patrons Sankt Arnold am rechten Portal der Cathedrale: Als zweite Figur rechts außen grüßt er die Biertrinker und die gewöhnlichen Christen. Der zweite Hinweis betrifft einen hier aufgefundenen Grabstein aus römischer Zeit, der damals einem „Julius cerevisarius" gesetzt wurde – diese Region war also schon in der Antike eine Wiege der Bierkultur!

Zum lothringischen Geschichtsverständnis gehört auch das Andenken an Louis Pasteur (1822–1895). Der große Chemiker und Biologe stellte seine „Studien über das Bier", veröffentlicht 1878, in der lothringischen Brauerei *Tourtel* an – an diese Brauerei erinnert noch heute der Name eines alkoholfreien Bieres, das im frankophonen Raum recht verbreitet ist. Pasteur war der erste, der die Rolle der Hefe bei der Gärung genau untersuchte, und ihm gelangen Versuche, Hefekulturen rein zu züchten, um aus lauter gleichartigen Mikroorganismen einen gleichmäßigen, für das jeweilige Brauhaus typischen Biergeschmack zu erzeugen. Gerade jene Erfindung, die den Namen des berühmten Gärungsforschers trägt, stammt allerdings nicht von ihm: Die Pasteurisation, die Haltbarmachung von Bier (oder auch Milch) durch Erhitzen, hat schon Gervais 1827 vorgeschlagen, vierzig Jahre später wurde sie erstmals in einer Brauerei in Marseille angewendet. Aber wie gesagt: Die Blüte der französischen Braukunst läßt sich eher im Museum als im Bierglas aufspüren.

Ein bisserl museal geht es allerdings – dem enormen technischen Fortschritt zum Trotz – auch im Elsaß zu. Stolz hat mich der Brauereiingenieur Pierre Sigwalt in den unverputzten Keller des Hauses Nummer 68 in der Route d'Oberhausbergen geführt: „Dies ist wahrscheinlich die zweitmeist besuchte Sehenswürdigkeit von **Straßburg** – gleich nach der astronomischen Uhr im Münster." Der Keller ist nämlich der alte Bierkeller von *Kronenbourg*, in dem die noch in der ersten Jahrhunderthälfte bescheidene 130.000-hl-Brauerei ihr Bier reifen ließ. Seit 1970 ist Kronenbourg in der mit rund 24 Millionen Hektoliter Ausstoß zweitgrößten Brauereigruppe Europas, der *BSN*, die zunächst in der Glasherstellung engagiert war, dann ihre größten Kunden kaufte und nun mit insgesamt 24 Millionen hl Bier nahezu das zweieinhalbfache des österreichischen

Verbrauchs braut. Davon am alten Brauereistandort Straßburg immerhin 1,2 Millionen, etwa so viel wie Österreichs größte Brauerei.

Und obwohl Kronenbourg ein ganz konventionelles Sudhaus mit kupfernen Gefäßen hat, ist die Lagerung des Bieres aus den alten Kellern in neue Gärtanks verlegt worden – die Keller dienen nun als Biermuseum.

Es ist eine große Geschichte, die hier gezeigt wird. Die Umgebung von Straßburg ist ein Brauerei-Zentrum Europas – und die Spitzensorte von Kronenbourg, das 14,5grädige, süffige und gut gehopfte *1664* erinnert an das Gründungsjahr der Brauerei. Die Braugeschichte Straßburgs reicht in die Mitte des 13. Jahrhunderts zurück, als ein gewisser Arnoldus in der Nähe der Kathedrale gebraut haben soll. Mindestens sieben Brauereien waren schon vor 1410 vorhanden, als die ersten Steuer-Regelungen aufkamen und städtische „Bierkieser“ zur Kontrolle der Bierqualität bestellt wurden.

Im Juni 1664 brachte der frischgebackene und jungvermählte Braumeister Jerome Hatt sein erstes Bier in seiner Brauerei „Zur Kanone“ heraus. Der Name war nicht schlecht gewählt, hatte doch der Dreißigjährige Krieg die Weinkulturen im Elsaß vernichtet – gleichzeitig war aus dem Norden neue, das Bier gewohnte Kundschaft zugezogen. Um die Mitte des 19. Jahrhunderts übersiedelte Friedrich-Wilhelm Hatt die Gärkeller und ab 1862 die Brauerei an jenen Stadtrand, dem eine Befestigungsanlage den Namen Kronenburg eingebracht hatte.

Noch hieß das Bier aber nach Monsieur Hatt, der es mit der neuen Eisenbahn nach Paris verfrachtete, wo es bis zum Krieg 1871 großen Erfolg hatte. Die Zugehörigkeit zu Deutschland beschränkte die elsässische Brauwirtschaft dann praktisch auf den Heimatmarkt, aber nach dem Ersten Weltkrieg wurde das Bier in Frankreich wieder populär. 1922 hatte Maurice Hatt die Brauerei Tiger erworben – und Tigre Bock wurde zu einem Qualitätsbegriff.

Dazu muß man wissen, daß Bock in den romanischen Sprachen nicht unbedingt ein Bier von besonderer Stärke, sondern eher ein leichtes von Premium-Qualität bezeichnet.

Erst ein Vierteljahrhundert später wurde der Markenname Kronenbourg eingeführt, nach weiteren fünf Jahren, 1952, kam dann das erste „1664“ heraus. Seit 1991 gibt es davon noch eine zweite, stärkere Version: *1664 brune*, ein 16grädiges, auf 6 Prozent vergorenes malzig-bitteres Bier, das vor allem auf die Kunden im Pariser Raum abzielt. Es ist als direkte Konkurrenz zum *Pelforth brune* aus dem französischen Tochterunternehmen von *Heineken* gedacht, einem rotbraunen, sehr malzig wirkenden Bier mit einer betonten Hopfenbittere im Nachtrunk.

Das normale *Kronenbourg* ist ein 4,7 prozentiges, nicht sehr vollmundiges Helles mit einer kräftigen, aber ein wenig nachhängenden Bittere. Dazu kommt noch das *Kanterbräu Gold*, ein mit 14,5 Grad Stammwürze und sechs Prozent Alkohol dem blonden 1664 ähnliches, aber eine Spur voller wirkendes Bräu sowie das *Silver*, ein mit Weizenmalz und gestoppter Untergärung hergestelltes „alkoholfreies" Bier – es darf nach französischen Vorschriften ein Prozent Alkohol haben. In Straßburg und den anderen elsässischen Brauorten hat man eben andere Ansichten von Bier als sie im deutschen Biersteuergesetz stehen.

Das markanteste Beispiel kommt von der Brauerei *Fischer*. Sie hat ein 4,9 Prozent starkes Bier mit angeblich aphrodisischer Wirkung – vor dem Genuß von mehr als vier Flaschen pro Tag wird gewarnt – auf den Markt gebracht, ein Liebesgebräu namens *3615 - La Bière Amoureuse*, das sich (Bier)-Liebhaber etwa 400 Schilling je Kiste kosten lassen. Im Braurezept sollen 16 verschiedene Kräuter enthalten sein – jedenfalls schmeckt das lieblich riechende, goldgelbe Bier nach einem Mix aus Bier, süßlicher Limonade und Kräutertee. Die Ziffer im Namen entspricht übrigens der einer Sex-Hotline am Telekommunikations-Netz Minitel.

Bekannter ist die Fischer-Brauerei in **Schiltigheim** bei Straßburg aber für ihre leichten Biere, die in Frankreich weit verbreitet sind. Auch in den Export nach Österreich geht etwa das 4,9 Prozent starke *Fischer Bitter* mit einem harzigen Duft, kräftigem, nicht ganz reinweißem Schaum und mittelgelber Farbe. Die scharfe Hopfung dieses sehr süffigen Bieres übertrifft die meisten Pils-Biere an Kraft, nicht aber an feinem Aroma, da Geruch und Geschmack ein wenig an wilden Hopfen erinnern, wie er in vielen Flußauen vorkommt. Malzbetont, ein wenig rundlich, allerdings ohne süß zu wirken, ist die schöne Straßburgerin, *La Belle Strasbourgeoise*, aus demselben Hause.

Das Zunftwappen der Faßbinder von Straßburg deutet an, daß diese gleichzeitig auch Brauer waren

In unmittelbarer Nähe von Fischer, in der Rue de la Patrie, steht die „Grande Brasserie de la Patrie", vulgo *Schutzenberger*. Mit 150.000 Hektolitern, ihrem Sudhaus von 1936 und den offenen Gärbottichen ist sie ein eher kleiner Betrieb – aber einer mit einer ganzen Palette von interessanten Bieren. Neben dem – vielleicht ein wenig zu vollen – *Pils* braut man hier das *Schutz 2000*, ein Zwickl-Bier mit ausgesprochen kräftiger Hopfung. Und es gibt auch ein echtes Doppelbockbier, das *La Cuivrée*: Hell-bernsteinfarben, mit hopfigem Duft und sehr vollständiger Vergärung, was einen auffallend trockenen Nachtrunk bewirkt.

Eine halbe Autostunde entfernt, in der verschlafen wirkenden Ortschaft **Hochfelden**, hat sich mit *Meteor* eine weitere mittelständische Familienbrauerei mit 400.000 Hektoliter Jahresausstoß erhalten, die Biere mit mehr Charakter herstellt als die am leichten französischen Massengeschmack orientierten Biere der Brauereiriesen. Hochfelden kann stolz vermelden, daß hier bereits 870 erstmals Bier erwähnt wurde – doch die heutige Brauerei stammt „erst" aus dem Jahr 1640. 1840 wurde sie von der Familie Metzger aus Straßburg übernommen, die das Unternehmen in der deutschfeindlichen Zeit nach dem Ersten Weltkrieg auf Meteor umbenannte.

Von Meteor kommt neuerdings das edel aufgemachte *Mortimer*, ein acht Prozent starkes, dennoch süffiges Bier, das sich durch eine malzige Nase, einen leicht rauchigen Antrunk und eine milde Hopfung auszeichnet. Traditionell wird in Hochfelden aber *Pils* gebraut – nämlich seit dem Jahr 1927 und mit einer rechtsgültigen tschechischen Erlaubnis, das Bier auch so zu nennen! Dieses Pils ist mit 28 Bittereinheiten noch schwächer gehopft als die meisten deutschen Pils-Biere. Dies hat allerdings einen Vorteil: es ist eine hervorragende Basis für Mixgetränke. Im Elsaß und in Lothringen trinkt man nämlich dieses schwach gehopfte Pils gerne mit dem sogenannten „Picon Bière", einem 1837 erstmals auf Orangenbasis hergestellten rotbraunen Likör, der eine leicht süßliche Harmonie ergibt.

Die Ansichten über Bier-Mixgetränke divergieren stark; während manche meinen, Altbier (wie bei Pinkus Müller angeboten) eigne sich am besten zur Herstellung einer Erdbeerbowle, halten Puristen schon den Gedanken daran für einen Verstoß gegen das Reinheitsgebot. Auf der nächsten Reise werden wir mehr darüber erfahren.

Stadtluft macht frei. Das hat jedenfalls zu einer Zeit gegolten, zu der man sich noch nicht um Luftverschmutzung gesorgt hat: Im Mittelalter, als mit dem Bürgerrecht stets auch die Freiheit verbunden war, eigenes Bier zu brauen. Wir sind schon bei früheren Reisen darauf gestoßen, daß ein Teil des städtischen Wohlstandes darauf beruht hat, daß der Bierverkauf ein sicheres Einkommen gebracht hat. Daher haben die Bürger auch stets darüber gewacht, daß nicht Bauern, adelige Grundherren oder die Kirche ihr Vorrecht des Brauens und Ausschenkens innerhalb einer städtischen Bannmeile verletzten.

Und natürlich sollte auch die Konkurrenz durch andere Städte kleingehalten werden. In Sachsen gab es darum zweimal so etwas wie einen „Bierkrieg", beide Male war das damalige Oberlausitzer Brauzentrum **Zittau** beteiligt. Dort war bereits im 14. Jahrhundert ein Braukessel mit 7 hl Ausschlagmenge in Gebrauch. Heute hat jede bessere Gasthausbrauerei einen größeren, aber für damalige Zeiten war das Kochen von 700 Liter in einem einzigen Gefäß eine beachtliche Leistung. Solche Mengen wollten abgesetzt werden – und Zittau exportierte nach Kräften – unter anderem nach **Görlitz**. Wir haben schon auf der achten Reise festgestellt, daß die dortige Geistlichkeit 1474 wegen des Ausschanks von „fremdem" Bier in einen Prozeß verstrickt war.

Weil sich die Importe so nicht abstellen ließen, stürmten die Görlitzer Bürger eine Bierfuhre im Dorf Schlegel und zerschlugen die vollen Fässer. Noch heute heißt die Stelle im Volksmund „Bierpfütze". Die Zittauer schlugen natürlich zurück – und im Streit ums Bier floß dann 1491 auch ganz erheblich Blut. Friedlicher ließ sich der Oberlausitzer Bierstreit von 1662 regeln. Damals hatte die Stadt Löbau in ihrem Stadtwald am Kottmar ein Försterhaus errichtet, um Holzdiebstählen vorzubeugen. Dieses Häuschen lag allerdings nicht weit vom Dorf Eibau, in dem traditionell Zittauer Bier verzapft wurde. Der Protest der Zittauer beim Landesfürsten hatte zunächst Erfolg – dem Förster wurden 50 Taler Strafe für Löbauer Bierausschank angedroht, da „weit und breit kein Löbauer Unterthan wohne". Dem aber halfen die Löbauer ab – sie errichteten 1676 „etliche Häuser und also ein Dörfel"; die Zittauer dagegen drohten den Eibauern mit Geld- und Haftstrafen, wenn sie dorthin gingen. Erst 1691 wurde die Lage rechtlich saniert: Am 12. November dieses Jahres bekam Kottmarsdorf eine Gemeindeverfassung und damit das eigene Schankrecht von Löbau.

Die beteiligten Orte gibt es noch heute, die Brauereien wurden aber in den letzten Jahren geschlossen. Auch die seinerzeit gültige Sperrstunde – 1508 auf 19 Uhr festgesetzt – wurde im Freistaat Sachsen im April 1992 völlig aufgehoben. Aber selbst wenn es die alten Brauereien noch gäbe: Die Braurezepte verändern sich laufend und wir können uns kaum eine Vorstellung davon verschaffen, wie die berühmten Biere früherer Jahrhunderte geschmeckt haben mögen.

Zum Beispiel das Kölsch. Das Besondere am „Nationalgetränk" von **Köln** ist, daß es wie ein sehr helles Pilsbier mit viel Hopfen eingebraut wird, dann allerdings mit einer obergärigen Hefe angestellt wird. So dauert die warme Hauptgärung nur wenige Tage, anschließend wird das Jungbier aber wieder wie ein Lagerbier behandelt: Man kühlt es auf etwa ein Grad Celsius und läßt es sechs Wochen lang reifen. Die Praxis, in den Lagerfässern Hopfen vorzulegen, dürfte allerdings abgekommen sein – noch im 1937 erschienenen Buch „Der vollkommene Brau- und Malzmeister" wird dieses Hopfenstopfen als Charakteristikum bezeichnet, ebenso wie das

Kölsch als „Deutsches Pilsener" bezeichnet wurde, was heute jeder Kölsch-Brauer wütend ablehnen würde.

Als weiteres Charakteristikum gilt, daß Kölsch blank filtriert wird. Auch diese Praxis ist relativ neu. 1882 erklärte der Brauer-Professor Thausing, Filtrieren sei „das letzte Mittel, wenn Biere sonst nicht klar werden wollen" – eine unvermeidliche leichte Trübung unfiltrierten Bieres wurde also noch vor 110 Jahren allgemein akzeptiert. Der erste Filterapparat von Lorenz Enzinger aus Worms wurde erst 1878 der Fachwelt präsentiert.

In Köln galt unfiltriertes Bier mit Hefe sogar als Spezialität. Heute aber gibt es dieses *Wiess* nur mehr in einer kleinen Hausbrauerei, nämlich *Hellers Bierhaus in Cölln*. Es ist dasselbe Produkt, das von Braumeister Alfred Fuchs als *Hellers Kölsch* verkauft wird, wenn es filtriert wird. Übrigens ist das Bier hier weniger bitter als die ausgeprägt gehopften Pils-Biere.

Der Name der Stadt Köln wird gerne mit rheinischer Ausgelassenheit und dem Karneval assoziiert. Aber nicht alle Festtage sind so laut.

Es war ein alles in allem ungewöhnliches Fest, das da am 29. April 1946 zu Köln gefeiert wurde: Die zerbombte Stadt war – wie es der Chronist Joseph Kersch in der kurz darauf erschienenen Schrift „Köln und sein Bier" darstellte – „am Rand des Abgrundes". Aber die Bruderschaft der Kölner Brauer hatten dennoch zu feiern, denn sie hatte ihr 550jähriges Stiftungsfest.

Das Datum geht zurück auf den am 14. September 1396 aufgestellten Verbundbrief, durch den die Stadt Köln eine auf den Zünften aufbauende (für damalige Zeiten: demokratische) Stadtverfassung erhielt. Es war die erste urkundliche Erwähnung einer Kölner Brauerzunft – als eine von 22 Zünften, die hier „Gaffeln" genannt wurden.

Gewerbliche Brauer hat es aber schon viel früher gegeben: Erzbischof Konrad von Hochstaden, der wesentlich für den Bau des Domes gewirkt hat und dafür 1238 ein Privileg zur Bier-Besteuerung erhielt, hat 1259 aus den Reihen der Zunftmeister auch den „Bruwer Bodo" als Schöffen ernannt.

Zusammengeschlossen waren die Kölner Brauer in einer Bruderschaft, die den Heiligen Petrus von Mailand verehrte, einen Märtyrer, der 1256 von den Waldensern ermordet und schon im nächsten Jahr heiliggesprochen wurde. Sein Festtag ist eben der 29. April. Es dürfte der Einfluß der Dominikaner und des Gelehrten Albert von Lauingen (vulgo „Albertus Magnus") gewesen sein, der die Brauer zu Verehrern dieses „jungen" Heiligen machte.

Kölsch Bier war damals übrigens noch etwas ganz anderes als wir es uns heute vorstellen: Grundstoff war zunächst Honig, aus dem Met gebraut wurde, was bis ins 15. Jahrhundert das übliche „Bier" gewesen sein dürfte. Allerdings wurde der Met dann rasch vom Grutbier verdrängt – und die Grut oder Gruit wurde je nach Zeitgeschmack aus verschiedenen Kräutern erzeugt. Lange war die Herstellung nach einem „Geheimrezept" ein erzbischöfliches Monopol, an dem die Stadt Köln ab 1258 beteiligt wurde. Erst 1461 konnte die Brauerzunft das Gruitrecht pachten, im Jahr 1500 trat der Erzbischof alle Rechte an der Grutherstellung gegen eine Rentenzahlung ab. Diese Rente wurde auch noch gezahlt, als die Grut längst vom Hopfen verdrängt worden war! Aber schon zur Zeit des Grutbieres war die Gaffel der Brauer zu Wohlstand gekommen: 1430 konnte ein erstes Zunfthaus von den Eheleuten Heinrich von Zülpich gekauft werden. 1494 wurde dieses verkauft und das noch prächtigere (bis 1928 bestehende) Haus Mirweiler erworben, in dem anläßlich des Reichstages am 25. Juni 1505 Kaiser Maximilian empfangen werden konnte.

Geistliche Heimat der Petrusbruderschaft war ein kleiner Chor in der Klosterkirche der Dominikaner. Nach Aufhebung des Ordens 1803 übersiedelte die Petrusverehrung in die Andreaskirche, wo sie heute noch gepflegt wird.

Erst langsam bildeten die Kölner Brauer jenen Biertyp heraus, der heute als Kölsch bekannt ist: Obergäriges, helles Bitterbier, das durch lange Lagerung reift. Daß in Köln nur die (eher wärmeliebende) Oberhefe verwendet wurde, ist schon 1603 festgeschrieben worden – und es blieb dabei auch bei Auflösung der Zunft 1799, als die 70 damals aktiven Brauer der Obergärung treu blieben. Auch der bayrische Jude Rothschild, der 1830 eine untergärige Brauerei einrichten wollte, schlug fehl.

Erst tiefe Eiskeller (für die der Nachschub in warmen Wintern aus Norwegen geholt wurde) ermöglichten untergärige Verfahren –

dennoch wurde nach 1880 dazu übergegangen, das obergärige Gärverfahren durch gesteuerte Kühlung mittels großer, an der Decke hängender Eisschalen zu modifizieren und nicht den Hefetypus zu wechseln. Und das, obwohl im 19. Jahrhundert immer mehr bayrisches Bier auf den Kölner Markt kam: 2190 hl wurden 1848 von Bamberg, Kulmbach und Würzburg über Main und Rhein nach Köln gebracht, in der Umgebung wurde ebenfalls untergäriges Bier gebraut und in die Stadt geführt, so daß der Gesamtausstoß der 113 Kölner Brauereien zwischen 1835 und 1849 von 120.000 hl auf 86.000 sank.

Kölsch-Anstich bei Päffgen: Die Köbesse - nach der Kurzform Köbes für Jakobus - stellen sich um das frische Bier an

Noch im Jahr 1900 – einige Kölner Großbrauereien hatten dem Markttrend entsprechend doch auf Untgergärung umgestellt – stand einer Kölner Eigenerzeugung von 531.090 hl eine Einfuhr von 278.610 hl ortsfremden Bieres gegenüber. Untergäriges Bier schien nicht mehr aufzuhalten. Erst in den letzten Jahrzehnten hat das Kölsch wieder kräftig aufgeholt. War dessen Anteil in der Stadt in den 40er Jahren auf zehn Prozent gesunken, servieren die Köbesse (wie die Kellner hier nach der Ruf-Form von Jakob heißen) heute fast ausschließlich Kölsch. Der Ausstoß beträgt 3,45 Millionen hl – gegenüber 530.000 hl Pils. Dabei handelt es sich hauptsächlich um das *Wicküler Pils*, das sehr hell, sehr süffig und ziemlich deftig bitter ist;

der Schaum ist wenig stabil, was das bei Küppers gebraute Pils generell mit den anderen in Köln gebrauten Bieren gemeinsam hat. Macht nichts: Kölsch trinkt man ohnehin fast ausschließlich aus 0,2 Liter-Gläsern, von denen man immer gleich noch eines bestellen sollte. Und Kölsch ist nicht zuletzt deshalb so bekömmlich, weil es so niedrig gespundet ist, daß sich wenig Kohlensäure im Bier anreichert. Wie eben beim bekannten *Küppers Kölsch,* das sehr schlank und hopfenaromatisch ist.

In manchen Brauereien wird das Kölsch übrigens noch vom Holzfaß gezapft, so beim *Päffgen*, wo es ein besonders aromatisches, relativ vollmundiges Kölsch gibt. Weniger ausgeprägt, aber sehr süffig ist das *Früh Kölsch* – es kommt aus dem Kölner *Hofbräu Früh*, dessen sehenswerter Ausschank nur 100 Meter vom Dom entfernt ist. Das *Dom Kölsch* ist im Antrunk etwas malzig, die Bittere ist gut ausgewogen, aber nicht sehr aromatisch. Weniger harmonisch ist das *Richmodis Kölsch*, das ebenfalls eher derb-bitter und recht vollmundig wirkt. Eher mild ist die Bittere beim *Gaffel-Kölsch*, das sich dafür durch ein fruchtiges, an Waldbeeren erinnerndes Aroma auszeichnet.

Nordrhein-Westfalen kennt noch eine zweite obergärige Spezialität neben dem Kölsch: Das Altbier. Auch von diesem kann man sich wenig Vorstellung machen, wenn man die industrialisierten Versionen kostet. So kann etwa das süffige, aber wenig aromatische *Hannen Alt* aus **Mönchengladbach** auf eine bis ins Jahr 1725 zurückreichende Geschichte blicken, in dem die älteste der „Vereinigten Willicher Brauereien und Hannen, Korschenbroich", die damalige Brauerei Hausmann, gegründet wurde.

Auch wenn die älteste, auf das Jahr 1266 zurückgehende Altbier-Brauerei der Welt in **Korschenbroich** – von hier kommt das *Bolten Alt*, ein mittelbraunes, fruchtig-malzig riechendes und schmeckendes, eher schlankes Altbier – liegt, so macht man sich auf der Suche nach Altbiertradition am besten auf nach **Münster** in Westfalen.

Der Reiseschriftsteller Bernd Boehle meinte, „wer je in Münster in Westfalen war, aber nicht bei *Pinkus Müller*, der war nie in Münster". Das galt und gilt über alle Wirren hinweg, die insgesamt 150 im 18. und 19. Jahrhundert genannte Brauereien der Stadt vernichtet haben: Auch als Münster im Zweiten Weltkrieg nach 102 Bombenangriffen in Schutt und Asche gesunken war, gehörte die Müllersche Altbierküche in der Kreuzstraße zu den neun Prozent erhalten gebliebenen Gebäuden der Altstadt: „Nur" zwei Bomben, am 10. Oktober 1943 und am Palmsonntag 1945, hatten das Gebäude getroffen und leicht beschädigt. Und als man in der Stadt kaum Wasser bekommen konnte, wurde bei Pinkus Müller zwischen 17 und 20 Uhr Altbier ausgeschenkt – wenn auch ein aus Molke und anderen Surrogaten gebrautes Kriegsbier.

Der Brauherr, Hans Müller, ist ein Original wie sein 1979 verstorbener Vater Pinkus Müller. Pinkus ist ein ausgefallener Name; er steht auch nicht im Taufschein, sondern nur im Firmenwortlaut. Wie es dazu kam, ist seit den zwanziger Jahren eine Legende in Westfalen – ob echt oder geflunkert ist nicht mehr ganz auszumachen: Der Brauersohn Carl Müller soll demnach mit studentischen Freunden auf einer Zechtour gewesen sein. Man trank Altbier, das wie alle obergärigen Biere einen starken Drang zum Harnlassen erzeugt. Als der Druck auf der Blase zu groß wurde, beschlossen die übermütigen jungen Männer einen Wettbewerb. Sieger sollte sein, wer mit einem gezielten Strahl eine gasbetriebene Straßenlaterne löschen könnte.

Der junge Müller schaffte es – und hatte damit den Namen „Pinkulus" erworben. Weil das denn doch zu sehr an Pinkeln erinnerte, wurde er auf „Pinkus" gekürzt.

Berühmt ist Pinkus Müller für sein *Münstersch Alt*: mittelgelb, kräftiger Schaum, ein leicht säuerlicher Geruch steigt in die Nase. Der Antrunk überraschend voll – dann kommt eine fruchtige Säure, die einen harmonisch-weinigen und kaum bitteren Nachtrunk einbegleitet. Dieses Altbier ist vor allem deshalb eine Spezialität, weil es sich dem Publikumsgeschmack nur wenig angepaßt hat. Während Altbiere aus Großbrauereien meistens sehr dunkel, etwas malzig und leicht hopfenbitter sind, machen die helle Farbe und die Säure das Pinkus Alt unverwechselbar. Die Säure kommt von einer milchsauren Gärung, die bei einer sehr langen Lagerung des Altbieres auftritt und anderswo als Geschmacksfehler eingestuft würde.

Bei Pinkus Müller lagert man einen Teil des Alt ein Jahr, so daß es etwa so sauer wird wie Berliner Weisse – und verschneidet dieses Bier dann mit frischerem, nur wenige Wochen gereiftem Altbier.

Dazu kommt noch eine Besonderheit, die sich eine 18.000-Hektoliter-Brauerei eher leisten kann als eine große Bierfabrik: Hans Müller verbraut nur Hopfen und Malz aus biologischem Anbau. Wobei der Hopfen aus dem Mühlviertel kommt, von der Sarleinsbacher Bergkräutergenossenschaft.

Dieses Altbier hat die ersten Exporterfoge des Hauses begründet. „Eine Flasche Müllers Alt genießen zu dürfen, kommt für mich einem Festtag gleich", schrieb der gebürtige Münsteraner Joseph Pegelkamp am 6. April 1960, „umschlichen und umheult von Löwen, Tigern, Elefanten und Giraffen" aus Afrika. Die Familie Müller suchte sich aber bald einträglichere Exportmärkte – und fand sie in den USA, wo *Pinkus Pils* spezielle Liebhaber hat. Es ist recht rund und malzaromatisch, doch die ausgeprägte Hopfung erinnert an den Pils-Typ. Bei Pinkus Müller gibt es aber auch weniger bekannte Spezialitäten, die vor allem in Münster und Umgebung zu haben sind. Bemerkenswert ist das kräftiggelbe *Müllers Leicht*, das durch lange Lagerung klärt und dann mit einem Rest Naturtrübe auf Flaschen gefüllt wird. Dadurch wirkt das 2,8 Prozent leichte Bier voller als es dem Typ eigentlich entspräche – und die ausgeprägte Hopfung sorgt für einen sehr harmonischen Eindruck.

Ähnlich kräftig gehopft, aber etwas dunkler und natürlich malziger ist das 5,3 Prozent starke *Pinkus Spezial*: Nach dreimonatiger kalter Lagerung ebenfalls unfiltriert abgefüllt und mit einer alten Gasthausszene auf dem Etikett ganz dem altertümlichen Stil der Brauerei angepaßt, erinnert es an jene Zeit, als das Bier in Münster in „Bullenköppen", sechs Liter fassenden Krügen, auf den Tisch kam.

So mag es noch Sitte gewesen sein, als der Urahn der Brauerfamilie aus Hildebrandshausen hierherkam – alte Akten nennen den Johannes Müller, geboren am 28. Oktober 1792, einen „Bäcker und Chocoladefabrikant". 1816 kam er nach Münster und begann mit seiner Frau Friderika Brot, Schokolade und Bier herzustellen. Es war wohl schon Altbier, das früher übliche Keutbier wurde aber – zuletzt vom 1908 verstorbenen Bäckermeister Heinrich Krimphove – weiterhin in der Stadt gebraut und getrunken.

Älter noch als das heutige, mit Hopfen gewürzte Altbier ist das Grutbier: In Münster gibt es noch eine Gruetgasse, die an die aus Kräutern hergestellte Bier-Zutat erinnert. 1481 nahm die Stadt durch die Grut 4426 Mark ein. Und auch für das Grutbier gab es eine Art „Reinheitsgebot" – ebenso wie das bayerische vor allem auf Preisfestsetzung ausgerichtet. Zu einem 12 Tonnen großen Bräu Grusink (wovon die Quart zu drei Pfennig verkauft werden sollte) mußten demnach vier Malter Malz, für drei Mark Grut und zwei Scheffel Hopfen genommen werden. Unter Grut wurden damals wahrscheinlich Porsen verstanden, eine inzwischen selten gewordene Sumpfpflanze mit der lateinischen Bezeichnung „Rosmarinus Sylvestris".

Die frühneuzeitlichen Städte waren bemüht, die Qualität des Bieres zu sichern. Nicht nur mit verschiedenen „Reinheitsgeboten", die Bierpreis und Zutaten regelten, sondern auch mit Exportordnungen. In Münster durfte nur das beste Bier, das „Koit" oder Keut aus Weizen, Gerste und Hopfen, verschickt werden. Es mußte drei Tage in Fässern ausgegoren werden, dann für acht Tage im städtischen Probierhaus liegen. Erst dann kosteten Ratsbeamte das Bräu und ließen die Fässer vom Küfer mit einem Brandzeichen des Stadtwappens versehen. Solche Fässer der 56 Keutbierbrauer gingen 1590 bis Emden, Osnabrück und in die Grafschaft Ravensberg.

Dieses schwach oder gar nicht gehopfte Keutbier wird vom päpstlichen Gesandten zum westfälischen Frieden von 1648, Fabio Chigi (dem späteren Papst Alexander VII.), neben dem von ihm nicht geschätzten Brot, „quem Pompernickel appellat VVestphale pubes" (das von den Westfälern Pumpernickel genannt wird), als lokale Spezialität genannt.

Auch in **Essen** ist das Altbier heimisch. Die sieben Brauereien, die 1816 die 3500 Einwohner der damaligen Kleinstadt versorgten, brauten hauptsächlich ein obergäriges Braunbier mit etwa 10 Grad Stammwürze. Noch um 1860 hielt man es in Essener Brauereien für unnötig, Eis zur Kühlung zu verwenden – in den tiefen, massiv gewölbten Kellern hatte es stets um die 10 Grad Celsius, was für obergäriges Bier als kühl genug galt.

Der Essener Bierforscher Gustav Kappert hat 1930 darauf hingewiesen, daß Altbier wohl zunächst ein säuerlich gewordenes Bier bezeichnete. Da dieses Bier aber nicht schlecht schmeckte, ist man dann daran gegangen, es gezielt herzustellen, indem man frisches obergäriges Bier in Weinfässer füllte, aus denen es Weinsteinansatz und andere Geschmackskomponenten löste.

Außerdem wurde Weizenbier gebraut. Der „alte Krupp", Alfred Krupp, ritt öfters zu einem Brauer und Schankwirt, dem „Spitzen Dierk", um dessen Weißbier zu verkosten. Und noch eine dritte Sorte Bieres ist überliefert – das „Teckelbier". Dieses war ein im Februar gebrautes Bockbier, das so „in die Beine ging", daß der Trinker nach einigen Gläsern den Gang eines Dackels annahm. Völlig vergessen ist allerdings das Rezept für das Würzbier, das im Spätmittelalter unter Beimengung ausländischer Drogen gebraut worden war.

Doch zurück zum Altbier: Es wurde zunächst mit wildem Hopfen gewürzt, dessen Stecklinge man an Gartenhecken zur Zierde und zu gelegentlichem Gebrauch anpflanzte. Das mag zwar eine aus heutiger Sicht minderwertige Hopfenqualität ergeben haben, für das eigentliche Altbier wird es aber typisch gewesen sein. Noch bis in die neunziger Jahre des 19. Jahrhunderts war es in der Region üblich, daß bei jedem Hof einige Hopfenranken wuchsen. Gleichzeitig war in der Gegend von Krefeld Hopfen kultiviert worden, bayerischer Hopfen wurde erst in der zweiten Jahrhunderthälfte nach Essen gebracht.

Heute ist Essen vor allem für das *Stauder Pils*, ein sehr helles, prononciert gehopftes Pils bekannt, das sich vor allem im hochpreisigen Segment der Gastronomie etabliert hat. Es kommt aus der Privatbrauerei Jakob Stauder, dessen Vater Theodor nach einer Lehre als Brauer und Faßbinder in Bayern 1867 das erste untergärige Bier in Essen gebraut hatte.

Aus dem nahen **Dortmund** kam lange ein eigener 14grädiger und drei Monate gereifter Biertyp, doch ist die dem Ausstoß nach bedeutendste Braustadt Europas heute eher für Pils-Biere bekannt. Von der *Dortmunder Union* (*DUB*) kommt ein 4,8 Prozent starkes *Siegel-Pils* mit feinporigem Schaum, das sehr hellgelb ist und eine kräftige Bittere vermittelt. Noch edler ist das *Brinkhoff's No.1* aus demselben Hause, ein ebenso helles Pils mit einer feinen Hopfennase. Dieses fünf Prozent starke Pils ist sehr spritzig und hat ein mildes, aber feines Hopfenaroma, das den trockenen Nachtrunk beherrscht. Der Name dieses Bieres leitet sich von Fritz Brinkhoff ab, der 1873 bis 1923 erster Braumeister der Dortmunder Union Brauerei war.

Die Brauerei war aus einer der 33 kleinen Hausbrauereien hervorgegangen, die es um 1860 in der Stadt gab: Der Gastwirt Wilhelm Struck hatte sie 1867 mit einem Dampfkessel ausgestattet und sechs Jahre später mit zwei Partnern das Brauunternehmen in eine AG umgewandelt. Der Braumeister Brinkhoff trat mit einem Monatslohn von 100 Talern bei freier Logis, freier Heizung und freier Verfügung über Hefe und Malzkeime an – zudem hatte er eine Umsatzprovision ausgehandelt: Für jeden Hektoliter ein „Kaßmännchen", bescheiden wirkende 20 Pfennig. Brinkhoff brachte es so zu legendärem Reichtum, denn der Ausstoß wuchs und wuchs. Reichskanzler Otto von Bismarck soll erklärt haben, er verdiene „nicht einmal soviel wie der Braumeister der Union" – denn deren Bierausstoß wuchs bis zur Jahrhundertwende auf 200.000 hl pro Jahr.

Schon 1881 hatte die DUB zwanzig eigene Eisenbahnwaggons anschaffen müssen, denn der von Brinkhoff kreierte helle Dortmunder Exportbiertyp geriet zum Schlager. Sein Charakteristikum leitete sich vom harten, gipshaltigen Wasser und dem gut gelösten, schonend gedarrten Malz ab: Die Fachliteratur beschreibt es als „hoch vergorenes, alkoholreiches, weiniges, zartes helles Bier aus relativ starken Stammwürzen" – diese Biere sind allerdings vom Pilstypus, für den das Dortmunder Wasser aufbereitet werden muß, verdrängt worden.

Das ebenfalls 4,8 Prozent starke *Pilsener* der *Dortmunder Actien Brauerei* wird in besonders eleganten grünen Schulterflaschen geliefert, es ist von einem etwas kräftigeren Gelb. Der Geruch ist hopfiger als beim Siegel-Pils der Union, insgesamt wirkt dieses Bier etwas runder, vielleicht auch eine Spur weniger bitter.

Auf edle Verpackung setzt auch die Privatbrauerei *Thier*, in deren Spezialitätenbrauhaus *Hövels* das Bitterbier in grüne Bügelverschlußflaschen abgefüllt wird. Es ist ein dunkel-bernsteinfarbenes, nach Malzzucker duftendes Bräu, für das das Original-Maischverfahren aus dem Jahr 1893 angewendet wird. Dieses „Original Bitterbier" ist ein obergäriges Bier, das in manchem an ein Alt erinnert, aber sehr viel würziger schmeckt als die meisten Biere dieses Typs und vor allem eine schwere, deftige Bittere aufweist, die ausgeprägter ist als bei vielen Pilsbieren. Die auf dem Etikett ausgewiesene „Einzigartigkeit" dieser Spezialität ist schwer zu bestreiten.

Die älteste Brauerei der Stadt ist die *Kronen-Brauerei*. Das Stammhaus wurde bereits 1430 erwähnt, daß es eine Braustätte war, ist für 1517 belegt. 1729 kam der Betrieb an die Familie von Johann Wenker. Heinrich Wenker (1825–1905) gründete nach Lehr- und Wanderjahren in München und Wien 1871 die Kronenburg-Brauerei am heutigen Standort. Das war die Zeit, als das schwere „Adambier", ein zwei Jahre gelagertes Obergäriges aus Weizen- und Gerstenmalz, vom hellen, untergärigen „Herrenbier" des Dortmunder Typs abgelöst wurde.

Heute gibt es vom Kronen noch ein *Export*, das hell und vollmundig-süßlich jenem Bier vielleicht nahekommt. Das *Kronen Pils* ist sehr hell, riecht und schmeckt hopfig, ein wenig vollmundiger ist das *Classic Pils*.

Die Dortmunder Kronen-Brauerei beherbergt das reichhaltigste Braueremuseum der Region

Die Bedeutung der freien Reichsstadt Dortmund im Norden läßt sich gut mit jener von **Ulm** im Schwäbischen vergleichen. Beide Städte erlebten um 1800 eine tiefe Krise – von der sie sich nicht zuletzt durch die Leistungsfähigkeit ihrer Brauwirtschaft erholten.

Über die Geschichte des Ulmer Braugewerbes zu schreiben, verlangt zunächst, sich eine Vorstellung von den wirtschaftlichen Verhältnissen des mittelalterlichen Ulm zu machen. Seit karolingischer Zeit hielten hier die deutschen Könige Hof, und Ulm war Vorort des schwäbischen Städtebundes. Von dieser Rolle zeugen noch die Darstellungen an der Fassade des Ulmer Rathauses. Und ein Sprichwort, das besagt: „Venediger Macht, Augsburger Pracht und Ulmer Geld regieren die ganze Welt".

Im 15. Jahrhundert wurde vermeldet, in Ulm lebten „so viele und reiche Leute als in mancher doppelt so großen Herrschaft", was der Zeitgenosse nicht nur auf den Handel (vor allem mit Tuch) und die niedrigen Steuern zurückführt, sondern auch „weil in der Stadt ein reich entwickeltes geselliges Leben herrscht, [...] da ist Müßiggang neben eifriger Arbeit". Der Geschichtsschreiber Sebastian Frank beschreibt denn auch die für ihre schönen Frauen gerühmte Stadt als eine mit schlimmen Sittlichkeitsverhältnissen. Merkwürdig ist, daß zu jener Zeit von vielen Zünften in der Stadt, nicht aber von einer Brauerzunft die Rede ist. Brauen war offensichtlich bis zur Gründung der Brauerzunft 1756 ein freies Gewerbe – obwohl die Biersteuerung seit 1255 geregelt war. Unter anderem mit der Bestimmung, daß wer zwischen Michaeli und Martini (also im Frühherbst) braute, dem Ammann 2 Soldi zahlen mußte.

1398 wird ein „ehrbarer Herr Heinrich der Bierbräu" urkundlich erwähnt. 1486 gibt es erste Beschwerden über das Bier, das „ohne alle Ordnung" gesotten würde und so wenig vergoren wäre, daß Krankheiten entstünden. So schrieb der Rat der Stadt nach Nördlingen, wie lange die Bierbrauer dort das neu gebraute Bier liegenließen. Daraufhin gab es eine erste Brauordnung mit einem dahingehenden Reinheitsgebot, daß nur Gerste und Hopfen zum Brauen verwendet werden dürften – und zwar in einer definierten Mindestmenge. Die Brauer mußten selber mälzen – ohne fremde geistliche oder weltliche Hilfskräfte, wohl aber mit einem eigenen Gesellen. Das Malz mußte mindestens fünf Tage in der Kufe zum Keimen liegen und sollte nach dem Mälzen vier Wochen ruhen.

Gebraut werden durfte nur zwischen Michaelis (29. September) und Ostern – und das Bier mußte mindestens vier Tage reifen.

1615 gab es in Ulm fünf Brauereien – was für eine so bedeutende Stadt sehr wenig erscheint. Der „Goldene Ochsen" war übrigens damals schon auf der Liste, daneben gab es die „Krone" (ein Symbol der Heiligen Drei Könige) und den „Engel" – Zeichen dafür, daß das Gasthäuser waren, die in der Nähe einer Kirche standen. Der Dramatiker Rolf Hochhuth hat einmal gefragt: „Warum heißen tausend Wirtshäuser Zum Ochsen aber keines Zur Kuh?" Als die Süddeutsche Zeitung diese witzig gemeinte Frage abdruckte, fand ihr Leser Christoph Zenger aus Haar eine einleuchtende Erklärung, die in die älteste Zeit der Biergeschichte zurückreicht: Die alten Sumerer, schon sie waren Bierbrauer, hatten in ihrer Tempelstadt Ur an den vier Ecken je ein gewaltiges Abbild eines Stiers, eines Adlers, eines Löwen und eines jungen Mannes stehen – Symbole von Kraft und Männlichkeit.

Was der Geburtsstadt des Stammvaters Abraham recht sein konnte, paßte auch für die Evangelisten, denen in christlicher Zeit die nämlichen Symbole – wobei der Mann nach und nach zum Engel mutierte – zugeordnet wurden. Die Evangelistensymbole finden sich noch heute auf vielen Kanzeln – und in den Namen von Gasthäusern, die unmittelbar bei der Kirche standen: Zum Adler, Zum Löwen. Weil der Zusammenhang mit der Kirche (und auch der Männlichkeit) langsam verlorenging, wurde aus dem Stier des Evangelisten Lukas der für die Feldarbeit nützliche kräftige Ochse, Bär, Hirsch und anderes Getier (in Ulm etwa zwei Hasen-Brau- und Gasthäuser) kamen zu den Wirtschaftsnamen dazu. Warum nicht die Kuh? Aus einem Stier kann wohl ein Ochse werden, aber niemals eine Kuh, meint Zenger.

Von den 17 Ulmer Brauereien des letzten Viertels des 17. Jahrhunderts waren jedenfalls neun auch Gaststätten – Ulm war durch die Rodung der Weinstöcke im Dreißigjährigen Krieg zur Bierstadt geworden. Damals – 1668 – schlossen Bierbrauer und Stadtverwaltung auch einen bis ins 19. Jahrhundert gültigen Vertrag, nach dem die Brauer einmalig zusammen 3000 Gulden erlegten – dafür durfte keine weitere Brauerei zugelassen werden. Wilhelm Schweizer vom Goldenen Ochsen brachte übrigens 1325 der 3000 Gulden auf. Nur der (städtische) Herrenkeller dürfte damals bedeutender gewesen sein. Die Oligopolstellung der 17 Ulmer Brauhäuser endete erst, als die Stadt die Reichsunmittelbarkeit verlor und die hier bis 1810 tonangebende bayrische Polizei feststellte: „Das biertrinkende Publikum steht bei aller polizeilichen Aufsicht nicht im Genuß guten, preiswerten Bieres.“

Der Vertrag wurde bis 1814 gelöst – und das Brauwesen nahm durch die Konkurrenz, vor allem aber durch die nach den napoleonischen Kriegen wieder gestiegene militärische Bedeutung der Stadt enormen Aufschwung. Bis heute ist das Militär (inzwischen auch das amerikanische) ein guter Bier-Kunde.

In Zahlen läßt sich der Aufschwung von 1820 bis 1858 ermessen: statt 18.000 hl wurden 110.000 hl gebraut; Ulm stand an der Spitze der württembergischen Produktionsorte. 1865 wurden 60.000 Eimer außerhalb der Stadt verkauft, die Stuttgarter Ausfuhr betrug hingegen nur 30.000 Eimer. Allerdings war Ulm schon damals ein wichtiger Bahnknotenpunkt. Und es konsumierte selber Unmengen: Mitte der achtziger Jahre des 19. Jahrhunderts wurden 393,5 Liter pro Kopf verbraucht, im Reichsdurchschnitt waren es bloß 87,8 Liter. Zu jener Zeit gab es in Ulm 38 Brauereien – aber ab 1882 setzte ein ständiger Konzentrationsprozeß ein, und die Brauhäuser übersiedelten an den Stadtrand, meist in die Nähe der Bahn. Der alteingesessene „Goldene Ochsen" in der Herdbrucker Straße wurde 1868 von Johann Michael Leibinger für seine Söhne August und Paul gekauft. Am Fuße des Michelsberges wurden zunächst nur Lagerkeller, 1896 aber eine ganze neue Brauerei errichtet.

Der Brockhaus von 1895 vermeldet über Ulm unter anderem, daß es dort neben Brauereien auch Anlagenbauer für Brauereieinrichtungen gibt und nennt als „berühmte" Produkte der Stadt Gerste, Bier, Spargel und Pfeifenköpfe. Noch am 3. Juli 1936 schwärmte Franz Xaver Nagl in einer Titelgeschichte des „Bayrischen Bierbrauer" über die *Gold Ochsen Brauerei*: „Mit Staunen sieht der Beschauer die neue Sudhausanlage, die ein bestes Zeugnis von dem Können der Ulmer Brauereimaschinenfabrikation ablegt. Allüberall, wohin man den Fuß in dem breit hingelagerten Brauereikomplex setzt, bemerkt man Sinn und Ziel und Vorwärtsstreben und den festen schwäbischen Willen, der sich bekanntlich selbst in den schlimmsten Zeiten der Wirtschaftskrisis nicht unterkriegen ließ." Dies ist eine Anspielung darauf, daß in Württemberg (anders als im traditonelleren Bierland Bayern) die Brauereien nach dem Ersten Weltkrieg kaum Gerste zugeteilt bekamen.

Auch die jüngste Ulmer Brauerei – die Gasthausbrauerei *Barfüßer* – ist eine Gründung eines Sprosses der Familie Leibinger vom Gold Ochsen: Michael Leibinger braut in dem modernen Lokal 1800 hl pro Jahr – und macht mit wissenschaftlicher Akribie so ziemlich genau das Gegenteil von dem, was Großbrauereien tun.

„Die Forschung hat sich in den letzten Jahrzehnten vor allem auf die Haltbarkeit des Bieres konzentriert, nicht auf seinen Geschmack“, sagt Leibinger, dessen Verkaufsargument ganz einfach „Frische“ heißt. Kurze Kochzeiten (die eine geringe Eiweißausscheidung bewirken) erscheinen ihm als Vorteil: Eiweißtrübung stört in einem unfiltrierten Bier kaum, aber das Eiweiß bringt eine angenehme Geschmackskomponente für das 12,5grädige Barfüßer-Bier ein. Leibinger beschränkt sich auf eine kurze, vier bis fünf Tage bei 10 bis 11 Grad Celsius ablaufende Hauptgärung und erhält so ein mildes, hellbraunes und nicht sehr bitteres Bier.

Während der „Barfüßer“ erst wenige Jahre alt ist, hat die *Ulmer Münster Brauerei* 1984 bereits ihr hundertjähriges Jubiläum gefeiert. Sie heißt zwar erst seit 1970 „Ulmer Münster Brauerei“, ihr Vorgänger „Ulmer Brauerei Gesellschaft“ stammt aber aus dem Jahr 1884, genauer: vom 12. März jenes Jahres.

Und auch das ist nur ein Teil der langen Geschichte, die von einem Getreidehändler in Wien, dem 1863 geborenen Heinrich Mayser, geprägt wurde.

Er stammte aus dem Braugasthof zu den „Drei Königen“, dessen erste Erwähnung von 1665 stammt und der im 17. Jahrhundert Jakob Troger gehörte. Die Ulmer Brauerei Gesellschaft wurde durch Zusammenlegen der Rotochsenbrauerei und des (vormals städtischen) Herrenkellers gegründet, Mayser brachte 1888 die Dreikönigs-Brauerei ein und übernahm die Leitung des Unternehmens, das er bis 1930 führte. Unter seiner Leitung übersiedelte das Unternehmen an seinen heutigen Standort – und er brachte es fertig, daß dort niemals gestreikt wurde!

Die Ulmer Schachtel, ein kastenförmiges Lastboot, war zur Zeit Heinrich Maysers noch in Gebrauch – es verband Ulm auf dem Wasserweg mit Wien. Heute ist diese Floß-Verbindung nur noch Folklore, sie wird einmal im Jahr hergestellt – 1992, anläßlich der „Bierwelt“-Ausstellung im Linzer Stadtmuseum Nordico, wurde auch ein Fäßchen Bier verladen und in Linz abgegeben.

Die Ulmer Münster Brauerei (die seit 1908 zwei Kilometer vom Münster entfernt liegt) hat sogar noch eine eigene Mälzerei im Haus. Stolz ist man vor allem auf die Gerste, die aus integriertem Anbau von der schwäbischen Alb kommt, und auf das Wasser aus dem 220 Meter tiefen Brunnen: Dieses Wasser muß allerdings enthärtet werden. Das ist aber auch schon das einzige Zugeständnis von Braumeister Leis an die neue Zeit, denn „bei uns wird noch nach alter Väter Sitte gebraut".

Das schließt die Verwendung offener Gärgefäße ein und Einweggebinde oder Pasteurisierung aus. Es lagert eine gewaltige Vielfalt von Bieren im Keller – und eine große Menge: Immerhin beträgt der jährliche Ausstoß 350.000 hl. Daß die Keller immer voll waren, hat die Brauerei in den letzten Tagen des Zweiten Weltkriegs zu einer tödlichen Falle werden lassen. Damals hatten Anrainer in einem Keller Zuflucht vor den Bombern gesucht, die links und rechts des Münsters Schneisen in die Altstadt bombten. Eine Fliegerbombe erwischte dann auch einen der Lagerkeller der Brauerei, die Schutzsuchenden ertranken im Bier.

In friedlicheren Zeiten erlebte die Brauerei wieder einen Aufschwung – das *Ulmer Münster* Hefe-Weizenbier wurde im Buch „Die Biere Deutschlands" wegen seines feinen Schaumes und des zarten Aromas unter die besten Biere seiner Art gereiht. Das *Zunft Weizen* und das untergärige, 13,5grädige *Zunftmeister Dunkel* unterstreichen die Tradition. Auch beim *Herren-Pils* der Ulmer Münster Brauerei ist noch die bürgerliche Brautradition im Namen erhalten. Das Bier ist mittelgelb, frisch und süffig mit einem kurzen, runden Nachtrunk, in dem die Herbe dominiert.

Sehr viel milder ist das etwas hellere Bräu, das von der konkurrierenden Gold Ochsen Brauerei als „Ulms flüssiges Gold" vermarktet wird: Das *Gold Ochsen Original* ist schlank und aromatisch gehopft, aber nicht betont bitter. Der Hinweis auf die „pilsener Brauart" findet sich nur im Kleingedruckten. Die Gold Ochsen Brauerei ist etwa gleich groß wie die Ulmer Münster Brauerei, und man bekommt dort nicht nur die *Original* und die flaschenvergorenen Weizenbiere zu kosten, sondern auch die reizendsten Stories über die Ulmer Geschichte aufgetischt: So über den „Michelsberger" Wein, der hier einst gekeltert und den Armen gratis ausgeschenkt wurde. Der sei so sauer gewesen, daß man ihn unter den Mörtel für den Bau des Münsters gemischt habe; der saure Geschmack habe die Steine dazu gebracht, sich zusammenzuziehen, und der Bau hält bis heute.

Überhaupt ranken sich ja um Ulm allerhand Legenden. Am bekanntesten ist jene von den Bürgern, die 1370 die mächtigen Baumstämme für das Baugerüst des Rathauses (oder war es sieben Jahre später beim Baubeginn des Münsters?) nicht durch die Stadttore hätten schaffen können – bis sie jenen Ulmer Spatzen beobachtet hätten, der seinen Strohhalm nicht quer, sondern längs im Schnabel haltend durch die Öffnung seines Nestes geschoben hätte. Der „Ulmer Spatz" ist so zu einem Wahrzeichen geworden, das Münster selbst wurde es erst viel später, denn es war über 500 Jahre lang im Bau: 1884, bei Gründung der Ulmer Münster Brauerei, war der mit 161,53 Metern höchste Kirchturm der Welt noch eine Baustelle. Ein Brauereisymbol hätte er erst ab seiner Fertigstellung 1890 abgegeben, aber das dauerte noch weitere 80 Jahre.

Die Frage, die wir uns zu Beginn dieser Reise gestellt haben: „Wie hat wohl das Bier geschmeckt, als diese bürgerlichen Brauhäuser gegründet wurden?" muß nach all dem Forschen und all dem Verkosten dennoch unbeantwortet bleiben. Man weiß ja nicht einmal recht, welche Hefen seinerzeit verwendet wurden, wir können nie sicher sagen, was die Mengenabgaben in Braurezepten bedeuten. Wir können nur immer wieder kosten – was wir, ehrlich gesagt, gerne tun.

Und nachblättern, um dem Kosten einen wissenschaftlichen Anstrich zu geben. In einer Polizeiordnung des Münchner Stadtrates von 1420 wird das erste Mal von der Untergärung gesprochen: Bier müsse demnach acht Tage gereift sein, dann habe es „über sich wol vergorn unn nit unter sich". Das „unter sich" vergären, die untergärige Hefe, hätte nach nur acht Tagen auch ein ziemlich unangenehm schmeckendes (und wohl auch Kopfweh erzeugendes) Bier ergeben, weshalb München damals noch auf der Obergärung bestand. Ähnliches Vorgehen hat ja der Stadt Köln das – heute einzigartige – Kölsch-Bier erhalten.

In der Oberpfalz aber wurde – auch wenn man noch vier Jahrhunderte auf die Erfindung des Lagerbieres durch Anton Dreher und Gabriel Sedlmayer warten mußte – bereits 1474 mit der kalten Gärung experimentiert, wie es in einer Chronik von **Nabburg** heißt: „Erst im Jahre 1474 versuchte man es auch auf die kalte, untere Gärung zu brauen und einen Teil des Bieres für den Sommer und länger aufzubewahren." Im Oktober 1483 wurde der Bürger Hans Pudner unter anderem deshalb zwei Tage in den Turm gesperrt, weil er ungebührlich auf die Bierbeschauer geflucht und gewünscht hatte, Blitz, Donner und das wilder Feuer sollte jenen heimsuchen, der die „kalte Gyr" aufgebracht hatte. 1487 beschloß der Rat der Stadt Nabburg, daß in den Brauhäusern die kalte Gärung zu gebrauchen sei – worauf es zu Unruhen kam, da die Bürger das gewohnte obergärige Braunbier vorzogen.

Der Geistliche und Bierforscher Ildefons Poll vermutete, daß in ganz Bayern schon „ziemlich lange vor 1612, wohl schon vor 1553" die sogenannten Winterbiere untergärig gesotten worden seien. Unter Winterbier wurde seinerzeit das einfache Schankbier, das im Winter gebraut und auch getrunken wurde, verstanden. Auch das Sommerbier wurde damals vorwiegend im Winter gebraut, denn da hatte man bessere Kühlmöglichkeiten – man braute es im späten

Winter stärker und damit haltbarer ein. Die heute noch übliche Bezeichnung „Märzenbier“ erinnert daran: Sie beschreibt ein Bier, das stärker als ein Schankbier ist. Dem Erfolg dieser untergärigen Biere wollen wir auf der nächsten Reise nachspüren.

„In unserer Stadt hat es einmal viele kleine Brauereien gegeben – und unsere war eine davon." So beginnen viele Erfolgsgeschichten, die mit Bier zu tun haben. Unter anderem jene der größten Brauerei Deutschlands: Deren Anschrift lautet „Domring", aber schon das ist ein übertriebener Versuch der Stadt, ähnlichen Glanz zu verbreiten wie ihr berühmtestes Produkt. In der kleinen Stadt **Warstein** hängen nämlich alle Superlative mit dem Bier zusammen. Es gibt es keine Bischofskirche – dafür aber den größten Bierbrunnen der Welt, der in eine alte Haube eines Läuterbottichs eingebaut ist. Noch wichtiger ist natürlich die modernste Braustätte Deutschlands, in der jährlich unvorstellbare 5,7 Millionen hl Bier gebraut werden.

Und zwar – seit 1967 – nur von einer Sorte: Dem *Warsteiner Premium Verum.* Man brauchte dieses sehr helle, extrem süffige und nur leicht hopfenbittere Bier eigentlich nicht zu beschreiben, denn es ist allein in Deutschland in 27.000 Lokalen erhältlich, und es gibt wohl keinen Bierkenner, der es nicht schon gekostet hätte. Es ist ein tadelloses Bier, das sich mit einer edlen Aura umgibt – ohne allerdings einen unverwechselbaren eigenen Charakter zu haben. Ähnlich geht es mit dem seit 1991 in der Paderborner Tochterbrauerei gebrauten *Warsteiner light* (das sich mit leichter Selbstironie „Das halbe Vergnügen" nennt) und dem ebenfalls in Paderborn hergestellten alkoholfreien *Warsteiner fresh* (laut Eigendefinition nur „der Traum von einem Bier") – sehr anständige Produkte, aber vor allem deshalb ein Erfolg, weil Warsteiner draufsteht.

Der überragende, scheinbar sich selbst perpetuierende Erfolg war dem Warsteiner Bier nicht an der Wiege gesungen worden: Diese Wiege stand seinerzeit in der agrarisch geprägten Kleinstadt, in der jeder größere Landwirt selber braute. Unter diesen Landwirten war 1753 auch Konrad Cramer, auf den sich die Tradition des noch heute in Familienbesitz befindlichen Unternehmens gründet.

Konrad Cramers Bruder Johannes Vitus Cramer errichtete dann 1803 das Stammhaus der Brauerei, die noch heute als Restaurant bestehende „Domschänke". 1895 hat der damals 22jährige Albert Cramer daneben (wo heute das hochmoderne Verwaltungsgebäude steht) eine Brauerei in industriellem Maßstab errichtet. Hier war schon auf Wachstum programmiert, das allerdings lange auf sich warten ließ. Aus dem weichen Wasser der Kaiserquelle im Naturpark Arnsberger Wald wurden noch in den fünfziger Jahren bloß 25.000 hl gebraut, im Braujahr 1965/66 waren es nicht gerade überragende 266.000 hl. Manche Jahre konnte die Brauerei nur überstehen, weil nebenbei auch noch eine umfangreiche Landwirtschaft betrieben wurde – aber jede verdiente Mark wurde in den Braubetrieb investiert. Dieser wuchs schließlich so stark, daß die Brauerei ab 1973 nach und nach in den Waldpark außerhalb der Stadt übersiedelt werden mußte. Erst kamen dort nur Lagerkeller und Abfüllung hin – die Verbindung zum alten Sudhaus bestand in einer Bierleitung, die heute anderen Zwecken dient: Man hat nach der vollständigen Übersiedlung des Braubetriebes ein Datenkabel für die Computer eingezogen. Keine Frage: Der scheinbar leicht errungene Erfolg von Warsteiner basiert auch auf hohem technischem Standard. Schon die Lehrlinge werden mit PCs versorgt, auf denen sie unter anderem das gesamte Lern- und Prüfungsprogramm der Lehrabschlußprüfung für Brauer finden. Der Braubetrieb im Waldpark ist natürlich auch weitgehend computerisiert – und so groß, daß Besucher die Betriebsbesichtigung nur in einem geschlossenen Zug, der sogenannten Warsteiner Bierkutsche, absolvieren können.

Übrigens müssen die jährlich 60.000 bis 80.000 Besucher (fast soviele wie in der nahen Bilsteinhöhle) in Warstein Eintritt zahlen – der sich aber in mehrfacher Hinsicht lohnt: Zur Besichtigung kommen Jause, Freibier und ein Souvenir. All das gehört zur Marketingphilosophie des Brauhauses Cramer, das als eine der ersten Brauereien verstanden hat, ihr Produkt als ein besonders edles Getränk für den Konsumenten mit gehobenen Ansprüchen zu profilieren. Schon 1976 – die meisten deutschen Mitbewerber waren sich ihrer Märkte noch so sicher, daß sie Werbeausgaben für ziemlich überflüssig hielten – war „Das einzig Wahre" und „Eine Königin unter den Bieren" bereits ein Begriff. So sehr, daß die Illustrierte Playboy ihren Lesern anbot, Abonnenten zu werben: „Bringen Sie uns einen neuen Bezieher für Playboy, so rollen wir das gefüllte Fäßchen Pils direkt zu Ihnen... Bald wird Ihr Bier schmecken, wie nie zuvor – frisch vom 5-Liter-Faß. Na denn Prost."

Die über das Herrenmagazin angebotenen Fäßchen waren für ihre Zeit eine kleine Sensation – denn Faßbier konnte man bis dahin nur in der Kneipe oder direkt ab Brauerei beziehen. Die Party-Fässer, denen Warsteiner den Markt bereitete, brachten eine neue Qualität in die Wohnzimmer. Und mit dem Warsteiner auch einen neuen, milden Pilsgeschmack.

Jener Winkel von Nordrhein-Westfalen, aus dem das Warsteiner kommt, ist überhaupt ein guter Boden für erfolgreiche Bier-Stories. Und eine schöne Urlaubs-Gegend, weshalb die „Sauerland-Brauerstraße" als touristische Klammer um einige der wichtigsten Brauereien angelegt wurde.

Eine besonders aufstrebende Brauerei dieser Region ist die ebenfalls auf Pils spezialisierte *Krombacher* Brauerei. Dieser Betrieb in **Kreuztal-Krombach** ist seit 1896 im Besitz der Familie Schadeberg und hat derzeit einen Ausstoß von rund 3 Millionen hl. Zum Vergleich: 1955 waren es erst 60.000 hl. Das *Krombacher Pils* macht bei der ersten Begegnung einen eher malzigen Eindruck, der jedoch gleich von einer kräftigen Hopfennote begleitet wird, die dann auch den trockenen, aber nicht übertrieben aromatischen Nachtrunk beherrscht.

In **Kreuztal-Eichen**, quasi in der Nachbarschaft der Krombacher Brauerei, braut die *Eichener Brauerei* der Brüder Schweisfurth aus dem Wasser der Struthbornquelle das mittelgelbe, 4,8 Prozent starke *Eichener Pils*, ein im Antrunk malzbetont-blumiges Bier mit feinherber Hopfennote, das praktisch ausschließlich im Siegener Land vertrieben wird.

Das *Erzquell-Pils* aus **Wiehl** ist ein typisches Bier der Region östlich von Bonn. Als „oberbergisch siegerländer Pils" beruft es sich auf das weiche Brauwasser, das diesem mittelgelben Bier die sanfte, würzige Note gibt, aus der sich ein herbes Hopfenfinish entwickelt. Leider hatte meine Testflasche, Ablaufdatum Oktober 1992 (Charge LO1203), gekauft in den letzten Maitagen, schonend aufbewahrt bis Mitte Juni, eine deutliche Flockung, wohl von Eiweiß. Das war – ebenso wie die eher geringe Schaumstabilität – allerdings eine rein optische Trübung des Genusses.

Der Aufstieg der Krombacher und anderer Brauereien in den letzten beiden Jahrzehnten ist so etwas wie eine zweite Hochblüte der kontinentalen Brauindustrie. Wie wir schon gehört haben, ist das Brauwesen auf dem Kontinent mehrfach schwer zurückgeschlagen worden, zuletzt um 1800, als nicht nur die Individualität der Biere, sondern auch ihre Qualität stark zurückgegangen ist. Und gleichzeitig gab es einen Einbruch in der Nachfrage. Man muß wissen, daß die (allerdings sehr viel kleinere) Bevölkerung des 17. Jahrhunderts noch einen Verbrauch von 310 Liter Bier pro Erwachsenem und 155 Liter pro Kind unter acht Jahren hatte. Diese Zahlen – sie stammen aus den Niederlanden im Jahr 1689 erklären sich dadurch, daß Bier nicht nur das einzig bakteriologisch sichere Getränk jener Zeit war, sondern daß eine Biersuppe und ein Stück Brot in den einfacheren Haushalten eher die Regel als die Ausnahme eines Abendessens darstellte. Nach den Kriegswirren des 17. Jahrhunderts wurden die Brauer nicht nur von immer größerer Steuerlast, sondern auch von einer neuen Konsumgewohnheit getroffen: Die Kartoffel begann sich als billiges und vitaminreicheres Grundnahrungsmittel gegen die Biersuppe durchzusetzen.

Und auch das Monopol, ein bakteriologisch unbedenkliches und preiswertes Getränk anbieten zu können, war den Brauern um das Jahr 1800 abhanden gekommen, als sich der Genuß der gebrühten (und damit sterilen) Aufgußgetränke Kaffee und Tee weitgehend durchgesetzt hatte.

Das Brockhaus Konversations Lexikon von 1
der Geschichte des Bieres: „Wenn auch der Dre
der deutschen Bierbrauerei eine empfindliche Stoc
entwickelte sich das Brauwesen doch bald wiede
sich in der Neuzeit zu einem hervorragenden, die
rungenschaften in vollstem Maße ausnutzenden B
Ausdehnung einen großen Anteil an dem National
bierbrauenden Länder hat. Die großen Bierbrauereie
nents, diejenigen von England und Amerika haben ein
fähigkeit, die zu überraschen vermag.“

In **Meschede-Grevenstein** im Hochsauerland, wenig
von Warstein entfernt, steht ebenfalls eine Ein-Produkt-B
knapp 2 Millionen hl Ausstoß: Seit 1926 wird hier auss
das *Veltlins Pilsener* (allerdings seit 1992 auch in einer nac
alkoholreduzierten Variante als *Veltlins Leicht*) gebraut. Es ist hellgelb, für den Typ recht würzig und hat eine nicht übertriebene, leicht metallische Bittere. Die Brauerei legt besonderen Wert darauf, ihr Bier als „frisches Veltlins“ abzugeben und hat daher eine Aufbrauchfrist von maximal vier Monaten angegeben – was das Bier in den auffallenden gestauchten Flaschen schon an sich zu einem Luxusprodukt macht.

Sauerländer Traditionspflege: Daimler-Benz von 1925

Wie die Warsteiner Brauerei liegt auch jene von Meschede-Grevenstein in einem Waldgebiet, wie jene von Albert Cramer ist auch jene von Rosemarie Veltins ein Familienunternehmen, dessen kräftiges Wachstum in die letzten 25 Jahre fällt.

Eine Leistung, für die man in früherer Zeit gute Aussicht gehabt hätte, geadelt zu werden. Im Europa des 19. Jahrhunderts, als sich – dank Umstellung auf Untergärung, Dampfbetrieb, künstliche Kühlung und Flaschenfüllung – aus kleinen gewerblichen Braustätten innerhalb weniger Jahre Industriebetriebe entwickelten, war es gar nicht so selten, daß Brauherren zu Freiherren wurden. Die Bierbarone begannen auch prompt dynastisch zu denken: Anton Dreher jun. (geboren am 21. März 1843), dessen Vater in **Schwechat bei Wien** mit der Herstellung des untergärigen Lagerbiers begonnen hatte, war mit Katharina Meichl verheiratet, der Tochter des Brauereibesitzers Theodor Meichl im benachbarten Simmering. 1913 wurden dann auch die Brauereien vereinigt. Die Famlie Dreher, die von 1782 an eineinhalb Jahrhunderte die Wiener Biergeschichte maßgebend gestaltet hat, war auch mit den Brauerfamilien Aich, Dengler und Widter verwandtschaftlich verbunden.

Anton Dreher sen. war einer der ersten Mitteleuropäer, der das Brauwesen wissenschaftlich angegangen ist. Der Kulturhistoriker Roman Sandgruber berichtet, daß Dreher bei seiner Englandreise einen speziell konstruierten Spazierstock mitgeführt haben soll: Darin soll sich eine Phiole mit Ventil befunden haben. Mit diesem Gerät hätte der spätere Erfinder des Lagerbiers unauffällig Proben aus Gärbottichen ziehen können.

Drehers Popularität war enorm. Der Chronist wienerischen Volkstums Friedrich Schlögl überliefert uns aus der Zeit, da in Wien pro Kopf 140 Liter Bier getrunken wurden (heute sind es nur noch ca. 100): „Seitdem vor einigen Decennien die beiden Gerstensaftapostel Held und Dreher in Liesing und in Schwechat ihre gloriose, reformatorische Thätigkeit begannen. Seit dieser neuen Bieraera trinkt eben Alles Bier von der zarten Primadonna der Hofoper bis zur minderzarten Amme, vom Unterstaatssecretär bis zum Magistratspractikanten, vom protzigen Börsenparvenu bis zum Feuilletonisten eines Volksblattes, von Frl. Geistinger bis zu Frl. Stubel – und nur in den Zwischenpausen, wenn Wien kein Bier trinkt, trinkt es Wein.“

Theodor Grässe hat Wien und dem Schwechater Bier mehrere Seiten in seinen 1872 erschienenden „Bierstudien“ gewidmet: „Keine von den österreichischen Brauereien hat aber einen solchen Aufschwung gewonnen, als die am 1. Mai 1836 von Anton Dreher übernommene und zu ihrem jetzigen Glanzpunkt erhobene Klein-Schwechater Brauerei, kurzweg die Drehersche Brauerei genannt. Sie ist jetzt das größte Etablissement dieser Art auf dem Continent und hat seit einigen Jahren noch zwei Filialetablissements zu Steinbruch bei Pesth in Ungarn und zu Micholup bei Saaz in Böhmen, Niederlagen an vielen Orten, zB in Dresden und auch in Paris (seit der Weltausstellung im Jahre 1867) und Chalons sur Marne.

Man kann sich einen Begriff von der Zunahme der Bierproduction dieser Brauerei aus folgendem Vergleiche machen: Vom 1. April 1836 bis 1. April 1837 wurden hier 26.560 Eimer Bier erzeugt. Vom 1. Januar 1866 bis 1. Januar 1867 dagegen in Schwechat 480.670 Eimer, in Steinbruch 145.240 und in Micholup 55.080 Eimer, also zusammen 680.990 Eimer, dh. ungefähr der 17. Theil der gesamten Bierproduction im Kaiserthum Oesterreich und Königreich Ungarn. Im Jahre 1869 erzeugte die Wiener Brauerei allein 650.460 Eimer, also die 241/2-fache Steigerung gegen 1837."

Grässe verweist auf das Vorbild, das der Wiener Lagertyp abgegeben hat – etwa für eine Brauerei in Nancy. Allerdings fügt der Bierforscher an: „Früher waren die Wiener Biere nicht so berühmt. Im Jahre 1785 führte man hier 376.000 und im Jahre 1802 gar 460.000 Eimer fremde Biere ein und diese Einfuhr stieg im Jahre 1840 auf beinahe 600.000 Eimer, während die fünf innerhalb der Linien befindlichen Brauhäuser selbst nur 300.000 Eimer lieferten. In letztgedachtem Jahre wird aber das Wiener Bier noch gar nicht gelobt."

Das ist nicht sehr verwunderlich – erstens lag und liegt Schwechat außerhalb der Linien, zweitens begann Dreher erst 1842 mit der Lagerbierproduktion. In den „Geschichten, Sagen und Merkwürdigkeiten aus Wiens Vorzeit und Gegenwart von Realis" von 1841 liest man: „Auch unser Bier kann wenig Ansprüche auf Lob machen, es fehlt ihm gewöhnlich an der gehörigen Quantität von Hopfen und Malz, von diesem letztern wird so wenig genommen, als nur immer möglich und statt des theuren, weit herzuholenden Hopfens nimmt man größtentheils andere bittere Kräuter, die zwar der Gesundheit unschädlich sind, aber oft ein Bier machen, das mehr einem Tränkchen aus der Apotheke ähnlich ist, als einem nahrhaften und magenstärkenden Labetrunk. Überdies läßt man dem Bier nicht immer Zeit genug, gehörig kalt zu werden und dürftig zu gähren, um es flugs in die Fässer zu gießen und nach den Bierhäusern zu schleppen. Nur einen unbestrittenen Vorzug haben die Wiener Biere, sie werden nämlich aus reinem Wasser bereitet, was nicht immer der Fall ist.“

Der Bier-Baron, der nie geadelt wurde: Anton Dreher sen.

Der junge Anton Dreher, der Sohn des Lagerbier-Erfinders, galt im Volk als der „Bierkaiser von Wien". Er saß (wie vorher sein Vater) im Abgeordnetenhaus des Reichstages, wurde in seiner Brauerei zweimal (1861 und 1893) vom Kaiser Franz Joseph besucht und von diesem auch als „mein lieber Herr von Dreher" angesprochen, erhielt das Großkreuz des Franz-Joseph-Ordens – bewarb sich aber nie um die Nobilitierung.

Andere Brauer im **Wien** der Jahrhundertwende waren da nicht so zurückhaltend: Karl Adolf Bachofen (Brauerei Nußdorf) wurde 1906 Freiherr von Echt, Ignaz Kuffner (Ottakring) durfte sich ab 1878 Edler von Kuffner nennen und der Wiener Ehrenbürger Adolf Ignaz Mautner (St. Marx) wurde 1872 Ritter von Markhof. Auch Johann Peter Reininghaus in **Graz** wurde geadelt Die Biere der Herren gibt es teilweise noch heute, auch wenn die Braustätten großteils in den Händen von anonymen Aktiengesellschaften sind.

Vom großen Ruhm des „Wiener Typs" von Lagerbier ist allerdings nicht viel geblieben: Dieses ursprünglich rötliche Bier ist einem kräftiggelben gewichen, wie es heute als *Schwechater Lager* gebraut wird: Ein 12,1grädiges, malzaromatisches Bier, das in einem feinhopfigen Nachtrunk ausklingt. Das Lagerbier steht aber auch in Schwechat im Schatten anderer, „noblerer Biere", wie dem etwas feiner gehopften *Steffl*, einer Marke, die vom kommunalen Wiener Stadtbräu übernommen worden ist. Überhaupt haben Österreichs Brauereien ein bißchen Kindesweglegung am Lagerbier betrieben – obwohl jeder einzelne Wiederbelebungsversuch eines traditionellen Lagers erfolgreich war – zuletzt jener der *Wieselburger* Schwesterbrauerei von Schwechater, die 1991 das *Stammbräu* in Bügelverschlußflaschen herausgebracht hat.

Wie schon erwähnt hat die Familie Kuffner aus Lundenburg die *Ottakringer Brauerei* zu einer führenden Lagerbier-Brauerei ausgebaut. Auch hier findet sich der Vermerk „Lagerbier-Qualität" nur mehr im Kleingedruckten auf dem Etikett für das *Helle Bier*. Dieses ist angenehm malzaromatisch, ohne allzu voll zu wirken und klingt in einer ausgewogenen Bittere aus. Diesem Bier recht gut nachempfunden ist das *Null Komma Josef*, das erste eigenständig in Österreich entwickelte alkoholfreie Bier. Aber der Schwerpunkt der Ottakringer liegt seit den sechziger Jahren auf der Edel-Marke *Gold-*

fassl, von der zunächst ein würziges, aber nicht zu vollmundiges, 13,2 Grad starkes *Spezial* herausgebracht wurde. Besondere Anerkennung und Verbreitung fand das in den siebziger Jahren als erstes etwas leichteres Pilsbier geschaffene *Goldfassl Pils*, das trotz seiner bloß 11,2 Grad Stammwürze beachtliche Malzaromen aufweist, die in einer kräftigen, aber nicht sehr scharfen Bittere ausklingen.

Wahrzeichen von Ottakring: Die alte Malzdarre

Die Kuffners sind übrigens als jüdische Familie von den Nazis verfolgt worden – nach „Arisierung“ und späterer gütlicher Einigung mit der Familie Harmer führt nun diese die Ottakringer AG.

Auch die Familie Dreher ist seit 1926 nicht mehr im Biergeschäft – daß sie aber im 19. Jahrhundert so viele Brauereien in anderen Teilen der Monarchie aufgekauft hat, läßt ihren Namen in zwei Biermarken weiterleben: Dreher-Bier braut man noch heute in **Triest** und **Budapest**, das in **Michelob** bei Saaz längst eingestellte Brauhaus lebt in einer Biermarke von Anheuser-Busch in den USA weiter.

In republikanischen Zeiten winkt auch dem tüchtigsten Unternehmer kein Adelsprädikat mehr – wir aber werden auf der nächsten Reise einige wahrhaft blaublütige Herrschaften am Maischbottich und im Lagerkeller treffen.

Verläßt man Edinburgh in südlicher Richtung auf der A7, so kommt man nach etwa 20 Minuten, kurz hinter Middleton, rechterhand zu einer Abzweigung, die nach **Innerleithen** weist. Es ist eine angenehme, wenig befahrene Nebenstraße mit der Nummer B709, die durch die sattgrünen Hügel von Peebleshire führt – aber ich muß zugeben, daß ich davon in meiner Nervosität nicht viel mitbekommen habe. Denn in Innerleithen hatte ich einen Termin mit einer hochgestellten Dame: mit Catherine Maxwell-Stuart, die immerhin dem ehemaligen Königsgeschlecht entstammt.

In ihrem teilweise der Öffentlichkeit zugänglichen Haus, so hatte ich gehört, lägen zweierlei Gästebücher auf: Eines für potentielle Verwandte (die Stuart, Steward oder ähnlich heißen) und eines für die Normalsterblichen. Wie redet man eine Dame an, die im ältesten Haus von Schottland wohnt, wo das Haupttor des Parks nicht mehr geöffnet wurde, seit Bonnie Prince Charlie es 1745 beim erfolglosen Versuch, den Stuarts den Thron zu retten, durchritten hat – erst wenn wieder ein Stuart auf dem Thron säße, soll es sich wieder auftun. Für derartige Herrschaften die protokollgerechte Anrede zu finden, ist ja schon im Deutschen nicht ganz einfach.

Ich steuerte also etwas zaghaft das Auto zu der kleinen Einfahrt neben dem verschlossenen Bear-Gate, wo ein hemdsärmliger Wachtposten Parkplatzgebühr und das Eintrittsgeld ins *Traquair House* kassiert. Ich deute an, daß ich ein Appointment mit der Dame des Hauses hätte, und der Posten läßt mich mit der Bemerkung „Cathy is awaiting you“ und dem Hinweis auf die Klingel an der Bürotür passieren. Da steht man nun vor dem über 1000 Jahre alten ältesten bewohnten Haus Schottlands, klingelt und wird von einem quirligen Mädchen Mitte zwanzig begrüßt: „Hi, I am Cathy“. Und alle Sorgen um die richtige Anrede sind verflogen.

Die junge Adelige hat 1990 Haus und Brauerei – die in einem Kellergeschoß des Hauptgebäudes untergebracht ist – von ihrem Vater übernommen. Dieser hatte 1965 das aus dem 18. Jahrhundert stammende Brauhaus reaktiviert und auch der Tochter das Brauen beigebracht: „Mein erstes Bier habe ich mit zwölf gebraut“, erzählt Cathy stolz. Womöglich wäre dieses Bier noch trinkbar, das anläßlich ihres 21. Geburtstages gebraute Bier ist es angeblich noch. Denn für das Hauptprodukt *Traquair House Ale* wird eine Haltbarkeit von fünf bis sechs Jahren angegeben: Es handelt sich um ein dunkelbraunes, sieben Prozent starkes Ale, das einen intensiven, malzigen Geruch verströmt. Im Antrunk erinnert es ein wenig an Bisquit, ohne eigentlich süß zu sein – der Haupteindruck ist dann die deutlich schokoladige Bittere im Nachtrunk. Normalerweise wird dieses Bier als pasteurisiertes Flaschenbier angeboten. In ganz wenigen Lokalen ist es aber auch vom Faß erhältlich, so im White Horse on Parsons Green in London – und für das Sommerfest im August gibt es auch ein leichtes *Fair Ale.*

Normalerweise wird aber nur das fünf Prozent starke, ebenfalls leicht schoko-aromatische *Bear Ale* als Real Ale angeboten – etwa im nahen „Traquair Arms Hotel", wo es nicht nur gutes Quartier zu einem fairen Preis gibt, sondern auch eine vom Bier inspirierte Küche mit Pies, in denen das Bear Ale verkocht wird.

Wir aber bleiben noch, um zu schauen: Denn Schottlands ältestes Haus beherbergt auch eine der ältesten erhaltenen Brauereien der Welt. Zwar datiert die heutige Einrichtung nicht so weit zurück wie die erste Erwähnung des Traquair-Bieres (1566, als Maria Stuart im Haus weilte), wesentliche Teile der Anlage sind aber über 200 Jahre alt, was ziemlich rekordverdächtig sein dürfte – zweimal pro Woche wird das alte Sudhaus auch in Betrieb genommen, um die kräftigen Biere zu brauen. Die Hälfte der Produktion geht übrigens in den Export.

Adel verpflichtet, auch wenn seine Trägerin eine so sympathischlegere junge Dame ist. Der Adelige, der im bierigen Sinne am meisten verpflichtet, ist allerdings ein gewisser „Gambrinus", dem wir nun nachspüren wollen. Sein Name ist sehr wahrscheinlich eine Verballhornung von „Jan Primus", also Jan I. – aber auch das ist nicht mit letzter Sicherheit erwiesen. Der historische Jan war Herzog von Brabant und galt als großer Zecher und Komponist von 94 Minneliedern (er soll ebensoviele Kinder gezeugt haben). Überliefert ist, daß er in der Schlacht von Worringen den Kölner Bürgern gegen ihren Erzbischof half und daß er 1294 im Alter von 43 Jahren bei einem Turnier verwundet wurde.

Es gibt aber noch mehrere andere Deutungen: Einige sehen in Gambrinus einen Paladin Karls des Großen, andere einen Kleinkönig des Volkes der Gambrivii. Ein Marburger Linguist verwies auf die lateinische Bezeichnung „ganeae birrinus" („der in einer Schänke Bier Trinkende"), dann wird das keltische Wort „Camba" für Braupfanne bemüht, aus dem „Cambarius", der Brauer, geworden sein könnte. Schließlich meinen manche Zecher, in Gambrinus einen Schutzpatron der Säufer sehen zu können. Aber das ist ziemlich sicher falsch.

Peter Maxwell Stuart hat die Brautradition im ältesten Haus Schottlands wiederbelebt, seine Tochter führt sie weiter.

Wahr ist jedenfalls: Starkbiere – wir haben es auf der achten und der elften Reise bereits mehrfach erlebt – sind in Belgien und den Niederlanden beliebt und in großer Vielfalt verbreitet. Die kleinen niederländischen Brauereien mischen zwar auch im Pils-Segment erfolgreich mit: Das kräftiggelbe *Hertog Jan Pilsener* mit seiner malzigen Nase und dem edelherben, erfrischend bitteren Nachtrunk (angeblich wird nur Saazer Hopfen verwendet) kommt aus der Brauerei *De Kikvorsch* in **Deest**. Auf dem Etikett ist eine Darstellung des „Jan Primus", also Gambrinus, zu sehen – zu dessen Zeit es allerdings noch lange kein Pilsener Bier gegeben hat.

Eher schon ein Bier wie das *Hertog Jan Dubbel* aus **Arcen**. Dieses ist ein obergäriges Jahrgangsbier, burgunderfarben, mit malzigsüßlichem Geruch, weinigen Aromen und einer zarten, kakaoartigen Bittere, die wohl vom Röstmalz stammt. Dieses Bier ist mit seinen sieben Alkoholprozenten und der Hefe auf der Flasche unbeschränkt haltbar (die angegebene Mindesthaltbarkeit beträgt drei Jahre). Das *Hertog Jan Tripel*, das sich als „edles Bier von Stand" definiert, ist dunkelgelb mit sehr aromatischem Geruch und Geschmack, einer leicht säuerlichen Note und einer dezenten Hopfung. Schließlich gibts vom Herzog Jan auch noch ein *Grand Prestige*, mit zehn Alkoholprozenten – angeblich das stärkste Bier der Niederlande, jedenfalls eines der auffälligsten. Man darf es ruhig bei Zimmertemperatur trinken, dann bekommt man den weinigen Eindruck am besten mit; schon die Farbe erinnert an alten Rotwein, der üppige Schaum setzt sich schnell und gibt einen kräftig-malzigen Geruch frei. Ein üppiger, lieblicher Antrunk und die leichte, von der Nachgärung in der Flasche stammende Kohlensäure begleiten den Antrunk, eine milde Bittere rundet das Geschmackserlebnis ab.

Wer immer auch jener Gambrinus gewesen sein mag – besonders im Westen Deutschlands und in den Benelux-Staaten ist er sehr populär. In Luxemburg gibt es sogar eine „Confrérie Gambrinus", eine Bruderschaft honoriger Persönlichkeiten, der der Rechtsanwalt Claude Lorang vorsteht; eine ähnliche Bruderschaft existiert auch in Saarbrücken. Und auch in Wien wurde dem Bier-Fürsten ein Denkmal gesetzt – vom „Walzerkönig" Johann Strauß: Am 7. Juli 1851 hat er in Karl Schwenders Bierhalle in Wien-Rudolfsheim aufgespielt und die „Gambrinustänze", sein Opus 97, uraufgeführt. Das Werk wird allerdings selten gespielt – seltener jedenfalls als der Kaiserjägermarsch, den Strauß bei derselben Gelegenheit dem bierseligen Publikum vorstellte.

Im Schwarzwald wird der Name Gambrinus von einer Brauerei in **Nagold** hochgehalten: *Der Gambrinusbräu* kommt aus der 1870 gegründeten gleichnamigen Brauerei und nennt sich *Echt Schwarzwälder Urpils*. Auch bei diesem 4,2 Prozent starken Bier ist die Bezeichnung Pils ein wenig irreführend. Es hat einen schön malzigen Geruch, der ein wenig an Datteln, vielleicht auch an Nüsse erinnert – ein Eindruck, der auch im feinwürzigen Antrunk noch durchdringt; dafür ist die Hopfung nicht besonders ausgeprägt.

Wenden wir uns vom flandrischen Gambrinus einer Persönlichkeit zu, die ähnlich sagenumwoben, aber immerhin historisch eher greifbar ist: König Ludwig II. von Bayern. Das *König Ludwig Dunkel* wird international vermarktet – auch wenn sein Etikett kein Portrait des „Kini" trägt, ist es ein Bier, bei dessen Genuß man sich in die Fernsehserie „Königlich bayerisches Amtsgericht" versetzt fühlt. Das Bier ist von sehr dunklem Rotbraun, mit einem fast weißen Schaum, malziger Nase und einem überraschend wenig süßen Körper. Dadurch wird die Bittere schön erlebbar, sie ist erst deutlich hopfig, dann ein wenig schokoladig, was mit dem verwendeten dunklen Malz zusammenhängen mag.

Es ist ein tatsächlich königliches Bier – und der Prinz von Bayern hat mir ein wenig von seinem Braurezept verraten: Der deutliche Hopfengeschmack (der das Bier hopfiger wirken läßt, als es den Bitterwerten in der Analyse entspräche) komme daher, daß in den Lagerfässern Hopfen „vorgelegt“ wird, daß also ein wenig unausgekochter Hopfen zugesetzt wird.

Aus der heute noch dem Hause Bayern, also der Familie Wittelsbach, gehörenden *Schloßbrauerei Kaltenberg* kommt auch das *Prinzregent Luitpold*. Es wird – wie stolz auf dem Etikett versichert wird – „unter ständiger Kontrolle seiner königlichen Hoheit Prinz Luitpold von Bayern“ hergestellt, und der hohe Herr scheint zu wissen, was man von einem „königlichen Weißbier“ erwartet: Dunkelbraun ist es, die Hefe von der Flaschengärung ist noch erhalten. Auch wenn sie nach einer Zeit der Flaschenlagerung ein wenig klumpt, trägt sie sehr dazu bei, dieses Weizenbier rund und harmonisch zu machen. Es ist insgesamt ein sehr mildes, etwa 5,6 Prozent starkes Bier, das im Nachtrunk eine zarte, einen Hauch an Kaffee erinnernde Bittere vermittelt.

Von der Geschäftstüchtigkeit des ehemaligen Herrscherhauses (das als „Irmingard Prinzessin von Bayern GmbH“ firmiert) zeugt die Tatsache, daß hier selbst das *Helle* als Spezialität verkauft wird: „Die adelige Herkunft prägt den eleganten Charakter dieses Bieres“, das sich quasi als beste Ausprägung des vom Wittelsbacher Wilhelm IV. 1516 erlassenen Reinheitsgebotes darstellt. Es ist frisch und mild, ohne ausgeprägten Hopfen- oder Malzcharakter. Das *Spezial* ist dagegen etwas kräftiger (5,6 Prozent) und vollmundiger.

Die Schloßbrauerei liegt in **Geltendorf** (mit Tochterbetrieben in Fürstenfeldbruck und im Luitpoldpark in München) und im Bereich des Schlosses wird einmal im Jahr – Ende Mai – ein großes Turnier mit Stuntmen in historischen Kostümen und natürlich einem großen Bierausschank abgehalten. Gemütlicher aber sei es im Biergarten, hat der Prinz gesagt und mich in einen besonders urigen bei der S-Bahn-Station Obermühltal eingeladen: „Da können's vom Marienplatz in einer halben Stunde da sein – im 20-Minuten-Takt.“

Unter den Kastanien sitzend hat der Prinz dann seine Bier-Philosophie ausgebreitet: „Wir leiden doch alle an Büro-Psychosen! Deshalb gehört für mich die entspannende Atmosphäre des Biergartens zum Unternehmenskonzept. Das unterscheidet uns doch von den Pils-Brauereien, die ihr Bier auf Silber und Gold präsentieren und es in der Werbung in einen Zusammenhang bringen, der dem Zuhältermilieu nicht mehr fern ist!“

Prinz Luitpold von Bayern beruft sich auf das von seiner Familie 1516 erlassene Reinheitsgebot

Wie der Königs-Urenkel Luitpold führt auch die Brauerei *Fürstenberg* in **Donaueschingen** den adeligen Namen – länger übrigens als der Wittelsbacher, der das königliche Brauwesen erst in diesem Jahrhundert wiederbelebt hat. Im Hause Fürstenberg beruft man sich auf ein 1283 von Rudolf von Habsburg ausgestelltes Dokument, mit dem die Grafschaft Baar an Heinrich von Fürstenberg (= „auf dem fürdersten Berg“) übertragen wurde – das Recht zu brauen eingeschlossen.

In Donaueschingen wurde vermutlich seit 889 gebraut – damals war es klösterlicher Kelnhof von Reichenau mit einer umfänglichen Wirtschaft, zu der auch eine Mühle gehörte. 1488 kam die Stadt an das Haus Fürstenberg. Sichere Belege über das Bierbrauen ergeben sich aus dem Umstand, daß der Metzger Karl Betz 1575 auch Wirt und Bierzapf war. 1582 wird von Maurerarbeiten am bereits vorhandenen Brauhaus im alten Schloßhof an der Brigach berichtet. Es war eine für ihre Zeit technisch hochstehende Brauerei – in einem Inventarverzeichnis vom 2. Dezember 1628 ist von „wertvollem Kupfergeschirr“ und einem kupfernen Bierkessel „im Höflin“, dem vorher erwähnten Schloßhof, die Rede. Im 18. Jahrhundert wurde das nach dem 30jährigen Krieg kurz aufblühende bürgerliche Brauwesen am Ort zurückgedrängt und 1739 ließt Fürst Joseph Wilhelm Ernst ein neues Hofbräuhaus errichten. 1895 braute hier Josef Munz eines der ersten Biere Pilsener Brauart in Deutschland – es wurde „Tafelgetränk seiner Majestät“ Kaiser Wilhelm II. Grundlage des Erfolges ist das Wasser aus der eigenen Quelle im Schloßpark – es wird zu einem kräftiggelben, sehr schlanken und betont edelbitteren *Fürstenberg Pilsener* verbraut.

Auch wenn die Marketing-Aktivitäten – es liegt zum Beispiel eine ganze Serie edler Design-Gläser auf – und die nur reiche Bierliebhaber ansprechende Präsentation das Nasenrümpfen des Bayern-Prinzen erregen mögen: Die Fürstenbergische Brauerei ist nach wie vor Familienbesitz. Was nicht alle Schloßbrauereien von sich sagen können.

Daß die Bezeichnung Schloßbrauerei ähnlich verkaufsfördernd wirkt wie die Bezeichnung Klosterbrauerei, das haben wir schon auf vielen früheren Reisen bemerkt. Das gilt für Belgien genauso: Da ist mir eine *Cuvée du Château*, die auf dem Etikett einen phantasievoll kostümierten Soldaten mit Bärenhaube und die Aufschrift „La Poiluchette“ zeigt, untergekommen. Ein passendes Schloß konnte ich nirgends entdecken, so bleibt mir vorderhand unerklärlich, wo dieses „handwerklich hergestellte belgische Bier“ herkommt. Sicher ist nur, daß es in zwei Versionen, einer blonden und einer braunen vorkommt. Beide sind 7,5 Prozent stark. Das *Blonde* ist eher dunkelblond, hat einen blumig-malzigen Duft und ist spritzig mit einem scharf-pfeffrigen Nachtrunk. Das *Brune* hat die Farbe eines alten Portweins, wirkt ebenso frisch und eine Spur weniger scharf – vielleicht erinnert es etwas an einen leichten Wein.

Aber mit der Herkunft vom Schloß geht man schließlich auch im deutschsprachigen Raum hausieren. Die Schloßbrauerei **Irlbach** in der Nähe von Straubing produziert ein kräftiggelbes *Irlbacher Vollbier* Hell, das sehr harmonisch und würzig ist. Sehr interessant sind auch die obergärigen Irlbacher Biere: Das *Hefe-Weizen-Export*, das hellbernsteinfarben ist, sehr würzig riecht und schmeckt, sowie das dunklere, etwas herbere Schloßherrn Weisse.

Unter den kleinen, idyllisch gelegenen Landbrauereien im bayrischen Chiemgau zeichnet sich die im Urlaubsort **Aschau** gelegene *Schloßbrauerei Hohenaschach* aus, die eine Reihe von milden, pilsartigen Bieren eher moderner Richtung braut. Die Palette beginnt mit dem wenig auffälligen, 4,5 Prozent starken *Vollbier hell*, dann kommt das etwas vollere, aber auch prononcierter gehopfte *Export hell* mit 5,2 Prozent. Dazwischen liegt das im Antrunk milde, aber recht deftig gehopfte *Schloß Pils*, das leider im Nachtrunk ein wenig zu scharf ist und einen metallischen Nachgeschmack hinterläßt. Die Brauerei führt ihre Geschichte auf das Jahr 1549 zurück und präsentiert sich mit dem Gamsbock im Etikett.

In einem Schloß wird auch in **Söldenau-Ortenburg** in der Nähe von Vilshofen gebraut, von wo aus man in den letzten Jahren ein Fünftel des Ausstoßes nach Österreich exportiert hat: Die nur in Bügelverschlußflaschen angebotene Söldenauer *Schloß-Weiße* ist mittelbraun, hat einen angenehm hefigen Geruch, ist sehr kräftig aromatisch, süffig und rezent. In dem 1320 vom Ritter Schweikert Tuschl (nach dem auch das *Ritter Tuschl Pils* benannt ist) errichteten Schloß wird nachweislich seit 1577 gebraut. Am 10. April 1845 kauften Georg und Maria Huber Schloß und Braurecht, die seither in bürgerlichem Besitz sind.

Das *Moy Urhell* aus dem Hofbrauhaus **Freising** wirbt mit dem Slogan „Die Stadt, in der Brauer Meister werden" – eine Anspielung auf die landwirtschaftliche Fakultät der TU München im Stadtteil Weihenstephan, den wir auf der achten Reise kennengelernt haben. Das Bier ist sehr hell mit einem ausgeprägt malzigen Geruch, einem ebensolchen Antrunk und einer sehr milden Hopfung. Ebenfalls aus diesem Hofbrauhaus kommt das *Huber Weisses* genannte Bier, das mit einem Eisbären auf dem Etikett auf sich aufmerksam macht. Es ist kräftiggelb und ziemlich vollmundig.

Auch aus den reinen Weißbierbrauhäusern ist so mancher vornehme Herr gekommen. In diesem Zusammenhang fällt als erstes das Weißbräu *Unertl* in **Haag in Oberbayern** ein. Aus diesem Haus kommt ein Weizenbier, das sich schlicht *Das gute Unertl* nennt. Es ist von hellbrauner Farbe mit schönem reinweißem Schaum, wenn man es aus der Bügelverschlußflasche leert, in der ein kräftiges Depot bleibt, während sich im Glas flockig die Hefe ausbreitet. Der Geruch ist etwas wild und der relativ volle Geschmack wird von einer leichten Zickigkeit überlagert – was freilich auch ein Fehler der verkosteten Probe sein kann, denn in Bügelverschlußflaschen ist die Nachgärung des Bieres besonders schwer zu überwachen. Aus der Brauerfamilie Unertl kamen gleich zwei Politiker und ein Propst des 18. Jahrhunderts. Franz Joseph Unertl – Sohn der Bräuerstochter Maria Regina Unertl, geborene Mezger – brachte es zum Baron, zu Ansehen und Einfluß; zuwenig Einfluß allerdings, um den Bayernherzog Karl Albrecht 1742 davon abzuhalten, sich um der Kaiserwürde willen in einen waghalsigen Krieg mit Österreich und England zu stürzen.

In Haag gab es übrigens nicht nur so friedenssinnige Leute wie den Baron: Zwei Jahrhunderte vor dem Brauersohn Franz Joseph Unertl hatte die Reformation in Haag Fuß gefaßt; doch Bayern blieb katholisch und auch hier hatte man das Bier eingesetzt, um die Leute „katholisch zu machen“. Nach reformatorischen Unruhen in Haag wurde auf das Weißbier ein eigener „Weißbierpfennig“ eingehoben, der der barocken Ausschmückung der bayrischen Kirchen diente.

Eine wirklich adelige Braustätte gibt es heute noch in **Schierling**, wo seit 1988 das Schierlinger *Roggen* gebraut wird. Dieses Bier widerspricht wegen des verwendeten Getreides zwar der ursprünglichen Bedeutung des Reinheitsgebotes („infolge von Mißernten durfte der wertvolle Roggen nur noch fürs Brot verwendet werden“), kann sich aber dennoch in eine Linie mit den Weizenbieren stellen. Auch geschmacklich: In Schierling an der Laaber wird eine Weißbierhefe verwendet, die den Roggen-Gersten-Sud zu einem dunkelbraunen, leicht trüben und recht aromatischen Weißbier vergärt.

Die Schierlinger Brauerei ist ein Teil der Unternehmensgruppe der Famile *Thurn und Taxis*, deren Namen sich vom mailändischen Geschlecht „della Torre“ und dessen Sitz am Berg Tasso („de Tassis“) ableitet. Franz von Thurn und Taxis hatte 1516 den ersten Postbetrieb der Welt zwischen Wien und Brüssel eingerichtet, Leonhard Thurn und Taxis wurde 1595 Generalpostmeister des Reiches und das Postwesen in Deutschland blieb bis 1867 in der Hand der

Familie. Noch heute wird in **Regensburg** der Doppelbock des fürstlichen Hauses als *Postmeister* gebraut.

Die Brauerei Thurn und Taxis in Regensburg hat allein 1990 ihren Ausstoß um 30 Prozent erhöht – das Bier war vor allem in der ehemaligen DDR gefragt: 115.000 hl gingen 1990 in dieses Gebiet, 145.000 im Jahr 1991. Dabei hat sich gerade diese Brauerei in den letzten Jahren ihrer edlen Herkunft besonnen und sich verstärkt mit Spezialitäten positioniert. So ist das *St. Wolfgang* – benannt nach dem Regensburger Abt und Bischof – ein bemerkenswertes dunkles Bier mit böhmischem Charakter: Nicht zu stark vergoren (4,6 Volumprozent Alkohol bei 12,6 Grad Stammwürze), aber auch nicht süß und jedenfalls sehr mild gehopft. Ebenfalls dunkel, aber viel kräftiger und auch süßer ist der Postmeister, ein Doppelbock. Dazu kommt noch ein traditionelles Weizenbier und als Hauptmarke das *Fürst Class Pilsener* „aus den fürstlichen Braukellern". Es ist hellgelb, süffig und weist eine sehr kräftige Bittere im Nachtrunk auf.

Die fürstliche Familie hatte sich 1812 das Klostergebäude von St. Emmeram in Regensburg mitsamt der zugehörigen Brauerei gekauft und es zum Familiensitz ausgebaut. 1834 kam die seit dem 16. Jahrhundert bestehende Brauerei in Schierling dazu, 1850 besaß die Familie insgesamt 52 eigene Braustätten. Von 1927 bis 1957 war Schierling dann die einzige Brauerei, dann wurde ein neuer Betrieb in Regensburg erworben, der Ausstoß stieg von 78.000 hl (1957) auf 550.000 hl (1991).

Friedrich Heinrich von der Hagen schrieb 1818 über die Donau bei Regensburg: „Zu beiden Seiten liegen schöne bloß umhägte, nirgends mit brettern verhängte Gärten, besonders aber der Park des Füsten Thurn und Taxis, welcher hier ein kleiner König ist. Und ohne Zweifel wäre Regensburg auch für das neue Königreich Baiern, wie für das alte, eine viel stattlicher und würdigere Hauptstadt, als dieses München in der Wüste."

Aber der Rang eines kleinen Königs wird den Thurn und Taxis – derzeit geleitet von der einst so „wilden" Fürstin Gloria – von einem ganz und gar bürgerlichen Mann streitig gemacht: Wenige Kilometer westlich von Regensburg liegt der **Adlersberg**, ein Aussichtshügel: Während die Münchner Starkbierzeit zur Mitte der Fastenzeit mit dem Anstich des *Salvator* beginnt und am Palmsonntag wieder endet, fährt man in Regensburg gerade dann hinaus zum *Prösslbräu* auf dem nahen Adlersberg. Dorthin kommen allein am Palmsonntag 10.000 Menschen, um den von Heinrich Prössl gebrauten *Palmator*, eines der deftigsten bayrischen Starkbiere, zu verkosten. Maß für Maß, denn unter einem Liter fängt man besser gar nicht erst an – falls man nicht als „Preiß" auffallen will. Wobei gerade die „preißischen Studenten" ganz gerne gesehen sind: Denn die kommen meist mit ihren Mädchen auf den Berg, lassen sie den kräftigen, ein Vierteljahr gereiften Doppelbock verkosten – „daß ihnen warm wird", wie der fürsorgliche Hausherr, der auch Zimmer vermietet, anmerkt.

Den Palmator gibt es übrigens das ganze Jahr über. Sein Ursprung liegt in der Geschichte des Adlersbergs als Klostersitz: Die

Äbtissin ließ nämlich jeweils am Palmsonntag jedem erwachsenen Besucher ein Bier und jedem Kind eine Breze geben. Der frühere Klostergarten ist im Sommer voll mit Liebhabern des Palmator. Herr Prössl sagt dann selbstbewußt: „Mag sein, daß es in der Stadt einen Fürschten gibt und der hat a Mordstrumm Wut auf mi – aber da heraußt bin i der König!“ Er braut bloß 10.000 hl auf dem kleinen Anwesen, das früher einmal kirchlicher Besitz war und seit 1538 eine „breystatt“ hatte. 1838 hat die Michael Prössl, damals Brauer im „Heiligen Kreuz“ in Regensburg, die gesamte Wirtschaft auf dem „Arlasberg“ erworben, vor gut 20 Jahren wurde die zugehörige Landwirtschaft aufgegeben: „Ich hab gesehen, daß man die Gäst' leichter melken kann als die Küh'“, scherzt der Gastwirt und Brauer. Mit dem sehr harten Wasser (21° dH) braut er übrigens nicht nur den rotbraunen Palmator und das 1988 eingeführte, stark malzige und kakaoartig bittere *Jubiläums Dunkel*, sondern seit einiger Zeit auch helle Biere, die trotz der Wasserqualität eine edle und nicht zu kratzige Bittere haben. Das *Prössl-Pils* ist allerdings ein wenig voll für den Typ, sehr angenehm dagegen das frisch-malzige und sehr rezent schmeckende *Helle.*

Vergleichen wir es mit einem tatsächlich adeligen Bier: Von der *Graf Arco*-Braustätte in **Adldorf** kommt ein respektables *Grafen Hell* mit ausgeprägt malzigem Körper, dennoch nicht zu voll und dezent gehopft. Das *Graf Arco Festbier* aus derselben Brauerei ist mit 5,4 Prozent nur unwesentlich stärker, hat aber neben dem komplexen Malzaroma eine sehr ausgeprägte, edle Hopfenbittere. Das *Graf Arco Pils* ist hellgelb, hat einen stark hopfigen Geruch und ist schön schlank und hopfenbitter, im Nachtrunk aber etwas metallisch.

Anders das *Arcobräu Weihnachts-Festbier* aus dem 1567 gegründeten Gräflichen Brauhaus in **Moos in Niederbayern**: Dieses ist vollmundig und rund, aber eher schwach gehopft. Die 180.000-hl-Brauerei gehört Maria Theresia Gräfin von und zu Arco-Zinneberg.

Beschließen wir unsere hochherrschaftliche Biersuche in der ehemaligen Reichs- und heutigen Bundeshauptstadt Deutschlands sowie der benachbarten Brandenburgischen Landeshauptstadt. Die Bedeutung Berlins und Potsdams als Bier-Städte geht auf die Hohenzollern zurück: Der preußische Soldatenkönig, Friedrich Wilhelm I., führte das Biertrinken bei Hofe ein. Sein Sohn und Kronprinz, der spätere Friedrich II., mußte wie alle Hohenzollern auch ein Handwerk lernen – er lernte das des Bierbrauers. Womit die Brauer jedenfalls sagen können, sie hätten einen König zum Meister. Was meist auf Gambrinus gemünzt ist, von dem historisch nicht sicher ist, ob er wirklich je gebraut hat. Bei Friedrich dem Großen ist es sicher, denn ein Hofdekret des Vaters vom 21. August 1731 wies an, den damals 19jährigen Kronprinzen gründlich im Brauen zu unterweisen und ihm zu zeigen, wie gebraut, gemaischt, angestellt und abgefüllt wird, wie man Malz herstellt und wie es zu sein hat, um gutes Bier zu ergeben. Wie das vom Kronprinzen gebraute Bier geschmeckt hat, ist allerdings nicht überliefert.

Ziemlich sicher ist aber, daß der Große Fritz selber kein überzeugter Biertrinker war, obwohl er erzählte, er sei „mit Biersuppe aufgezogen" worden und daß Bier das für das preußische Klima passende Getränk sei: Auf den Terrassen von Sanssouci ließ er Weinstöcke pflanzen – noch 1992 wurde dort (zur 1000-Jahr-Feier Potsdams im Jahr 1993) ein Milleniums-Wein geerntet. Dabei ist auch **Potsdam** eine Bierstadt: Bei einem Bummel durch die Fußgängerzone bin ich in der Hermann Elflein-Straße 10 auf den baufälligen Rest der Brauerei Friedrich Kaunitzberg gestoßen – ein innen mit Fachwerk ausgestattetes, sehr heruntergekommenes Industriedenkmal, dem es allerdings nicht viel hilft, daß es heute als „Kunstfabrik" ausgeschildert ist. Ein noch prominenteres brauhistorisches Relikt liegt unterhalb der ehemaligen Militärschule, die jetzt dem Brandenburger Landtag als Sitzungsstätte dient. Dort, am südlichen Ufer der Havel, liegt die Brauhausberg genannte Straße und an ihr das Gelände der ehemals königlichen Brauerei. Seit der Wende (und der Rückgabe der Potsdamer Brauerei an Berliner Kindl) wurde die Produktion an den Stadtrand verlegt, wo man nun Berliner und Potsdamer Biere braut. Das Potsdamer Bier heißt *Rex Pils* und ziert sich mit dem Portrait Friedrichs II. Man bekommt es im „ältesten Gasthaus von Berlin", das 1987 schräg gegenüber der Nikolaikirche neu aufgebaut wurde und wie schon 1571 „Zum Nußbaum" heißt. Und natürlich in Potsdam selbst. Das Bier ist mittelgelb, sortentypisch schlank und von einer kräftigen, kurzen Bittere.

Die Potsdamer Brauerei war als „Königsbrauerei" 1750 gegründet und 1830 in „W. Adelung&A. Hoffmann Actien-Brauerei" umbenannt worden. Schon im 18. Jahrhundert kam in Potsdam jene berühmte gerade Glasform auf, die heute als „Berliner Stange“ bekannt ist. Man braute in den Residenzstädten Potsdam und Berlin zunächst fremde Biersorten, vor allem das englische Bier, nach, dann wandte man sich unter Friedrich Wilhelm III. ab 1826 der bayrischen Brauweise und ersten Versuchen mit der Untergärung zu.

Das angestammte Bier der Region um **Berlin** ist ja die obergärige *Berliner Weisse*, wie sie auch heute noch von der Rex-Mutterfirma *Berliner Kindl* gebraut, im Tank ausgegoren und dann unfiltriert abgefüllt wird. Heinrich Knaust hatte noch 1575 das Bier aus Berlin und Cölln als „ein recht gut roth Bier“ beschrieben und auch das „Mertz-Bier“ gelobt. Obwohl Knaust lange in Berlin gelebt hat und da auch „mein seliges liebes Eheweib, Jungfrauen Weiß genommen“ hat, macht Knaust keine Erwähnung vom Weißbier, das 1592 von Johann Coler erstmals beschrieben wird. Dieses Bier, die „Berliner Weisse“ ist eine Spezialität, die ihren Charakter über die Jahrhunderte nur wenig verändert haben dürfte. Das hängt vor allem mit der Hefe zusammen: Bei Schultheiss wird etwa dieselbe Hefe schon seit Generationen weitergeführt – alle Laborversuche einer Reinzucht sind gescheitert, mußten sogar scheitern.

Denn die für die Weisse nötigen Organismen finden sich nur in einem Konglomerat verschiedener obergäriger Hefen, die in Symbiose mit Milchsäurebakterien leben. Einer der darin enthaltenen Stämme ist übrigens jener Saccharomyces Bruxellensis, der den typischen Charakter des Gueuze-Bieres der Brüsseler Region ausmacht. Nach dem Zweiten Weltkrieg haben die Brauer mit allen möglichen Tricks versucht, ihre Hefekultur zu retten, da sie ja nicht durch Reinzucht wiederbeschaffbar war. Überliefert ist die Geschichte eines Braumeisters, der die Hefe in Blechbüchsen tat und in die Kühlsole warf – in der berechtigten Hoffnung, daß die russischen Besatzer sie dort nicht finden und rauben würden.

Die Weisse von Berliner Kindl oder der Konkurrenz *Schultheiss* ist das einzige Industriebier der Welt, das seit einiger Zeit mit einem Strohhalm serviert wird – ganz wie im alten Mesopotamien. Dort waren vor fast viertausend Jahren Brot und Bier Grundnahrungsmittel und zugleich Entlohnung, auch für die Priester in den Tempeln. Den Göttern wurden Trankopfer in großen Krügen dargebracht, aus denen mit Saugrohren getrunken wurde. Diese Rohre sollten verhindern, daß Reste gegorenen Brotes mitgetrunken werden. Ein Fragment eines Reliefs mit zwei Trinkenden aus dem 19. Jahrhundert vor Christus ist in der Ägyptisch-Orientalischen Sammlung des Kunsthistorischen Museums in Wien erhalten. Es zeigt zwei Männer mit langen welligen Bärten, sie stehen einander gegenüber und saugen mit langen gebogenen Trinkrohren aus einem zwischen ihnen stehenden Krug einen berauschenden Trank. Ähnliches hat auch der griechische Historiker Xenophon (um 400 vor Christus) bei den Armeniern beobachtet. Sie bewahrten das von Xenophon als „Gerstenwein" identifizierte Getränk in Mischgefäßen auf, die außerdem noch Gerstenkörner und Strohhalme enthielten. „Durstete jemand", schreibt Xenophon, „sog man daran. Das Getränk war sehr stark, wenn man nicht Wasser dazumischte, und es schmeckte durchaus angenehm, wenn man zu trinken gelernt hatte".

Das Trinken lernen ist auch bei der Berliner Weisse notwendig: Als Ortsfremder wundert man sich schon, daß das in knalligem rot oder grün schillernde Getränk ein Bier sein soll. Ist es – und zwar ein ganz besonderes. Im Braurezept für die Berliner Weisse finden sich zwei Drittel Gerste und ein Drittel Weizen – die Würze wird obergärig vergoren und das Bier wird leicht hefetrüb serviert: Mit einem kräftigen Schuß Himbeer- oder Waldmeistersirup, was den eigentümlich süßlichen und doch erfrischend kohlensauren Geschmack der Berliner Weisse ausmacht. Das stark schäumende Getränk wird traditionell in einem Stielpokal mit breitem oberem Durchmesser serviert. Aber was heißt in diesem Zusammenhang schon „traditionell"? Noch vor einer Generation kannten die Berliner die „Klau-Weisse", was nichts mit dem Ausdruck für Diebstahl zu tun hatte, sondern mit den schüsselartigen, weiten Glasgefäßen, die man nur mit den beiden Händen (=Klauen) halten konnte, weil sie weder Stiel noch Griff hatte.

Und man trank das Bier, das nur der eingefleischte Liebhaber pur genießen kann, auch anders: Statt des Sirups wurde früher ein Schnapsglas voll Kümmellikör in das Bier gekippt. Da die Berliner Variante des Weißbiers nur ein Schankbier mit 3,7 Prozent Alkohol ist, machte das nicht viel aus: Der Alkoholgehalt liegt auch mit Kümmel nicht höher als bei einem Bockbier.

Aber der Geschmack wandelt sich völlig: Ist die Berliner Weisse pur ein extrem zickiges Gebräu, das von manchem als „krachsauer" empfunden wird, so ist sie mit dem Kümmellikör lieblich und bar der im puren Bier spürbaren adstringenten Wirkung und auch frei von der deftig unterlegten Hopfennote. Beide Töne verschwinden natürlich auch unter der Zugabe von Sirup.

Anders ist das, wenn man der Empfehlung der Schultheiß-Brauerei folgt: Sie schlägt vor, die Berliner Weisse mit Pilsbier zu strekken und so einen „extra langen Longdrink" zu probieren. Bei diesem Drink mischen sich der saure Effekt des obergärigen mit der feinen Hopfennote des untergärigen Bieres. Die *Schultheiß-Weisse* ist übrigens das letzte Berliner Weißbier, das noch mit Flaschengärung hergestellt wird. Dieses Verfahren, bei dem das Jungbier nach der Hauptgärung mit einer speziellen Hefe auf Flaschen gefüllt wird, gibt der Weisse die charakteristische Trübung und das Hefearoma – und eine ungewöhnliche Haltbarkeit von dreieinhalb bis vier Jahren. Wer das Bier noch länger lagert – am besten in einem kühlen Keller und stehend – kann auch nach noch längerer Zeit mit interessanten Geschmackserlebnissen rechnen.

Ein verschollenes Geschmackserlebnis ist das Potsdamer Stangenbier, das von der Mitte des 19. bis zur Mitte des 20. Jahrhunderts recht populär war: In Champagnerflaschen füllte man eine Mischung aus fertig gereiftem Lagerbier und unfiltriertem Jungbier. Vor allem, wenn man Lager und unausgegorene Weisse mischte, gab das einen enormen Schaum – und eine stark abführende Wirkung. Getrunken wurde aus den vorher erwähnten stangenartigen Gläsern, und man mußte vorsichtig dekantieren, um „eine klare Stange" zu erhalten.

Man trank früher in Berlin jedenfalls exzessiver als heute, schon 1331 mußte der Rat den Webern ausdrücklich verbieten, Schuhe, Hemden oder Hosen zu vertrinken. 1682 schritt der große Kurfürst gegen das übermäßige Biertrinken ein und 1732 wurden Biergelage gänzlich verboten.

Gleichzeitig mit dem zunächst langsamen Aufstieg Berlins scheint aber das Bier immer schlechter geworden zu sein. Es dürfte kein Zufall sein, daß bei der ersten Stadtverordnetenwahl 1809 unter den 102 Gewählten ein Destillateur und zwei Brannweinbrenner waren, aber nur ein Bierbrauer. Aber mit diesen Erkenntnissen sind wir schon wieder tief im Bereich der bürgerlichen Bierkultur. Was diese in Berlin und seinem Umland zuwege gebracht hat, wird uns noch auf der nächsten Reise beschäftigen.

Sozusagen als Übergang dazu besuchen wir noch einmal den *Alten Fritz*. Nein, nicht an seinem neuen Grab in Potsdam, sondern in der Gasthausbrauerei, die im Namen des Königs im Oktober 1992 in Berlin-Tegel aufgesperrt hat. Es ist ein toller, bieriger Schuppen – leider aber so voll, daß es mir nie gelungen ist, einen Platz (geschweige denn ein Bier) zu bekommen.

Als Alternative noch eine letzte bierige Empfehlung zum Thema preußischer Adel: Ein bißchen weniger überlaufen ist das *Luisenbräu* neben dem Schloß Charlottenburg: Man zapft hier im Namen der Gattin von Friedrich Wilhelm III., Luise (1776–1810), ein etwa 12,7grädiges, bernsteinfarbenes Bier nach böhmischer Art, das ein fruchtiges Malzaroma und eine unaufdringliche Bittere aufweist.

Nach dem adeligen Pomp der letzten Reise wollen wir es wieder ein wenig bürgerlicher. **Berlin**, aus kleinsten Verhältnissen zu so etwas wie der Hauptstadt der Bourgeoisie aufgestiegen, jetzt um neue Bundes-Bürger bereichert, die größte Siedlung zwischen Paris und Moskau. Hier müßte sich noch etwas bürgerliche Bierkultur finden lassen. Und wie wir so über den Ku'damm bummeln, stolpern wir geradezu hinein.

Aschinger heißt die Institution, liegt am Kurfürstendamm 26 und gilt als eine der schwierigsten Gasthausbrauereien überhaupt. Es ist nämlich schon die vierte an dieser Stelle seit 1986, und man wundert sich, wieso sie keine Goldgrube ist. Oben eine vom Jugendstil angehauchte Bier-Bar, unten dann Berliner Brauereiatmosphäre. Wahrscheinlich fürchten die Berliner, von Touristen verdrängt zu werden – und Touristen fürchten, hier zu „stören". Dabei ist diese Braustätte viel weniger Touristenfalle als etwa das *Rixdorfer Bräuhaus* in der Glasower Straße in Neukölln, wo zu einem angenehmen *Hellen* eine Show vom Hauptmann von Köpenick aufgeführt wird. Und es ist irgendwie heimeliger als das noch sehr wenig eingeführte *Georg Braeu* am Spreeufer, wo mir im Jänner 1993 ein dunkelbernsteinfarbenes, viel zu vollmundiges und überdies noch unsauber schmekkendes Bier als *Pils* vorgesetzt wurde.

Macht nichts, hereinspaziert, Platz genommen, in der Geschichte geblättert: „Aschinger", das war im Berlin der ersten Jahrhunderthälfte so etwas wie „Fast Food" auf höchstem Niveau – eine Kette, in der man schnell, ordentlich und günstig speiste. Das *Aschinger Pils* ist zwar für den Typ nicht spezifisch, weil bernsteinfarben und erst im Nachtrunk etwas herb – aber es ist ein anständiges bürgerliches Bier. Wir erinnern uns einer 1370 erlassenen Anweisung der Räte von Berlin und Cölln, daß „in der Stadt nur Bürger brauen und darren dürfen", außerdem das Heiligen Geist Hospital, aber ausschließlich zum eigenen Gebrauch. Die Stadt behielt sich vor, importiertes Bier selber auszuschenken.

Das hohe Ansehen der Berliner Brauer geht aus dem Umstand hervor, daß 1572 für die Schützengilde zu Cölln an der Spree bestimmt wurde, daß einer der beiden Gildenmeister womöglich Brauer sein sollte. Die Gilde spendete dem Gertrauden Hospital jährlich eine Tonne Bier und sandte verarmten und erkrankten Gilde-Brüdern Freibier nach Hause.

Berlin war damals noch klein, weltstädtisches Niveau hatte allenfalls der Umfang der Festlichkeiten: Eine Berliner Polizeiordnung erwähnt, daß bei Hochzeiten Freiberger, Torgauer, Zerbster und Bernauer Bier vorgesetzt wurde, die Frauen hätten das lieblichere Ruppiner und Zittauer Bier bevorzugt. Ein ganz anderes Bild zeigte das Berlin der Kaiserzeit: Der Bierkonsum lag in Berlin 1889 bei 2.898.492 hl. Im folgenden Braujahr 1890/91 hatten die 21 Berliner Actien-Brauereien ein nominelles Aktienkapital von 49,635 Millionen Mark, der Kurswert lag bei 61 Millionen Mark und die Dividende bei 2.475.652 Mark. Im selben Jahr wurden in Berlin 951.015 Zentner Malz für 1.939.023 hl untergäriges und 393.228 Zentner Malz für 1.060.001 hl obergäriges Bier verbraucht. Als bedeutendste Brauereien jener Zeit galten neben den 1891 vereinigten Brauereien Tivoli (191.461 hl) und Schultheiß (163.354 hl) die Betriebe Böhmisches Brauhaus (das aus 197.975 hl über eine halbe Million Mark Reingewinn machte), Spandauer Berg (124.645 hl), Berliner Bock (123.787 hl), Friedrichshöhe, vorm. Patzenhofer (149.606 hl) und Vereinsbrauerei Rixdorf (heute Berliner Kindl) mit 105.537 hl.

Die Beschäftigtenzahlen der Brauwirtschaft sind nicht genau überliefert, wohl aber die des Bereichs „Beherbergung und Erquikkung": 14.285 Männer und 3066 Frauen fanden in diesem Bereich Beschäftigung. In derselben Volkszählung vom 1. Dezember 1890 sind übrigens in der Reichshauptstadt 4133 „Litteraten und Schreiber" (plus 147 Frauen, die diese Berufskategorie angaben), 20.007 Soldaten, 57 hauptberufliche Fischer und 663 Hofbeamte ausgewiesen.

Man muß sich das Berlin dieser Jahre vorstellen: Es war innerhalb von kanpp zwei Jahrhunderten von 55.000 Einwohnern (1709) auf 1.578.794 (1890) gewachsen, wobei im letzten Jahrfünft das Bevölkerungswachstum 20 Prozent ausgemacht hat. Das umfangreiche S-Bahn-Netz (im Projekt von Siemens & Halske als „Hochbahn" bezeichnet) war gerade erst in Projektierung, auch für die ersten Nord-Süd-Linien der U-Bahn wurden erst die Vorstudien von der Allgemeinen Electicitätsgesellschaft angestellt. Die Stadtbahn (also die Linie, die Zoo und Warschauer Straße verbindet, sowie die Ringbahn in den Außenbezirken) beförderte 1891 29,83 Millionen Personen, die Große Berliner Pferdebahngesellschaft dagegen 124,8 Millionen, die beiden anderen Pferdestraßenbahngesellschaften weitere 20 Millionen.

Aus der Bahnstatistik ergibt sich übrigens auch Aufschluß über den Biertransport: 1890 wurden auf Berliner Bahnhöfen 71.102 Tonnen Bier umgeschlagen.

Überspringen wir ein knappes Jahrhundert, schauen wir ins geteilte Berlin vor der Wende: Im Westen hatte sich die traditionelle Berliner Weisse noch bei Schulheiss in der originalen und bei Berliner Kindl in einer etwas weniger scharf wirkenden tankvergorenen Variante erhalten – aber Berlin (West) war längst eine Stadt des Pilsbieres geworden. *Berliner Kindl*, 1872 als Genossenschaftsbrauerei auf die Rollbahn am Stadtrand gesetzt, hatte sich zur 750-Jahr-Feier Berlins mit dem *Jubiläums Pilsner*, einem hellen, aber nicht allzu hopfenherben Pils neben dem etwas deftigeren *Kindl Pils* positioniert. Die 1842 von einem Apotheker gegründete Brauerei *Schultheiss*, ebenfalls ein potenter Pils-Brauer, hatte die feinherbe, aber nicht sehr aromatische Gastronomie-Spezialität *Aecht Patzenhofer* (in Erinnerung an den 1920 erworbenen Betrieb dieses Namens) geschaffen. Und schließlich das tatsächlich sehr pilsige, kräftig bittere und sehr trocken ausklingende *Charlottenburger Pilsener* von *Engelhardt*, das allerdings ebenfalls von Schultheiss in Kreuzberg gebraut wird.

Bei der Grenzöffnung im November 1989 kamen scharenweise die Ostberliner, um „mal ein richtiges Bier" zu kosten. Der Pilsgeschmack verdrängte die biederen DDR-Biere im Handumdrehen. Im letzten, 1988 erschienenen, DDR-Lehrbuch von Wolfgang Kunze: „Technologie Brauer und Mälzer" ist in einer den Konsumenten sonst vorenthaltenen Offenheit nachzulesen: „Ein Teil der Malzschüttung wird durch ungemälzte Rohfrucht ersetzt, weil dadurch Mälzungskosten gespart werden, beim Mälzen auftretende Materialverluste vermieden werden und für die Malzbereitung erforderliche Arbeitskräfte eingespart werden."

Eine Sparsamkeit, die dem Produkt nicht schadet – die aber von den puritanischen Verfechtern des bayerischen Reinheitsgebotes (nach dessen Urfassung auch das typisch bayerische Weizenbier verboten wäre!) vehement bekämpft wird. Da ist dann immer wieder fälschlicherweise die Rede davon, daß die Ost-Biere womöglich statt Hopfen Ochsengalle als Bitterstoff enthalten hätten, ein unappetitliches Gerücht, das deutsche Brauer schon 1716 ausgestreut hatten, um das damals von hugenottischen Einwanderern gebraute Bier mieszumachen.

Die Braulandschaft der absterbenden DDR wurde jedenfalls massiv durch den Durst auf Westbier verändert. Viele Brauereien, die wacker planwirtschaftlichen Schikanen widerstanden hatten, konnten nun nicht mehr mit. Und fast alle mußten ihre Rezepturen ändern, weil sie das Reinheitsgebot nicht befolgt hatten – womit „das Bier von hier" plötzlich auch anders schmeckte, als es die östlichen Konsumenten gewohnt waren. Spüren wir also diesem Bier aus dem riesigen Hinterland Berlins nach.

Wir beginnen im (derzeit wegen Renovierung gesperrten) Ratskeller, tief unter dem Roten Rathaus im Ostteil der zusammenwachsenden Stadt. Er war eine Ewigkeit lang die „Heimat" eines sehr ordentlichen Lagerbiers. Es konnte sich auf eine Tradition berufen, die bis ins 13. Jahrhundert zurückgeht, als Berlin noch nicht viel mehr als ein Dorf war: „Die alten Weiblein im Hospital zum

Heiligen Geist brauten schon 1288 ein starkes und gutes Bier", hielt selbst eine DDR-Publikation („Berliner Küche") auf christliche Brautradition. Und eine Festschrift des (schon damals wegen seiner Ziegelbauweise so genannten) Roten Rathauses aus dem Jahr 1929 berichtet: „Die Geschichte eines Ratskellers ist ein Teil der Geschichte des Rathauses" – schon seit 1270 gab es in den Vorgängerbauten des von Hermann Friedrich Waesemann 1869 fertiggestellten, heute wieder gesamtberlinischen Rathauses einen Ratskeller.

Das gute, alte, früher in westlichen Supermärkten gegen Devisen verschleuderte *Berliner Ratskeller* war bei meinem Lokalaugenschein im Herbst 1990 allerdings nicht mehr zu haben.

Noch im Frühjahr 1991 machte es aber den Eindruck, als ob auch bessere Biere verschwinden müßten. Manche davon haben sich zumindest vorläufig behauptet: „Schade ist es dagegen um das 5 Prozent starke *Berliner Pilsner,* dessen Zukunft von seinen treuen Freunden als ebenso ungewiß eingeschätzt wird wie die des *Echt Berliner* Lagerbiers. Nicht, daß dieses Bräu aus Berlin-Weißensee allzuviel mit dem Bier aus Pilsen zu tun hätte: Aber was in der DDR als Pilsner verkauft wurde, das könnte irgendwann auch wieder zu Ehren kommen. Mag sein, daß das Reinheitsgebot nicht eingehalten wurde; mag sein, daß der leicht metallische Beigeschmack im Nachtrunk ein Geschmacksfehler ist, der ausgemerzt werden sollte. Aber es wäre zu dumm, wenn 45 Jahre mitteldeutscher Brautradition einfach in den Ausguß gekippt würden," schrieb ich im April 1991 im STANDARD. Tatsächlich konnte ich eineinhalb Jahre später wieder ein *Berliner Pilsner* aus Weißensee auftreiben – gebraut nach Reinheitsgebot, pilstypisch herb, wenn auch leider nicht sehr hell, aber in jedem Fall eine gute Erinnerung an die wenigen guten Seiten der DDR – an das gemütliche Beisammensitzen, das in den neuen Bundesländern schlagartig abgekommen ist.

Und auch ein Berliner Ratskeller-Bier gibt es wieder – als *Ratskeller Pilsener* aus dem von Friedrich dem Großen in der Nähe von Köpenick gegründeten Spinnerdorf Berlin-Friedrichshagen. Dort agiert das 1869 vom Weimarer Kaufmann Hermann Schaefer als „Lindenbrauerei" gegründete *Berliner Bürgerbräu* seit 1992 unter der Familie Häring (von der Hofmark-Brauerei in Cham-Lolfling) wieder ganz im Stile einer kleinen „Familienbrauerei im Grünen".

Wobei diese Brauerei schon 1912 mit 100.000 hl eine beachtliche Größe hatte – und wohl auch ein gutes Image, denn sie liegt am Müggelsee, einem beliebten Ausflugsziel der Großstädter.

Man braut derzeit rund 150.000 hl, vor allem „Pilsener", kräftiggelb und mit auffallend schönem Schaum. Die Nase ertastet bei diesem Bräu eine kräftige Würzigkeit, die sich beim Trinken dann glücklicherweise nicht so einstellt. Da sind wohl einige Malzaromen, aber die Hopfung wird (obwohl weniger betont als beim Berliner Pilsner von der Konkurrenz in Weißensee) im Großen und Ganzen dem Typ gerecht, der unter den deutschen Premium-Bieren mitmischen will.

Noch eine Ost-Berliner Brauerei hat überlebt: *Bärenquell* in der Schnellerstraße. Diese Brauerei liegt ganz in der Nähe der Spree und stadtnäher als jene von Friedrichshagen. Es ist im Unterschied zum Bürgerbräu eine Ein-Produkt-Brauerei, die ausschließlich *Bärenquell Berliner Pilsener Spezial* braut. Das aber in der beachtlichen Menge von mehr als 200.000 hl (bei einer Ausbaukapazität von 650.000 hl): Ein 4,8 Prozent starkes, würziges und ausgewogen gehopftes Bier, das mich sehr an die Lagerbiere meiner Heimatstadt Wien erinnert hat – noch bevor ich die Unternehmensphilosophie von einem Pils „für jedermann unabhängig von beruflichem und finanziellem Stand" gelesen habe. Jedenfalls konnte dieses Bier als erstes ostdeutsches Bier den Großen Preis der CMA erringen.

Viele Brauereien der ehemaligen DDR haben ihr Heil in der Produktion von Massenware gesucht: So das 1866 gegründete *Rosen-*

bräu in **Pößneck**, das in den deutschen Supermärkten mit einem wohlfeilen *Rosenbräu Schankbier Hell* vertreten ist. Das Bier hat einen leicht böhmischen Einschlag, ist sehr hell, aber aromatisch und eher mild gehopft und im besten Wortsinn preiswert. Das *Rosen-Pils* aus derselben Brauerei ist für den Typ zu dunkel, zu voll und zuwenig gehopft, aber als helles Vollbier durchaus sein Geld wert.

In der Lausitz, dem Braunkohlebergbaugebiet, das in alten DDR-Zeiten planmäßig umgewühlt wurde, gibt es eine starke Tradition des Biertrinkens. Ein Reporter der Süddeutschen Zeitung hat dort 1992 einen Maschinisten beobachtet, der jeden Tag 15 Flaschen Bier trinkt. Und mit jeder einzelnen proste er daheim Erich Honekker zu, dem ehemaligen Staatschef, der für den Niedergang der einstmals blühenden Region verantwortlich gemacht wird. Zu seiner Zeit soll es in der Gegend allerdings gemütlicher gewesen sein: „Ich bin früher immer noch mit ein paar Freunden ein Bier trinken gegangen. Das ist jetzt vorbei, jetzt ist jeder für sich," wurde dem Journalisten Stephan Lebert zwei Jahre nach der Wiedervereinigung berichtet.

Hier lebt die slawische Minderheit der Sorben – einst als Bauern, später als Bergleute, im ausgehenden 20. Jahrhundert oft als Arbeitslose.

Einem Brief des Bauern und Volkskundlers Hano Hantschko vom 2. Jänner 1884 ist über Hochzeitsbräuche bei den Sorben unter anderem zu entnehmen: „Die Hochzeitstische waren mit Brot, Butter, Quark und Käse vollständig bescheret. Wie ich erfahren habe und gehört, haben die Alten früher das Hochzeitsbier alles selbst gekocht. Auch sollen sie ein Getränk gehabt haben, das sie brezka nannten, das sollen sie vom Honig gemacht haben."

Wenn übrigens bei einem Hochzeitsfest Bier verschüttet wurde, so galt das als Zeichen, daß die Braut bald schwanger würde.

Aus Mecklenburg ist die Feier der Kindstaufe als „Kindelbier" überliefert, zum Erntedank gab's „Oornbier". Gab es eine Fehlgeburt, dann fielen die Verwandten und Freunde natürlich um die Feier um – „das Kindelbier ist verpladdert", sagte man dann.

Aus der Hauptstadt von Mecklenburg-Vorpommern kommt das *Schweriner Export 1906*. Goldgelb, malzaromatisch und ziemlich voll bei 5,5 Volumsprozenten Alkoholgehalt – ein Bier, das sich angenehm von der Pils-Welle abhebt, obwohl es harmonisch gehopft ist. Die 1857 gegründete Brauerei von **Schwerin** beruft sich mit dem Namen dieses Produktes auf die Geschichte der Exportbierproduktion seit dem Beginn des 20. Jahrhunderts, an dessen Ruf die Mecklenburger seit dem Beginn des Jahrhunderts mitgewirkt haben.

Daß das Gerede von den Besser-Wessis und den Jammer-Ossis gerade in der Bierwelt nicht stimmt, das haben die Brauer in Schwerin bewiesen. Sie gaben sich einen neuen Namen – und sie wagten den Schritt in den Export. „Es war der Wunsch der Belegschaft, daß wir wieder mit dem Schloß in Verbindung gebracht werden", hat mir der technische Berater der Brauerei, Lothar Stelle, den Namenswandel von „Getränkekombinat Schwerin, Stammbetrieb Brauerei" zur neuen *Schloßbrauerei Schwerin* erläutert.

Es ist die alte Story von den Ost-Bieren, die (mit wenigen Ausnahmen) keine Markenstärke und auch keine Marktpräsenz hatten.

Die kecken Mecklenburger machten sich nichts daraus – sie suchten den Erfolg auf einem ganz fremden Markt. Und zwar mit einem Produkt, das weder daheim, noch im fernen England ein Begriff war: Dem lange gelagerten dunklen Bock, dem der Name des letzten Wenden-Fürsten verliehen wurde. *Fürst Niklot* heißt das sechs Prozent starke dunkelbraune Bier, das nur über die Nase süßlich wirkt. Der Antrunk ist kräftig und mollig, der Nachtrunk hat eine kakaoartige Bittere – ein Bier, das seit 1990 in englischen Pubs seine Liebhaber findet.

Und in den mecklenburgischen Kneipen, wo es auch als Faßbier gezapft wird. In den alten DDR-Zeiten, da hat es Bockbier vor allem im November gegeben, da wurden dann rasch alle Vorräte aufgekauft, damit es zu den Feiertagen daheim auch tatsächlich Bockbier geben würde. Den Fürsten Niklot gibt es dagegen das ganze Jahr – und er boomt wie alle Starkbiere in den neuen Bundesländern.

Früher, vor 1989, hat man hier die seltenen Bock-Biere auf den Ofen gestellt und mehr als zimmerwarm getrunken, hat mir der erfahrene Brauer Stille erzählt. Und er hat auch die Praxis enthüllt, die die Pilsner-Biere der DDR so schmackhaft gemacht hat: Im Februar hat man die Reste des herbstlichen Bockbieres mit dem Pils verschnitten und so einen schwächeren „hellen Bock" erhalten, der zum wärmeren Frühjahr hin immer weniger Starkbier-Eigenschaften hatte – da war nämlich der dunkle, der echte Bock schon aus, das Pils aber besonders kräftig.

Die Erwartungen an ein Bockbier sind in Ostdeutschland allerdings recht verschieden von dem, was man in Bayern oder Österreich als Bock trinken würde – der Fürst Niklot ist da eine ziemlich allein stehende Ausnahme. Repräsentativer dürfte sein, was in Berlin, Rostock und Chemnitz als Bockbier gebraut wird: Eher süßliches Bier, das sich vor allem als Damengetränk eignen dürfte. Meine erste Begegnung mit solchem Bier hatte ich kurz nach der Wiedervereinigung auf einer Tour durch den Ostteil Berlins. Meine damalige, im STANDARD veröffentlichte Verkostungsnotiz lautete: „Da hat man mir ein Bockbier offeriert, das zum (in dieser Form nicht zu belegenden) Jubiläum „150 Jahre Bock" gebraut wurde. Es war offenbar der erste Bock, der seit langer Zeit in Ost-Berlin gebraut wurde, schon nach dem Etikett „lieblich" (also: zu süß), sehr dunkel und 6,2 Prozent stark. Da wartet man lieber auf bessere Versuche."

Nun, solche Versuche hat es gegeben, von derselben Berliner Bürgerbräu, die mich so enttäuscht hatte. Sie veranstaltet neuerdings Mitte Oktober ein Bockbier-Fest auf dem Marx-Engels-Forum. Das ist jener Platz, der zwischen dem von der DDR zum „Haus der Ministerien" degradierten Rest des Berliner Stadtschlosses, dem DDR-Außenministerium und dem Palast der Republik als Repräsentations-Wüste freigelassen worden war. Das angebotene *Bürgerbräu Dunkler Bock* ist ein recht anständiger, rotbrauner Bock mit bräunlichem Schaum und leicht süßlichem Geruch. Der Antrunk hat entfernt an den Münchner Salvator erinnert, der Bock wirkte trotz des dominierenden stark alkoholischen Eindrucks sehr rezent, hatte eine schokoladige Bittere, aber einen ziemlich süßlichen Nachtrunk. Mag sein, daß Bockbier für manche seiner Freunde so schmecken soll.

Was die (West-)*Berliner Kindl* Brauerei zum Thema *Bock* zu bieten hat, ist den süddeutschen Zungen viel näher. Sieben Prozent Alkoholgehalt deuten darauf hin, daß es sich hier schon beinahe um einen Doppelbock handelt, die Bernsteinfarbe tröstet über den eher schwachen Schaum hinweg, Nase und Antrunk vermitteln einen stark malzigen Körper – aber einen hohen Vergärungsgrad, denn bei aller spürbaren Kraft ist der Bock nicht süßlich geworden. Ebenso der *Bock Dunkel* aus demselben Hause, der mit 6,5 Prozent etwas schwächer ist: Sehr vollmundig, aber kaum süß.

Noch ein Bockbier der neuen Bundesländer soll hier erwähnt werden, weil es so bieder, so unaufdringlich und damit wahrscheinlich besonders heimtückisch ist: Der 6,5 Prozent starke *Braugold-Bock* aus **Erfurt**, den man nach dem Anstich am 2. Oktober bis zum März trinken kann. Er hat eine kupferne Farbe, einen malzigen Geruch, einen sehr vollen Antrunk, der aber die wahre Stärke dieses harmonischsten aller ostdeutschen Bockbiere geschickt verbirgt, und zwar ohne daß dieses Bier besonders stark gehopft würde. Das Ergebnis ist ein Bockbier, wie es sein sollte: Rund und anregend, vielleicht noch ein, zwei Gläser davon zu trinken. In Erfurt wäre das keine Schande, denn Thüringen ist ein Bierland – und an manchen Häusern seiner Hauptstadt sieht man noch heute jene runden Löcher über der Tür, an denen früher ein Buschen ausgesteckt wurde, wenn gerade frisches Bier zu haben war.

Günter Wuchold von der (heute zur hessischen *Licher*-Brauerei gehörenden) Braugold-Brauerei hat mir einige dieser Häuser gezeigt, man kann sie bei einem Spaziergang an der Krämerbrücke bewundern. Dieses Bauwerk überspannt die Furt durch die Gera (ursprünglich Erpha), die der Stadt seit 1156 den Namen gegeben hat. Es ist eine Brücke, die nördlich der Alpen einzigartig ist, da sie (wie die alte London-Bridge oder der Ponte Vecchio in Florenz) mit Häusern überbaut ist. Mit Fachwerkhäusern – früher von Goldschmieden und Gewürzhändlern besiedelt, heute Zentrum des Antiquitäten- und Souvenirhandels. An der östlichen Seite der Brücke liegt die Ägidienkirche und nicht weit davon das Augustinerkloster, in dem Martin Luther seine Priesterweihe erhalten hat. Am Westufer aber, da liegt die „Gaststätte Feuerkugel", die ihren Namen und ihr Hauszeichen nach der längst vergessenen Brauerei Riebeck aus Leipzig hat. Das bürgerliche Interieur des vorderen Raumes (weiter hinten ist eine reine Bierstube) erinnert noch ein wenig daran, daß die Lokalität 1905 erst Müllers Kaffehaus war, 1922 an Müllers Brauerei fiel und schließlich 1927 die erste thüringische Niederlassung von Riebecks Brauerei in Thüringen war. In DDR-Zeiten war das Haus übrigens eine Außenstelle des „Erfurter Hofes", jenes Hotels am nahen Hauptbahnhof, wo 1970 Willy Brandt mit seinem DDR-

Gegenüber Willi Stoph die deutsche Entspannungspolitik begonnen hatte. Geht man von der Feuerkugel weiter in Richtung der sogenannten Stadtkrone, die die beiden großen Kirchenbauten des Domes und von St. Severin mit ihren Türmen bilden, kommt man erst zum Rathaus und, links abbiegend, zum Anger. Es ist ein alter Handelsplatz, an dem Waid gehandelt wurde – ein Mittel zum Färben von Tuch, das die Stadt reich gemacht hat. Noch heute gibt es ein Bier, das daran erinnert, das ehemals nur für die Delikat-Läden der DDR gebraute *Angerbräu*, das leicht mißverständlich als Pils bezeichnet wird: Es ist vollmundig und malzaromatisch mit einer edlen Bittere im Nachtrunk. Ähnlich steht es um das *Braugold Spezial* aus derselben Brauerei. Es hat ebenfalls einen sehr malzigen Geruch, ist ein wenig voll, aber ebenfalls ausgeprägt gehopft – in Österreich würde so ein Bier als Premium-Lager gelten.

Aber wir bleiben in Erfurt und werfen noch einen Blick auf die Brauerei, aus der diese Biere kommen: Sie liegt gleich hinter dem Bahnhof in der Schillerstraße. Ein Ziegelbau, der allein schon als Industriedenkmal gelten könnte, inzwischen zumindest im Bürobereich mit modernster Innenarchitektur ausgestattet. So schön die neue Abfüllhalle und das böhmische Sudhaus der sechziger Jahre sind: Die wahre Kostbarkeit findet sich im Gärkeller. Dort sind in den Kapitellen der Säulen einmalige Darstellungen von bierbrauenden Zwergen zu sehen – leider ist nicht mehr nachzuvollziehen, wann und wo diese Kapitelle gefertigt wurden. Nur ist andererseits absehbar, daß die Brauerei eines Tages aus ihrer innenstädtischen Lage ausziehen wird und die alten Keller mit den offenen Bottichen verschwinden werden.

Die Stadt Erfurt hat eine alte Brautradition, wie unter anderem die Brauordnung von 1623 beweist. Darin heißt es: „Diese verbesserte Ordnung soll zu keinem anderen ende angesehen werden, denn dass dadurch der sämtlichen Bürger und aller derer, die sich des Geträncks allhier zu erholen pflegen, Wohlfahrt in gebührliche acht genommen, den hieran hinderlichen bissher eingerissenen missbräuchen remediert und fernerer einschleichung der künftigen gewehrt werden möge."

Aber zu jener Zeit hatte Bier aus Thüringen in Fachkreisen ohnehin schon einen hervorragenden Ruf: Der in Erfurt lebende Heinrich

Knaust hatte nämlich in seinem 1575 erschienenen ersten deutschsprachigen Bierbuch geschrieben, daß „dies Bier mit einem heßlichen Namen", nämlich „Schluntz" bezeichnet werde. „Es were zwar dennoch meines Erachtens wohl würdig, daß es einen ehrlichen Zunamen haben solte, denn ich wüßte nichts, das diesem Bier mangelt. Ursachen, es hat einen guten Geschmack, gibt auch den Leiben gute Nahrung und aliment, so hats eine gute Farbe und Geruch; ist auch lieblich zu trincken, was wollte man mehr von einem Biere haben?" So lautete das Lob in Knausts Buch „Von der göttlichen und edlen Gabe, der philosophischen, hochtheuren und wunderbaren Kunst, Bier zu brauen".

Der berühmteste Liebhaber des Erfurter Bieres war allerdings der Habsburger-Kaiser Rudolf I. 1290 weilte er für zehn Monate in Erfurt und traf da auf den Biereigen Siffrid von Butstete. Dieser hatte – wie einige andere Erfurter Bürger – ein Braurecht auf seinem Haus und das zur Ausübung des Brau-Privilegs zusätzlich notwendige vom Vater auf den Sohn zu vererbende „Biereigen"-Lehen. Wenn so ein Biereigen (noch 1802 gab es 184 von ihnen) ein Bräu fertig hatte, steckte er nicht nur den Strohwisch aus, er sandte auch einen Bierrufer aus, um die freudige Nachricht den durstigen Kunden bekanntzugeben. Als nun der Kaiser an Herrn Siffrids Haus vorbeikam, bot ihm dieser einen Krug des selbstgebrauten Bieres an. Der Kaiser leerte ihn und ließ sich neuerlich einschenken; dann ritt er mit dem Krug in der Hand die Gasse auf und ab und rief in der Art der Bierrufer: „Wol in, wol in. Eyn edel trunk gut Erfords bir had Siffrid von Butstete uf geton." Es dürfte das allererste mal in der Geschichte der Werbung gewesen sein, daß sich ein Politiker für Bierwerbung eingesetzt hat.

Noch ein anderer Herrscher hat sich am Erfurter Bier erfreut: Der Schwedenkönig Gustav Adolph hatte 1631 in dem damals bereits an die 300 Jahre alten Gasthof „Hohe Lilie" Quartier genommen, als er eines Nachts durch ein verdächtiges Gemurmel gestört wurde. Ihm folgend kam er in einen hell erleuchteten Raum, in dem mehrere feierlich gekleidete Bürger um den Tisch standen und beim Eintreten des Königs eilig die auf dem Tisch stehende Lade verschlossen.

Es waren die Mitglieder des altehrwürdigen Riemerhandwerks, die dem König versicherten, nur Zunftmitglieder dürften in die Lade sehen. Der König aber begehrte daraufhin die Aufnahme in die Zunft, man öffnete ihm die Lade, in die er zwei Dukaten Aufnahmegebühr zahlte und zudem der Zunft eine Medaille mit seinem Bildnis verehrte. Anschließend wurde der König aus dem „Willkomm", dem Zunftpokal, ausgiebig bewirtet – man darf annehmen, daß er das schwarze Schluntz-Bier enthielt. Die Medaille ziert noch heute den Pokal, er wird im Stadtmuseum ausgestellt.

Kapitell im Erfurter Braugold-Gärkeller
Der Zwerg ist durch die Malzschaufel als Brauer ausgewiesen

Es muß als seltener Glücksfall der Biergeschichtsschreibung der neuen Bundesländer gelten, daß die Brauereigeschichte der heutigen Braugold-Brauerei so gut dokumentiert ist. Sie geht auf zwei Familienbetriebe zurück. Einer davon ist jener des Kaufmanns Christian Büchner, der am 3. März 1823 die Braustätte „Zur Lauenburg" an der Ecke der Malz- und der Markgrafengasse erwarb. Die Familie baute den Betrieb aus, kaufte 1865 ein neues Grundstück in Löberfeld – nämlich jenen Platz, der heute mitten in der Stadt in der Schillerstraße liegt. Zwischen 1877 und 1880 wurde die Brauerei mit einer Kapazität von 50.000 hl errichtet. Im Jahr 1900 wird die Brauerei in eine AG umgewandelt – aus dem vorhergehenden Braujahr 1898/99 sind erstaunliche Daten überliefert: Man braute damals als mengenmäßig stärkste Sorte Bockbier, und zwar 54.904 hl, eine bescheidene Menge von 3036 hl 14,1grädigem Pilsner und 49.837 hl eines 11,95grädigen Lagerbiers. Dazu kommen noch 5067 hl Lichtenhainer, also von einer obergärigen Spezialität, die wir in Jena näher kennenlernen werden.

Zu jener Zeit war auch der andere Mutterbetrieb, jener von Braumeister Johann Baumann, bereits erfolgreich im Geschäft. Baumann hatte am 22. April 1869 die Biereigenhöfe „Große Arche“ Nummero 3 und 4 vom Brauer und Bäcker Volkmar Döppleb erworben, 1879 im Gebiet des heutigen Stadtparks ein Betriebsgrundstück erstanden und war 1885/86 ganz dorthin übersiedelt. Um eine Vorstellung von der damaligen Arbeitsweise zu bekommen, muß man sich vor Augen führen, daß im Betrieb von Johann Baumann damals zwar seit 1889 eine 100-PS-Dampfmaschine mit gekoppelter künstlicher Kühlung hatte, daß aber zur Beleuchtung noch Wachs- und Öllampen herhalten mußten – es dauerte bis 1894, bis Baumanns Brauerei als einer der ersten Erfurter Betriebe elektrisches Licht bekam. Sein Sohn Carl Baumann verkaufte im April 1904 die Brauerei mit damals 35.000 hl Ausstoß an die Brauerei Riebeck & Co in Leipzig, welche den Erfurter Betrieb 1912 auf 75.000 hl ausbaute. Am 7. Dezember 1920 wurde auch die Brauerei Büchner mit damals 35.728 hl Ausstoß eines sehr schwachen Nachkriegsbieres um zwei Millionen Mark von Riebeck aufgekauft und die Betriebe 1921 zusammengelegt.

Von den 132 Biereigen, die 1816 noch gemeinsam 14 Braumeister beschäftigten, die einmal da und einmal dort brauten, waren 1880 noch 13 gewerbliche Braustätten übriggeblieben, 1914 vier und 1921 schließlich eine. Diese erholte sich zunächst von der Nachkriegs-Krise, braute 1926 bereits 185.000 hl, doch ging es dann rasch bergab. 1934 betrug der Ausstoß nur mehr 105.000 hl, 1945 62.000 hl.

Der Name Braugold wurde dem im Oktober 1945 beschlagnahmten und am 1. Juni 1948 ins Volkseigentum übertragenen Betrieb am 26. Februar gegeben. Die Entwicklung zu DDR-Zeiten war, wenn auch die technischen Investitionen vernachlässigt wurden, recht erfolgreich: 257.000 hl im Jahr 1969, 333.000 hl im letzten Braujahr vor der Wende.

Die zweite biergeschichtliche bedeutende Stadt Thüringens ist **Jena**, das vor allem seiner 1548 gegründeten Hochschule, die zehn Jahre später Universität wurde, einen hohen Bierabsatz verdankte.

Berühmtheit in der Studentengeschichte des 18. Jahrhunderts erlangte vor allem das „Bierdorf" Lichtenhain bei Jena, wo die Studenten höfisches Leben verulkten. „Der Großherzog wurde unter den Befähigsten und tüchtigsten auf dem Gebiete des Trinkens erwählt und herrschte monarchistisch-constitutionell. Auch ein 'Todten-Fuhrmann' für die Bierleichen gehörte zum Hofstaat. Die Kneipe hieß 'Burg', der Wirt 'Burgvogt', die Pfütze vor der Türe 'Burgteich', die Trinkgefäße hießen 'Humpen' und 'Lanzen'".

Wirkliche Bierkultur war bei den damaligen Studenten noch selten, daß Studentengeschichte von einem Mann mit dem Pseudonym „Vielsauf" geschrieben wurde, mag die damaligen Prioritäten veranschaulichen. In Jena wurde jungen Männern vor einer versammelten „Bierfakultät" nach gestrenger Prüfung ihrer Trinkfestigkeit die Würde eines „Doctor cerevisiae et vini" (Doktor des Bieres und Weines) verliehen. Aus dem Kreis bereits Promovierter hatte er drei zu erwählen, denen er deren konsumiertes Quantum nachzutrinken hatte. Konnte er bestehen, durfte er als Zeichen seiner Würde das Kürzel D.C. seinem Namen in den Stammbüchern beifügen. Das Papstspiel aber verlangte noch größere Leistungen im Trinken. Auf dem runden Tisch, um den die Spielteilnehmer saßen, befand sich ein Drehholz. Jeder, auf dessen Gebiet das Drehholz stehenblieb, mußte ein Maß Bier trinken. Allmählich stieg so der einzelne Spieler vom ursprünglichen Philister durch sämtliche Stufen des Militärs und dann des Adelsstandes bis zum Kaiser auf, ward dann Student und über vier Kardinalswürden schließlich Papst ... und das Spiel endete meist damit, daß alle betrunken zu Boden fielen.

Solche studentischen Sitten, eine typische Kneipe und der Karzer, in den rabiat gewordenen Studiosi gesperrt wurden, werden im Jenaer Stadtmuseum dokumentiert. Die *Städtische Brauerei* war dagegen lange Zeit so bieder, daß sie akut vom Zusperren bedroht war. Ihre Geschichte leitet sich von den „Jenaischen Statuten" von 1404 her, in denen besonders deutlich der Zusammenhang der Braugerechtsame mit Wehrhaftigkeit und Besitz einer genau vorgeschriebenen militärischen Ausrüstung festgeschrieben ist. Wer Bier braute, hatte genug Geld, auch seine Heimat zu verteidigen. Noch älter ist eine auf Jena bezogene Biersteuerrechnung der Landgräfin Elisabeth von Gotha vom 24. April 1332.

1540 gab es bereits zwei Gemeindebrauhäuser, mit der Hochschule kam deren eigene Brauerei mit dem sogenannten „Rosenbier". Auch nachdem die bürgerlichen Braugenossenschaften 1830 zusammengelegt waren, gab es harte Konkurrenz mit den universitären Einrichtungen – so kündigte der Staat der Stadtbrauerei die Pacht der Bierkeller, um eine neue Bibliothek zu errichten. 1855 wurde daher von der Stadtgemeinde eine neue Brauerei (mit vorerst bescheidenen 5000 hl) am heutigen Standort errichtet. Im Oktober 1900 mußte die lästige Konkurrenz der Universitätsbrauerei einem Bau des Mineralogisch-Geologischen Instituts weichen – worauf einige Jahrzehnte des Aufstieges folgten. 1930 braute man vier untergärige und vier obergärige Biere, darunter das „Weissbier nach Lichtenhainer Art" – die Werbung versprach „gut ausgereifte, in Qualität und würziger Eigenart wie Bekömmlichkeit unübertroffene Tropfen".

Fuhrpark der städtischen Brauerei um 1930

Vor dem zweiten Weltkrieg wurden hier 80.000 hl gebraut, vor der Wende 1989 doppelt soviel – allerdings nur noch reines Lagerbier. Die letzte Weisse war 1981 in einer Lichtenhainer Brauerei ausgeschlagen worden. Zehn Jahre später hätte die Wiedervereinigung beinahe auch die Städtische Brauerei umgebracht. Bis der Brauereifachmann Joachim Rehbock ein neues Konzept entwickelte und es konsequent umsetzte. So entstand das mittelgelbe, ein wenig vollmundige *Burschenpils*, das an die hier 1815 gegründete Ur-Burschenschaft erinnert, sowie das für das herbstliche Stadtfest eingebraute *Schellenbier*.

Die Sensation ist aber die *Jenaer Weisse*, das traditionelle Bier der Universitätsstadt. Es ist ein Bier, das gewisse Verwandtschaft mit der Berliner Weisse nicht leugnen kann: Hellgelb und trüb, stark moussierend und mit säuerlichem Geruch. Der Geruch und der leicht säuerliche Geschmack kommt daher, daß die Weisse mit Milchsäurebakterien versezt wird. Mehr will man in Jena nicht über das Braurezept verraten – zwei Anhaltspunkte werden aber gegeben: Daß das Bier „selbstverständlich" nach dem Reinheitsgebot gebraut wird – und daß eine untergärige Hefe eigens für dieses Bier zurückgezüchtet wurde. Da untergärige Biere nach dem Reinheitsgebot Gerstenbiere sein müssen, läßt sich darauf schließen, daß es sich bei der Rezeptur der Jenaer Weisse um eine geringe und wenig verzuckerte Maische aus Gerstenmalz (das Bier hat nur 2,9 Prozent Alkohol) und sehr wenig Hopfen handelt. Angeblich entspricht die Herstellung dem Verfahren, das in den unter dem DDR-Regime aufgelösten Brauereien von Wöllnitz und Lichtenhain praktiziert wurde.

Das ursprüngliche Rezept für Lichtenhainer Bier besagt allerdings, daß man ein Drittel Weizen- und zwei Drittel Gersten-Rauchmalz in einem möglichst kurzen Maischverfahren verwendet, mit obergäriger Hefe anstellt und die Anstellwürze mit Faßgärung (ähnlich dem traditionellen Burton-Union-Verfahren in Burton on Trent) vergären läßt, bevor das Bier, mit Jungbier versetzt zur Nachgärung auf Flaschen gefüllt wird.

Aber abgesehen von den technischen Feinheiten der „völlig vom Pilsbier verschiedenen Herstellungsart", über die Rehbock so ungerne plaudert: Die Jenaer Weisse schmeckt. Weil sie nicht so sauer ist wie die Berliner Weisse, braucht man sie auch nicht mit Schuß oder Strippe zu trinken – auch wenn es in Jena üblich ist, die Weisse mit Kümmel zu „verbessern". Nahezu unübertrefflich ist dieses Bier als Getränk zu einem Fischgang.

Nachdem wir die Weisse verkostet haben, gilt es noch, einer anderen Thüringischen Spezialität die Ehre zu erweisen, deretwegen Jenaer Studenten im 18. Jahrhundert vielfach einen längeren Ritt unternommen haben. Man fährt dazu am besten auf jener Bundesstraße 7, die uns von Erfurt über Weimar nach Jena gebracht hat, weiter ostwärts, dann erreicht man nach gut 35 Kilometern (kurz vor Gera) die Kleinstadt **Bad Köstritz**. Das DDR-Regime hat hier an der alten Kultursubstanz zwar ziemlich gewütet, aber immerhin stehen noch große Teile eines der ältesten Braubetriebe der Region. Hinter einem Torhaus im Fachwerkstil befinden sich die Backsteinbauten aus dem Jahr 1907, in denen (heute mit kapitalkräftiger Hilfe der Bitburger Brauerei) das *Köstritzer Schwarzbier* gebraut wird.

Es ist nach der neuen, dem Reinheitsgebot angepaßten Rezeptur wirklich fast schwarz, hat einen nahezu weißen Schaum, der besonders kräftig ist und ist sowohl im Geruch als auch im Antrunk sehr frisch-malzig. Insgesamt ist das Schwarzbier dann überraschend süffig und schlank, wobei eine angenehme, nicht aufdringliche Herbe den Nachtrunk einbegleitet, der dann kurz und trocken ausfällt.

Das Köstritzer Schwarzbier (Definition: „untergäriges Vollbier mit dunklem und Münchner Malz") ist heute das einzige seiner Art in Deutschland. Bis 1992 hat es mehrere dieser Schwarzbiere – alle aus demselben Haus – gegeben; für eine Übergangszeit durfte ein nach den früheren DDR-Bestimmungen mit Traubenzucker gesüßtes „Schwarzbier Export" weiter gebraut werden. Dieses Bier war in der DDR so begehrt, daß man es „nur auf Rezeptschein" bekommen konnte, wie in der Brauerei erzählt wird.

Das *Köstritzer Bockbier dunkel* ist ähnlich dunkel wie das Schwarzbier und auch ähnlich herb. Allerdings ist die Bittere etwas kakaoartig – daß es sich um einen Bock handelt, würde man kaum vermuten. Und der niedrige Alkoholgehalt von 5,8 Prozent läßt einen diese Version des Schwarzbieres ohne Reue auch in größeren Mengen genießen.

Die Köstritzer Brauerei hatte nicht erst in den letzten Jahren eine wechselvolle Geschichte: Die erste urkundliche Erwähnung von Köstritzer Ritterschaftsbier datiert von 1543 – es ist nicht überraschend, daß sie in einer Abgabenordnung für die beiden „Erbkrenzschmare" (Schenken in Erbpacht) in Kostritza vorkommt. 1608 wird vom „ersessenen Herkommen" gesprochen, nach dem die Schankwirte Bier brauen dürfen.

Ab 1696 wurde vom Fürstenhaus Reuss (dessen jüngere Linie in Köstritz beheimatet war) das Braurecht selber ausgeübt – ab 1711 fungierte die Köstritzer Brauerei als „Hofbrauerei". Schon Ende des 18. Jahrhunderts wurde Köstritzer Bier „exportiert", also aus Thüringen ausgeführt.

Anton Friedrich Büsching, der zu jener Zeit Gymnasialdirektor in Berlin war, berichtet in seiner Lebensgeschichte von Lagerkellern unter dem Kirchenfelsen, in denen das im Herbst gebraute Bier bis in den nächsten Sommer aufbewahrt wurde. Durch Büsching wissen wir auch, daß es sich schon damals um Schwarzbier gehandelt hat, „da es eine solche Farbe hat, daß ich es an der gräflichen Tafel beym erstmaligen Anblick für rothen Wein hielt und mich wunderte, daß dieser in Biergläsern herumgegeben wurde".

Zwei Liebhaber des Köstritzer Bieres müssen noch erwähnt werden: Am 17. November 1823 schreibt Wilhelm von Humboldt, Goethe habe auf nichts Appetit, „er lebt von Bier und Semmel, trinkt große Gläser am Morgen aus, beratschlagt mit seinen Bedienten, ob er dunkel- oder hellbraunes Köstritzer Bier trinken soll". Ähnlich wichtig wie Goethe mag auch Bismarck das Bier geschätzt haben – jedenfalls ist ein Brief von 1892 erhalten, in dem der Reichsgründer dem Köstritzer Bier „den vornehmen Rang in der Aristocratia der Biere" bestätigt.

Obwohl Bad Köstritz vor allem für sein Schwarzbier (dem blutbildende, verjüngende und sonstige „körperliche und geistige Frische" verleihenden Eingeschaften nachgesagt werden) berühmt ist, konnte man im Deutschland der zwanziger Jahre auch sehr gute helle Biere aus der Schwarzbierbrauerei bekommen: „Sonnenquell" hieß ein „helles Edelbier", es gab ein „Böhmisch Lagerbier" und eine „Köstritzer Blume". Den besten Ruf genoß aber das 1907 (nach dem Namen einer der alten Schenken) eingeführte „Kranich-Bräu". Nunmehr gibt es solche hellen Biere in einem neuen Sortiment, mit neuer Aufmachung als Pils-Biere in NRW-Flaschen. Das schlankste davon ist das *Edel-Pils*, das eine sehr ausgeprägte, scharfe Bittere aufweist. Das *Kranich-Pils* scheint ein wenig mehr Körper (und einen besseren Schaum) zu haben – es wirkt hopfenherb, aber nicht so bitter. Vergleichsweise viel Körper hat auch das *Diät-Pils*, das aber immer noch als pilsartig schlank und angenehm kräftig gehopft gelten muß. Insgesamt ist es fast schade, daß die Pils-Biere hier im Schatten des Schwarzbieres stehen – aber bei einer Fahrt nach Thüringen kann man schnell feststellen, daß das Köstritzer Pils auf dem Heimatmarkt das berühmte Schwarzbier überflügelt – nur 15 Prozent des Köstritzer Ausstoßes sind Schwarzbier.

Auch in anderen Thüringischen Städten hat sich das Bierbrauen über die politischen Systeme hinweg erhalten – und ein Bier von hoher Qualtität. In der ehemaligen herzoglichen Residenz **Altenburg** braut man ein *Ur-Typ Hell* von mittelgelber Farbe, 4,7 Alkoholprozenten, einem außergewöhnlich vollen und dennoch frischen, keineswegs süßen Antrunk mit einer dezenten Hopfenbittere. Man möchte nicht glauben, daß dieses Bier aus einer derartig verlotterten Stadt kommt, wie es Altenburg ist: Hier wehrt sich eine überaus aktive Kulturszene dagegen, daß die Marktwirtschaft auch noch das kaputtmacht, was die DDR überleben hat lassen. In den Ruinen des Sozialismus blüht – wenigstens vorläufig – ein neues Leben, und das Bier gehört dazu. Immerhin kann es sich auf ein besonders altes kaiserliches Brauprivileg berufen: Seit 1256, so wird in der Kleinstadt stolz betont, darf hier gebraut werden. Jüngstes Produkt dieser Brautradition („Höhlerbier-Tradition“ steht auf dem Etikett) ist das *Altenburger Privileg*, ein 5,2 Prozent starkes, hellbernsteinfarbenes und lieblich riechendes Bier mit einem fruchtig-würzigen Antrunk, der gleichwohl trocken und wenig herb ausklingt. Offenkundig wird hier nach alter Handwerkstradition gebraut – und es werden nicht nur die guten alten Euro-Flaschen, sondern auch kurze Haltbarkeitsfristen eingesetzt: Zwei untrügliche Kennzeichen, daß man es hier mit einer gestandenen regionalen Bierkultur zu tun hat.

Ähnlich in **Dessau**, wo die heutige Brauerei seit 1865 besteht. Dort hat man mit dem *Dessauer Edelhell* die alte anhaltische Brautradition aufleben lassen. Das – vorbildlich deklarierte – Bräu hat 11,6 Grad Stammwürze und 4,7 Volumsprozent Alkohol. Mittelgelbe Farbe und ein würziger Geruch stimmen auf den vollmundigen Genuß ein – ein ganzes Bouquet von Malzaromen und eine ausgesprochen schwache Hopfung vermitteln im Nachtrunk ein leicht fruchtiges, aber nicht süßes Geschmackserlebnis.

Auch Sachsens Bierwelt läßt sich nicht auf die Landeshauptstadt Dresden – die als Hof- und Residenzstadt immer einen etwas anderen Geschmack hatte – einengen: Trinkt man in Dresden gerne Pils (was wir bei der Reise zum Pils-Bier ausführlich erkunden konnten), so ist der Rest von Sachsen eher dem vollmundigeren Export-Typ zugeneigt.

Als beispielhaft dürfte in diesem Zusammenhang **Chemnitz** gelten, dessen lange Braugeschichte sich nur ansatzweise rekonstruieren läßt. Über die Zeit, in der Chemnitz „Karl-Marx-Stadt" hieß, ist viel von seiner Geschichte verloren gegangen. In der *Feldschlösschen-Braustolz* genannten Brauerei – sie ist heute eine Tochter der Kulmbacher Mönchshof-Brauerei – weiß man nur mehr wenig über die Herkunft des Namens und die Gründungsgeschichte. Vermutlich hat es ein Schlößchen am westlichen Stadtrand von Chemnitz gegeben, in dem ein Chemiker namens Kupfer 1868 eine Aktienbrauerei eingerichtet hat. Es war nicht die erste Brauerei in Chemnitz, denn hier hatten zuerst Mönche die Schloßbrauerei betrieben. Weiter ist in Chemnitz nichts zu erfragen.

Das Buch: „Die Brauerei-Industrie Deutschlands und des Auslands", im Jahr 1900 von Arthur Benninghoven verfaßt, gibt Auskunft darüber, daß die Feldschlösschen-Braustolz-Brauerei nicht einmal die erste Aktienbrauerei der Stadt war: „Am 18. September 1856 kauften vier Chemnitzer Herren das Erb- und Allodialgut Schloßvorwerk bei Chemnitz, um auf demselben eine Lagerbierbrauerei zu errichten. Am 11. März 1857 bildeten sie eine Aktiengesellschaft unter dem Namen Actien-Lagerbier-Brauerei zu Schloß Chemnitz und im Mai desselben Jahres begann man mit dem Bau der Brauereigebäude."

Vorbildlich waren dabei übrigens die führenden Brauereien von Wien (Anton Dreher in Schwechat) und München, die von einem Mitglied des Direktoriums besucht worden waren. Im ersten Geschäftsjahr 1858/59 wurden 5665 hl Lagerbier ausgestoßen, 1899 waren es 129.237 hl „diverser Biere", wie Benninghoven beim damaligen Direktor E. Klapp erfragte.

Der heutige Braustolz-Direktor Joachim Barth beklagt, daß in der DDR „die Brauereien als das Letzte vom Letzten gegolten" hätten – daher gäbe es auch keine richtige Identifikation der Bevölkerung mit „ihrem" Bier. Von dem gibt es heute dreierlei Sorten: Das *Braustolz Spezial* zeichnet sich durch einen malzigen Geruch, einen süffig-malzigen Gesamteindruck und einen leicht bitteren Nachtrunk aus, das *Braustolz-Premium* riecht ganz ähnlich, ist im Antrunk aber noch schlanker und hat eine betonte Herbe. Das 16grädige, auf 6,6 Volumsprozente vergorene Bockbier – seine Zeit ist hier von Oktober bis Weihnachten – ist dunkelbraun und läßt durch einen süßlichen Geruch wenig Gutes erwarten. Tatsächlich ist es aber im Antrunk eher schlank und entwickelt den süßlichen Eindruck erst im Nachtrunk, allerdings ohne nachzuhängen.

Eine Spezialität dieser Brauerei dürfte früher ein Medizinalbier gewesen sein, das als „Eisenbier" vermarktet wurde. Dies dürfte vor allem in den zwanziger Jahren von Bedeutung gewesen sein, als die Medizin der Schwindsucht besondere Aufmerksamkeit schenkte. Der beim Brauen sonst eher unerwünschte hohe Eisengehalt des Wassers wurde so zum Werbegag. Aber das ist lange her – ebenso vergessen wie die Zeit, als hier mit übertrieben hohen Anteilen von Rohfrucht und Zucker gebraut wurde und chemische Stabilisatoren das Getränk halbwegs wie Bier erscheinen lassen mußten.

Direktor Barth ist allerdings einer der wenigen deutschen Braumeister, die unumwunden zugeben, daß auch Biere mit Rohfruchtanteilen in der Maische ganz anständig sein können: Noch vor der Wende hat er in Chemnitz die einzige Lehr- und Versuchsbrauerei Sachsens aufgebaut, wo er in zwei 100 Liter fassenden Maischgefäßen nachweisen konnte, daß ein Rohfruchtanteil von einem Drittel der Schüttung durchaus von den im Malz enthaltenen Enzymen verzuckert werden kann.

Wie dem auch sei: In Chemnitz braut man längst nach dem Reinheitsgebot, füllt das Bier in die auch in den neuen Bundesländern zum Standard avancierte NRW-Flasche und hofft, die 250.000-hl-Kapazität bald auslasten zu können. Investiert wurde viel – allein für die Erhaltung der historischen Bausubstanz wurden 7,8 Millionen DM ausgegeben, nun geht es darum, „ein Bier wie wir" auch der lokalen Bevölkerung schmackhaft zu machen.

Zum Marketing gehört unter anderem der Einsatz eines Pferdegespanns zum Ausführen des Bieres – und gelegentliche Brauereiführungen, bei denen unter anderem das unmittelbar vor dem letzten Krieg installierte Sudhaus zu sehen ist, dessen Demontage durch die Sowjets beherzte Brauereiarbeiter durch Zumauern der Fenster verhindert haben sollen.

Zwei Dekaden älter ist der Luster im Bräustübl: Ihn zieren geschnitzte Figuren aus der Brauwelt – leider wird er auch dann nicht der breiten Öffentlichkeit gezeigt werden können, wenn Braustolz an die alte Feldschlößchen-Gepflogenheit anknüpft, die Brauerei zum Mittelpunkt des Vereinslebens zu machen: Immerhin hatten Generationen von Chemnitzern bei der Brauerei das Tanzen gelernt.

Fährt man von der Braustolz-Brauerei auf der Zittauer Straße etwas weiter stadtauswärts – ein Besuch der im Krieg total zerstörten City lohnt ohnehin kaum – kommt man nach etwa zweieinhalb Kilometern zum kleinen *Bergt-Bräu Reichenbrand*. Der unscheinbare Bau auf der linken Straßenseite – Hausnummer 478 – birgt an der Innenseite der Einfahrt eine Brauer-Figur, die offenbar 1924 zum fünfzigjährigen Betriebsjubiläum angebracht worden ist. Daneben noch eine weitere Rarität: Ein blaues Emailleschild, mit dem die DDR der Brauerei bescheinigte, ein „wasserwirtschaftlich hervorragend arbeitender Betrieb“ zu sein. Anderswo wurden derartige Schildchen längst abmontiert, aber hier achtet man offenbar darauf, den Betriebsablauf kontinuierlich zu dokumentieren. Aus der Privatbrauerei Reichenbrand kommt *Unser Helles*, ein goldgelbes Lagerbier mit malzigem Duft, ausgewogenem Aroma und einem mildhopfigen Nachtrunk. Das *Classic Pilsener* aus demselben Haus ist in der Farbe ähnlich, sehr viel hopfenbetonter, aber mit einer für den Typ eher ungewohnt malzigen Note.

Unser kleiner Reiseführer geht dem Ende zu – und wir haben noch kaum eine klassische Urlaubsregion besucht. Zumindest einen kleinen Überblick wollen wir versuchen. Denn nicht jeder kann jeden Urlaub auf den Spuren der Braukunst verbringen. Ehefrauen möchte Städte, nicht nur Braustätten bereisen, Kinder wollen ans Meer, und auch wir selber – geben wir es zu – finden an manchem Tag die Wirtsstube zu stickig, den Biergarten zu verregnet. Es zieht uns nach Süden. Aber wir können uns damit trösten, daß der Weg nach Süden mit Brauhäusern gesäumt ist, und daß sich auch in den klassischen Urlaubsländern so etwas wie eine Bierkultur entwickelt. Wir dürfen es nicht allzu hochnäsig sehen: Denn der Tourismus hat bloß wiedererweckt, was oft viel früher als im deutschsprachigen Raum an Bierkultur geblüht hat.

Dem Linzer Archäologen Erwin M. Ruprechtsberger verdanke ich den Hinweis, daß die westlichen Provinzen des Imperium Romanum – eben unsere heutigen Urlaubsländer Frankreich, Spanien und Portugal – schon zu Beginn unserer Zeitrechung eine hochentwickelte Bierkultur hatten. Seit der Eisenzeit siedelten in Gallien die Kelten – und bei ihnen war der Anbau von Gerste und Weizenarten schon zur Hallstattzeit forciert worden.

Reiche Kelten pflegten zwar Wein zu trinken, doch berichtet der stoische Philosoph Poseidonios von Apamea im 1. Jahrhundert vor Christus, weniger bemittelte Kelten Südgalliens hätten mit Honig gesüßtes Weizenbier („kormi", „kourmi") getrunken, während sich die armen Leute mit einem ohne Süßstoff begnügen mußten. Als „vorzügliches Bierland" galt in der Antike auch Spanien, wo nach Plinius d.Ä. die Bezeichnung c(a)elia oder cerea für das beliebte Getränk von den Lusitanern eingeführt worden sei. Noch bevor sie sich in die verlustreiche Schlacht gegen den römischen Feldherrn Scipio warfen, stärkten sich die Numantiner mit celia – der römische Wein blieb allerdings siegreich, bis in unsere Tage.

Cervesarii hießen in Anlehnung an das gallisch-keltische cervesia die Bierhändler, und die Bierstuben in den öffentlichen Wirtshäusern Galliens und Spaniens müßten ähnlich geheißen haben – noch heute nennt man sie in Portugal Cervejeria.

Von Ruprechtsberger stammt auch die Vermutung, in diesen antiken Bierstuben wäre typischerweise Pökelfleisch und honiggesüßtes Gerstenbier serviert worden. Wie „Braterl" und „Bockbier" mag das gemundet haben – und kräftigend war es obendrein.

Aber halten wir uns nicht mit Vermutungen auf: Betreten wir mutig die „Cervejaria Trinidade“ in der Rua Nova Trinidade 20 in Lissabon. Ich habe nicht alles verstanden, was auf der Karte gestanden ist, aber es war nicht schwer, ein Fischgericht mit Krabben und Ei serviert zu bekommen.

Und dazu ein *Sagres*. Dieses Bier trägt zwar seit der Ausstellung zur 300-Jahr-Feier der Unabhängigkeit Portugals 1940 den Namen einer Seefahrerstadt an der portugiesischen Südküste, tatsächlich kommt es aber aus einer der Brauereien der *Central de Cervejas* in **Vialonga**.

Das helle, spritzig-süffige Bier mit der herben, aber nicht zu ausgeprägten Hopfung paßt gut zu den Fischgerichten, noch passender ist allerdings das etwas leichtere Schwarzbier desselben Hauses. Dieses hat einen malzig-kräftigen Antrunk, ist aber süffig und hat eine eher kaffeeartige Bittere.

Fragt man näher nach, so kann man erfahren, daß auch das Weinland Portugal eine beachtliche Braugeschichte hat. Die erste Erwähnung einer Brauerei in Lissabon stammt aus dem Jahr 1689. In einem Buch über Bier und Genever aus dem Jahr 1819 wird besonders die königliche Brauerei der portugiesischen Metropole gelobt. Noch eine weitere Brauerei gab es in Lissabon – die von Jacques Maillard, erstmals belegt 1833. Drei Jahre später wurde auf dem Gelände des Dreifaltigkeitskonvents eine Brauerei eingerichtet – daraus wurde 1863 die Cervejeria mit der auf Fische spezialisierten Speisekarte und dem Interieur, das noch ein kleines bißchen daran erinnert, daß der Grundriß der Kirche einfach als Bierhalle übernommen wurde.

Weitere neun Jahre später wurde in **Funchal** auf Madeira eine Brauerei von der englischen Familie Miles gegründet. Sie ist heute teilweise im Eigentum der Central des Cervejas, die ihrerseits ein Tochterunternehmen des kolumbianischen *Bavaria*-Konzerns (des fünftgrößten der Welt) ist.

Aufschwung nahm das Bier durch die Tatsache, daß Portugal im Zweiten Weltkrieg neutral blieb und viele mitteleuropäische Flüchtlinge aufnahm. Portugals Brauindustrie leidet dagegen noch heute ein wenig darunter, daß das Land seit 1961 einen dreizehnjährigen Kolonialkrieg geführt hat. Das deutsche Wort, nach dem der Krieg des Kruges Feind ist, bewahrheitete sich auch hier: Hohe Steuern drückten den Bierabsatz, schließlich brach 1974 die sogenannte Nelken-Revolution aus, in deren Folge die Brauereien verstaatlicht wurden. Daß der Marktanteil der Central de Cervejas in der Zwischenzeit von 70 auf 45 Prozent gefallen ist, wird nicht zuletzt den dort besonders stark vertretenen kommunistischen Brauarbeitern angelastet.

Immerhin wurden seit der Privatisierung im November 1990 zwei neue Biermarken etabliert: Das mittelgelbe, auf eine unangenehme Art bittere *Europa* und das mit 5,3 Prozent relativ starke *Golden Beer*, ein hellgelbes, spritzig-schlankes und eher trocken-bitter ausklingendes Premiuim-Bier.

Marktführer wurde unterdessen die *Unicer*-Brauerei von **Oporto**, deren *Super Bock* nur dem Namen nach stark ist. Tatsächlich handelt es sich um ein eher leicht gehopftes Bier vom Export-Typ, etwas vollmundig, aber dennoch rezent.

Auch wenn Bier in Portugal meist zu kalt gezapft wird – die iberische Halbinsel entwickelt sich zu einer Bierregion. Ausländische Einflüsse sind nicht zu leugnen. In Spanien wurde der Bier-Boom (seit 1980 ist die Konsumation um mehr als 50 Prozent gestiegen) nicht zuletzt von Touristen ausgelöst – im Mittelmeerraum ist Spanien inzwischen das führende Bierland, weltweit liegt es mit der Produktion an neunter Stelle.

Die Brauereien sind großteils in ausländischer Hand, wobei Guinness eine führende Rolle spielt. Die profilierteste spanische Eigenmarke ist das *San Miguel*, ein 5,4 Prozent starkes, hellgelbes Lagerbier mit einem feinaromatischen Antrunk und einer edlen, sehr betonten Herbe. Ansonsten ist der spanische Biermarkt weitgehend in ausländischer Hand – Guinness und United Breweries sind stark engagiert.

In Spanien wird unter anderem auch *Henninger* Bier gebraut, das wir aus Frankfurt kennen. Diese Marke ist überhaupt sehr erfolgreich in den Urlaubsländern, sogar in **Iraklion** auf Kreta steht eine Henninger-Brauerei, die mit 20 Prozent Marktanteil recht erfolgreich dem ebenfalls in Griechenland gebrauten *Heineken* und *Amstel*-Bier Konkurrenz macht, die gemeinsam 70 Prozent Marktanteil haben.

Griechenland ist übrigens das einzige europäische Land außer Deutschland, in dem das Reinheitsgebot gilt. Das ist darauf zurückzuführen, daß das 1830 geschaffene Königreich Griechenland dreißig Jahre lang Otto von Bayern als König hatte.

Besonderen Genuß für den Biertrinker versprechen jene Urlaubsländer, in die man nicht fliegt, sondern mehr oder weniger gemächlich mit dem Zug oder dem Auto fahren kann. So hat die Brauerei **Hirt** in Kärnten ihren Aufstieg zu einer in Österreich national bekannten Marke durch den glücklichen Zufall geschafft, daß die Hauptreiseroute von Wien an die Adria genau an ihrem Sudhaus (und vor allem dem Braukeller) vorbeiführte: Das *Hirter Pils* ist so zu einem Trendsetter geworden, obwohl es für den Liebhaber herber Pilsbiere eher zu voll und mild ist.

Andere österreichische Biere haben sich in den letzten Jahren im Export in die Urlaubsländer bewährt – schon 1980 bekam ich in Rom ein *Ottakringer* vorgesetzt, als ich „una birra alla spina", also ein Faßbier verlangte. Wir Österreicher fühlen uns in der italienischen Bierszene ja überhaupt recht heimisch: Die südtiroler Brauerei *Forst* in **Meran** ist durch eine lange Tradition mit den österreichschen Teilen von Tirol verbunden. Schließlich ist sie die einzige längerfristig erfolgreiche Brauereigründung in jenem Teil Tirols.

Der Landestopograph Johann Jakob Staffler hat 1839 im Oberinntal 16 Braubetriebe gezählt, im Unterinntal 32, im kühlen und weinbaulosen Pustertal elf, und im Etschtal eine Brauerei. Wenn man von einem kurzlebigen Vorläufer in Sterzing vor 1540 absieht, gab es bis ins 19. Jahrhundert kein südtiroler Brauwesen. In Sterzing hat der Innsbrucker Historiker Franz-Heinz Hye zwar an der stattlichen Fassade des „Hotel zur Krone" die Aufschrift „Peter Seeber's Brauerei" entdeckt – aber diese Familie Seeber residiert längst im Salzburgischen, die Brauereichefin Eva Seeber haben wir auf der siebenten Reise kennengelernt. Das von Beda Weber 1849 erwähnte „Bräuhaus" von Bozen galt damals noch als „das einzige in der Gegend". Es befand sich eigentlich in Gries im Bereich des heutigen faschistischen „Siegesdenkmals". Die erfolgreichste Gründung in Südtirol stellt die Brauerei Forst dar, welche 1857 von Johann Wallnöfer und Franz Tappeiner ins Leben gerufen wurde und 1863 an die noch heute diesen Großbetrieb führende Familie Fuchs gelangte.

Eine weitere bedeutende norditalienische Brauerei ist *Moretti*, deren elfgrädiges Bier hell und leicht malzig mit einer leichten, erfrischenden Bittere ist. Im ansonsten trockenen Nachtrunk ist dann noch einmal eine Erinnerung an das Malz zu spüren. Und schließlich bleibt die Brauerei *Dreher* in **Triest** zu erwähnen, die heute zum *Heineken*-Konzern gehört.

Bekannter ist natürlich das Bier aus der Zweieinhalb-Millionen-hl-Brauerei Steinbruch (*Köbanya*) in **Budapest**, das seit einigen Jahren ebenfalls wieder unter dem angestammten Namen *Dreher* vermarktet wird. Die Flaschen sind auch wieder mit dem alten Emblem der Dreher-Brauereien gekennzeichnet, der roten Kreisscheibe mit dem eingeschriebenen weißen Dreieck. Dieses alte Firmenzeichen ähnelt zum Verwechseln dem österreichischen Hoheitszeichen – und so glaubte eine Delegation von Milizsoldaten bei einem freundschaflichen Truppenbesuch 1991, von den ungarischen Kameraden ein „Bundesheer"-Bier vorgesetzt zu bekommen. Und fühlte sich entsprechend hoch geehrt.

Na ja, auch wenn's nicht so war: Das Bier hat jedenfalls geschmeckt. Das Dreher-Bier sollte allerdings möglichst frisch getrunken werden, denn es zeichnet sich nicht gerade durch Haltbarkeit aus, schließlich sind die neuen Etiketten mit dem Portrait Drehers so ziemlich das Modernste an der 3,1 Millionen-hl Brauerei. Das *Dreher de Luxe* ist ein anständiges helles Lagerbier, etwas voller als das Schwechater Lager, aber ähnlich ausgewogen gehopft. Das *Rocky cellar* ist ein pilsartiges, aber in Farbe und Alkoholgehalt eher kräftiges Bier – vielleicht das beste aus Ungarn.

Aus der 1892 gegründeten ungarischen Brauerei *Kinizsi* kommt ein ganz akzeptables, sehr hopfenbetontes Bier mit eher dunkelgelber Farbe und einem unreifen Geruch. Im Geschmack ist dieses Bier durch seine Süffigkeit und das ausgeprägte, sehr rezent-bittere Hopfenaroma bemerkenswert – und damit eines der typischen Biere aus den neuen Reformstaaten.

Überhaupt kann man als Bierliebhaber auf beinahe jeder Reise Entdeckungen machen – auch wenn man es auf einer „trockenen" Bildungsreise vielleicht nicht erwartet.

So hat ein Besucher von **Oxford** am ehesten die Colleges im Sinn – und übersieht dabei vielleicht, daß diese früher alle eigene Brauereien hatten. Im Museum of Oxford kann man alte Stadtansichten bewundern, die von Mälzereien geprägt waren – und daß die zentrale Straße „Brewer Street" benannt ist; bis in unser Jahrhundert ist hier eine Mälzerei gestanden.

Übersehen wir nicht, daß es in Oxford mit *Morells* noch heute eine gediegene, typisch britische Mittelstandsbrauerei von 1782 mit einem Bockbier namens *College* und einem etwas leichteren Ale namens *Graduate* gibt: Dieses ist recht vollmundig und malzaromatisch mit einer trockenen, nicht übertrieben starken Bittere. „Zuviel Hopfen bringt den Charakter des Ale um", hat mir Braumeister David A. Polden erklärt – eine Regel, die er auch beim fast schwarzen, eher dünnen *Mild* einhält.

Zu den schönen, kleinen Landbrauereien Englands gehört die *Hook Norton Brewery*, deren Vorzeige-Bier, das *Old Hooky* auch in Oxford einen sehr guten Namen hat. Es ist ein hellbraunes „Strong Ale“, auch wenn es bloß 4,3 Volumsprozent Alkohol hat. Man kann es auch als Flaschenbier bekommen, da bildet es eine schöne, aber nicht sehr stabile Schaumkrone, unter der sich ein süffiges, leicht bitteres Bier mit einem leicht süßlichen Nachtrunk verbirgt. Es hat ein angenehmes Malzaroma, vielleicht erinnert es eine Spur an einen guten Käse, aber das kann eine Täuschung sein. Jedenfalls ist das Bier in keine Richtung ausgeprägt oder gar aufdringlich.

Interessanter als das Bier von **Hook Norton** ist womöglich ein Abstecher in die gleichnamige Ortschaft, ein verschlafenes Dörfchen in Oxfordshire, halbwegs zwischen Oxford und Stratford gelegen und daher für Besucher des Shakespeare-Geburtsstädchens ein hervorragend geeigneter Abstecher.

Wer die Ortschaft Hook Norton auf einer guten Straßenkarte gefunden hat und sich nicht von der Blütenpracht, die die strohgedeckten Häuser umgibt, einfangen läßt, muß sich links halten, um die Brauerei zu finden. Sie ist ein Prachtstück unter den Turmbrauereien, einem verbreiteten Stil der Brauereiarchitektur im England des späten 19. Jahrhunderts. Natürlich würde man eine solche Brauerei heute erheblich platzsparender bauen können – aber wo sollte man denn die Pferdeställe (hier noch vollständig vorhanden) unterbringen, wie die Lagerräume, die Faßhalle? Für den damaligen Stand der Technik war die Form des Turmes das Optimum – und der Turm gibt durchaus auch etwas für's Auge her. Auch wenn Besuche der Brauerei selbst nicht vorgesehen sind – man kann sich im Hof umsehen und einen Blick ins Sudhaus werfen, in einem Nebengebäude liegt das Büro, wo Souvenirs (und Bier) verkauft werden, der Abstecher lohnt auch für diejenigen, die die spezielle Architektur nicht so zu schätzen wissen.

Und nach dem Abstecher zum Brauhaus fahren wir weiter nach Stratford oder wohin auch immer uns eine Reise mit weniger bierverständigen Zeitgenossen führen kann. Sollen sie doch Spuren vom alten Shakespeare suchen, wir schauen in den Charlecote Park und finden im dortigen Herrenhaus eine kleine (leider längst außer Betrieb gesetzte) Herrschaftsbrauerei aus dem 18. Jahrhundert.

Immerhin haben wir mit diesem Reiseführer ein Hilfsmittel, mit dem wir abseits des Weges immer wieder die eine oder andere Sehenswürdigkeit finden können. Mit einer kleinen Auswahl an Vorschlägen (beginnend auf Seite 368) verabschiede ich mich bis zur nächsten – hoffentlich gemeinsamen – Bier-Reise.

Sehenswürdigkeiten (Museen/Sammlungen/Brauereien)
Brauereimuseen und Museen mit bedeutenden brauhistorischen Exponaten. Brauereien mit regelmäßigen Führungen. Auch andere Bauhäuser können gelegentlich besichtigt werden – allerdings ist das immer mit Störungen des Betriebes verbunden, weshalb nicht alle Wünsche berücksichtigt werden können.

Gaststätten; eine sehr unvollständige, aber repräsentative Auswahl empfehlenswerter Gasthausbrauereien und Bierlokale. Weitere Hinweise finden sich in den jeweiligen Reisebeschreibungen.

Reisen zum Bier; Bierfeste und -seminare, Reisebüros, Hotels und Fremdenverkehrsverbände mit speziellen Bier-Angeboten (jeweils am Ende der Länderübersichten).

BELGIEN

Antwerpen:

De Koninck. Eine Brauerei, die viele technische Neuerungen „verschlafen" hat und gerade deshalb reizvoll ist. So wird hier der Braukessel noch direkt beheizt. Nur nach schriftlicher Anfrage zu besichtigen: Mechelsesteenweg 291, B-2000 Antwerpen.

Het Elfde Gebod. Nette Bierbar gegenüber der Kathedrale, großer Straßengarten. Torfburg 10, B-2000 Antwerpen, Tel. 03/2323611.

Bocholt:

Brauereimuseum der Freundschaft. Jean Martens hat hier sein privates „Erholungsheim für alte Brauereimaschinen" angelegt. Voranmeldung erbeten. Reppelerweg 1, B-3598 Bocholt, Tel. 011/472980.

Brügge:

De Gouden Boom - Brouwerij-Mouterij Museum. Brauereimuseum in einer ehemaligen Mälzerei aus dem Jahr 1902, dokumentiert die Geschichte der 31 Brauereien, die es bis zum 1. Weltkrieg in Brügge gab. Geöffnet Juni bis September, Do bis So 14-17 Uhr. Verbrand Nieuwland 10, Tel. 050/330699.

De straffe Hendrick. Spezialitätenbrauerei aus dem Jahr 1856 mit sommers zwei Führungen um 11 und 15 Uhr (werktags); 26 Walplein, Tel. 050/332697.

*T'Brugs Beertjie.*Eine besonders große Auswahl schön präsentierter belgischer Biere. Mittwoch Ruhetag. 5 Kemelstraat, Tel. 050/339616.

Brüssel:

Brauereimuseum in der Maison des Brasseurs. Wiederaufgebaute offene Pfannen einer handwerklichen Brauerei des 18. Jahrhunderts, alte Geräte und eine alte Bierstube – dazu eine Ausstellung moderner Brautechnik. Alles untergebracht im Stammhaus der Brauerzunft aus dem Jahr 1695. Auf der Grand Place 10, werktags 10-12 und 14-17 Uhr, im Sommer auch an Samstagen; Tel. 02/5114987.

⊥ *Gueuze-Museum* Einzigartige Gelegenheit, eine traditionell arbeitende belgische Brauerei, *Cantillon,* kennenzulernen. Souvenir: Handwerklich hergestelltes Gueuze-Bier. Werktags 10-17 Uhr. Rue Gheudel 56, Brüssel-Anderlecht, Tel. 02/5214928.

Beguine des Beguines. Französisches Restaurant mit belgischen Bieren und bieriger Küche. Nur wochentags; 168, Rue des Beguines, Tel. 02/4257770.

Le Corbeau. Beachtliche Auswahl vor allem an starken Bieren mit merkwürdigen Namen, noch beachtlichere Gläser. 18 rue St. Michel.

Mort Subite. Brauereiausschank der gleichnamigen Brauerei. Schönes, zentrales Cafe mit sonst beschränkter Auswahl. 7 Rue Montagnes aux Herbes Potageres.

Gent:

Het Waterhuis aan de Bierkant. Schön gelegenes Cafe mit über 100 belgischen Bieren auf der Karte. 9 Groentenmarkt, Tel. 091/250680.

Leuven:

⊥ *Stedelijk Brouerijmuseum.* Kleine Ausstellung im Ratskeller. Stadthuis, B-3000 Leuven.

Nalinnes:

La Groumotte. Feinschmeckerlokal, in dem hauptsächlich mit Bier-Rezepten gekocht wird. Mittwoch Ruhetag. Rue Blegissart 5, B-6120 Nalinnes.

Poperinge:

⊥ *Nationales Hopfenmuseum.* Prachtvoller Bau in einem Lagerhaus von 1866 nahe dem Stadtzentrum. Geöffnet in den Sommermonaten; Tel. 057/334081.

Watou:

t'Hommelhof. Bier-Restaurant Hopfenhof in der einzigen westflandrischen Kleinstadt, die auf ihrem Hauptplatz ein Brauer-Denkmal aufgestellt hat. Watouplein 17, B-8978 Watou.

Adriaan Brouwersfeesten: Belgisches Bierfest, Ende Juni. Auskunft: Brauerei Clarysse, Krekelput 16-19, B-9700 Oudenaarde, Tel. 055/311721.

Ostflandrische Biertouren: Tagesprogramm zur Besichtigung von drei Brauereien. Anfragen: Federatie voor Toerisme in Oost-Vlanderen. Kon. Maria-Hendrikaplein 64, B-9000 Gent, Tel. 091/221637.

DÄNEMARK

Hellerup bei Kopenhagen:

⊥ *Tuborg.* Brauerei mit großem Besucherzentrum in einem Jugendstil-Gebäude. Lockt jährlich 100.000 Besucher an. Mo-Fr um 10, 12.30 und 14.30 Uhr. Strandvejen 54, DK-2900 Hellerup, Tel. 31293311.

Kopenhagen:

⊥ *Carlsberg.* Die das Stadtbild beherrschende Brauerei (die Mälzerei ist das höchste Haus Kopenhagens) ist architektonisch bedeutsam und außerdem mit einem Museum der Carlsberg-Stiftung verbunden. 11 und 14.30 Uhr Anmeldung: Ny Carlsbergvej 140, DK-1799 Kopenhagen V, Tel. 33273327.

Apollo Bryggeriet. Gasthausbrauerei unmittelbar am Tivoli. Moderne Architektur und Bierkeller-Atmosphäre geschickt kombiniert, was die hohen Preise für Bier und Spareribs vergessen läßt. Vesterbrogade 3, DK-1620 Kopenhagen, Tel. 33123313.

DEUTSCHLAND

Abensberg:

⊥ Wöchentliche Führungen mit Filmschau durch die *Brauerei Kuchlbauer*, jeweils Mi 14.30 Uhr. Voranmeldung erbeten. Römerstraße 5-9. D-93326 Abensberg, Tel. 09443/1497.

Adlersberg:

Prösslbräu. Der Insidertip an der Autobahn Regensburg–Nürnberg. Selbstgebrautes Bier und deftige Kost, kleiner Hotelbetrieb – und alles in einem ehemaligen Dominikanerinnenkloster mit Blick auf Regensburg. Anreise: Von Regensburg über die B8 (oder Abfahrt Nittendorf und B8 Richtung Regensburg), dann Richtung Pettendorf abbiegen; Tel. 09404/1822.

Aldersbach:

⊥ *Brauereimuseum* mit auch baulich komplett erhaltenem Kloster-Brauhaus, Kombi-Führungen mit Asam-Kirche, Besichtigung der modernen Brauerei und Abtrunk im Bräustüberl möglich. Mo-Fr 15-18 Uhr, Sa 10-12 Uhr oder nach Vereinbarung; Tel. 08543/1642.

Altomünster:

⊥ *Brauereimuseum des Kapplerbräu* mit kompletter alter Sudhauseinrichtung, hölzernen Lagerfässern und teilweise funktionierenden Maschinen im Hinterhaus des Gasthauses, in dem schon Ludwig Thoma verkehrte. Anmeldung erforderlich; Am Vogelgarten 2, D-85250 Altomünster, Tel. 08254/1222.

Andechs:

Klosterbräustüberl. Pilgerziel mit Selbstbedienung. Das berühmte Bockbier gibt's nur unter der Woche. D-82346 Andechs, Tel. 08152/1246.

Bad Windsheim:

⊥ *Hopfenbauernhof im Fränkischen Freilandmuseum.* Wenn sich Sponsoren finden, soll bald auch eine historische Brauerei nachgebaut werden; Auskunft Verkehrsverein, D-91438 Bad Windsheim, Tel. 09841/3055 od. 4020.

Bamberg:

⊥ *Fränkisches Brauereimuseum.* Umfangreiche Dokumentation des lokalen Brauwesens in einer aufgelassenen Braustätte der Benediktiner. Erhaltener

Eiskeller, Sudpfanne von 1769, Zunftfäßchen der Kulbacher Brauer. Do-So 13-16 Uhr, Michaelsberg 10 f, D-96049 Bamberg, Tel. 0951/530.

Zum Spezial. 1536 gegründete Brauerei mit schönem Gasthof, knapp abseits des touristischen Trampelpfades. Eines der schönsten Wirtshausschilder mit Brauerstern vor dem Tor, eines der milderen Rauchbiere im Ausschank. Obere Königstraße 10, D-96052 Bamberg, Tel. 0951/24304.

Bayreuth:

Maisel's Brauerei & Büttnerei Museum in der Alten Brauerei. Sehr umfangreiche Brauereianlage mit Sammlungen (Gläser und Emailleschilder). „Kaufladen“ mit Brauereisouvenirs und „Alte Abfüllerei“ mit orginell ausgestattetem Bierausschank. Besichtigung nur mit Führung. Mo-Do jeweils um 10 Uhr. Für Gruppen Anmeldung; Tel. 0921/401234.

Beilngries:

Brauereimuseum Felsenkeller-Labyrinth. 350 Meter unterirdische Gänge mit Brauereigeräten. Nur im Sommer samstags um 10.30 geöffnet. Anmeldung erwünscht; Tel. 08461/1033 oder8435.

Schattenhofer Brauereigasthof Goldener Hahn. Restaurant und Hotel im ehemaligen Brauhaus. In der benachbarten Brauerei Führungen an Samstagvormittagen oder nach Vereinbarung. Hauptstraße 44, D-92339 Beilngries, Tel. 0841/419 oder 281.

Bergheim:

Bier-Museum. Klaus Hofmachers Sammlung von Bierflaschen, Trinkgefäßen und Werbematerial. Nur nach Vereinbarung; Thorrer Straße 48, D-50127 Bergheim, Tel. 02271/95642.

Berlin:

Schultheiss-Brauereimuseum im neogotischen Saal der ehemaligen Tivoli-Brauerei, Kleine Sammlung von Brauerei-Memorabilia, gelötete Maischpfanne aus der Willner-Brauerei in Pankow. Im Brauereihof finden im Sommer auch Konzerte statt. Besuch nur nach Voranmeldung: Schultheiss, Methfesselstraße 28-48, D-10965 Berlin, Tel. 030/780030.

Ein weiteres *Brauereimuseum* ist auf dem Gelände des ehemaligen Anhalter Bahnhofs geplant – den jeweils letzten Stand kennt die Gesellschaft für Geschichte und Bibliographie des Brauwesens, Tel. 030/4509291-267.

Berlin-Museum unter anderem mit historischer Weißbierstube (diese ist Di-So bis 18 Uhr geöffnet, das Museum bis 22 Uhr). Lindenstraße 14, D-10969 Berlin, Tel. 030/25862839.

Alter Fritz. Gasthausbrauerei, zehn Gehminuten von U-Bahnstation Tegel. Karolinenstraße 12, D-13507 Berlin, Tel. 030/4341097.

Bremen:

Becks&Haake-Beck. Altes Brauereigerät – darunter eine komplette Faßreinigungsanlage – steht zum Vergleich bei den entsprechenden modernen Geräten. Informationsfilm, Stallungen; Anmeldung Tel. 0421/ 50940.

Schüttinger. 1. Bremer Gasthausbrauerei, ganz in der Nähe des Haake-Beck-Stammhauses in der Innenstadt. Historisches Inventar teilweise aus der Jever-Brauerei. Hinter dem Schütting 12, D-28195 Bremen, Tel. 0421/ 327171.

Cloppenburg:

⊥ *Museumsdorf* mit Überblick über niedersächsisches Landleben. Eigenes bäuerliches Brauhaus, Museumsschänke, in der unfiltriertes (Haake-Beck) Bier ausgeschenkt wird. Geöffnet in der warmen Jahreszeit; Tel. 04471/ 1859.

Donaueschingen:

⊥ *Brauereimuseum Fürstenberg* im bis 1957 betriebenen Sudhaus und den Malztennen. Neben alten Brauerinsignien und Werkzeugen interessante Gläser und Bierabhol-Bücher, Ofenplatten und Holzfässer; Auskunft Tel. 0771/860.

Dortmund:

⊥ *Brauerei-Museum der Kronen-Brauerei.* Ausführlich dokumentiertes Museum mit mehreren Sudwerken aus der ersten Jahrhunderthälfte. Di-So 10-18 Uhr. Märkische Straße 85, D-44141 Dortmund, Tel. 0231/ 5413289.

Düsseldorf:

Zum Uerige. Wer hier „ne halve Hahn" bestellt, bekommt kein Hähnchen, sondern Käse, wer „dat leckere Dröppke" verlangt, erhält das Bier, das hier seit 1862 gebraut wird: Die Düsseldorfer Version des Altbiers. Berger Straße 1, D-40213 Düsseldorf, Tel. 0211/84455.

Frankfurt am Main:

Wäldches Bräu. Schön gelegene Gasthausbrauerei am Niddapark, einer der wenigen Biergärten der Stadt. Braueinrichtung mitsamt traditioneller Gerätschaft mitten im sonst modernen Lokal. Woogstraße 52, D-60431 Frankfurt-Ginnheim, Tel. 069/520522.

Gotteszell:

⊥ *Brauerei-Museum.* Ausstellung der Brautradition im Bayrischen Wald. Dienstag, Mi und So 14-16 Uhr geöffnet; Anfragen Tel. 09929/ 1337.

Irsee:

⊥ *Hausmuseum des Klosterbräu.* Täglich (außer im Jänner) von 9-19 Uhr geöffnet. Führungen für Gruppen Auskunft: D-87660 Irsee, Tel. 08341/ 432200.

Jena:

⊥ *Stadtmuseum.* Dokumentation des mittelalterlichen Brauwesens und der Studentenbräuche rund ums Bier. Am Markt, D-07743 Jena, Tel. 03641/ 23147.

Kelheim:

⊥ Privatbrauerei *Schneider & Sohn.* Kleines Firmenmuseum (Rechnungsbücher des Brauhauses 1609-1848) und Tonbildschau. Unbedingt Voranmeldung unter Tel. 09441/705.

Köln:

⊥ *Küppers Brauereimuseum.* Komplette Kölsch-Brauerei der Jahrhundertwende, dazu eine der größten öffentlichen Sammlungen von Bierwerbung auf Blech; Anmeldungen: Alteburger Straße 145-155, D-50968 Köln 51, Tel. 0221/37790.

Bier-Museum. Kein wirkliches Museum, aber eine für deutsche Gaststätten beeindruckende Bierauswahl: 18 Sorten vom Faß und viel historische Bierwerbung. Buttermarkt 39, D-50667 Köln, Tel. 0221/2577802.

Päffgen. Urtümliche Hausbrauerei, etwas abseits der Altstadt, aber den Spaziergang wert, schon allein wegen des Gartens. Friesenstraße 64, D-50670 Köln, Tel. 0221/135461.

Kulmbach:

Bayerisches Brauerei-Museum. Alte Betriebsteile der Mönchshof-Brauerei, Maschinen und Memorabilia. Hofer Straße 20, oberhalb eines schönen Biergartens. Anfrage ratsam, da nur in der warmen Jahreszeit geöffnet; Tel. 09221/8050.

Zinnfigurensammlung auf der Plassenburg. Neben bedeutenden Zinn-Dioramen auch die wohl umfangreichste Sammlung an Bierkrug-Deckeln aus Zinn. Tägl. außer Mo 10-15.30.

Lübeck:

Brauberger. Harald Bergers „maßgeschneiderte" Gasthausbrauerei in einem romanischen Keller von 1225. Alfstraße 36, D-23552 Lübeck, Tel. 0451/71444.

Ratskeller. Gasthausbrauerei im Kellerrestaurant des Rathauses. Tel. 0451/72044.

Lüneburg:

Ehemaliges Krone-Brauhaus mit kompletter Einrichtung von der Schrotmühle (1911) bis zum Flaschenfüller, dazu eine beachtliche Sammlung von alten Trinkgefäßen (Willkomm der Hamburger Brauerbrüderschaft von 1669, Daubenkrüge aus Kulmbach um 1730). Täglich von 10-12 und 15-17 Uhr. Heiligengeiststraße 39-41, D-21335 Lüneburg, Tel. 04131/41021. In der historischen „Kronen Diele" im Haus finden gelegentlich auch festliche „Tafeleyen der Brauerkumpaney" statt.; Auskunft: 04131/713200.

Mainburg:

Hopfenmuseum. Kleine Sammlung von Spritzen, Hopfendarren und Bildern aus der Hallertau. Künftig im Heimatmuseum Mainburg, das aber nur an Markttagen (sechsmal im Jahr) oder nach vorheriger Anmeldung bei Stadträtin Almuth Roßmann geöffnet ist. Abensberger Straße 16, D-84048 Mainburg.

Marktredwitz:

Gaststätte Goldener Löwe. Hier wird das regionaltypische „Zoigl"-Bier ausgeschenkt; Tel. 09231/62805.

München:

Deutsches Brauereimuseum im Stadtmuseum. Kleine Sammlung kulturhistorisch bedeutsamer Gegenstände, Trinkgefäße und Figuren. Keine eigene Brauereianlage. Tägl. außer Mo 10-17 Uhr, Mi bis 20.30. D-80331 München, St. Jakobs Platz 1, Tel. 089/23322370 und 2335586.

Paulaner Brauerei Sehenswerte Mischung von Hi-Tech und Tradition. Tiefe Keller und zum Abschluß der Tour eine Einkehr im Salvatorkeller am Nockerberg, wo man sich auch zur Führung anmelden kann. Hochstraße 77, D-81541 München; Tel. Salvatorkeller: 089/483274, zur Brauerei: 089/ 480050.

Hofbräuhaus. Oans, zwoa, gsuffa! Wer nicht versteht, warum es das berühmteste Wirtshaus der Welt mit 3,2 Millionen Besuchern pro Jahr ist, sollte lieber gleich wieder gehen. Wer weniger als eine Maß packt, ebenfalls. Am Platzl, D-80331 München, Tel. 089/221 76

Unions-Bräu Haidhausen. Gasthausbrauerei des Münchner Wirte-Vorsitzenden Wiggerl Hagn mit großem Restaurant und Bierkeller, in dem auch die museale Brauhausanlage (übertragen in Eltville gekauft) mitsamt hölzernen Gärgefäßen installiert ist. Einsteinstraße 42, D-81465 München, Tel. 089/477677.

Neumarkt in der Oberpfalz:

Glossner Brauereimuseum. Kleine Sammlung historischer Maschinen und Braumeister-Portraits. Im Brauereihof Zunftbaum mit Brauerstern und Gambrinus-Figur. Schwesterhausgasse 9, D-92318 Neumarkt; Auskunft Tel. 09181/234.

Neumarkter Lammsbräu. Führungen durch den ersten ökologisch optimierten Braubetrieb der Welt mit eigener Mälzerei und Naturhopfen-Lager; Anfragen Tel. 09181/404.

Nürnberg:

Lederer-Bräu. Gaststätte mit Bierbar, die an ein verglastes Sudhaus mit 200.000 hl Jahreskapazität angrenzt. Sielstraße 12, D-90429 Nürnberg, Tel. 0911/268665.

Pleinfeld:

Heimatmuseum mit braugeschichtlicher und hopfenkundlicher Abteilung. So 14-16 Uhr oder nach Voranmeldung; Tel. 09144/501 oder 1890.

Singen bei Stadtilm:

Museumsbrauerei Schmidt. Idyllisch gelegene Kleinbrauerei in der Hand der Familie Obstfelder, die die DDR-Wirtschaft gut überstanden hat. Hier reift das Bier noch in hölzernen Lagerfässern – seit 1977 unter Denkmalschutz. Anmeldung sehr empfehlenswert: 03629/2556.

Speyer:

Hausbrauerei Domhof. Seminar-Hotel, Gasthaus und Biergarten, Sudhaus einer mittelständischen Brauerei hinter Glas zu sehen. Deftige Kost, etwa „Pfälzer Saumagen" (gefüllt mit Brät aus Schlachtabfällen und Kartoffeln) und Hauslikör „Hopfenbitter" (Ansatzkorn mit Kräutern, Beeren, Hopfen und Honig). Große Himmelsgasse 6, D-67346 Speyer, Tel. 06232/74055.

Stuttgart:

Schwäbisches Brauereimuseum. Sehr umfassende kulturhistorische Ausstellung, außerdem komplette Sudanlage aus dem Jahr 1791, Braumeisterbüro und Labor. Alles behindertengerecht untergebracht im ehemaligen

Eiskeller des Schwaben-Bräu. Täglich außer Mo und Feiertagen 10.30-17.30 Uhr. Robert Koch-Straße 12, D-70563 Stuttgart-Vaihingen, Tel. 0711/7370201.

Warstein:

Warsteiner Brauerei. Nicht nur von der Lage, sondern auch von den Dimensionen her beeindruckend: Mit dem Bierzug durch das Sudhaus und die Abfüllstraße fahren. Anmeldung D-59581 Warstein, Tel. 02902/880.

Wolnzach:

Hopfenmuseum (dzt. im Aufbau. Auskunft: Hr. Nemetz, Tel. 08442/8213).

Würzburg:

Fränkisches Brauhaus. Gastraum mit Durchblick zur Brauerei. Burkarder Straße 2-4, D-97052 Würzburg,Tel. 0931/43159.

Bamberger Bierseminar: Viertägiges Seminar mit Exkursionen zu Brauereien und Mälzereien (Rauchmalz) im Bamberger Raum. Auskunft und Prospekt: Fremdenverkehrsamt der Stadt Bamberg, Postfach 12 01 63, D-96033 Bamberg, Tel. 0951/871 56.

Bier-Abitur: Bierseminar und Bierprobe. Auskunft: Verkehrsverein Karlsruhe, Bahnhofsplatz 6, D-76137 Karlsruhe.

Bier- und Burgenstraße: verbindet Kulmbach in Bayern mit Weimar in Thüringen. An der Strecke mehr als ein Dutzend Brauereien, sowie 29 sehenswerte Ortschaften mit noch mehr (nicht nur bierigen) Museen. Entlang der Strecke mehrere Angebote für Bierseminare, Bierproben etc., die sich vor allem an Gruppen richten. Auskünfte: Bier- und Burgenstraße, Matthias Schneider-Straße 6, D-95326 Kulmbach, Tel. 09221/802216 oder 84081.

Bremer Freimarkt: Oktoberfest Norddeutschlands – nicht ganz so bierig wie in München und auch später im Herbst, aber eine seltene Gelegenheit, Hanseaten ausgelassen zu erleben. Auskünfte: Verkehrsverein der Freien Hansestadt Bremen, Hillmannplatz 6, D-28195 Bremen, Tel. 0421/30800.

Cannstatter Wasen: Stuttgarter Pendant zum Oktoberfest, erstmals am 28. September 1818 als landwirtschaftliches Fest abgehalten. Jetzt zwei Wochen (Ende September). Auskunft: Landeshauptstadt Stuttgart, Postfach 10 60 34, D-70049 Stuttgart, Tel. 0711/723219.

Forchheimer Bierkeller-Tour: Radausflüge zu den 22 Bierkellern im Kernland von Bierfranken. Auskunft: Tel. 09191/84338.

Fränkische Bierstraße: Brauer-Vereinigung, die mehrere Rundreiserouten durch Franken abgesteckt hat. Exzellente Reiseführer gibt es gratis – nur den Chauffeur für die Autotouren sollte man selbst mitbringen. Auskünfte: Fränkische Bierstraße eV. Luitpoldplatz 9, D-95444 Bayreuth, Tel. 0921/88555.

Mainfranken Bierwege: Fremdenverkehrs- und Brauereiverein, gibt einen Überblick über die Bierregion (guter Prospekt und jährlicher Veranstaltungskalender), Pauschalangebote für Reisegruppen. Auskunft: Mainfranken Bier eV., Postfach 6860, D-97018 Würzburg.

- **Münchner Oktoberfest:** In den letzten beiden September- und der ersten Oktoberwoche. Auskunft: Fremdenverkehrsamt München, Sendlinger Straße 1, D-80331 München, Tel. 089/23911.
- **Oberpfälzer Bierwanderungen:** Ein etwa 100 Kilometer langer Wanderweg, der ohne Gepäck begangen werden kann und von Brauerei zu Brauerei führt – Jura-Doppelbock und Zoigl-Bier inbegriffen. Auskunft: Fremdenverkehrsreferat des Landratamtes, Postfach 1549, D-92406 Schwandorf, Tel. 09431/47345.
- **Private Brauereigasthöfe:** Vereinigung von rund 40 Braugaststätten in Westdeutschland, viele davon mit angeschlossenem Hotel. Die Angebote werden in einer jährlich aktualisierten Broschüre dargestellt, die vom Hotel Restaurant Irsee verschickt und in anderen Mitgliedsbetrieben zum Mitnehmen aufgelegt wird. Auskunft: Klosterbräu, D-87660 Irsee, Tel. 08341/432200.
- **Ritterschwemme zu Kaltenberg:** Alljährlich im Mai Ritterspiele mit entsprechendem Gelage. Auskunft: Ritterschwemme, Schloßstraße 11, D-82269 Kaltenberg bei Geltendorf, Tel. 08193/7575.
- **Sauerland-Brauerstraße:** Verbindet die großen Pilsbrauereien im Sauerland und berührt fünf Naturparks. Auskunft: Fremdenverkehrsverband Sauerland eV, Brückenplatz 14, D-59821 Arnsberg, Tel. 02931/14011.
- **Spalter Hopfen- und Bierseminar:** Bierkundliches aus der Hopfenstadt im Fränkischen Seenland. Im Frühjahr, wenn der Hopfen austreibt, bietet die örtliche Gastronomie Hopfenspargel. Auskunft bei der Stadtverwaltung, Tel. 09175/601.

FINNLAND

Helsinki:

- *Black Door.* Von außen unauffällige Bar mit für skandinavische Verhältnisse außergewöhnlicher Bier-Auswahl. Iso Rooberinkatu 1, Helsinki, Tel. 90/6802371.

Iisalmi:

- *Panimomuseo.* An einem See gelegen, auf dessen anderer Seite die Olvi-Brauerei liegt. Bierfestival im Juli. Auskunft: Olvi-Brauerei, Postfach 16, SF-74101 Iisalmi, Tel. 77/15851.

FRANKREICH

Lucey:

- *Maison de la Polyculture.* Landwirtschaftsmuseum mit eigener Abteilung über Hopfenanbau in Lothringen. An Sonntagnachmittagen in den Sommermonaten geöffnet. Anfragen an Madame Riviere, Tel. 83638521.

Paris:

🍺 *Pub St. Germain.* Eine der umfänglichsten Bierkarten Europas: 500 Biere! 1, Rue de l'Ancienne Comédie.

St. Nicolas de Port:

⊥ *Musée Francais de la Brasserie.* Brauerei auf dem Stand der zwanziger Jahre Juni bis September täglich außer Mo 14-18 Uhr.

Stenay:

⊥ *Musée Européen de la Bière.* Großes Museum, das Philippe Voluer in einer alten Brauerei eingerichtet hat; Brautechnik und umfassende bier-kulturelle Dokumentation des frankophonen Europa. Mitte März bis Ende Oktober täglich 10-12 und 14-18 Uhr. Rue de la Citadelle, F-55700 Stenay, Tel. 29806878.

Strasbourg:

⊥ *Kronenbourg.* Angeblich die nach dem Münster zweitwichtigste Sehenswürdigkeit der Stadt. Schönes Sudhaus, eindrucksvolle alte Keller, in denen ein kleines Museum eingerichtet wurde. Anmeldung: 68, Route d'Oberhausbergen, F-67037 Strasbourg, Tel. 88/274488.

🍺 *12 Apostres.* Eines der bestsortierten Bierlokale Frankreichs, in einer verkehrsberuhigten Seitengasse in der Nähe des Münsters gelegen. 7, Rue Merciere, F-67037 Strasbourg.

Ville sur Illon:

⊥ *Musée de la Brasserie Vosgienne.* Lokales Museum in einer Brauerei, die von 1837 bis 1956 in Betrieb war. Juli bis September, nur nach Anmeldung bei Monsieur Saunier: Tel. 29365318.

GROSSBRITANNIEN

Acton Scott:

⊥ *Working Farm Museum.* Museum des traditionellen Landlebens – Bauern-Brauerei wird zweimal pro Jahr in Betrieb genommen. Termin erfragen: Tel. 0694/781306.

Beltring:

⊥ *Whitbread Hop Farm.* Großes Hopfenmuseum in den alten Hopfendarren, Pferdestallungen der Shire-Horses, Greifvogel-Schau, etc. Geöffnet von März bis November, Auskunft: Tel. 0622/872068.

Burton-on-Trent:

⊥ *Bass Museum.* Mit einem Jahresbudget von einer Million £ wird hier eines der größten Brauereimuseen der Welt gepflegt. Es beherbergt neben wohldokumentierter alter Brauereiausstattung eine Versuchsbrauerei, alte, brauereieigene Eisenbahnfahrzeuge, die Brauereipferde und sogar einen dampfgetriebener Lastwagen. Hervorragend ist auch das *Education Service*, mit dem Gruppen spezielle Besuchs- und Führungsprogramme vorbereiten können. Auskunft bei Clare Turner, Tel. 0283/5110003505.

- *Heritage Brewery Museum.* Erhaltene Viktorianische Brauerei von 1881, in der gelegentlich auch gebraut wird: Schauen, schnuppern, kosten Sie! Di-Sa 10-14 Uhr. Anglesey Road. Auskunft und Publikationen: 0283/69226.
- *Ind Coope Burton Brewery.* Eindrucksvolle, hoch automatisierte Brauerei. Anmeldung: 107 Station Street, Burton on Trent, Staffs, DE14 1BZ, Tel. 0283/31111.
- *Marston's Brewery.* Kleinere Brauerei, die noch das Burton-Union-System der Faßgärung anwendet. Nur nach Anmeldung, Tel. 0283/31131.
- *Burton Bridge Inn.* Die Hausbrauerei der Brauer-Stadt; sie behauptet sich tapfer neben den größten Brauereien des Landes. 24 Bridge Street, Tel. 0283/36596.

Bury St. Edmunds:

- *Greene King Plc.* Brauerei in der ehemaligen Klosteranlage; beeindruckendes Sudhaus im Stil der dreißiger Jahre, eigene Mälzerei. Mi-Do nach Voranmeldung, Tel. 02284/763222.

Dorchester:

- *Eldridge Pope–Huntsman Museum.* Modell-Brauerei und Ausstellung in einer ehemaligen Mälzerei. Nur Di-Do nach Voranmeldung, Tel. 0305/251251.

Edinburgh:

- *The People's Story* (Museum der Alltagsgeschichte). Unter anderem mit Faßbinderei, Dokumentation von Brauer-Alltag und Abstinenz-Bewegung. 163 Canongate (Royal Mile). Mo-Sa 10-17 Uhr. Auskunft: Tel. 031/5572727 oder 2252424-6638.

Faversham:

- *Shepherd Neame.* Traditionsreiche Brauerei mit Sudgefäß von 1897, Maischbottich von 1914 und einer 1920 übertragen gekauften Malz-Schrotmühle. Alles noch in Betrieb, dazu eine kleine Ausstellung von altem Brauerwerkzeug, angenehmer Schankraum. Führungen zwei mal täglich Mo-Do; Anmeldung: Tel. 0795/532205.

Halifax:

- *Shribden Hall.* Herrensitz mit Resten einer alten Brauerei und Hopfenkultur. An der A58, ca. eine Meile nordöstlich des Stadtzentrums.

Huddersfield:

- *Linfit Brewery–Sairs Inn.* rekonstruierte Gasthausbrauerei aus dem 19. Jahrhundert mit sehr breiter Palette eigener Ales. Lane Top, Linthwaite, Huddersfield West Yorkshire HD7 5SG, Tel. 0484/842370.

Innerleithen:

- *Traquair House.* Herrensitz mit Brauerei, die noch in Betrieb ist. Ostern bis September. Auskunft Tel. 0896/830323.

Leeds:

- *Joshua Tetley & Son.* Größte Brauerei, die Real Ale herstellt. Offene Gärbottiche (Yorkshire Sqares), beeindruckene Faßfüllerei, historischer Fuhrpark, dazu die unvermeidlichen Pferdestallungen. 1994 soll *Tetley's Brewery*

Wharf dazukommen, ein Museum der Geschichte des Pubs. Anmeldung für Abendführungen Tel. 0532/435282.

London:

Whitbread Archive. Bedeutende Sammlung von Brauereiakten und alter Brauereiwerbung, das allerdings nur für Forschungszwecke zugänglich ist. Ein kleiner Raum, der als Hausmuseum mit Brauerei-Memorabilia eingerichtet ist, kann von interessierten Einzelpersonen mit Führung von Nicholas Redman besucht werden kann. Chiswell Street, London EC1Y 4SD, Tel. 071/ 6064455.

Young&Co. Sehr empfehlenswert! Uralte, funktionstüchtige Maschinen, aber nur ausnahmsweise für Besichtigungen geöffnet (eine höfliche schriftliche Anfrage an Mrs. Holbourn verspricht am ehesten Erfolg); Ram Brewery, Wandsworth High Street, London SW 18.

White Horse on Parson's Green. Schönes Lokal an der Stelle einer alten Poststation, zwischen der U-Bahn-Station und dem Green gelegen. Repräsentative Auswahl auch an Flaschenbier; Tel. 071/7362115.

Maidenhead:

Courage Shire Hores Centre. Pferdestallungen und Pferdegeschirr der Courage-Brauerei, zudem eine alte Faßbinderei. Von März bis Oktober, 10.30-17 Uhr. Auskünfte Tel. 0628/824848.

Newcastle upon Tyne:

Copperage Pub. In einem mittelalterlichen Gebäude und mit einer beachtlichen Auswahl: acht Biere vom Faß, mehrere Dutzend aus der Flasche. 32 The Close, Quayside, Tel. 091/2328286.

Newton Abbot:

Tuckers Maltings. Traditionelle Tennenmälzerei. Im Laufe der Führung wird man eingeladen, selber auf der Tenne zu widern. Werktags 10 bis 16.15. Anmeldung: Teign Road, Osborne Park, Newton Abbot, Devon TQ12 4AA, Tel. 0626/334734.

Pickering:

Beck Isle Museum of Rural Life, Viktorianisches Pub, Faßbinder-Werkstatt, landwirtschaftliche Geräte. April bis Oktober, 10-12.30 und 14-17 Uhr. Auskunft Tel. 0751/73653.

Ripon:

T&R Theakston Ltd. 1875 errichtete und von Scottish&Newcastle in den letzten Jahres ausgebaute Brauerei, Heimstätte des *Old Peculier*, eines sehr eigenwilligen dunklen Bieres und einiger heller Ales, die vor allem in der Tyne-Brewery in Newcastle nachgebraut werden. Als einzige Brauerei auch am Wochenende zu besichtigen, aber nur nach Voranmeldung; Tel. 0765/ 689544.

Stamford:

Steam Brewery Museum. Die komplett eingerichtete Melbourn's Brauerei mit Labor und Gärkeller, wie sie bis 1974 in Betrieb war. Mo geschlossen. All Saints Street. Auskunft Tel. 0780/ 52186.

Sunderland:

⊥ *Vaux.* Brauerei mit imposanter Abfüllanlage, aber auch vielen alten Betriebsteilen und kleinem Hausmuseum. The Brewery, Sunderland, Tyne& Wear SR1 3AN, Tel. 091/5676277.

Tadcaster:

⊥ *Samuel Smith.* Brauerei mit handwerklicher Binderei für die Holzfässer, die bis nach London verfrachtet werden. Old Brewery, Tadcaster North Yorkshire LS24 9 SB, Tel. 0937/832225.

Watford:

⊥ *Watford Museum/Benskins Brewery.* John Dysons 1750 gegründete „Cannon Brewery" beherbergt eine kleine Ausstellung der örtlichen Brau-Geschichte, der Pub-Kultur und der Abstinenz-Bewegung. 194 High Street, Watford Hertfordshire WD1 2HG, Tel. 0923/32297.

Weymouth:

⊥ *The Timewalk - Brewers Quay.* Lokales Museum in der ehemaligen Devenish Brauerei. Ein Großteil der alten Gerätschaft ist erhalten – liegt in einem revitalisierten Industriegebiet mit Geschäften und Restaurants. Täglich 10-19 Uhr, im Sommer bis 21 Uhr. Auskunft Tel. 0305/777622.

Beer Break Weekends: Organisierte Besuche von Brauereien, Bier-Museen und Pubs in Burton upon Trent. Auskunft: Tourism Development Officer, Tel. 0283/45454.

Brewlab: Braufachschule – veranstaltet auch für Laien Sensorik-Seminare zur richtigen Bier-Verkostung. Auskünfte: Keith Thomas, Life Science Building, University of Sunderland, Sunderland SR1 3SD, Tel. 091/5152535.

Original Edinburgh Pub Tour: Abendliche Stadtrundfahrt mit sechs bierigen Stops, unter anderem in einer Gasthausbrauerei. Von Juni bis September Mo-Do; Auskunft Tel. 031/2256745.

IRLAND

Dublin:

⊥ *The World of Guinness.* Eines der anschaulichsten Museen, untergebracht in einem alten Hopfenlager – immerhin wird ein Prozent der Welternte an Hopfen alleine in der St. James's Gate-Brauerei nebenan verbraut. Mit Multivisionsschau, Verkostungsraum und einem hervorragend sortierten Souvenir-Geschäft. Ein deutschsprachiger Prospekt ist erhältlich; Auskunft Tel. 01/5367005155.

Strokestown:

⊥ *Museum of Famine.* Alter Herrensitz, der im 18. Jahrhundert eine eigene Brauerei hatte. Ausstellung über das karge Landleben. Strokestown Park House, County Roscommon, Tel. 078/33013.

LUXEMBURG

Rumelange:

Cafe du Coin (Gig a Rol). Einzige „Bierakademie“ im Großherzogtum Luxemburg – über 100 Sorten.

Gambrinus-Bruderschaft Confrérie Gambrinus: Rühriger Verein, der für seine Mitglieder und Freunde Bier-Reisen veranstaltet und in Luxemburg ein Bier-Museum plant. Clublokal (Treffen meist Mittwoch, 20 Uhr): 12, Montée du Grund, L-1648 Luxemburg. Sécrétariat Tel. 00352/250507.

NIEDERLANDE

Amsterdam:

The World of Heineken: Ehemalige Großbrauerei von 1867 an der Ecke Stadthouderskade/Ferdinand Bolstraat. Seit 1991 entkernt und als Museum im Maßstab 1:1 in Betrieb. Mo-Fr 9-16 Uhr. Auskunft: Heineken, Weteringplantsoen 21, 1070 ZD Amsterdam Tel. 020/709111.

Het Biervat. Cafe mit gut 150 verschiedenen Bieren aus Belgien und den Niederlanden. Raadhuisstraat 17, Tel. 020/6254634.

T'Ij. Kleinstbrauerei in einer alten Windmühle. „Prüflokal“ Mi-So 15-20 Uhr geöffnet. Funenkade 7, Tel. 020/2283 25.

Breda:

Bierreclame-Museum. Sammlung vor allem alter Emaille-Schilder. Fr 20-22 Uhr, So 11-20 Uhr. Haagweg 375, NL-4813XC Breda, Tel. 076/220975.

Heumen:

Raaf-Bierbrouwerij. 1983 gegründete Brauerei mit Traditionsbewußtsein und angeschlossenem kleinem Museum. Rijksweg 232, NL-6582 Heumen, Tel. 080/581177.

NORWEGEN

Oslo:

Mikro Bryggeri. Skandinaviens erste Gasthausbrauerei mit einer recht beachtlichen Produktpalette vom Pils bis zum Stout. Bogstadveien 6.

ÖSTERREICH

Bärnbach:

Stölzle-Glas-Center. Von hier kommen die Glaskrüge für das Oktoberfest. Eine permanente Ausstellung informiert über Biergläser und ihre Herstellung, ein Souvenir-Geschäft dient der Ergänzung der Sammlung. Täglich 9-13 Uhr (werktags bis 17 Uhr). Auskunft Tel. 03142/6214164.

Göß:

Hausmuseum der Gösser Brauerei. Ein öffentliches und ein brauereieigenes Museum in Österreichs größter Brauerei. Auskunft Tel. 0384/22148 oder 22621.

Graz:

s' Krügerl. Umfassende Auswahl steirischer Biere. Jakoministraße 13, A-8020 Graz, Tel. 0316/832921.

Kefermarkt:

Schloßbrauerei Weinberg. Reaktivierter Betrieb in fachkundiger, experimentierfreudiger Hand. Mo Ruhetag. A-4292 Kefermarkt, Tel. 07947/7111.

Laa an der Thaya:

Biermuseum. Kleine Sammlung von Bierwerbung und brautechnischen Sammlerstücken. Nur im Sommer an Wochenenden geöffnet, Anmeldung sehr ratsam; Tel. 02522/501.

Linz:

Klosterhof. Oberösterreichs größter Biergarten. Landstraße, A-4020 Linz, Tel. 0732/273373.

Rankweil:

Gasthaus Sternbräu. Ehemaliger Braugasthof mit erhaltener Brauerei. Hausbier wird heute zugekauft, bemerkenswerte Auswahl. Walgaustraße 10, A-6830 Rankweil, Tel. 05522/442680.

Salzburg:

Stiegl-Bräu. Das Industriedenkmal, das als modern ausgestattete Großbrauerei adaptiert wurde, wurde zur 500-Jahr-Feier 1992 frisch herausgeputzt. Nur nach Voranmeldung: Postfach 24, 5017 Salzburg, Tel. 0662/83870.

Stieglkeller. Österreichs bestgelegener Bierkeller mit einmaligem Domblick. Nur im Sommer geöffnet, dann aber meist voll. Festungsgasse 10, A-5020 Salzburg, Tel. 0662/842681.

Zum fidelen Affen. In-Lokal mit Pils-Charakter. Priesterhausgasse 8, A-5020 Salzburg, Tel. 0662/877361.

Scheibbs:

Gambrinus. Bierlokal in einem historischen landwirtschaftlichen Gebäude – 38 verschiedene Biere sind für diese ländliche Region eine kleine Sensation! Di Ruhetag, sonst ab 18 Uhr bis der letzte Gast geht. Gamingerstraße 23, A-3270 Scheibbs, Tel. 07482/43848.

Unterperfuß:

Branger Bräu. Georg Hörtnagel richtete Österreichs neueste Gasthausbrauerei nahe Innsbruck ein. A-6175 Unterperfuß 32, Tel. 05232/2209.

Uttendorf:

Brauhof Vitzthum. Landgasthaus mit angeschlossener Brauerei. A-5261 Uttendorf 25, Tel. 07724/2508.

Wien:

⊥ *Brauereimuseum Liesing.* Brautechnische und sozialkritische Sammlung, von der Gewerkschaft in ehemaligen Bierkellern angelegt. Nur nach Anmeldung beim Zentralbetriebsrat, Breitenfurter Straße 372, A-1230 Wien-Liesing, Tel. 0222/86964148.

Känguruh. 70 verschiedene Biersorten in studentischer Atmosphäre. Bürgerspitalgasse 20, A-1060 Wien, Tel. 0222/5973824.

K K Pilsmaut. Treffpunkt in Wiens „Bermuda Dreieck". Kellerbar und großer Gastgarten. Nicht nur Pils. Franz-Josefs-Kai 23, A-1010 Wien, Tel. 0222/5331381.

Nest. Bier-Café nach belgischer Art mit entsprechendem Schwerpunkt auf der Karte und gelegentlichen Musikdarbietungen. Dingelstädtstraße 13, A-1150 Wien, Tel. 022/831388 (8934098).

Wieselburg:

⊥ *Brauerei und Museum.* Liegt im steten Wettstreit mit Göß - darum, wer mehr Ausstoß hat, moderner eingerichtet ist und mehr historische Exponate zeigen kann. Die Übersiedlung des Linzer Museums der BrauAG 1994 sollte den Wieselburgern einen Vorsprung sichern. Anmeldung Tel. 07416/21010.

Altes Doktorhaus: Seminar- und Brauhaus des Tischlers Erich Brettner, der hier für den Eigenbedarf braut und gelegentlich Seminare abhält. Auskunft: A-2641 Schottwien-Aue, Tel. 02663/300.

Fam-Reisen: Bier-Touren im Waldviertel und in Südböhmen. Auskunft und Prospekte: Schillergasse 3, A-3950 Gmünd, Tel. 02852/54712.

Hotel-Restaurant Schwarz-Alm: Zwei- bis dreimal jährlich Bierseminare mit Besuch von Hopfengärten und Braugersten-Zucht, Bierkulinarium etc. Auskunft: Brauerei Zwettl, Syrnauer Straße 22-25, A-3910 Zwettl, Tel. 02822/53173.

Tourismusregion Mühlviertel: Ausflüge zu Hopfenbauern und Bierbrauern mit kulinarischen Spezialitäten; Auskunft: Blütenstraße 8, A-4040 Linz, Tel. 0732/238155

SCHWEIZ

Frauenfeld:

Back&Brau. Kombination von Braugaststätte und postmodern gestalteter Bierbar. In der Backstube wird Treberbrot gebacken, jeden Mi Back-Aktionen für Kinder. Hohenzornstraße 2, CH-8500 Frauenfeld, Tel. 054/211773.

Fribourg:

⊥ *Brasserie du Cardinal.* Großbrauerei mit eigenem Museum. Anmeldung: Tel. 037/821151.

Rheinfelden:

⊥ *Feldschlößchen.* Eine der schönsten Brauereien der Welt. Backsteinbau im Schlößchen-Stil, kathedralenartiges Sudhaus, eigene Privatbahn. Anmeldung: Tel. 061/8350111.

Wädenswil:

Wädi-Brau-Huus. Gasthausbrauerei mit Bio-Produktion. Florhofstraße 13, CH-8820 Wädenswil, Tel. 01/7801555.

Zürich:

⊥ *Brauerei Hürlimann.* Hausmuseum spezialisiert auf Trinkgefäße, Bierflaschen, Schützenscheiben, Werbung und historische Wirtshausschilder. Anmeldung: Brandschenkestraße 150, CH-8027 Zürich, Tel. 01/2882626.

Bierhalle Kropf. Keine Gasthausbrauerei, aber als Brauereiausschank von Cardinal eine Institution, zwischen 1881 und 1888 eingerichtet und mit Fresken von A.J.Soldenhoff verziert. In Gassen.

Zeughauskeller. Das Pendant zum Kropf, 100 Meter weiter, vierhundert Jahre älter und mit Hürlimann-Bier beliefert. Alte Rüstungen als Dekoration. Ecke Paradeplatz/Bahnhofstraße.

TSCHECHIEN

Pilsen:

⊥ *Pivovarske Muzeum.* Dokumentation des böhmischen Brauwesens von der Zeit der Pilsner Stadtgründung (1295) an. Untergebracht in einem aus dem Mittelalter stammenden Mälzereigebäude, in dem bis 1867 auch das Malz für das Pilsner Urquell hergestellt wurde, ist unter anderem eine funktionstüchtige Dampfbrauerei im Miniaturformat. Di-So 10-18 Uhr. Veleslavinova 6, CS-30114 Pilsen, Tel. 019/33034.

Prag:

U Fleku. Bierburg mit mehreren Sälen – interessant vor allem die einfache Bierstube links vom Eingang und das Kabarett im Wenzel-Saal (auch ohne Tschechisch-Kenntnis zu verstehen). An warmen Sommernachmittagen sollen gelegentlich auch ein paar Prager im Garten sitzen. Kremencova 9, CS-11000 Praha 1, Tel. 02/296417.

Fam-Reisen: Bier-Touren im Waldviertel und in Südböhmen. Auskunft und Prospekte: Schillergasse 3, A-3950 Gmünd, Tel. 02852/54712.

Auswahl an Reiselektüre über das Bier

Asenbaum, Hamp und Wolf, Michael: *Hefeweiß und Klostergold – Landpartien durchs alte und neue Bayern*, W. Ludwig, Pfaffenhofen 1983

Behringer, Wolfgang: *Löwenbräu – Von den Anfängen Münchner Brauwesens bis zur Gegenwart*, Süddeutscher Verlag, München 1991

von Berg, Ralf-Gunther: *Großer Fränkischer Brauereiführer*. Privatdruck, Nürnberg 1992, zu beziehen über den Autor, 0911/555991.

Brewery History Society: *Places to Visit*. Adreßliste zu beziehen über Ken Smith, 102 Ayelands, New Ash Greeen, Longfield, Kent DA3 8JW.

CAMRA (Evans, Jeff): *Good Beer Guide*, Alma Books, St. Albans. Erscheint jährlich im Herbst für das kommende Jahr, 1993 in der 20. Auflage. In derselben Serie von diversen Autoren die Serie *Best Pubs in...* sowie *Waterside Pubs* und die Mitgliederzeitschrift *What's Brewing*

Hackl-Stehr, Karin: *Unser Bier – Entstehung und Entwicklung des Reinheitsgebotes*. Berlin 1987, gedruckt von der Gesellschaft für Öffentlichkeitsarbeit der Deutschen Brauwirtschaft, Bonn 1989.

Heckhorn, Evelin und Wiehr, Hartmut: *München und sein Bier*, Hugendubel, München 1989

Lorang, Claude et al.: *Onse Beier ass gudd*. Editions Schortgen, Esch s. Alzette 1993.

Mack, Stefan: *Fränkische Brauereikarte*. Eigenverlag, Nürnberg 1990.

Maronde, Kurt: *Über das Bier*, Fischer Taschenbuch-Verlag, Frankfurt a.M. 1977

Merk, Gerhard und Sauer, Christian: *Bayerns Bier-Burgen*. Iudicium, München 1987.

Pepper, Barrie (Hg): *The Bedside Book of Beer*. Alma Books, St. Albans 1990.

Schlierf, Walter: *Münchner Biergartler Buch*, Orta-Verlag, München 1987 und 1990.

Schulters, Johannes: *Unser fränkisches Bier*. Werbeagentur Eckert, Trunstadt und Bamberg 1984.

Seidl, Conrad: *Unser Bier*. Deuticke, Wien 1992.

Stahleder, Erich: *Gerste, Hopfen und Wasser*. Verein Münchener Brauereien, München 1987

Webb, Tim: *Good Beer Guide to Belgium and Holland*. Alma Books, St. Albans 1992

Winkler, Bernd: *Das Bierbrauen in Kulmbach*. Freunde der Plassenburg eV., Kulmbach 1987.

Brauerei-Adreßbuch Verlag Hans Carl, Nürnberg 1992.

Die Geschichte des Weiß- oder Weizenbieres in Altbayern, Niederbayern und in Vilshofen im Speziellen, undatierte Broschüre der Brauerei Wolferstetter, Vilshofen

Guide de Bières Belges. Straßenkarte von Belgien mit sämtlichen Brauereien, Biergroßhandlungen und einigen Bierlokalen. Zu beziehen über Marc van Liefferinge, Coupure 625, B-9000 Gent.

DEUTSCHES BIER -
DAS REINSTE VERGNÜGEN SEIT 1516

Die Bierlandschaft Deutschland - einzigartig auf der Welt

Deutschland ist das Bierland Nr. 1 auf der Welt. Mehr als 1.200 Brauereien mit rund 5.000 verschiedenen Marken bieten den Bierkonsumenten eine schier unerschöpfliche Vielfalt. Um diese beiden Zahlen zu verdeutlichen: Wer jeden Tag nur eine deutsche Brauerei besuchen will, der muß sich auf eine Wanderung von drei Jahren und vier Monaten vorbereiten. Und wer jeden Tag nur eine der verschiedenen deutschen Biermarken kosten will, der braucht dafür sogar dreizehn Jahre und acht Monate.

So unterschiedlich die deutschen Biere auch sein mögen, eins haben sie alle gemeinsam: Sie werden nach dem Reinheitsgebot gebraut, das Herzog Wilhelm IV. 1516 in Ingolstadt verkündete, und nach dem für Bier nichts anderes verwendet werden darf als Malz, Hopfen, Hefe und Wasser. Dieses Reinheitsgebot gilt bis heute nahezu unverändert fort und ist damit die älteste, noch gültige lebensmittelrechtliche Vorschrift der Welt. Nicht zuletzt aufgrund dieser langen Tradition hat das Europäische Parlament deutsches, nach dem Reinheitsgebot gebrautes Bier als traditionelles Lebensmittel anerkannt - eine Auszeichnung, die nur wenigen Lebensmitteln in Europa zuteil wurde.

Deutsches Bier – die Haupt-Biersorten

Betrachtet man die Markenvielfalt in Deutschland, so zeichnen sich doch einige Hauptsorten ab. Die wichtigsten Biersorten in Deutschland haben wir in der folgenden Tabelle zusammengestellt. Dabei konnten aus verständlichen Gründen nicht alle regionalen Bierspezialitäten aufgeführt werden, die die bunte Bierlandschaft Deutschland entscheidend prägen.

Auf einen Blick

Biertyp/Sorte	*Charakteristik*	*Stammwürze*	*Alkoholgehalt*	*Farbe*
Alt	obergärig; hopfenbetontes blankes Vollbier	durchschnittlich 11,5%	ca. 4,8% vol	dunkelbernsteinfarben
Berliner Weisse	obergärig; spritziges, leicht hefetrübes Schankbier mit leicht säuerlichem Geschmack	7 - 8%	ca. 2,8% vol	dunkelgelb
Dunkles Lagerbier	untergärig; leicht gehopftes, vollmundiges, malzaromatisches Vollbier	über 11%	ca. 4,8% vol	dunkel
Helles Lagerbier	untergärig; malzaromatisches Vollbier, kräftig und ein wenig süß, auch als dunkles Export erhältlich	11 - 14%, Export üblicherweise 12%	4,6 - 5,6% vol	hellgelb, aber auch dunkel
Kölsch	obergärig; hopfenbetontes Vollbier	durchschnittlich 11,3%	ca. 4,8% vol	sehr hellgelb
Leichtbier	Schank- oder Vollbier für kalorienbewußten Genuß, da 40% weniger Alkohol als übliches Vollbier	zwischen 7 und 11% (Schankbier) über 11% Vollbier	ab 2% bis ca. 3,2% vol	variiert je nach Sorte
Pils	untergärig; Vollbier mit vorherrschendem Hopfengeschmack und feinsahnigem Schaum	über 11%	ca. 4,8% vol	hellgoldfarben
Schwarzbier	untergärig; vollmundiges Vollbier; keine einheitliche Geschmackscharakteristik	über 11%	ca. 4,8% bis 5% vol	sehr dunkel

Biertyp/Sorte	*Charakteristik*	*Stamm-würze*	*Alkohol-gehalt*	*Farbe*
Starkbier Bock / Doppel-bock	untergärig als Bock und Doppelbock; obergärig als Weizenbock und Weizendoppelbock; voll-mundig	16% und mehr	ca. 7% vol	goldfarben, goldbraun oder dunkel-braun
Weizenbier / Weißbier	obergärig; meist leicht hefetrübes Vollbier mit einem fruchtigen und würzigen Geschmack	11 - 14%	ca. 5,4% vol	hell oder dunkel

Welches Bier zu welchem Essen?

Bei vielen Verbrauchern herrscht offensichtlich die Vorstellung, daß Bier nur zu deftigem Essen passt. Dies ist sicherlich ein Trugschluß, wie alle diejenigen bestätigen können, die schon einmal zu einem festlichen Menü Bier getrunken haben – vielleicht sogar zu jedem Gang eine andere Sorte? Oder fürchten einige, daß sie in einem Luxusrestaurant merkwürdig angesehen werden, wenn sie Bier bestellen? Hier gilt nur ein Grundsatz: Bestellen Sie einfach ein Bier, und Sie werden sehen, wie viele andere Ihrem Beispiel folgen.

Besonders gut passt zum Beispiel ein Pils zu weißem Geflügel, Ragouts, hellen Soßen und Fisch, insbesondere die nicht so stark gehopften Biere, die in der Mitte Deutschlands gebraut werden. Die hopfenherben norddeutschen Pilsener genießt man am besten zu Steaks und anderem kurz gebratenen Fleisch sowie zu Wildgeflügel.

Zu Geflügel- und Kalbfleischgerichten sowie zu Muscheln schmeckt besonders gut ein rheinisches Alt oder Kölsch.

Zu Braten und Wildgerichten mit dunklen Soßen empfiehlt sich ein malzaromatisches kräftiges Bier, wie zum Beispiel ein Bockbier aus Bayern. Dieses Bier passt aber auch hervorragend zu Ochsenschwanz, Schweinshaxen oder Eintöpfen.

Bleibt zum Schluß nur eins: Wohl bekomm's!